高等职业教育“十四五”规划教材

园艺植物识别与应用

第2版

主　编：唐义富　胡　琳
审　稿：成海钟

U0951215

中国农业大学出版社
·北京·

内容简介

本教材采用大园艺的概念，囊括了高等职业教育园艺、园林类专业所涉及的园林树木、花卉、果树、蔬菜等常见的、有代表性的植物800多种，以便不同地区学校、不同专业教学时选用。本教材是爱课程、中国大学慕课“园艺植物识别与应用”在线课程的配套教材，以简洁明了的文字配大量高质量的彩色图片1800多张，可以有效地提高植物识别与应用能力的教、学效果。教材采用项目化形式编排，分为走进园艺植物、园林树木识别与应用、花卉识别与应用、常见果树及蔬菜识别与应用4个项目，共25个教学任务，分别介绍具体植物。通过优化各个任务中的教学目标、教学建议、学习引导、实训作业内容，向任课教师推荐合适的教学手段、教学方法和实践性教学安排的时间和内容，一方面便于教师组织教学活动，另一方面方便学生自学。通过标注重点文字，充分发挥图文结合的优势。教材增加思政和“双创”内容，以提升素质教育水平，提高学生学习的积极性，培养学习兴趣。附录里配备了植物形态术语、被子植物分类体系和种子植物常见科的典型特征，以便查阅和构建种子植物自然分类体系。

图书在版编目（CIP）数据

园艺植物识别与应用 / 唐义富，胡琳主编. --2版. --北京：中国农业大学出版社，2023.12

ISBN 978-7-5655-3149-1

Ⅰ.①园…　Ⅱ.①唐…②胡…　Ⅲ.①园林植物　Ⅳ.①S688

中国国家版本馆CIP数据核字（2023）第247431号

书　名　园艺植物识别与应用　第2版
Yuanyi Zhiwu Shibie yu Yingyong
作　者　唐义富　胡　琳　主编

策划编辑　张　玉　　**责任编辑**　张　玉
封面设计　李尘工作室
出版发行　中国农业大学出版社
社　　址　北京市海淀区圆明园西路2号　　**邮政编码**　100193
电　　话　发行部 010-62818525，8625　　读者服务部 010-62732336
编辑部 010-62732617，2618　　出　版　部 010-62733440
网　　址　http://www.caupress.cn　　**E-mail**　cbsszs@cau.edu.cn
经　　销　新华书店
印　　刷　运河（唐山）印务有限公司
版　　次　2024年5月第2版　　2024年5月第1次印刷
规　　格　210 mm × 285 mm　16开本　19.25印张　596千字
定　　价　65.00元

第2版编审人员

主　编　唐义富　胡　琳

副主编　黄虹心　潘温文　唐　瓴　娄方芳

王月英　黄永辉

编　者（以姓名笔画为序）

王月英（北京农业职业学院）

张　隽（南通科技职业学院）

张艳梅（广西生态工程职业技术学院）

何新云（南通科技职业学院）

胡　琳（南通科技职业学院）

宣立辉（廊坊职业学院）

钱　帆（花时间园林有限公司）

唐　瓴（上海绿化管理指导站）

唐义富（南通科技职业学院）

娄方芳（云南农业职业技术学院）

黄永辉（广东茂名农林科技职业学院）

黄虹心（广西农业职业技术大学）

潘温文（丽水职业技术学院）

审　稿　成海钟（苏州农业职业技术学院）

第1版编审人员

主　　编　唐义富（南通农业职业技术学院）

副 主 编　胡　琳（南通农业职业技术学院）
罗瑞芳（广西农业职业技术学院）
黄虹心（广西农业职业技术学院）

参　　编　曹玉星（江苏省南通博物苑）
孟圣华（北京金都恒达园林绿化处）
宝秋利（内蒙古农业大学职业技术学院）
肖运成（襄樊职业技术学院）
张苏丹（黄冈职业技术学院）

图片摄影　唐义富（南通农业职业技术学院）
何新云（南通农业职业技术学院）

主　　审　沈建忠　朱加平（南通农业职业技术学院）

第 2 版前言

党的二十大报告明确提出“深化教育领域综合改革，加强教材建设和管理”，体现了对教材建设的高度重视。《园艺植物识别与应用》（包括园林树木、花卉、果树、蔬菜植物）是针对高等职业院校园林、园艺、环境艺术设计等同类专业的教学需要而编写的。2013 年出版的第 1 版教材经过 3 次重印、长达 10 年的教学实践过程，得到了不少使用者的厚爱。随着在线课程“园艺植物识别与应用”等同类课程在爱课程、中国大学慕课等平台的开播，编者便提出了修改教材的要求，得到了中国农业大学出版社的大力支持。

本教材是第 2 版，本次修改保留了第 1 版以下特色：

1. 选择植物范围广 包括园林树木、花卉、果树、蔬菜植物，适应相关专业教学需要。

2. 涉及植物数量多 选择了各地区教学需要的比较重要的植物 800 多种。

3. 全面以高质量彩色图片代替黑白示意图 第 1 版用彩色图片全面代替黑白示意图是全国同类教材第一部探索者。选用植物彩图表达能力强，质量高，原创性高。

4. 文字内容简练 植物识别与应用文字内容简练、实用，便于学生结合图片学习。

5. 兼顾工具性 通过科属检索表、植物特用形态术语、常见百科种子植物特征速查表，便于学生方便、准确、全面地认识植物。

教材第 2 版在以下方面做了调整与提升：

1. 以植物人为分类法进行项目化编排 经过教学实践发现，人为分类法编排具体植物更易理解、易掌握和易应用，比较适合高等职业院校学生学习。教材内容为走进园艺植物、园林树木识别与应用、花卉识别与应用、常见果树及蔬菜识别与应用 4 个项目。项目下设具体任务，以便于应用为原则，构建了植物应用分类体系。

2. 优化项目化格式 通过优化各个项目中的教学目标（包括知识目标和能力目标）、教学建议、学习引导、实训作业内容，向任课教师积极、有效地推荐好的教学手段、教学方法和实践性教学安排时间和方式，便于教师安排教学活动，方便学生自学，充分发挥教材的引领作用，避免项目形式化的通病。

3. 兼具人为分类和自然分类体系架构 在按人为分类法介绍具体植物的同时，适当保留、完善植物自然分类法体系的内容：保留种子植物自然分类体系，保留重要植物常见属检索表鉴别功能，保留常见科的介绍，让学生同时拥有植物人为分类和自然分类体系的架构认知。

4. 标注重点文字 通过标注重点文字，让重点文字和图片一起积极地刺激学习者的视觉神经，发挥关键文字在学习中的优势作用，促使图文有效结合，提高教学效果。

5. 探讨教材思政与“双创” 结合具体内容，增加教材思政功能，如突出中国传统名花、古树名木、年宵花内容的介绍，了解传统文化，确立正确的学习态度引导等。结合相关内容，自然地介绍创新、创业案例，或推荐创新、创业思路，以提升素质教育，提高学习的积极性，培养学习兴趣。

6. 新增植物 170 多种 新增植物主要有南方常见应用树木、观赏草和最近几年应用比较多及应用效果比较好的新种类。第 2 版教材选择植物 806 种，另外介绍种以下 179 个类型，涉及植物 165 个科。由于篇幅有限，植物选用图片数量做了控制；有些植物只有图片，没有文字，供拓宽视野之用，各地院校可以根据不同地区、不同专业自主选择使用。

本教材继续采用广义“园艺植物”的概念。本教材涉及植物科名时，裸子植物采用现代五纲分类系统，被子植物采用克朗奎斯特（A. Cronquist）分类系统（1981 年）分类法。

课程思政与课程双创实施提示

	序号	类型	内容举例	实施形式
课程思政	1	学校制度	课堂纪律、考核评价制度等	正面引导 案例分析 课堂讨论 表扬批评 经典故事
	2	道德品德	人生观、价值观、社会主义核心价值观等	
	3	五爱情怀	爱党、爱国家、爱家乡、爱学校、爱集体等	
	4	法治法规	法治观念、法律意识、职业道德等	
	5	社会责任	社会责任感实践、公益活动、班级责任等	
	6	科学文化	先进科技、传统文化、科学发展观等	
	7	形势政策	国内外政治、经济新形势与新政策等	
	8	农业理念	植物多样性、生态文明、大国“三农”、乡村振兴等	
	9	身体健康	健康意识、锻炼习惯、不畏困难等	
	10	创新实践	创新意识、敢闯敢创、勇于实践、爱劳动不怕苦等	
课程双创	1	植物特性	植物特性与园林园艺上的巧妙应用	案例分析 创业故事 经典案例 案例讨论 创新比赛 创收分析
	2	植物选择	植物新种类选择在各种应用方式上的创新	
	3	植物造型	植物造型设计提升市场新价值	
	4	植物配置	植物配置经典案例分析，创新配置形式	
	5	应用创新	植物应用方式的创新	
	6	品种选择	植物品种的选择与组合应用创新	
	7	品种引进	寻找新品种、繁殖新品种，创新资源	
	8	品种选育	植物新品种选育、培育，创新资源	

本教材编写分工如下：

王月英，项目 4 任务 4.2；张隽，项目 3 任务 3.7—3.9；张艳梅，项目 2 任务 2.5；何新云，项目 2 任务 2.7；胡琳，项目 2 任务 2.1—2.2、任务 2.4；宣立辉，项目 2 任务 2.6；钱帆，项目 2 任务 2.8；唐瓴，项目 3 任务 3.1—3.2；唐义富，项目 1 任务 1.1—1.3、项目 3 任务 3.10、附录；娄方芳，项目 4 任务 4.1；黄永辉，项目 3 任务 3.5—3.6；黄虹心，项目 2 任务 2.3、任务 2.9；潘温文，项目 3 任务 3.3—3.4、3.11。

主编在编委完成的基础上进行了统稿。图片选用在突出表达能力强、质量高的基础上，尽量选择编委提供的图片。主要图片由唐义富提供，部分图片由唐瓴、何新云、黄虹心、潘温文、宣立辉、黄永辉提供。在此向原作者致谢！

本书邀请苏州农业职业技术学院成海钟教授担任审稿，并得到了成教授的大力支持；在教材编写过程中还得到了编者所在单位领导、同行们的大力支持，在此一并表示衷心感谢。

由于编写时间仓促、编者水平有限，书中错误和不足之处在所难免，敬请读者批评指正。

编　者

2024 年 3 月

第1版前言

植物是园艺、园林类专业教学中涉及的主要对象，需要掌握的种类比较多。根据我们教学的经验，高职高专层次的学生需要认识的植物应不少于500种，理想的要达到1 000种（当然要有重点掌握和一般掌握之分），还要了解其生长特性，并会正确应用。本教材是针对高职高专园艺、园林类专业的教学需要而编写，它是一门重要的专业基础课，是学习专业课的基础。有人常以认识植物的多少来简单地衡量一个学生的专业学习水平，虽失之片面，但认识植物少，是难以学好相应专业的。因此，识别与应用植物是园艺、园林类专业一项基本的重要技能。

园艺植物一般指果树、蔬菜、花卉植物。“花卉”有广义、狭义之分。狭义的花卉是指草本观赏植物，如“花卉栽培”中的花卉；广义的花卉还包括许多木本观赏植物，如陈俊愉先生《中国花卉品种分类学》《中国花经》中的花卉。另外，所有园艺类专业教学中涉及的植物也包括了木本观赏植物，使用了广义的花卉概念。果树、蔬菜也具有观赏价值，在园林植物中经常使用。根据高职高专层次人才培养中突出应用技能、兼顾一定理论要求的特点，把园艺、园林类专业教学中涉及的果树、蔬菜、花卉和观赏树木植物统归于“园艺植物”名下是比较合适的。

本教材最大的特色是使用了大量的彩色植物图片，能够有效地提高教和学的效率。以自然分类法排列植物，在目前高职高专教材中比较少见了。但此排列法以植物的进化程度和亲缘关系远近排列植物，逻辑性强，便于比较、记忆，会让学生自然地建立起植物间科学的逻辑意识。其中裸子植物采用五纲分类法，被子植物采用克朗奎斯特（A.Cronquist）分类系统（1981年）分类法，这两种分类法比较合理，目前运用也比较多。但对于一些植物的科、属归类与恩格勒植物分类系统、哈钦松植物分类系统不同，在使用中要注意比较。本教材选择植物800多种（包括种以下类型），涉及140多个科，兼顾应用上的常见性和地区、科属的代表性，力求比较好地满足各地区园林、园艺专业和本行业的基本要求。由于教材篇幅有限，所涉及科的主要特征、科内常见属和该科所属目、亚纲、纲、门等知识，一起在教材附录2中呈现，也便于查阅。

本教材是在多年的教学研究基础上，经过提炼改革思路、推敲教材结构、收集文字资料、征求各编委意见、制定教材编写大纲和编写要求、各编委分工编写和提炼文字、整理植物彩色图片、统稿等过程中完成的教材编写分工是：木兰亚纲植物、百合亚纲植物由胡琳编写，菊亚纲、泽泻亚纲、槟榔亚纲植物由罗瑞芳编写，蔷薇亚纲植物由黄虹心编写，果树植物由曹玉星编写，裸子植物由孟圣华编写，金缕梅亚纲、石竹亚纲植物由宝秋利编写，五桠果亚纲植物由肖运成编写，姜亚纲、鸭跖草亚纲植物由张苏丹编写，1～4章、蔬菜植物、附录由唐义富编写。最后，胡琳负责裸子植物、木兰亚纲植物、五桠果亚纲、金缕梅亚纲、蔷薇亚纲植物的统稿工作；曹玉星参加了蔬菜植物部分的统稿工作，并对教材的统稿从科研、生产方面提出了一些修改意见；唐义富承担了其余部分的统稿和全书内容的调整、修改和校对工作。

本教材共选用彩色植物图片近 1 400 张，其中部分南方植物图片由南通农业职业技术学院何新云老师拍摄、提供，有 18 张图片通过互联网及其他方式收录（在此向原作者致谢！），其余图片由唐义富拍摄、提供，并鉴别、整理全部图片。

本教材在编写过程中得到南通农业职业技术学院沈建忠教授、朱加平副教授的指导和帮助，并由他们担任主审，特此致谢！

本教材在编写过程中得到各编委单位和中国农业大学出版社的大力支持，在此表示感谢！

由于编写人员水平所限，书中错漏、不合理之处在所难免，敬请广大读者批评指正。

编　者

2012 年 7 月

目 录

CONTENTS

项目 1　走进园艺植物

知识目标

1. 掌握园艺植物相关的基本概念。2. 理解课程学习的要求和学习方法。3. 掌握植物自然分类法分类等级与命名方法。4. 理解克朗奎斯特系统的作用。5. 理解植物自然分类法检索表的使用方法。6. 理解植物自然分类体系。7. 理解各种园林树木、花卉、果树、蔬菜的常用人为分类方法。

能力目标

1. 能够正确使用图片识别软件识别植物。2. 能够通过拍照收集植物典型特征与应用图片。3. 能够掌握植物鉴别方法。4. 能够通过常用植物人为分类方法查找园林树木、花卉、果树、蔬菜种类。

微课

任务 1.1　导入：怎样学习园艺植物

教学目标

教学课件

知识目标

1. 正确理解园艺植物及相关概念的含义。2. 理解本课程的学习内容。3. 理解本课程的学习要求。4. 正确理解植物图片拍摄与整理方法对本课程学习的重要性。5. 理解登录植物资源网络查阅植物相关信息的作用。

技能目标

1. 能够学会植物图片拍摄与整理方法。2. 能够正确使用植物识别软件判别植物名称。3. 能够登录植物资源网络查阅植物相关信息。

教学建议

1. 建议开展本任务内容教学前，要求学生通过中国大学慕课“园艺植物识别与应用”（或其他同类在线课程）课程视频资源和教材“知识与技能”部分预习课堂教学内容。2. 建议开展本任务内容教学时，带学生在校园或校园附近场所，初步认识最常见、最重要的园林植物，示范植物图片拍摄与整理方法，运用植物识别软件判别植物名称的正确方法。3. 建议开展本任务内容教学时，采用问题引导、分组回答、植物标本和相关内容的 PPT 验证的理实一体方式进行，有效提高教学效果。4. 课后完成中国大学慕课“园艺植物识别与应用”（或其他同类在线课程）课程的单元测验题（提醒学生，拿到及格成绩会获得合格证书，本学期本课程有奖励分）和教材的学习引导题。5. 教师指导学生正确使用植物识别软件和正确拍摄植物典型特征与应用图片。

学习引导

1. 阐述园艺植物、园林植物、花卉概念。2. 阐述本课程学习内容。3. 阐述本课程学习要求。4. 阐述学会植物图片拍摄与整理方法。5. 阐述掌握一种植物包括哪些内容。4. 学会植物识别软件判别植物名称。5. 登录植物资源网络查阅植物相关信息。

知识与技能

“园艺植物识别与应用”课程学习什么？简单地讲，就是认识园艺植物、应用好园艺植物。具体讲有四点：

1. **识别常见的园艺植物**　叫什么名称、有什么特征、属于哪个类型。

2. **了解园艺植物的作用**　食用特性、观赏价值和生态作用。

3. **掌握园艺植物的生长要求**（即生长习性）能够在什么环境下生长好。

4. **能应用好园艺植物**　正确选择、合理搭配植物。

识别植物是基础，掌握生长习性是关键，会应用是目的。

那么，什么叫园艺植物？我们首先来了解几个与园艺植物相关的概念。

1.1.1 基本概念

1. **园林植物**（Landscape plant）适用于园林绿化的植物材料。包括木本和草本的观花、观叶或观果植物，以及适用于园林、绿地、室内装饰和风景名胜区的防护植物与经济植物。包括园林树木和花卉。

2. **园林树木**（Ornamental trees and shrubs）适合于风景名胜区、休闲疗养胜地和城乡各类园林绿地、室内花卉装饰应用的木本植物，又称观赏树木，它分为乔木、灌木、木质藤本植物和竹子四类。

3. **花卉**（flowers and plants）狭义的花卉概念指具有观赏价值的草本植物；广义的花卉概念除了有观赏价值的草本植物外，还包括木本地被植物、花灌木、开花乔木、风景植物以及室内观赏的植物。这是中国传统的花卉概念，类似于园林植物或观赏植物的内容。不同的书籍、文献，对花卉的定义不同，大多数时候选择的是狭义的概念。

4. **园艺植物** 是指果、菜、花的总称，即果树、蔬菜、花卉（广义概念）植物的总和。它们是一类供人类食用、观赏和调节环境的植物。另外，茶树、芳香植物等是可以制作饮料的植物，也可以归入其中；此类植物在有些地区应用比较多，需要重点介绍。

本教材在园林植物基础上增加了果树、蔬菜类植物的目的基于两点：一是满足园艺类专业关于果树和蔬菜类植物识别的需要；二是果树、蔬菜类植物也是园林应用中的选择植物。枇杷、杨梅、樱桃、石榴、荷花、薄荷、黄花菜等植物在园林绿化中应用很普遍。果树、蔬菜类植物在农业生态园、庭院、采摘园、休闲园中应用很有优势，在生态、观赏功能之外增加了食用功能、生活体验功能，很有意义。

1.1.2 课程讲解内容

项目一 走进园艺植物 园艺植物学习方法、园艺植物自然分类、园艺植物人为分类。

项目二 园林树木识别与应用 园林树木应用概述，介绍具体针叶类、荫木类、观花类、观叶类、观果类、藤本类、绿篱类、棕榈类及观赏竹类识别与应用。

项目三 花卉识别与应用 花卉应用概述，具体介绍露地一二年生类、露地宿根类、露地球根类、露地水生类、露地地被植物与观赏草类、一般温室花卉类、温室木本及亚灌木类、蕨类、多浆多肉类、兰科类花卉识别与应用。

项目四 常见果树及蔬菜识别与应用 具体介绍常见蔬菜、常见果树识别与应用。

1.1.3 课程学习要求

1. **认识重点园艺植物 350 种** 具体内容包括植物名称、科属名称、典型特征、主要习性和主要应用方式。

2. **会独立认识常见园艺植物** 即会通过植物识别软件初步识别、查找书籍等方法核实、确定植物。

3. **收集、整理 400 种以上重要园艺植物图片** 这是掌握植物识别与应用能力、积累植物应用资源的重要学习方法。

4. **完成在线课程规定的在线资源观看，参加单元测验、课程讨论和期末考试** 在线课程的学习是在课前完成，是提高课堂学习效果的好办法。

本课程是学习相关专业的重要基础，实践性教学要求比较高，比较难学，也难学好。所谓能够轻轻松松地学好是不存在的，知识的获得需要你踏踏实实地去学习，需要不断积累。动手能力强、实践性机会多是这门课程的特色。有兴趣就会喜欢、有目标就有动力。

1.1.4 学习方法

1. **选择参考书**

①王庆菊，刘杰．园林树木．2 版．北京：中国农业大学出版社，2022.

②陈有民．园林树木学．2 版．北京：中国林业出版社，2011.

③包满珠．花卉学．3 版．北京：中国农业出版社，2019.

④傅立国，等．中国高等植物．青岛：青岛出版社，2009.

2. **多认实物、多拍照，及时整理** 每种园艺植物图片至少要有 4 张。表现全貌、典型特征、应用方式的图片；每张图片以“科属名＋种名＋序号”命名；图片要分类保存。

叶子（典型特征特写）

花（典型特征特写）

树皮（典型特征特写）

植物全貌

植物应用方式

命名方法（科属＋种名）

3.3 常见球根花卉

3.4 常见水生花卉

3.7 常见温室多年生植物

3.8 常见多浆多肉类植物

分类整理（人为分类法）

> 提醒：亲自去积累和整理好常见植物的特征与应用图片资源，是非常有效的学习方法，也是学好后续课程的重要基础。

3. 利用学习软件　积极应用最合适的学习工具，这里推荐三个学习软件：

①“形色”APP 植物拍照识别软件。

② 百度植物识别软件。

③“园艺植物识别与应用学习考核软件”。

> 提醒：该软件配合本课程开发，有学习、测试、考核和拍照识别功能。

登录方法：

安卓手机登录 360 浏览器、百度手机助手：搜索“园艺植物识别”，找有问号图标的 LOGO 下载。

苹果手机、苹果平板电脑登录方式：请从苹果应用商店，搜“园艺识别”关键词，找有问号图标的 LOGO 下载。

4. 植物资源网站

①中国科学院植物研究所 http://www.ibcas.ac.cn/

国家标本资源共享平台（NSII）

中国数字植物标本馆

中国植物主题数据库

中国植物图像库等

国家植物资源平台提供了内容丰富、严谨、比较权威的信息资源。（最可靠的资源）

②中国植物园联盟

昆明植物园

西双版纳植物园

华南植物园

上海植物园

上海辰山植物园

南京中山植物园

植物园联盟网站提供了各地区特色植物资源信息。（最有特色的资源）

③花木交易市场平台

中国花卉网

中国花木交易总站

中国花木交易市场

中国花木网

如皋花木大世界

常州花木交易市场

植物交易市场网站提供了各地区植物应用市场信息，为大学生就业、创业、创新、发明提供支持。

实训作业

学生利用课上课下实训时间，完成下列任务：

1. 寻找一个不认识的植物，用软件扫描，判别软件识别名称是否正确。

提醒：有时难以准确判断的植物，要采取其他途经核实。

2. 寻找一个植物，用手机拍摄其典型特征和应用方式，看看拍得怎么样？

提醒：积累的植物图片，就是你的学习、欣赏与提升的资源；否则，就是对时间的浪费。收集、整理植物图片是学习好本课程的有效方法。

微课

任务 1.2　园艺植物自然分类

教学目标

教学课件

知识目标

1. 理解自然分类法和人为分类法。2. 理解种和种下的基本概念。3. 理解种和种下的命名方法。4. 理解植物自然分类系统和克朗奎斯特被子植物分类系统。5. 理解植物分类检索的作用。6. 理解鉴定植物的方法。7. 理解裸子植物主要科、目、纲的关系。8. 理解克朗奎斯特被子植物亚纲体系。

技能目标

1. 能够正确掌握独立认识植物的方法。2. 能够基本判断各类高等植物。3. 能够判断木兰纲和百合纲植物基本特征。4. 能够根据克朗奎斯特被子植物分类系统的纲、亚纲、目、科体系表，查找常见科。

教学建议

1. 建议开展本任务内容教学前，首先带学生通过校园或校园附近场所，初步认识常见园林植物种类，初步建立相关植物的感性认识。2. 建议开展本任务内容教学课前，要求学生通过中国大学慕课“园艺植物识别与应用”（或其他同类在线课程）课程视频资源和教材“知识与技能”部分预习课堂教学内容。3. 建议开展本任务内容教学时，采用问题引导、分组回答、植物标本和相关内容的 PPT 验证的理实一体方式进行，有效提高教学效果。4. 课后完成中国大学慕课“园艺植物识别与应用”（或其他同类在线课程）课程的单元测验题（提醒学生，拿到及格成绩会获得合格证书，本学期本课程有奖励分）和教材的学习引导题。5. 建议老师最近安排第一次现场认识植物，地点在学校里或校园附近，识别最常见的植物。建议老师详细讲解重点植物识别要点、生长习性、应用方式。要求学生课后以 3 ～ 4 人一组复习 2 次，并指导整理图片。图片命名要求：科序号 + 科名属名 + 种名……科序号见“被子植物纲、目和常见科一览”，参考附录 2。

6. 建议指导学生阅读本教材附录 2 被子植物纲、目和常见科一览、附录 3 常见百科种子植物特征速查表部分内容，掌握植物自然分类体系、常见科典型特征。

学习引导

1. 阐述理解自然分类法、人为分类法、种的基本概念。2. 阐述种和种下植物的命名方法。3. 简述植物自然分类系统和克朗奎斯特被子植物分类系统。4. 阐述植物分类检索的作用。5. 阐述鉴定植物的方法。6. 阐述裸子植物主要科、目、纲的关系。7. 简述克朗奎斯特被子植物亚纲体系。8. 阐述独立认识植物的方法。9. 阐述判断各类高等植物的方法。10. 阐述木兰纲和百合纲植物基本特征。11. 根据克朗奎斯特被子植物纲、亚纲、目、科体系表，查找常见科。

知识与技能

1.2.1　植物分类方法

地球上的植物约有 50 万种，而高等植物有 35 万种以上，其中已经被人类利用的只有一小部分；绝大部分植物的价值没有被人类发现和利用。为了充分利用植物的各种功能，首先要对植物进行科学、系统地分类，才能便于正确认识和利用植物。

根据不同的目的，园艺植物的分类有自然分类法和人为分类法两种。

植物自然分类法是以植物自然演化过程和亲缘关系的远近程度作为分类依据进行分类的方法。如月季属于被子植物门、双子叶植物纲、蔷薇目、蔷薇科、蔷薇属的一个植物种。

植物人为分类法以植物自然分类法中的“种”为基础，根据植物的生长习性、观赏特性、用途等方面的差异及其综合特性，主观地划分为不同类型。如乔木类、灌木类、庭院树类、水生植物类等。

由于分类目的不同，各种人为分类法所体现的意义和作用不同。人为分类法具有简单明了、操作性和实用性强的特点，在生产上应用很普遍。同时，也存在分类逻辑性不够严谨的问题（如有的植物既是观花类，也是观果类）。

1.2.2 植物自然分类法分类等级与命名

1. 植物自然分类法分类的等级

根据植物自然分类法原则，将植物分为门、纲、目、科、属、种等级，有时增设亚级，如亚门、亚纲、亚目、亚科、亚属、亚种。

种（Species）是分类学上的基本单位。种的基本特征是：①具有基本上相同的形态特征及生理特性的生物类群；②各个体间能进行自然交配（传粉受精），产生能育的正常的后代；③具有相对稳定的遗传特性；④占有一定的自然分布区。

种以下还可以设立亚种、变种、变型。

亚种（Subspecies）指一个种内的类群，在形态上多少有变异，并具有地理分布上、生态上或季节上的隔离，在形态构造或生理机能上发生某些变化的植物。

变种（Varietas）在同一个生态环境的同一个种群内，某个个体或由某些个体组成的小种群，在形态、生态或季节上，发生了一些细微的变异，并有了稳定的遗传特性时，没有明显的地带性分布区域，那么这个小种群即称为原来种（又称模式种）的变种。

变型（forma）指有形态特征上变异比较小的类型，如花冠或果的颜色，单瓣或重瓣，被毛情况等，且无一定分布区的个体，仅是零星分布的个体。

品种（cultivar）只用于人类栽培植物的分类上，不属于植物自然分类系统的分类单位（不在野生植物中使用），而属于栽培学上的变异类型。同一个植物的品种有时是变种级别的、有时是变型级别的一类植物。

在农作物和园艺植物中，通常把经过人工选择、培育而形成的有经济价值的变异（如颜色、香味、口感、形状、大小、产量、适应性、抗病性等性状）列为品种。

作为一个品种，首先它们应该具备一定的经济价值。随着生产的发展，作为变异类型的品种也是不断发展的。旧品种在栽培上的地位，常常由优良新品种取而代之，所以品种的发展取决于生产的发展。生产上，品种应用很普遍。过去的很多事实反复验证，园艺植物新品种和新植物种类的推广一样，常常是创业、创新、发明、提高经济效益的重要手段。

2. 植物的命名方法

为了规范植物命名，国际植物学会于 1876 年确定，以林奈发明的双名命名法给每个植物命名其植物学名，以便国际上进行交流。一种植物只能有一个合适的植物学名。植物学名统一用拉丁文表示。

（1）种学名举例，如月季种名是：

月季 *Rosa chinensis* Jacq.

中文名　属名　种名　命名人的姓（或简写）

> 提醒：属名和种名字母要倾斜，其属名和命名人的名字的第一字母须大写，种名第一字母不大写。

种以下亚种、变种、变型命名方法：

亚种的命名：种学名 + subsp.+ 亚种名 + 定亚种名的人名；

变种的命名：种学名等 + var.+ 变种名 + 定变种名的人名；

变型的命名：种学名等 + f.+ 变型名 + 定变型名的人名；

品种的命名方法：

品种的命名：种名等 + cv. + 品种名 + 定品种名的人名

或者种名等 +‘　’符号表示

（2）变种、变型命名举例：

野甘蓝 *Brassica oleracea* L.（种名）

花椰菜 *Brassica oleracea* var. *botrytis* L.（变种名）

结球甘蓝 *Brassica oleracea* var. *capitata* L.（变

种名）

羽衣甘蓝 *Brassica oleracea* f. *tricolor* Hort.（变型名）

花菜

结球甘蓝

羽衣甘蓝

芥菜 *Brassica juncea*（L.）Czern. et Coss.（种名）

雪里蕻 *Brassica juncea*（L.）Czern. et Coss.var. *multiceps* Tsen et Lee（变种）

榨菜 *Brassica juncea*（L.）Czern. et Coss. var. *tumida Tsen* et Lee（变种）

雪里蕻

榨菜

（3）品种命名举例：

寿星桃 *Amygdalus persica* L. var. *densa* Makino（变种）

寿星桃品种 1 ‘单瓣寿粉’（单瓣粉寿星桃 ）

Amygdalus persica L. var. *densa* Makino ‘Danban Shoufen’

或表示为 *Amygdalus persica* L. var. *densa* Makino cv. Danban Shoufen

寿星桃品种 2 ‘复瓣寿白’ 桃（复瓣白寿星桃）

Amygdalus persica L.var.*densa* Makino ‘Fuban Shoubai’

寿星桃植株（叶子）

‘单瓣寿粉’ 桃

‘复瓣寿白’ 桃

或表示为 *Amygdalus persica* L. var.*densa* Makino cv. Fuban Shoubai

1.2.3 被子植物自然分类系统与克朗奎斯特系统简介

1. 被子植物自然分类系统

植物自然分类系统：是指客观地反映植物之间的自然演化过程和亲缘关系的远近程度形成的植物分类体系，以便于将所有植物按门、纲、目、科、属等级的逻辑关系排列起来。以梅为例：

界　植物界

门　被子植物门

纲　双子叶植物纲

目　蔷薇目

科　蔷薇科

属　杏属

种　梅 *Armeniaca mume* Sieb.

被子植物自然分类系统是客观地反映被子植物之间的自然演化过程和亲缘关系的远近程度的植物分类体系。

被子植物是植物界目前进化程度最高级、适应性最强、种类最多、分布最广、应用最多的类群。由于研究成果有限，被子植物自然分类系统还在不断完善过程中，已经产生、使用的主要植物分类系统见表 1–1。

表 1–1　主要植物分类系统

系统学派	主要植物分类系统	中国现有重要植物工具书	备注
恩格勒学派	恩格勒植物分类系统	《中国植物志》《中国高等植物图鉴》	
真花学说	哈钦松系统	《中国树木志》	
	塔赫他间系统		
	克朗奎斯特系统	《中国高等植物》（傅立国等主编）	已经在中国普遍应用多年
未来的植物分类系统	被子植物 APG 分类法	国内无相应工具书	国内开始使用

2. 克朗奎斯特系统简介

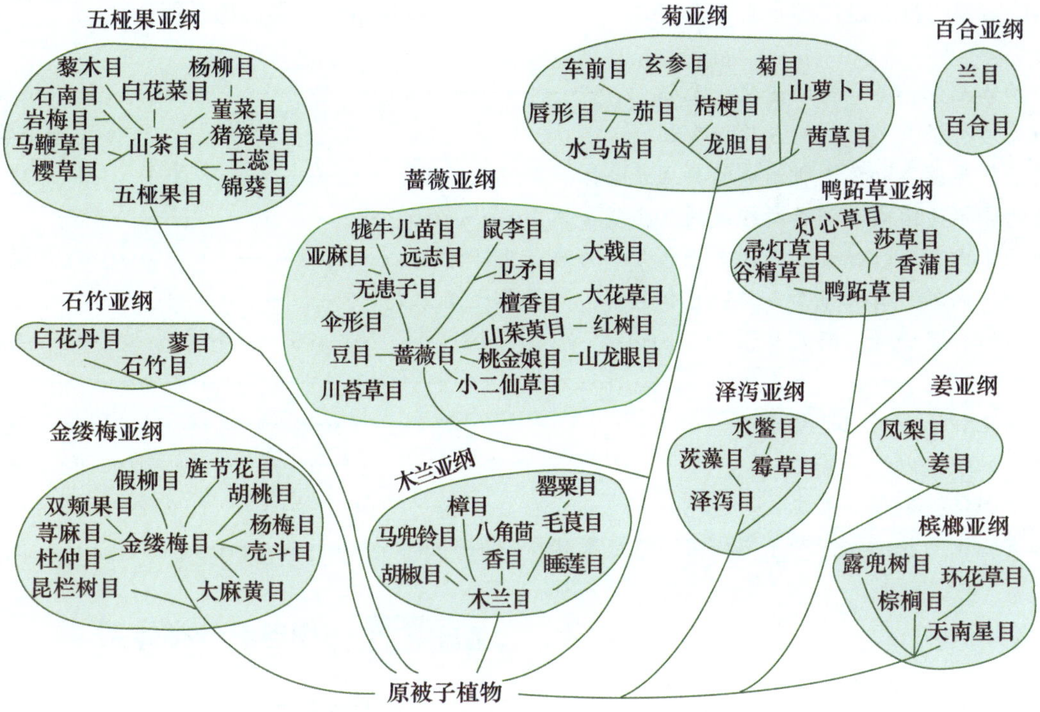

克朗奎斯特被子植物分类系统结构（1981 年版）

克朗奎斯特被子植物分类系统把被子植物分为：木兰纲（双子叶植物）：6 个亚纲，64 目，318 科；百合纲（单子叶植物）：5 亚纲，19 目，65 科；合计 2 个纲，11 亚纲，83 目，383 科。

1.2.4 植物自然分类法检索表

1. 植物自然分类法检索表

植物分类检索表是鉴别植物种类的一种工具，它是植物志、植物分类工具书的重要组成部分，是鉴别和校对植物的科、属、种时使用的。

检索表的编制是采取“由一般到特殊”和“由特殊到一般”的二歧归类原则编制。其中主要是分科、分属、分种三种检索表。

检索表的式样常见有二种：定距检索表、平行检索表。

2. 定距检索表

以检索各大类植物举例：

1. 植物体无根、茎、叶的分化，无胚 ………………………… 低等植物
  2. 植物体不为藻类和菌类所组成的共生复合体。
    3. 植物体内有叶绿素或其他光合色素，为自养生活方式 ………… 藻类植物
    3. 植物体内无叶绿素或其他光合色素，为异养生活方式 ………… 菌类植物
  2. 植物体为藻类和菌类所组成的共生复合体 ………………………… 地衣植物
1. 植物体有根、茎、叶的分化，有胚胎 ………………………… 高等植物
  4. 植物体有茎、叶而无真根 ………………………… 苔藓植物
  4. 植物体有茎、叶也有真根 ………………………… 苔藓植物
    5. 不产生种子，用孢子繁殖 ………………………… 蕨类植物
    5. 产生种子，用种子繁殖 ………………………… 种子植物
      6. 种子裸露，不形成果实 ………………………… 裸子植物
      6. 具有真正的花结构，种子不裸露，形成果实 ………………………… 被子植物

定距检索表的优点：将相对性质的特征都排列在同样距离（相同垂直面上），一目了然，便于应用。

定距检索表的缺点：如果编排的植物种类过

多，检索表势必偏斜而浪费很多篇幅。

定距检索表的特点是：同号同位。

3. 平行检索表

以检索各大类植物举例：

1. 植物体无根、茎、叶的分化，无胚 ……………………………………（低等植物）（2）
1. 植物体有根、茎、叶的分化，有胚　　（高等植物）（4）
2. 植物体为菌类和藻类所组成的共生复合体 ……………………………… 地衣植物
2. 植物体不为菌类和藻类所组成的共生复合体 ……………………………………（3）
3. 植物体内含有叶绿素或其他光合色素，为自养生活方式 ……………… 藻类植物
3. 植物体内不含有叶绿素或其他光合色素，为异养生活方式 …………… 菌类植物
4. 植物体有茎、叶，而无真根 …………………………………………… 苔藓植物
4. 植物体有茎、叶，也有真根 ………………………………………………（5）
5. 不产生种子，用孢子繁殖 ……………………………………………… 蕨类植物
5. 产生种子，以种子繁殖 ……………………………………………… 种子植物（6）
6. 种子裸露，不形成果实 ……………………………………………………
6. 具有真正的花结构，种子不裸露，形成果实 …………………………… 被子植物

平行检索表的优点：排列整齐美观，便于书籍编辑。

平行检索表的缺点：不够一目了然。

平行检索表的特点：同号相邻，左右边对齐。

4. 怎样鉴定植物

鉴别植物三步：

①首先获得典型特征　将所要鉴定的植物的各部分形态特征（尤其是花的构造）仔细地观察、统计、记载下来，掌握所需要鉴定植物的典型形态特征。

②其次检索　用植物志、图鉴等工具书上的检索表，沿着纲、目、科、属、种的顺序进行检索。初步确定植物的所属科、属、种名。

③再次核实　用工具书上具体植物的描述资料，核实需要鉴定的植物标本的特征（主要是形态特征），看是否相符。不符合，回到第一步，直到确定无疑。

5. 怎样认识植物

如何独立地认识常见园艺植物？

（1）软件扫描识别　通过植物识别软件初步识别植物名称。

（2）确认植物　查找权威网络平台、工具书和其他书籍等，确定植物名称。

（3）掌握习性与应用方式　通过现场观察和查阅资料，掌握确认植物生长习性、生长特点、主要应用方式和应用特色。

提醒：在我们的学习过程中，植物识别是基础，掌握植物生长习性和生长特点是应用的关键，植物应用是学习的主要目的。

1.2.5 植物自然分类体系

1. 植物界基本类群概述

根据两界系统理论和植物在形态结构、生活习性、亲缘关系和对环境的适应性等方面的差异，把植物界首先分为低等植物和高等植物。低等植物包括藻类、菌类、地衣三大类；高等植物包括苔藓植物门、蕨类植物门和裸子植物门、被子植物门四大类。植物界各门一览表如下：

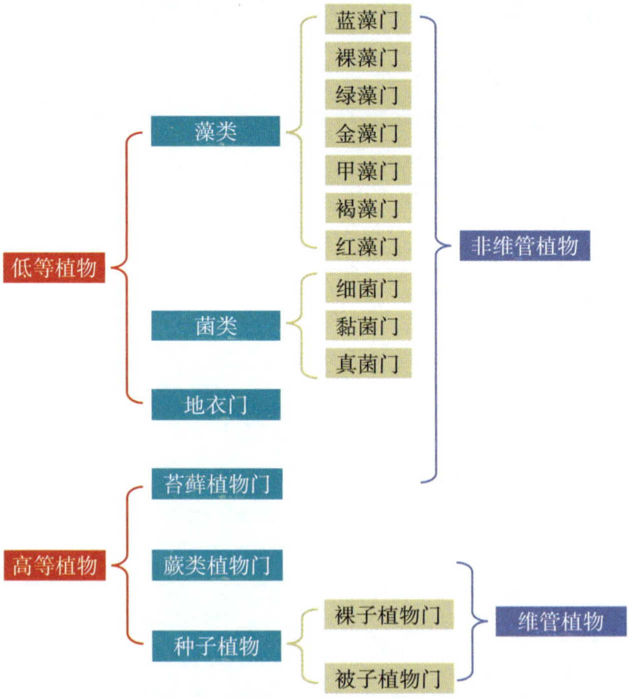

植物界各大类植物关系与区别，见下列检索表：

1. 植物体无根、茎、叶的分化，没有胚胎 ………………………………………………… 低等植物
  2. 植物体不为藻类和菌类所组成的共生复合体。
    3. 植物体内有叶绿素或其他光合色素，为自养生活方式 ……………………………… 藻类植物
    3. 植物体内，无叶绿素或其他光合色素，为异养生活方式 …………………………… 菌类植物
  2. 植物体为藻类和菌类所组成的共生复合体 ……………………………………………… 地衣植物
1. 植物体有根、茎、叶的分化、有胚胎 ……………………………………………………… 高等植物
  4. 植物体有茎、叶而无真根 ……………………………………………………………… 苔藓植物
  4. 植物体有茎、叶也有真根。
    5. 不产生种子，用孢子繁殖 …………………………………………………………… 蕨类植物
    5. 产生种子，用种子繁殖 ……………………………………………………………… 种子植物
    6. 种子裸露，不形成果实 ……………………………………………………………… 裸子植物
    6. 具有真正的花结构，种子不裸露，形成果实 ……………………………………… 被子植物

各大类植物中都有园艺植物或与园艺植物密切相关。但种子植物占园艺植物的绝大多数。本教材重点介绍种子植物中比较重要的、有代表性的园艺植物，也简单介绍应用比较多的菌类植物、蕨类植物中的常见园艺植物。

种子植物（Seed plant）是具有由胚珠发育形成的种子，以种子繁殖后代的高等植物。种子植物是植物界种类最多、演化地位最高的类群。与孢子植物相比，有两个最主要的区别：种子的形成和受精过程中产生了花粉管。种子的形成，使胚得到了种皮的保护，提高了幼小孢子体（胚）对不良环境的抵抗能力；花粉管的出现，使受精过程不再需要水为媒介，从而摆脱了对水的依赖。所以，种子植物更能适应陆地生活，有更强的竞争能力。

此外，种子植物的孢子体更加发达，结构更加复杂。而配子体进一步退化，并寄生在孢子体上。

种子植物包括裸子植物门和被子植物门两大类。它们最主要的区别是：裸子植物的胚珠裸露，被子植物的胚珠包于子房之内。

2. 裸子植物

（1）裸子植物概述

裸子植物（Gymnospermae）区别于蕨类植物最显著的特征是：能产生种子，与被子植物最大的区别是种子裸露，不形成果实。其主要特征如下：

①孢子体发达 裸子植物多为单轴分枝的高大乔木，有形成层和次生生长；除买麻藤纲外，木质部只有管胞而无导管和纤维，韧皮部只有筛胞而无筛管和伴胞；根系发达，具强大的主根；叶多为针形、条形、刺形和鳞叶，有发达的角质层和下陷的气孔，较之蕨类植物更能适应陆生环境。

②配子体退化，寄生在孢子体上 雌雄配子体完全丧失独立生活的能力而寄生在孢子体之上。

③胚珠裸露 裸子植物可产生胚珠，但胚珠着生在一个不封闭的大孢子叶的表面，无被子植物雌蕊的结构，所以，胚珠受精后发育成的种子裸露，不形成果实。

④花粉直达胚珠，产生花粉管 裸子植物的花粉借风力传播，经珠孔直接进入胚珠，在胚珠的上方萌发形成花粉管，进入胚囊。由于精子是由花粉管输送，所以受精作用不再受水的限制。

⑤具多胚现象 大多数裸子植物具有多胚现象，这可能是由于1个雌配子体上的多个颈卵器的卵细胞同时受精，产生多个胚，这种现象称为简单多胚现象；或者是由于1个受精卵在发育过程中，分裂形成几个胚，这种现象称裂生多胚现象。

裸子植物发生发展的历史悠久：最早出现在34 500万～39 500万年之间的古生代的泥盆纪；在古生代的石炭纪、二叠纪发展最为繁盛（距今2.9亿年前后）；在中生代的三叠纪、侏罗纪、白垩纪发展趋于衰退（距今2.5亿～0.6亿年）。在新生代的第三纪和第四纪，随地史、气候的多次重大变化，新的种类不断产生，古老的种类相继死亡，尤其第四纪北半球发生冰川后，大部分种类在地球上绝迹。现存的裸子植物中有不少种类是第三纪后的孑遗植物，或称“活化石”植物，如我国的银杏、水杉、银杉等。

全世界生存的裸子植物约800种，裸子植物的种类分属于5纲（现代五纲法），9目，12科，71属。我国是世界上裸子植物种类最多，资源最丰富的国家，共有5纲，8目，11科，41属，约240种，另引入栽培1科8属约50种。其常见科与纲、目的关系（分类体系）是：

苏铁纲	含苏铁目，含苏铁科、泽米铁科、蕨铁科
银杏纲	含银杏目，含银杏科
松杉纲	含松杉目，含南洋杉科、松科、杉科、柏科
红豆杉纲	含罗汉松目，含罗汉松科 含三尖杉目，含三尖杉科 含红豆杉目，含红豆杉科
买麻藤纲（没有常见园艺植物）	

裸子植物的叶片多为针形、条形、刺形或鳞形，主要是乔木或灌木，很少为木质藤本。多数针叶树为常绿性，也有一些种类为落叶性。

裸子植物多生长缓慢，寿命长，适应范围广，多数种类在林区组成针叶林或针阔混交林，为林业上的主要用材和绿化树种，也是制造纤维、树脂、单宁等的原料树种，有些种类的枝叶、花粉、种子及根皮可入药，具有很高的经济价值。

（2）常见裸子植物四纲介绍

①苏铁纲（Cycadopsida）

常绿木本植物，茎干粗壮，常不分枝。有鳞叶及营养叶之分，营养叶多具大型羽状复叶，叶革质，顶生，螺旋状排列；鳞叶小，密被褐色毡毛；叶多具平行叶脉。茎大多较粗短，原始类型分叉，其表面常具叶落后残留的叶基。茎的内部形态中虽有形成层，次生木质部不发育。雌雄同株或异株、单性花或两性花。孢子叶球也生于茎顶。

苏铁纲植物起源于二叠纪或晚石炭世的种子蕨纲，中生代侏罗纪很繁盛，白垩纪衰退，现存的仅有 1 目，3 科，11 属，约 209 种，分布于南、北半球的热带及亚热带地区，其中 4 属产美洲、2 属产非洲、2 属产大洋洲、1 属产东亚。中国仅有铁树科 1 科，铁树属 1 属，约 15 种，引进 1 科。

②银杏纲（Ginkgopsida）

落叶乔木，枝有长枝和短枝之分。叶在长枝上互生，在短枝上簇生，叶片扇形，先端二裂或波状缺刻，二叉脉序。孢子叶球单性，雌雄异株，精子多鞭毛。种子核果状，具 3 层种皮，胚乳丰富。

银杏纲现仅存 1 目、1 科、1 种，即银杏目银杏科银杏属的银杏 1 种，为世界著名的孑遗植物。发生于古生代石炭纪末期，至中生代三叠纪、侏罗纪种类繁盛，有 15 属之多，第四纪冰川期后，仅残存 1 属、1 种，为中国特产，是一种典型的孑遗植物，科学家称它为“活化石”，现国内外栽培很广。目前仅浙江西天目山可能还存在野生状态的银杏。

③松杉纲（球果纲）（Coniferopsida）

松杉纲是木本植物，茎多分枝，常有长短枝之分，具树脂道。叶单生或成束，针形、鳞形、钻形、条形或刺形，螺旋状着生或交互对生或轮生。孢子叶球常排列成球果状，单性，同株或异株。

松杉纲为现存裸子植物中种类最多、经济价值最高、分类最广的一个类群，有 4 目、4 科、44 属约 400 种，我国有 4 目、3 科、23 属，约 150 种。

④红豆杉纲（紫杉纲）（Taxopsida）

常绿乔木或灌木，多分枝。叶为条形、披针形、鳞形、钻形或退化成叶状枝。孢子叶球单性异株，稀同株。胚珠生于盘状或漏斗状的珠托上，或由囊状或杯状的套被所包围。种子具肉质的假种皮或外种皮。

红豆杉纲有 3 科、14 属约 162 种，我国有 3 科 7 属约 33 种。

3. 被子植物

（1）被子植物概述

被子植物（Angiospermae）是植物界分化程度最高、结构最复杂、适应性最强的高等植物类群。其区别于其他高等植物最显著的特征是：有真正的花和雌蕊的结构，产生种子并形成果实。

具真正的花　被子植物典型的花由花萼、花冠、雄蕊群和雌蕊群 4 部分组成。花萼和花冠的出现不仅增强了保护作用，也提高了传粉效率。

具雌蕊　被子植物的心皮卷合形成雌蕊。将胚珠包于子房内，得到子房的保护。子房受精后发育成果实，种子又得到果皮的保护。加之果实具有不同的色、香、味和各种钩、刺、翅、毛等结构，又有利于种子的散布。

具双受精现象　当两个精子由花粉管送入胚囊后，一个精子与卵细胞结合形成合子，将来发育为二倍体（$2n$）的胚；另一个精子与两个极核结合形成初生的胚乳核，这种具有双亲特性的胚乳，使子代具有更强的生活力。

孢子体高度发达　被子植物的孢子体在生活史中占绝对优势，比其他高等植物更加完善、多样化。有自养的植物，也有附生、腐生和寄生的植物；有乔木、灌木、藤本植物，也有一年生、二年生、多年生的草本植物。在解剖构造上，木质部中具有导管，韧皮部具有筛管和伴胞。由于输导组织的完善，使体内的水分和营养物质运输畅通无阻，而且机械支持能力加强，就能够供应和支持总面积大得多的叶子，增强光合作用的效能。

配子体进一步简化　被子植物的配子体达到了最简单的程度。雄配子体仅具 2 个细胞（或 3 个细胞）的成熟花粉粒，即 1 个营养细胞和 1 个生殖细胞（或 2 个精子）；雌配子体通常只有 7 个细胞（有 8 个核）的成熟胚囊，无颈卵器的结构。可见，被子植物的雌、雄配子体均无独立生活能力，终生寄生在孢子体上，结构上比裸子植物更加简化。

由于被子植物具有上述特征，它具备了在生存竞争中优越于其他各类植物的内部条件，从而成为陆地上最繁茂的类群。

被子植物是在距今 1 亿 4 千万年前的白垩纪时期，在地球上突然地同时兴起的，因此很难根据化石的年龄论定谁比谁更原始。不过，植物分类学者在判别某些形态特征的进化地位时还是有一些共同的观点，即被子植物的演化规律和分类原则（表 1–1）。

表 1–1　被子植物的演化规律和分类原则

	初生、原始性状	次生、进化性状
茎	1. 木本 2. 直立，不分枝或二叉分枝 3. 无导管，只有管胞 4. 具环纹、螺纹导管	1. 草本 2. 缠绕，合轴分枝 3. 有导管 4. 具网纹、孔纹导管
叶	5. 常绿 6. 单叶全缘 7. 互生	5. 落叶 6. 叶形复杂 7. 对生或轮生
花	8. 花单生 9. 有限花序 10. 花两性 11. 雌雄同株 12. 花部呈螺旋状排列 13. 花各部多数而不固定 14. 花被同型，不分化为萼片和花瓣 15. 花部离生 16. 整齐花 17. 子房上位 18. 花粉粒具单沟 19. 胚珠多数 20. 边缘胎座、中轴胎座	8. 花形成花序 9. 无限花序 10. 单性花 11. 雌雄异株 12. 花部呈轮状排列 13. 花各部数目不多，为定数（3，4，5） 14. 花被分化为萼片和花瓣，或退化为单被花、无被花 15. 花部合生 16. 不整齐花 17. 子房下位 18. 花粉粒具 3 沟或多孔 19. 胚珠少数 20. 侧膜胎座、特立中央胎座及基底胎座
果实	21. 单果、聚合果 22. 真果	21. 聚花果 22. 假果
种子	23. 种子有胚乳 24. 胚小、直伸，子叶 2	23. 种子无胚乳 24. 胚弯曲或卷曲，子叶 1
生活型	25. 多年生 26. 绿色自养植物	25. 一年生 26. 寄生、腐生植物

上述 26 条植物形态演化的一般规律是判别某类植物进化地位的原则，但不能孤立地只以某一条原则来判别植物的进化地位，应当联系各条原则综合地分析，因为某种植物的各个形态特征在演化上并不是同步的，往往有些特征已进化而另一些特征仍保留着原始状态。如唇形科植物，其花冠不整齐、合瓣、雄蕊 2 ～ 4 枚等特点体现了高级虫媒植物协调进化的结果，但其子房是上位的，仍比较原始。

全世界的被子植物约 250 000 种，按克朗奎斯特 1981 年版被子植物分类系统，分别隶属于 11 亚纲、83 目、383 科，约 30 000 属。我国被子植物资源极其丰富，有 260 余科、3 100 属，约 25 000 种。

（2）被子植物分类体系

①被子植物分为木兰纲和百合纲，11 个亚纲。

木兰纲（Magnoliopsida）：木兰亚纲、金缕梅亚纲、石竹亚纲、五桠果亚纲、蔷薇亚纲、菊亚纲 6 个纲。

百合纲（Liliopsida）：泽泻亚纲、槟榔亚纲、鸭跖草亚纲、姜亚纲、百合亚纲 5 个纲。

②被子植物的木兰纲和百合纲植物主要区别见表 1–2。

表 1–2　被子植物的木兰纲和百合纲植物主要区别

木兰纲	百合纲
1. 胚具 2 片子叶（极少 1，3，4）	1. 胚仅具 1 片子叶（或有时胚不分化）
2. 主根发达，多为直根系	2. 主根不发达，由多数不定根形成须根系
3. 茎内维管束环状排列，具形成层	3. 茎内维管束散生，无形成层
4. 叶具网状脉	4. 叶具平行脉或弧形脉
5. 花部通常 5 或 4 基数，极少 3 基数	5. 花部通常 3 基数，极少 4 基数，绝无 5 基数
6. 花粉具 3 个萌发孔	6. 花粉具单个萌发孔

应当指出的是，表 1–2 中的区别是相对的、综合的，在两纲中实际上存在着交错现象。比如，睡莲科、毛茛科、伞形科等属于双子叶植物纲，但它们的胚只有 1 枚子叶；毛茛科、车前科、菊科等双子叶植物科中有具须根系的植物；天南星科、百合科等单子叶植物科中有网状脉，而伞形科、蝶形花科等双子叶植物科中有平行脉；樟科、木兰科、毛茛科等双子叶植物科中有 3 基数的花，而单子叶植物的眼子菜科、百合科中有 4 基数的花。

③ 被子植物分类系统纲和亚纲比较如下。

克朗奎斯特被子植物分类系统纲和亚纲检索表

1. 叶脉常为典型的网状脉；花多为 4 或 5 基数；茎内维管束排列环状，具形成层 ………… 木兰纲
  2. 花单性，常无花瓣或花被，成柔荑花序，多为风媒传粉 ………………………… 金缕梅亚纲
  2. 花单性或两性，常具花瓣，多非风媒传粉。
    3. 雌蕊多数，离生；花粉多具单萌发孔、沟 ………………………… 木兰亚纲
    3. 雌蕊少数或多数，不都离生；花粉不具单萌发孔、沟。
      4. 雄蕊向心发育，具蜜腺盘。
        5. 多为草本，花粉常为 3 核，多特立中央胎座或基生胎座 ……………… 石竹亚纲
        5. 草本或木本，花粉常为 2 核，多中轴胎座或侧膜胎座 ……………… 五桠果亚纲
      4. 雄蕊离心发育，不具蜜腺盘。
        6. 雄蕊常多于花瓣数，花被分化 ………………………… 蔷薇亚纲
        6. 雄蕊与花瓣同数或较少，花冠合瓣 ………………………… 菊亚纲
1. 叶脉常为平行脉或弧形脉；花多为 3 基数；茎内维管束散生，不具形成层 ………… 百合纲
  7. 多为水生或湿生草本，雌蕊具 1 至多个分离或近分离的心皮 ……………… 泽泻亚纲
  7. 多为陆生或附生草本，雌蕊具连合的心皮。
    8. 常具包裹花序的佛焰苞。
      9. 苞片常绿色而较小，多为大型草本或木本植物 ………………… 槟榔亚纲
      9. 苞片多为大型且颜色显著，为草本 ………………………… 姜亚纲
    8. 常不具包裹花序的佛焰苞。
      10. 不具蜜腺，不具菌根 ………………………… 鸭跖草亚纲
      10. 常具蜜腺，多具菌根 ………………………… 百合草亚纲

（3）被子植物纲、目和常见科一览

详见教材后附录 2。

实训作业

学生利用课上和课下实训时间，完成下列任务：在老师带领下，第一次认识学校里最常见的植物。课上认真听老师讲解重点植物识别要点、生长习性、应用方式；课后以 3 ～ 4 人一组复习 2 次，并拍照、及时整理（图片命名要求：科序号 + 科名属名 + 种名……，科序号见“被子植物纲、目和常见科一览”，参考附录 2）。

微课

任务 1.3　园艺植物人为分类

教学目标

教学课件

知识目标

1. 能够正确理解园林树木按园林绿化用途分类的类型。2. 能够正确理解园林树木综合因子分类的各个类型。3. 能够正确理解根据原产地气候特点对花卉分类的类型。4. 能够正确理解花卉的日照长短、耐寒性、播种时期的关系。5. 能够正确理解一年生、一年或二年生花卉的区别。6. 能够正确理解宿根花卉与球根花卉的区别。7. 能够正确理解 5 类球根花卉的典型特征。8. 能够正确理解果树的 4 种分类方法。9. 能够正确理解蔬菜的 3 种分类方法。

技能目标

1. 能够正确判断具体园林树木属于综合分类的哪种类型。2. 能够列举园林树木按园林绿化用途分类的树木应用方式。3. 能够列举出 4 种水生花卉类型。4. 能够正确判断 5 类球根花卉的区别。

教学建议

1. 建议开展本任务内容教学前，首先带学生通过校园或校园附近场所，认识常见园艺植物，初步建立起部分植物的感性认识。2. 建议开展本任务内容教学前，要求学生通过中国大学慕课“园艺植物识别与应用”（或其他同类在线课程）课程视频资源和教材“知识与技能”部分预习课堂教学内容。3. 建议开展本任务内容教学时，采用问题引导、分组回答、植物标本和相关内容的 PPT 验证的理实一体方式进行，有效提高教学效果。4. 课后完成中国大学慕课“园艺植物识别与应用”（或其他同类在线课程）课程的单元测验题（提醒学生，拿到及格成绩会获得合格证书，本学期本课程有奖励分）和教材的学习引导题。5. 老师安排第二次现场认识植物，建议安排在学校里或校园附近，识别最常见的植物。建议老师详细讲解重点植物的识别要点、生长习性、应用方式。要求学生课后以 3 ～ 4 人一组复习 2 次，并检查、指导整理图片。图片命名要求：科序号 + 科名属名 + 种名……，科序号见附录 2。6. 检查学生拍摄植物图片与命名整理状况。检查方法是要求学生把整理好的植物图片设置成中等图标大小，截图发班级群。认真做的与不认真做的、做得好的与不足的大家都知道，可以相互学习。老师做评讲，不符合要求的，提出来改正。强调认真做事，严格要求自己。表扬表现好的行为，鼓励大家不断提高。

学习引导

1. 阐述园林树木各种分类的组成。2. 阐述花卉栽培分类的组成。3. 阐述花卉的日照长短、耐寒性、播种时期、开花期的关系。4. 阐述一年生、一年或二年生、多年生花卉的不同点。5. 阐述宿根花卉与球根花卉的不同点。6. 阐述 5 类球根花卉的典型特征。7. 阐述果树、蔬菜的 3 种分类方法。8. 能够说出几种常见植物属于至少 3 种以上人为分类类型。（如月季是落叶灌木、花木类、阳性树木、耐寒性树木等）9. 根据人为分类类型列举常见植物 3 种。（如可以在本地区做独赏树的树木有银杏、香樟、雪松）10. 列举出各类水生花卉类型 2 ～ 4 种。11. 列举出各类藤本植物的常见植物 1 种。

知识与技能

植物人为分类法以植物自然分类法中的“种”为基础，根据植物的生长类型、观赏特性、用途等方面的差异及其综合特性，主观地划分为不同类型。由于分类的目的不同，各种人为分类法所体现的意义也不同。人为分类法简单明了，操作性和实用性强，在生产上应用很普遍。园艺植物人为分类法首先将园艺植物分为四大类：园林树木、花卉、果树、蔬菜。

1.3.1　园林树木分类

1. 按生长类型分类

（1）乔木类　树体高大（6 m 以上），具有明显的高大主干。其中，伟乔高 31 m 以上，大乔高 21 ～ 30 m，中乔高 11 ～ 20 m ，小乔高 6 ～ 10 m，如银杏、雪松、水杉等。

（2）灌木类　树体矮小（通常在 6 m 以下），

主干低矮。其中干茎自地面呈多数生出而无明显的主干的称为丛生灌木，如蜡梅、含笑、桂花、法国冬青、石楠等。

（3）木质藤木类　能缠绕或攀附他物而向上生长的木本植物。依其生长特点又可分为绞杀类、吸附类、卷须类和蔓生类。如爬山虎、紫藤等。

（4）匍地类　干、枝等均匍地生长的木本植物。与地面接触部分可生出不定根而扩大占地范围，如铺地柏、铺地龙柏等。

（5）竹木类　指禾本科竹亚科的植物，主要有乔木类和灌木类。如慈孝竹、紫竹、斑竹、菲黄竹等。

2. 按观赏性状分类

赏树形（形木类）如雪松、合欢等。

赏叶（叶木类）如紫叶李、马褂木等。

赏花（花木类）如白玉兰、日本晚樱等。

赏果（果木类）如石榴、枸骨等。

赏枝干（干枝类）如红瑞木、金枝国槐等。

赏根（根木类）如榕树等。

3. 按园林绿化用途分类

这种分类方法是依据园林树木在绿化上的用途分类的，比较常用、实用，但很多树木可以有多个用途，如香樟可以做庭荫树，也可以做行道树，还可以做独赏树。

（1）**独赏树类**（又称孤植树、标本树、赏形树）主要指以单株形式布置，起主景、局部点缀或遮阴作用的一类树木。孤植树类表现的主题是树木的个体美，故姿态优美、开花结果茂盛、四季常绿、叶色秀丽、抗逆性强的阳性树种更为适宜，常见树种有雪松、香樟、银杏等。

（2）**遮阴树类**（又称绿荫树）　主要指能形成绿荫，供游人纳凉，避免日光暴晒和起装饰作用的乔木。在园林中多植于路旁、池边、廊、亭前后或与山石建筑相配，或在局部小景区三五成组地散植各处，形成有自然之趣的配置。

由于最常用于建筑形式的庭院中，故习称庭荫树。常见树种有樟树、银杏、枫杨、梧桐、七叶树、二球悬铃木、榕树等。

（3）**行道树类**　主要指栽植在道路系统，如公路、街道、园路、铁路等两侧，整齐排列，以遮阴、改善生态环境、美化为目的的乔木树种。

行道树为城乡绿化的骨干树，能统一组合城市景观，体现城市与道路特色，创造宜人的空间环境，因此显得尤其重要。常见树种有二球悬铃木、樟树、大叶女贞、广玉兰、榕树等。

（4）**花木类**　木本植物中以观花为主的类群，这是园林应用中种类数量多、用途多、观赏价值最高、最为重视的一类。花木类中灌木比较多。

花木类树木经常做独赏树、遮阴树、行道树、花篱、专类园等。如梅花、牡丹、茶花、现代月季、杜鹃、白玉兰、栾树、合欢、紫玉兰、紫薇等。

（5）**林丛类**　适宜长成林丛的树木，如水杉、池杉、落羽杉等。

（6）**防护树类**　以防大风、风沙等为主要目的的树木，北方应用很多，如加杨、沙枣等。

（7）**藤木类**　主要根据藤蔓植物的生长特性和绿化应用方式来选择树种，如墙面绿化可以选用爬山虎、常春藤等具吸盘、不定根的种类；棚架绿化宜用木香、紫藤、葡萄、藤本月季、蔷薇、凌霄、叶子花、使君子、常春油麻藤等；陡岩坎绿化则可以用蔷薇、忍冬、枸杞、迎春等为材料。

（8）**绿篱**　绿篱又称植篱或树篱，在园林中主要起分隔空间、围堵场地、遮蔽视线、衬托景物、美化环境以及防护作用等。常用的绿篱树木有：红叶石楠、黄杨、金叶女贞、紫薇、海桐、珊瑚树等。

（9）**木本地被植物类**　为地被小灌木树木，如铺地柏、铺地龙柏、平枝栒子等。

（10）**屋基种植类**　宜种植于建筑物旁边的植物，多耐阴，如八角金盘、洒金桃叶珊瑚等。

独赏树（孤植树）

遮阴树类

行道树（大王椰子——海南岛）

林丛类（水杉）

（11）**桩景类（包括地栽及盆栽）** 桩景类树木是指经过人工整形制成的各种造型的单株或群体，有时又将它们统称为球形类树木，造型形式众多。对这类树木的要求与绿篱类基本一致，但以常绿种类、生长较慢、寿命长者为佳，如罗汉松、黄杨、五针松、榔榆、梅、龙柏、六月雪等。中国有八大盆景流派，选用植物种类（包括品种）数量多、要求多样、地区特色鲜明，从而凸显了这类植物的价值。

桩景类

（12）**室内绿化装饰类** 多选用原产于热带和亚热带的、常绿、较能耐阴的观叶和观花植物，在更北地区过冬，或者有些植物不适应高温、干旱、强光照，需要放置在室内或者温室里，其他时间还是可以盆栽放置在室外的。如幸福树、发财树、一品红、金橘、橡皮树等。

（13）**专类花园** 是以某一种或某一类观赏植物为主体的花园。按照一定的造园意图进行园林布局，选择的植物品种通常是观花植物，也有选择观叶植物和观果植物的。专类花园植物应有比较丰富的种以下类型和品种。这种花园有种植同一种植物的，如梅园；有种植同一属植物的，如丁香园；有种植同科或不同科但具有相类似的观赏特征的植物的，如蔷薇园（月季、玫瑰、蔷薇）、牡丹园（牡丹、芍药、荷包牡丹）、多浆植物园。专类花园的最大特色是能充分发挥同一类植物的最佳观赏期和特性，除在花期以美丽的景色供人游赏和陶冶情操外，还可进行有关植物学、园艺学和园林学方面的科学普及教育，从事观赏植物的品种资源的收集、比较、保存和杂交育种等科学研究。

4. 按综合因子分类

（1）**按热量因子** 可分为耐寒、不耐寒和半耐寒树种。可以这样大概判断：只能在长江中下游及其以南地区露地生长的植物叫半耐寒树种，只能在北京地区露地生长的叫耐寒树种（北方），只能在福建省及以南地区露地生长的叫不耐寒树种（南方）。

（2）**按水分因子** 可分为耐旱树种、中生树种和耐湿树种。

（3）**按光照因子** 可分为阳性树种、中性树种和阴性树种。

（4）**按土壤因子** 分为喜酸性土树种、耐碱性土树种、耐瘠薄土树种和海岸树种 4 类。

行道树要求能耐瘠薄土、适应性比较强。道路旁地下建筑垃圾多，排水管道等建筑工程复杂，因此，行道树要求适应性比较强的树木。

茶花、茶梅、杜鹃、茶树、南天竹、栀子花、吊钟花等都是典型的酸性土树种。在中性和碱性土壤中生长不理想，典型的例子是茶花、杜鹃花等植物在长江北平原上生长不好，而在江南山区生长良好。我们可以通过改良土壤酸碱性，满足植物生长要求。

（5）**按空气因子** 可分为抗风树种、抗污染树种、抗粉尘树种和卫生保健树种 4 类。

（6）**按移植难易** 可分为易移植成活类及不易移植成活类。

（7）**按繁殖方法** 可分为种子繁殖类及无性繁殖类。

（8）**按整形修剪** 可分为宜修剪整形类及不宜修剪整形类。

（9）**按对病虫害的抗性** 可分为抗性类及易感染类。

上述各种分类方法在具体的园林树木育种、育苗、植物配置、种植、养护等环节有重要意义，判断正确很有价值，判断错误有时损失严重。比如移栽树木时需要考虑是易移植成活及不易移植成活类树木。

5. 按形态、习性、分类学地位的综合分类

（1）**针叶形树类** 以松、杉、柏为主体，包括裸子植物中的松柏纲、红豆杉纲植物。其中不少种类为优秀的观形赏叶树木，在园林绿地中应用极为广泛，其中的雪松、金钱松、日本金松、巨杉、南洋杉被誉为世界五大公园树种，在世界范围影响很大。

针叶型树又可分为常绿针叶树种和落叶针叶树种两类。常绿针叶树种有松属、雪松、柳杉属、柏科；落叶针叶树种有水杉、池杉、落羽杉、金钱松、落叶松属。

针叶形园林树木分布在全国各地，北方地区分布比较多。

（2）棕榈形树类 是指常绿，树干通直，多无分枝，叶大型，聚生茎端，掌状或羽状分裂，树形较特殊的一类观赏树木，包括棕榈科、苏铁科植物，分布于热带及亚热带地区，多不耐寒，适应性强，观赏价值高，主要产于我国华南、西南地区。

棕榈形树类（棕榈科 斐济金棕）

（3）观赏竹类 禾本科竹亚科的多年生常绿树种。竹类为我国园林传统的观赏植物，素有高风亮节的雅誉，历来为人们所喜爱和颂扬。主要产地为热带、亚热带，少数产于温带，我国主要分布于秦岭、淮河流域以南地区。

（4）阔叶型树类 是种类最多的一类园林树木，主要为木兰纲植物。叶片大小介于针叶型类与棕榈形类树木叶片之间，叶形千差万别。既有观花、观叶、观形、观果树种，也可组成大片森林，能够产生显著的生态环境效益。分布范围极广，用途多样，是温带及亚热带主要树种。

阔叶型树类又可分为：常绿与落叶树木，乔木、灌木和藤本树木。

①常绿乔木类 主要分布于热带、亚热带地区，不耐寒，四季常青，包括木兰科、樟科、桃金娘科、山茶科、木犀科等科。

②落叶乔木类 为我国北方主要阔叶树种，较耐寒，季相变化明显，如山毛榉科、杨柳科、胡桃科、桦木科、榆科、悬铃木科、金缕梅科、漆树科、蝶形花科等科的许多种树木。

③常绿灌木类 南方分布比较多，耐寒力较弱，北方多温室栽培，种类众多，其中的龙血树类、变叶木等为著名的观叶树种。

④落叶灌木类 分布很广，种类也不少，用途广泛，许多种类都是优秀的观花、观果、观叶树种，被大量应用于绿篱、地栽、盆栽等方面。

常绿、落叶不是绝对的，常常在过渡区域内有些树木呈现半落叶现象。

（5）藤蔓类树木 该类树木主要用于垂直绿化。种类多，习性各异。从植物系统分类上看，藤蔓植物主要分布在桑科、葡萄科、猕猴桃科、五加科、葫芦科、蝶形花科、夹竹桃科等科中。

藤本植物有多种分类方法，如根据茎的质地不同，可分为木质藤本与草质藤本；根据是否落叶可以分为常绿藤本和落叶藤本等；从园林造景的角度，根据攀缘方式的不同，可以将藤本植物分为四类，即缠绕类、吸附类、卷须类、匍匐类。有些植物具有两种以上的攀缘方式，可称为复式攀缘，如葎草，其茎为缠绕茎，同时生有倒钩刺；又如西番莲，既具有卷须，又能自身缠绕他物。

按攀缘方式分为4类：

①缠绕类 这类植物不具有特化的缠绕器官，其藤蔓具有缠绕支撑物的能力，螺旋状向上生长。这类植物的攀缘能力较强，种类最多，也最常见，是棚架、柱状体、高篱及山坡、崖壁绿化美化的良好材料。常见种类包括：紫藤、金银花、中华猕猴桃、何首乌、五味子、鸡血藤等。缠绕类攀缘植物的缠绕方式有左旋和右旋两种，但也有部分藤本植物同时具有左旋、右旋两种方式，如中华猕猴桃、何首乌等。

②卷须类 这类攀缘植物依靠特殊的变态器官“卷须”而攀缘。卷须可以分为多种，第一类卷须是由茎或枝的先端变态特化而成，分枝或不分枝，称为茎卷须，如葡萄、西番莲等；第二类卷须是由叶柄、叶尖、托叶或小叶等叶片不同部位特化而成，称叶卷须，如铁线莲、炮仗花等；第三类是花序卷须，是由花序的一部分特化成卷须的，如珊瑚藤等。另外，还有部分小枝变态成螺旋状曲钩的，如茜草科的钩藤。

③吸附类 这类植物依靠吸附作用而攀缘，多

具有吸附根或吸盘。具有吸盘的植物：爬山虎、五叶地锦、崖爬藤等，是墙壁、屋面、石崖的理想绿化植物。具有吸附根的植物：常春藤、扶芳藤、络石等。

④匍匐类 这类藤蔓植物不具有特殊的攀缘器官，茎细长、柔软没有缠绕能力，为蔓生的悬垂植物，通常只能匍匐平卧或向下吊垂，有的种类具有倒钩刺，在攀缘中起一定作用。这类植物是地被植物、坡地绿化及盆栽悬吊的理想材料，如蔷薇、木香、叶子花、藤本月季等。

1.3.2 花卉分类

1. 根据花卉原产地气候特点分类

（1）中国气候型花卉 又称大陆东岸气候型，包括中国的华北及华东地区，以及日本、北美洲东部、巴西南部、大洋洲东南部等地区。原产于这些地区的花卉，属于中国气候型花卉。

气候特点是冬寒夏热，年温差较大。其中，中国与日本因受季风气候的影响，夏季雨量较多。该气候型又因冬季的气温高低不同，分为温暖型与冷凉型。温暖型（低纬度地区）：包括中国长江以南（华东、华中及华南）、日本西南部、北美洲东南部、巴西南部、大洋洲东部、非洲东南角附近等地区。常见植物有：中国石竹、中国水仙、百合类、凤仙花、福禄考、天人菊、堆芯菊、细叶美女樱、半支莲、报春、捕蝇草、非洲菊、石蒜、绯红唐菖蒲、马蹄莲等。冷凉型（高纬度地区）：中国华北及东北南部、日本东北部、北美洲东北部等地区。常见植物有：芍药、菊花、向日葵、荷包牡丹、翠菊、美洲矢车菊、大瓣铁线菊、红花钓钟柳、金光菊、燕子花、花菖蒲等。

（2）欧洲气候型花卉 又称大陆西岸气候型。属于此气候型的地区有：欧洲大部分、北美洲西海岸中部、南美洲西南角及新西兰南部。

气候特点是冬季温暖，夏季温度不高，雨水四季均匀。著名花卉：羽衣甘蓝、三色堇、紫罗兰、雏菊、银白草、矢车菊、霞草、喇叭水仙、勿忘草、宿根亚麻、毛地黄、锦葵、铃兰等。

（3）地中海气候型花卉 以地中海沿岸气候为代表，与其相似的地区还有南非好望角附近、大洋洲东南和西南部、南美洲智利中部、北美洲加利福尼亚等地。

气候特点是秋冬潮湿，夏季干燥，没有严寒酷暑。是较多球根花卉的原产地，需要夏眠。有郁金香、石竹、君子兰、鸢尾、仙客来、风信子、金鱼草、鹤望兰、麦秆菊、蒲包花、酢浆草、羽扇豆、天竺葵、唐菖蒲、花菱草、白头翁、番红花、小苍兰、小鸢尾、龙面花、钓钟柳、网球花等。

（4）墨西哥气候型花卉 又称热带高原气候型，见于热带及亚热带高山地区，包括墨西哥高原、南美洲的安第斯山脉、非洲中部高山地区及中国云南等地。

气候特点是周年温度近于 14～17 ℃，气温不高而年温差小，花卉耐寒性较弱，喜夏季冷凉。主要有：万寿菊、波斯菊、一品红、球根秋海棠、大丽花、旱金莲、报春花、晚香玉、百日草、云南山茶、常绿杜鹃、月月红、香水月季等。

（5）热带气候型花卉 气候特点是周年高温，温差小，雨量大，雨季和旱季分明。该地区原产花卉不耐寒。亚洲、非洲及大洋洲热带著名花卉有：鸡冠花、凤仙花、彩叶草、虎尾兰、猪笼草、蟆叶秋海棠、蝙蝠蕨、非洲紫罗兰、变叶木、红桑、万带兰等。中美洲和南美洲热带原产的著名花卉有：美人蕉、花烛、牵牛花、秋海棠、朱顶红、长春花、大岩桐、胡椒草、竹芋、水塔花、卡特兰等。

（6）沙漠气候型花卉 分布地区有：非洲、阿拉伯、黑海东北部、大洋洲中部、墨西哥西北部、秘鲁与阿根廷部分地区及我国海南岛西南部。

气候特点是周年降雨量很少，气候干旱，只有多肉多浆类植物分布。仙人掌科植物主要产于墨西哥东部及南美洲东部。其他科多浆植物类如：芦荟、十二卷、伽蓝菜等，主要原产在南非。我国海南岛所产的主要有：仙人掌、光棍树、龙舌兰、霸王鞭等。

由于育种工作者的努力，不少植物拥有适应不同气候特征的品种，应用时应注意关注具体品种说明。

2. 根据对水分条件的适应性分类

（1）旱生花卉 具有较强的抗旱能力。外部形态上和内部构造上都产生许多相应的变化和特征，如叶片变小或退化变成刺毛状、针状或肉质化；叶表皮层或角质层加厚，气孔下陷；叶表面具厚茸毛以及细胞液浓度和渗透压变大等，这就大大减少了植物体水分的蒸腾，同时该类花卉根系都比较发达，能增强吸水力，从而更增强了其适应干旱环境的能力。多数原产炎热而干旱地区，仙人掌科、景天科等花卉即属此类。

（2）**中生花卉** 中生植物的特征是根系及输导系统较发达；叶表面有角质层，叶片的栅栏组织和海绵组织较整齐。大多数的花卉属于这一类。

（3）**湿生花卉** 该类花卉耐旱性弱，需生长在潮湿的环境中。分为两种类型：

阳性湿生花卉 生长在阳光充足，土壤水分经常饱和或仅有较短的干旱期地区的湿生植物，例如在沼泽化草甸、河湖沿岸低地生长的鸢尾、半边莲。

阴性湿生花卉 生长在光线不足，空气温度较高，土壤潮湿环境下的湿生植物。热带雨林中或亚热带季雨林中、下层的许多种类均属于本类型，例如多种蕨类、海芋、秋海棠类以及热带兰类等多种附生植物。本类可谓为典型的湿生植物。

（4）**水生花卉** 生长在水中且观赏价值较高的植物叫水生花卉。分为 4 种类型：

挺水植物 植物体的大部分露在水面以上的空气中，如荷花、芦苇、香蒲。

沉水植物 植物体完全沉没在水中，如金鱼藻等。

漂浮植物 植物体完全自由地漂浮于水面，如凤眼莲、浮萍等。

浮水植物 根生于浅水下泥土中，仅叶及花浮在水面，如睡莲、萍蓬草等。

水生植物的形态特点是植物体的通气组织发达，在水面以上的叶片大，在水中的叶片小，常呈带状或丝状，叶片薄，表皮不发达；根系不发达。

3. 根据所需日照时间长短分类

（1）**长日照花卉** 这类花卉在其生长过程中，需要有一段时期每天的光照时数在 12 h 以上，才能由营养生长转入生殖生长阶段，形成花芽并开花。如金盏菊、诸葛菜、瓜叶菊、羽衣甘蓝等秋播草花等。长日照植物在北半球多是二年生植物、耐寒植物、秋季播种。

（2）**短日照花卉** 这类花卉，需要有一段时期每天的光照时数在 12 h 以下或每日连续黑暗时数在 12 h 以上，植株才能由营养生长转入生殖生长，从而形成花芽并开花。如菊花、一品红等都是典型的短日照花卉。短日照植物在北半球多是一年生植物、不耐寒植物、春季播种。

（3）**中日照花卉** 这类花卉在其整个生长过程中，对日照时间长短没有明显的反应，只要其他条件适合，一年四季都能开花。

4. 根据对温度条件的适应性分类

（1）**耐寒花卉** 具有较强的耐寒力，能忍耐 −10 ℃以下的温度，在北方能露地栽培、自然安全越冬的花卉，这类花卉又称为露地花卉。一般原产于温带及寒带。如许多宿根花卉及部分秋播草花、秋植球根花卉等。如芍药、荷包牡丹等。

（2）**不耐寒花卉** 多原产于热带及亚热带或暖温带。在其生长期间要求较高的温度，不能忍受 5 ℃以下的温度，低温下停止生长或死亡，这一类花卉主要是温室栽培；另外，春播一年生草花、春植球根花卉也都属于此类。

（3）**半耐寒花卉** 指耐寒力介于耐寒花卉与不耐寒花卉之间的一类花卉。它们多原产于暖温带，生长期间能短期忍受 −5 ℃左右的低温。在北方，需加防寒措施方可露地越冬。如菊花、羽衣甘蓝、三色堇、紫罗兰等部分秋播草花等。

5. 根据花卉栽培应用分类

（1）**露地花卉** 是指在当地自然条件下，不加温床、温室等特殊保护措施，在露地栽植即能正常完成其生活周期的植物。栽培的特点是栽培具有投入少、设备简单、生产程序简便等优点，是花卉生产栽培中的主要方式。露地花卉可划分为以下几个类型：

①一二年生花卉（一年生与二年生花卉的简称）

一年生花卉 是指在一个生长季内完成生命周期的花卉。即一般春天播种，夏秋季开花、结实、枯死，均在一个生长季内完成，故又称春播花卉（不耐寒）。如凤仙花、万寿菊、一串红、石竹、鸡冠花、矮牵牛、波斯菊、百日草、半支莲、麦秆菊等。

二年生花卉 是指在两个生长季内完成生命周期的花卉。一般秋季播种，播种当年只有营养生长，次年春夏季开花、结实、死亡，故又称为秋播花卉（耐寒、长日照植物）。如羽衣甘蓝、三色堇、二月兰、须苞石竹、紫罗兰等。

一年生和二年生花卉大多数以种子播种方式繁殖，是花坛应用的主要植物。有些花卉既可以作一年生栽培，又可以作二年栽培，简称一二年生花卉。

②多年生花卉

多年生花卉 是指个体寿命超过两年，能多次开花结实的花卉。因其地下部分的形态常发生变化，可分为两类：

宿根花卉 是指植株入冬后，根系在土壤中宿存越冬，第二年春天萌发开花的植物，其地下部分形态不发生变态。如菊花、芍药、鸢尾等。

球根花卉 地下的根或茎变态膨大，贮藏养分、水分，以度过休眠期的花卉。球根花卉按形态的不同分 5 类：

鳞茎类　地下茎膨大呈扁平球状，由许多肥厚鳞片相互抱合而成的花卉。如水仙、郁金香、百合、风信子等（另如蔬菜中的洋葱）。

球茎类　地下茎膨大呈块状，茎内部实质，表面有环状节痕，顶端有肥大的顶芽，侧芽不发达的花卉。如唐菖蒲、香雪兰等（另如蔬菜中的慈姑）。

块茎类　地下茎膨大呈块状，外形不规则，表面无环状节痕，块茎顶端有几个固定的发芽点的花卉。如大岩桐、马蹄莲、彩叶芋等（另如蔬菜中的马铃薯）。

根茎类　地下茎膨大呈粗长的根状，内部为肉质，外形具有分枝，有明显的节间，在每节上可发生侧芽的花卉。如美人蕉、鸢尾等（另如蔬菜中的莲藕）。

块根类　地下茎膨大呈纺锤体形，芽着生在根颈处，由此处萌芽而长成植株的花卉，如大丽花、花毛茛等（另如蔬菜中的山芋）。

③水生花卉（如前所述）

④岩生花卉　指直接生长于岩石表面，或生长于覆于岩石表面的薄层土壤上，或生长于岩石之间的植物。岩生花卉耐旱性强，适合在岩石园栽培，可以用来装饰岩石园。

（2）温室花卉　指原产于热带、亚热带及南方温暖地区的花卉，在北方寒冷地区需要在温室内培养，或冬季需要在温室内保护越冬。通常分以下几类：

①温室一二年生花卉　如瓜叶菊、蒲包花等。

②温室多年生花卉　如君子兰、仙客来、朱顶红、吊兰、一叶兰、四季秋海棠、绿萝、万年青、非洲菊、马蹄莲等。

③温室木本花卉　如金橘、幸福树、一品红、变叶木等。

④兰科植物　如春兰、惠兰、建兰、墨兰、蝴蝶兰、大花惠兰等。

⑤凤梨科植物　如莺歌凤梨、火炬凤梨、水塔花等。

⑥棕榈科植物　如蒲葵、鱼尾葵等。

⑦温室亚灌木花卉　如倒挂金钟等。

⑧蕨类植物　如铁线蕨、肾蕨、巢蕨等。

⑨多浆多肉植物　如仙人掌、玉树、蟹爪兰、金琥、玉树、火龙果等。

⑩水生花卉　如王莲等。

⑪食虫植物　如猪笼草、瓶子草、捕虫草等。

（3）鲜切花　鲜切花指从栽培或野生观赏植物活的植株上切取的花枝、果枝、茎、叶等材料（包括部分木本植物），主要用于瓶插水养，或制作花束、花篮、花环、插花、胸饰花、头饰、桌饰等。鲜切花包括切花、切叶与切枝。鲜切花中，有草本植物如百合、郁金香、康乃馨等，也有木本植物现代月季、蜡梅等。鲜切花是跟市民生活密切相关的一类植物。

（4）草坪及地被植物　草坪是由草坪草及其赖以生存的基质共同组成的一个有机体，是由密植于坪床上的多年生矮草经修剪、滚压或反复践踏后形成的平整的草地。其中，草类植物是草坪的核心，如狗牙根、一年生黑麦草、结缕草、早熟禾等禾本科植物。

地被植物指株形低矮、能覆盖地面的植物群体，这个群体中既包括草本植物，又包括木本植物中的低矮灌木，阴湿的地方还有苔藓植物和蕨类植物等。如常见有麦冬、三叶草、红花酢浆草、大花马齿苋等。

草坪按理属于地被植物，因为草坪生产应用数量很大，受到了重视，有时独立成为一门课程介绍；因此，有时不包括在地被植物中。

1.3.3 果树分类

据估计，全世界大约有果树 2 792 种，分布在 234 个科、659 个属中（包括能食用而未在生产中栽培的野生树种）。

中国是世界上果树资源最丰富的国家之一，世界上最重要的果树种类在中国几乎都有。

果树分类通常有两个系统：一是植物学分类系统（自然分类法），二是园艺学分类系统，其又有几种分类方法，以下做简要介绍。

1. 按叶生长期特性分类

（1）落叶果树　落叶果树的生长期和休眠期界限分明。苹果、梨、桃、李、杏、柿、枣、核桃、葡萄、山楂、板栗、樱桃等，这些一般多在我国北方栽培的果树，都是落叶果树。

（2）常绿果树　常绿果树在年周期活动中无明显的休眠期。柑橘类、荔枝、龙眼、杧果、椰子、榴梿、菠萝、槟榔等，这些一般多在我国南方栽培的果树，都是常绿果树。

梅、柿、枣、无花果、梨、桃、李、栗等，我国南方、北方均有栽培，即使在南方栽培也还是落叶果树。

2. 按生态适应性分类

（1）寒带果树　一般能耐 -40 ℃以下的低温；只能在高寒地区栽培，如榛、醋栗、穗醋栗、山葡萄、果松、越橘等。

（2）温带果树　多是落叶果树，适宜在温带栽培，休眠期需要一定低温。如苹果、梨、桃、杏、核桃、柿、樱桃等。

（3）亚热带果树　既有常绿果树，也有落叶果树，这些果树通常在冬季需要短时间的冷凉气候（10 ℃左右）。如柑橘、荔枝、龙眼、无花果、猕猴桃、枇杷等。枣、梨、李、柿等有的品种也可在亚热带地区栽培。

（4）热带果树　适宜热带地区栽培的常绿果树，较耐高温、高湿，如香蕉、菠萝、槟榔、杧果、椰子等。

3. 按生长习性分类

（1）乔木果树（主要类型）　有明显的主干，树高大或较高大，如苹果、梨、李、杏、荔枝、椰子、核桃、柿、枣等。

（2）灌木果树　丛生或几个矮小的主干，如石榴、无花果、醋栗、穗醋栗、刺梨、沙棘等。

（3）藤本（蔓生）果树　这类果树的枝干称藤或蔓，树不能直立，依靠缠绕或攀缘在支持物体上生长。如葡萄、猕猴桃等。

（4）草本果树　这类果树具有草质的茎，多年生。如香蕉、菠萝、草莓等。

4. 按果树栽培学特性分类

在生产和商业上，上述分类法应用很少，而常常按落叶果树和常绿果树再结合果实的构造以及果树的栽培学特性分类，即果树栽培学分类，又称农业生物学分类。

（1）落叶果树

①仁果类果树　按植物学概念，这类果树的果实是假果，食用部分是肉质的花托发育而成的，果心中有多粒种子。如苹果、梨、木瓜、山楂等。

②核果类果树　按植物学概念，这类果树的果实是真果，由子房发育而成，有明显的外、中、内三层果皮，外果皮薄，中果皮肉质，是食用部分，内果皮木质化，成为坚硬核。如桃、杏、李、樱桃、梅等。

③坚果类果树　这类果树的果实或种子外部具有坚硬的外壳，可食部分为种子的子叶或胚乳。如核桃、栗、银杏、阿月浑子、榛子等。

④浆果类果树　这类果树的果实多、粒小而多浆；如葡萄、草莓、醋栗、穗醋栗、猕猴桃、树莓等。

⑤柿枣类果树　这类果树包括柿、君迁子（黑枣）、枣、酸枣等。

（2）常绿果树

①柑果类果树（芸香科）　这类果树的果实为柑果，如橘、柑、柚子、橙、柠檬、葡萄柚等。

②浆果类果树　果实多汁液，如阳桃、蒲桃、莲雾、人心果、番石榴、番木瓜等。

③荔枝类果树　包括荔枝、龙眼等。

④核果类果树　包括杨梅、杧果、橄榄、油橄榄等。

⑤荚果类果树　包括酸角树、四棱豆、苹婆等。

⑥聚复果类果树　多果聚合或心皮合成的复果，如树菠萝、面包果、番荔枝等。

⑦草本类果树　如香蕉、菠萝、草莓等。

⑧藤本（蔓生）类果树　如西番莲、南胡颓子等。

1.3.4 蔬菜分类

蔬菜作物种类繁多。据不完全统计，全世界现有的蔬菜约超过 450 种，我国有 200 多种，普遍栽培的有 50 ～ 60 种。而且同一个“种”内又有不同的亚种或变种，变种中又有不同的品种。所以，对于种类繁多的蔬菜植物，为学习或研究方便，有必要对其进行分类，使其系统化、规律化。

目前，我国常用的蔬菜分类方法有 3 种：

1. 植物学分类法

经粗略统计，200 余种蔬菜作物分属于 20 多个科，且绝大多数为种子植物门木兰纲植物，少部分为百合纲植物。植物学分类法优点：

（1）明确了各种蔬菜作物之间彼此的亲缘关系。这对实际生产中的良种繁育和病虫害防治具有指导意义。因为同一物种内，不同的亚种、变种和品种之间，其花粉如果相互混杂，仍然可以正常地受精结籽。如果在采种栽培时，不同的亚种、变种或品种之间不进行有效的隔离，就很容易造成后代品种混杂、良种繁育失败。因此，可利用植物学分类明确蔬菜间的亲缘关系，科学有效地进行采种栽培。如甘蓝和菜花；根芥菜和榨菜、雪里蕻。

（2）植物学分类法还可指导蔬菜的轮作倒茬，

避免同一病虫害的传染蔓延等。

（3）各种蔬菜有相对固定的拉丁学名，为世界通用，便于国内外交流。我国普遍栽培的蔬菜虽有 20 多个科。但常见的一些种或变种主要集中在 8 大科。

①十字花科 包括萝卜、芜菁、白菜（含大白菜、白菜亚种）、甘蓝（含结球甘蓝、苤蓝、花椰菜、青花菜等变种）、芥菜（含根芥菜、雪里蕻变种）等。

②伞形花科 包括芹菜、胡萝卜、芫荽、小茴香等。

③茄科 包括番茄、茄子、辣椒（含甜椒变种）、马铃薯。

④葫芦科 包括西瓜、黄瓜、西葫芦、南瓜、笋瓜、冬瓜、丝瓜、瓠瓜、苦瓜、佛手瓜以及甜瓜等。

⑤蝶形花科 包括菜豆（含矮生菜豆、蔓生菜豆变种）、豇豆、豌豆、蚕豆、毛豆（即大豆）、扁豆、刀豆等。

⑥百合科 包括韭菜、大葱、洋葱、大蒜、韭葱、金针菜（即黄花菜）、石刁柏（芦笋）、百合等。

⑦菊科 包括莴苣（含结球莴苣、皱叶莴苣变种）、莴笋、茼蒿、牛蒡、菊芋、朝鲜蓟等。

⑧藜科 包括菠菜、甜菜（含根甜菜、叶甜菜变种）等。

此种分类法的缺点是，有些作物属于同科同属，但其生长发育特性和栽培技术差异较大，不便于生产和研究使用，如茄科的马铃薯和番茄。

2. 食用器官分类法

根据产品（食用）部分所属的植物学器官（根、茎、叶、花、果实、种子）等进行分类。是我国古老的一种分类方法。

这种分类法的特点是可以了解彼此间在形态上及生理上的关系。凡在形态上比较相近的蔬菜，其生物学特性和栽培方法也大体相似，这在栽培上有一定意义。如萝卜、胡萝卜及根用芥菜，三者虽为不同的科属，但对环境条件的要求及栽培技术都很相似。大部分蔬菜凡食用器官相同的，其生长发育规律和栽培方法大体上相同或相似。

依食用器官分类法，可将所有蔬菜划分为根菜类、茎菜类、叶菜类、花菜类、果菜类五大类。还可根据产品器官的变态情况划分为更细的类型。

（1）根菜类 以肥大的根部为产品器官的蔬菜属于这一类。

①肉质根 以种子胚根生长肥大的主根为产品，如萝卜、胡萝卜、根用芥菜、芜菁甘蓝、芜菁、辣根、美洲防风等。

②块根类 以肥大的侧根或营养芽发生的根膨大为产品，如甘薯、牛蒡、豆薯、葛等。

（2）茎菜类 以肥大的茎部为产品的蔬菜。

①肉质茎类 以肥大的地上茎为产品，有莴笋、茭白、茎用芥菜、球茎甘蓝等。

②嫩茎类 以萌发的嫩芽为产品，如竹笋、石刁柏、香椿等。

③块茎类 以肥大的块茎为产品，如马铃薯、菊芋、草石蚕等。

④根茎类 以肥大的根茎为产品，如莲藕、姜、襄荷等。

⑤球茎类 以地下的球茎为产品，如慈姑、芋、荸荠等。

（3）叶菜类 以鲜嫩叶片及叶柄为产品的蔬菜。

①普通叶菜类 以不结球的叶子为主要食用器官的蔬菜，如小白菜、荠菜、菠菜、茼蒿、莴苣、芹菜、叶用芥菜、乌塌菜、薹菜、芥兰、苋菜、番杏、叶用甜菜等。

②结球叶菜类 以结球的叶子为主要食用器官的蔬菜，如结球甘蓝、大白菜、结球莴苣、包心芥菜等。

③香辛叶菜类 以具有香、辛味道的叶子为食用器官的蔬菜，大葱、韭菜、分葱、茴香、芫荽等。

④鳞茎类 由叶鞘基部膨大形成鳞茎，如洋葱、大蒜、胡葱、百合等。

（4）花菜类 以花器或肥嫩的花枝为产品，如花椰菜、金针菜、朝鲜蓟、紫菜薹、芥蓝等。

（5）果菜类 以果实及种子为产品。

①瓠果类 葫芦科蔬菜，如南瓜、黄瓜、西瓜、甜瓜、冬瓜、丝瓜、苦瓜、佛手瓜等。

②浆果类 茄科是以果实为产品的蔬菜，如番茄、辣椒、茄子。

③荚果类 蝶形花科蔬菜，如菜豆、豇豆、刀豆、豌豆、蚕豆、毛豆等。

④杂果类 其他蔬菜，甜玉米、草莓、菱角、秋葵等。

此分类法的缺点是，有些栽培方法相同的蔬菜并不能归为同一类，如结球甘蓝、花椰菜和球茎甘蓝分别属于叶菜类、花菜类和茎菜类。

3. 农业生物学分类法

该分类法是根据蔬菜作物所要求的农业栽培技术以及蔬菜本身的生物学特性（即形态特征和生长发育特性）进行分类的，即将栽培方法和生物学特性相同或相近的蔬菜作物归为一类。

从蔬菜栽培学的角度讲，该方法结合了上述两种分类法的优点，比较适用，适用于生产和科研活动。

因此，农业生物学分类法是目前我国园艺界普遍采用的一种方法。

根据此分类法，可将所有蔬菜分为以下 14 类。

（1）白菜类 包括大白菜、小白菜栽培亚种和芥菜栽培种。

大白菜可形成硕大的叶球，故又称为结球白菜。小白菜不能结球，又名不结球白菜，叶片有明显的叶柄，没有叶翼，与大白菜苗期形态易于区别。

小白菜中又有普通小白菜、乌塌菜、薹菜和菜心之分，普通小白菜和乌塌菜（塌菜）习惯上称为油菜（北方）或青菜。

芥菜种可分为叶用芥菜、茎用芥菜（榨菜）、分蘖芥菜、根用芥菜等多个变种；根用芥菜属于根菜类，分蘖芥菜俗称雪里蕻，属于这一类。

白菜类蔬菜以其柔嫩的叶丛或叶球为产品，生长期间均要凉爽湿润的气候条件，生产上多在秋冬季节栽培，即二年生植物。

（2）甘蓝类 包括结球甘蓝、球茎甘蓝（苤蓝）、花椰菜（菜花）、绿菜花（青花菜）等很多变种。其中结球甘蓝以叶球为产品，适应性强，栽培面积广，春、夏、秋均可栽培。均为二年生植物，适宜于温和湿润气候，多为育苗移植栽培。种子十分相似，均为芸薹属甘蓝栽培种。

（3）根菜类 包括萝卜、胡萝卜、根芥菜、芜菁等，以其肥大的肉质直根为食用部分。根菜类生长期间喜好凉爽湿润，又为二年生植物，多为秋、冬季节生产，适宜于直播栽培，喜欢土壤疏松、沙性大、透气性好。通常第一年秋、冬季形成肥大的肉质根后第二年春季抽薹开花结籽，但若品种选用不当很易出现先期抽薹，造成损失。

（4）绿叶蔬菜类 包括菠菜、芹菜、莴笋、莴苣、芫荽、茴香、茼蒿以及苋菜、蕹菜、落葵等十几种。这类蔬菜都是以其幼嫩绿叶或叶柄、嫩茎为产品。

其共同特点是生长速度快、栽培周期短和产品采收标准不严格。宜与高秆作物间作、套作或抢茬栽培。其中苋菜、蕹菜（也叫空心菜）和落葵（俗称木耳菜）这几种蔬菜不同于其他蔬菜，性喜温暖，主要在南方栽培。近几年，引进北方后，作为稀特蔬菜在部分地区少量栽培，宜在夏秋季节生产。

（5）葱蒜类 包括韭菜、大葱、大蒜、洋葱、韭葱等，其中韭菜、大葱是以其叶片或由叶鞘包合形成的假茎为产品。大蒜和洋葱则是以叶鞘基部膨大形成的鳞茎（蒜头和葱头）为产品。

葱蒜类蔬菜性多耐寒喜凉，韭菜可宿根生长，为多年生。大葱可周年生产，为 2 ～ 3 年生。大蒜和洋葱鳞茎的膨大形成，需要的温度、日照等条件严格，所以通常只能在春、夏特定的季节栽培。

（6）茄果类 包括番茄、茄子和辣椒 3 种。这 3 种蔬菜的基本特性和栽培技术非常相近，都明显不同于上述 5 类。茄果类蔬菜都是以果实为食用器官，喜温怕寒，忌霜冻。生产上多行育苗，露地只能在无霜期内栽培。为夏季的主要蔬菜。

（7）瓜类 包括黄瓜、西葫芦、南瓜、笋瓜、冬瓜、丝瓜、瓠瓜、苦瓜、佛手瓜等葫芦科蔬菜。是蔬菜中的一大类，其共同点是茎为蔓性，需搭架引蔓或爬地压蔓栽培，需利用施肥浇水和整枝压蔓技术调节好茎叶生长和开花结瓜的关系。除黄瓜进行育苗栽培外，其他种类均宜直播或短期护根育苗栽培。

（8）豆类 包括菜豆、豇豆、豌豆、蚕豆、毛豆、刀豆、扁豆、四棱豆等蝶形花科蔬菜。菜豆栽培面积最大，豇豆、豌豆等次之。毛豆即为大豆（黄豆）的嫩荚时采收食用的产品。豆类蔬菜除豌豆和蚕豆要求凉爽气候以外，均要求温暖的环境，忌霜冻，为夏季主要蔬菜之一。生产上豆类多以直播栽培，不适宜育苗。豆类植物根系有根瘤菌，可以利用空气中的氮素。

（9）薯芋类 包括马铃薯、山药、芋头、生姜、甘薯等多种。薯芋类蔬菜均以变态的地下器官（块茎、块根、根茎、球茎）供食用。繁殖时，也都以无性繁殖为主，用种量大，繁殖系数低。栽培上，要求土壤疏松、透气、肥沃。一类是喜温和凉爽气候，可耐轻微霜冻，如马铃薯等；另一类是喜温暖气候，比较耐热，但不耐霜冻，如山药、芋头、生姜、甘薯等。

（10）多年生蔬菜 主要包括百合、黄花菜、石刁柏（芦笋）、菊芋、草石蚕以及木本植物香椿、竹笋等。这类蔬菜均是一次播种或栽植，可多年收获，冬季枯死，地下部的根、根状茎或鳞茎等器官宿存，以休眠过冬。对某些易退化的种类应在种植两三年后换茬一次或另选地种植。这类蔬菜一般多采用分株繁殖、无性繁殖，但有些种类也可采用种子繁殖，如石刁柏、香椿等。

（11）**水生蔬菜**　包括莲藕、茭白、慈姑、荸荠、芡、菱、豆瓣菜、水芹等水生植物。这类蔬菜除菱和芡以种子供食用外，多以变态茎或嫩茎叶为食用器官，对人体有滋补及保健功效。无性器官为繁殖材料。均喜温暖、潮湿、阳光充足及肥沃土壤，多在春、夏栽培，秋、冬采收。

（12）**芽菜类**　主要是指由种子遮光发芽，培育成 10 ～ 12 cm 高，仅具两枚嫩绿子叶（或真叶）的芽苗供食用的一类蔬菜。可用于生产芽菜主要有萝卜芽、香椿芽、豌豆芽、苜蓿芽、荞麦芽等。芽菜生产周期短，仅需 10 多天；茎叶鲜嫩，只展开两片子叶（豌豆、蚕豆为基生叶）；风味独特，具有本种蔬菜特有的品味；生产设备简易，不受季节限制，可随时生产、周年供应，是近几年发展迅速很有前途的一类蔬菜。

（13）**食用菌类**　指平菇、香菇、金针菇、杏鲍菇等可食用的菌类植物。属于低等植物、菌类植物。

（14）**其他蔬菜类**　有些蔬菜，如甜玉米、黄秋葵、朝鲜蓟等似乎归入上述任何一类都不大合适。也有人将刚刚从国外引进的、种植很少的或很特别的蔬菜归入“特种蔬菜”。

实训作业

学生利用课上课下实训时间，完成下列任务：在老师带领下，第二次认识学校里最常见的植物。课上认真听老师讲解重点植物识别要点、生长习性、应用方式；课后以 3 ～ 4 人一组复习 2 次，并检查、指导拍照、整理（图片命名要求：科序号 + 科名属名 + 种名……，科序号见附录 2“被子植物纲、目和常见科一览”）。

项目 2　园林树木识别与应用

知识目标

1. 掌握常见园林树木及其常见变种、品种的典型特征。2. 掌握常见园林树木及其常见变种、品种的生长习性与主要繁殖方法。3. 掌握常见园林树木的园林应用规律。4. 理解具体植物应用与植物配植、创新与创业的关系。

能力目标

1. 能够正确识别常见园林树木及其常见变种、品种。2. 能够准确描述常见园林树木及其常见变种、品种的典型特征。3. 能够收集 200 种常见园林树木的典型特征、应用方式的图片。4. 能够根据园林用途、树木习性正确选择常见园林树木。

微课

任务 2.1　园林树木应用概述

教学目标

教学课件

知识目标

1. 理解园林树木改善城市环境的作用。2. 理解观赏树木的造景作用。3. 理解园林树木的配植原则。4. 理解观赏树木的配植类型。5. 理解古树名木具备的条件和保护的意义。

技能目标

1. 能够正确判断园林树木的三种配植方式。2. 能够根据古树名木的年龄判断其所属等级。

教学建议

1. 课前，要求学生登录中国大学慕课预习“园艺植物识别与应用”（或其他同类在线课程）课程教学资源，并通过软件识别、讨论区讨论等方式，初步认识校园及附近绿地场所的园艺植物种类，建立对相关植物的感性认识。2. 课中，采用问题引导、分组回答、植物标本识别、现场识别等理实一体化方式进行，有效提高教学效果。3. 课后，完成中国大学慕课“园艺植物识别与应用”（或其他同类在线课程）课程的单元测验题、教材的学习引导题及“实训操作”部分作业。4. 讲解多种树、种好树与生态保护的关系。5. 通过案例，强调古树名木的生态作用、文化价值和在园林植物种植中的意义。6. 指导学生把拍摄、命名的植物图片按人为分类法进行归类。

学习引导

1. 列举园林树木对改善城市环境的 5 点主要作用。2. 列举园林树木造景的几个作用。3. 阐述园林树木的配植的 4 点原则。4. 正确判断观赏树木的配植类型。5. 阐述古树名木应具备的条件和保护古树名木的意义。6. 能够根据古树名木的年龄判断其所属等级。

知识与技能

2.1.1　园林树木改善城市环境的作用

城市人口密度大、工厂多、车辆多，产生的污染物质很多，严重地影响人们的生活环境，通过多栽树木，可以很好地改善城市生态环境。

（1）改善环境温度　树冠遮挡阳光，叶片吸收热量，减少阳光辐射热，降低小气候的温度。同时，树木光合作用可以消耗大量的低层空间的热量。

（2）提高空气湿度　植物在进行蒸腾作用时，向树木周围散发大量的水分；据测定，一般树林中的空气湿度比空旷地高 7% ～ 14%。

（3）自然净化空气　树木吸收二氧化碳、放出氧气，能积极地恢复并维持生态自然循环，具有自然净化空气的能力。

（4）吸收有害气体 有些树木具有吸收有害气体的能力，能够在有气体污染的工厂等环境中正常生长，保护环境的作用更大。

（5）滞尘杀菌消噪声 树木阻滞空气中的烟尘、分泌杀菌素、减弱噪声的能力比其他类型的植物更强。

此外树木还有防风固沙、美化绿化、防止水土流失、涵养水源等作用。

2.1.2 园林树木的造景作用

园林树木是园林四要素之一，在园林四要素中，只有园林树木越长越大，越来越好看，才越有价值。

（1）构成景物 树姿优美、树形奇特，或经人工矫揉整修的树木，或古树、名木，单独可以成为园林中的一景。而行道树、绿篱、树坛、树群、树丛与森林等则是由多数树木所构成的景物。

（2）分区作界 行道树、绿篱、树群等在形式上或功能上与墙、胸墙、栏杆等有共同之处，同样可起到分区作界的作用。

（3）改观地形 在平坦处栽种有高矮变化的树木，在远观上可以造成地形起伏的变化，因而改变了原来平坦的地形；反之，如在低洼处栽种较高的树种，在较高处栽种矮小的树种，同样能使原有起伏明显的地形感观上趋于比较平坦。

（4）丰富色彩 树木的叶色、花色、枝干、芽苞色等色彩都是十分丰富的。不同的树木有不同的色彩，植物的不同部分也有不同的色彩，不同的季节中植物所呈现出来的色彩也是不相同的。此外，园林树木多是绿色，还能够衬托出其他景物的色彩，而使整个规划区的色彩更为多彩。

（5）增强气氛 树木是自然物，有树木就显得有自然的生气，而随着树木的形状、色彩以及配合运用上所产生不同影响，气氛便更加生动了。这是其他素材所不能代替的。

（6）控制视线 树木可以阻挡视线、限制视线而透露风景线，造成园林中的轴线，从而加强了园林的层次与整体性。障景、夹景、框景等多数由树木组成。

（7）加强季节特色 落叶树的荣枯，有明显的季节色彩。植物的芽是按季节展开的、花是按季节开放的、果实是按季节成熟的、叶是按季节凋落的。叶色能随季节改变的树种，更能强调出季节的特色。

（8）填充空隙 林下、山间、水畔往往都有一些空隙地带，即使任意种上些树木填补空间，也能增加美色，并发挥一定的生态作用。

（9）覆盖地表 用丛林来代替草地，比草地更有幽深、厚重与渺茫的感觉；在较大面积的空地上，丛林与草地并用，能增加高度的变化而使风景更为多彩。

2.1.3 园林树木的配植

1. 园林树木的配植原则

第一，以树木自身特性（内因）及其生态关系（外因）作为基础来配置植物，但不能绝对化，应该创造性地来考虑。

第二，首先着重考虑满足主要目的要求。

第三，在满足主要目的要求的前提下，应考虑如何配置才能取得较长期稳定的效果。

第四，应考虑以最经济的手段获得最好的效果。

2. 园林树木的配植方式

（1）规则式 该方式整齐、严谨，具有一定的株行距，按固定的方式排列。主要特点是有明显的中轴线，多为几何图案形式，植物对称或拟对称布置。体现一种整齐、开朗、壮观、庄严的气氛。多用于纪念性园林、皇家园林等。

（2）自然式 该方式自然、灵活，参差有致，没有一定的株行距和固定的排列方式。主要特点是不规则，植物配置力求反映自然之美。该形式能表现自然、流畅、轻松、活泼的氛围，多用于休闲性公园，如综合性公园、植物园。

（3）混合式 该方式规划灵活，形式变化多样，景观丰富多彩。主要特点是规则式、自然式植物造景交错组合，多采用局部为规则式，整体为自然式的植物配置，是公园植物造景的常用形式。

3. 观赏树木的配植类型

（1）孤植栽植 即单株种植。

（2）对植栽植 即对称地种植大致相等数量的树木，分对称式和非对称式种植。

（3）列植栽植 又称带植，即按一定株行距成行成带地种植。

（4）几何形栽植 即按照典型的几何图形种植树木。

（5）模纹式栽植 又称镶嵌式栽植，即用不同色彩的观叶植物与花叶俱佳的观赏植物在规则的植物架构中配置成精美的图案纹样。

(6)**丛植栽植** 即用两株以上乔灌木自由地组合在一起，树冠线彼此相连而成一个整体的配置类型。

(7)**群植栽植** 即 10 株以上乔灌木组成的树木群体。

(8)**林带与片林栽植** 即较大规模成片、成带的树木种植的类型。

(9)**绿篱造景** 即用灌木组成围墙式的种植类型。

(10)**藤本植物造景** 即把藤本植物种植于建筑物周围、花架上和土坡等处，形成垂直立面的绿化景观。

2.1.4 古树、名木的概念及保护

1. 古树、名木的概念

古树、名木是我国社会的宝贵财富，不是一般树木可比拟的。古树名木必须具备“古”或“名”，是历朝、历代栽植遗留下来的树木，或者为了纪念特殊的历史事件而栽植的作为见证的树木。

古树名木应具备以下条件：

1. 树龄在百年以上的古老树木。
2. 具有纪念意义的树木。
3. 国外贵宾栽植的“友谊树”，或外国政府赠送的树木，如北美红杉是美国乒乓球代表团赠送的。
4. 稀有珍贵的树种，或本地区特有的树种。
5. 在风景区起点缀作用，又与历史掌故有关的树木。

2. 古树分级

三级古树：树龄在 100 ～ 299 年的树木；

二级古树：树龄在 300 ～ 499 年的树木；

一级古树：树龄为 500 年以上的树木。

3. 保护和研究古树、名木的意义

我国是一个历史悠久、文化发达的文明古国，除文字、文物记载证明外，古树也是一个有力的见证者，它们记载着一个国家、一个民族文化发展历史，是一个国家、一个民族、一个地区的文明程度的标志，是活历史，也是进行科学研究的宝贵资料，它们对研究一个地区千百年来气象、水文、地质和植被的演变，有重要的参考价值。概括起来有以下几点：

1. **古树、名木是历史的见证。**往往既是古树又是名木，也有的树木有名而不古或古树而不名，都应当引起重视，加以保护和研究。
2. **古树、名木可以为文化艺术增添光彩。**
3. **古树、名木是历代陵园、名胜古迹的佳景之一。**
4. **古树是研究古自然史的重要资料。**
5. **古树对于研究树木生理具有特殊意义。**
6. **古树对于树种规划，有很大的参考价值。**

实训作业

学生利用课上课下实训，完成下列任务：

按上面知识，制作自己的园林树木应用人为分类体系，并把你已经收集到的园林树木图片按园林树木应用人为分类法归类好。

任务 2.2 针叶类园林树木识别与应用

微课

教学目标

教学课件

知识目标

1. 掌握常见针叶类园林树木的典型特征。2. 掌握常见针叶类园林树木的生长习性与主要繁殖方法。3. 掌握常见针叶类园林树木的园林应用方法。4. 了解非常见针叶类园林树木典型特征与应用方法。

技能目标

1. 能够正确识别常见针叶类园林树木。2. 能够准确描述常见针叶类园林树木的 2 ～ 3 个典型特征。3. 能够收集、整理常见针叶类园林树木的典型特征、应用方式的图片。4. 能够根据园林用途、生长习性正确选择并应用针叶类常见园林树木。5. 通过检索表区别常见属的主要区别。

教学建议

1. 课前，要求学生登录中国大学慕课“园艺植物识别与应用”(或其他同类在线课程)课程教学资源预习，并通过软件识别、讨论区讨论等方式，初步认识校园及附近绿地场所针叶类园林树木种类，建立相关植物的感性认识。2. 课中，采用问题

引导、分组回答、植物标本识别、现场识别等理实一体方式进行，有效提高教学效果。3. 课后，完成中国大学慕课“园艺植物识别与应用”（或其他同类在线课程）课程的单元测验题、教材的学习引导题及“实训操作”部分作业。4. 教师安排带去学校附近植物种类比较多、应用方式多样的公园、绿地认识植物，指导学生收集植物图片，并及时命名、按人为分类法整理。要求学生利用课后时间以 3 ～ 4 人小组前往复习一次。5. 建议指导学生阅读本教材附录 1、附录 2、附录 3 部分内容，通过植物形态术语准确理解植物典型特征、掌握植物自然分类体系、常见科典型特征。指导学生充分使用附录的查阅功能和学习资源。6. 吃苦耐劳能力的引导。利用第一次去校外上现场实训课，引导学生重视吃苦耐劳能力的提高。7. 指导学生使用检索表区别、鉴别植物。

学习引导

1. 列举出常见松科松属植物 5 种，其中二针一束 2 种、三针一束 1 种、五针一束 2 种。2. 列举出杉科植物中常绿和落叶各 3 种。3. 比较水杉、池杉和落羽杉的叶片及其着生的主要区别。4. 列举出针叶类树种中盆景植物 5 种。5. 列举出世界五大庭园树种。6. 通过检索表区别常见科内常见属的主要区别。

知识与技能

针叶类园林树木概述

针叶类园林树木是裸子植物的重要组成部分，它是以松、杉、柏为主体，包括裸子植物中的松柏纲、红豆杉纲植物，不少为优秀的观形赏叶树木，在园林绿地中应用极为广泛。其中的雪松、金钱松、日本金松、巨杉、南洋杉被誉为世界五大公园树种。

针叶形树又可分为常绿针叶树种和落叶针叶树种两类。常见常绿针叶树种有松属、雪松属、柳杉属、柏科等；常见落叶针叶树种有水杉、池杉、落羽杉、金钱松、落叶松属等。针叶形园林树木分布全国各地，北方地区分布比较多。

针叶类园林树木主要应用方式有独赏树、庭荫树、行道树、风景树、盆景植物等，观赏部位主要集中在观树形、观叶、观果、观树皮、观枝上。

针叶类园林树木识别与应用

1. 南洋杉 *Araucaria cunninghamii* Sweet 南洋杉科南洋杉属

【识别要点】常绿乔木，枝轮生。侧生小枝密，下垂，近羽状排列。叶两型：侧枝及幼枝叶多呈针形、钻形，开展，排列疏松；老枝及果枝叶则排列紧密，卵形或三角状钻形；球果种鳞有弯曲的刺状尖头。变种、变型、品种：

（1）‘银灰’南洋杉（‘Glauca’）叶呈银灰色。

（2）‘垂枝’南洋杉（‘Pendula’）枝下垂。

（3）异叶南洋杉［*Araucaria heterophylla*（Salisb.）Franco］不同之处是叶四棱钻形，光绿色，叶片弯曲，通常两侧扁，上面具多数气孔线，有白粉，是中国华南地区园林绿化的优良树种，也是适合中国华北地区盆栽室内观赏的好树种。

【生长习性】原产大洋洲东南沿海地区，我国广州、厦门、海南等地可露地栽培，长江以北则为温室栽植。喜温暖湿润气候，不耐严寒，喜生于肥沃土壤，较耐风，不耐干旱。速生，萌蘖性强，耐砍伐。

【观赏与应用】可用播种、扦插繁殖。南洋杉树形高大，枝条轮生而平展，姿态非常优美，是世界五大庭园观赏树种之一，最宜孤植为园景树或作纪念树，也可作行道树。北方盆栽供观赏，是极好的大会场景装饰材料。

异叶南洋杉
（南洋杉科　室内观赏）

异叶南洋杉
（南洋杉科　华南室外生长）

松科常见属检索表

1. 叶针形，2～5 针一束；常绿；种鳞有鳞盾和鳞脐 …………………… 松属
1. 叶条形、钻形或针形，单生或簇生，不成束 …………………… 2
2. 枝有长、短枝之分，叶在长枝上螺旋状着生，短枝上簇生；球果当年或翌年成熟 …………………… 3
2. 枝均为长枝，叶在枝上螺旋状着生；球果当年成熟 …………………… 6
3. 叶针形，坚硬；常绿；球果翌年成熟 …………………… 雪松属
3. 叶条形，坚硬或柔软；常绿或落叶；球果当年成熟 …………………… 4
4. 叶坚硬；常绿；球花单生于长枝叶腋 …………………… 银杉属
4. 叶柔软；落叶；球花生于短枝顶端 …………………… 5
5. 种鳞革质，宿存；叶较窄，宽 1.8 mm …………………… 落叶松属
5. 种鳞木质，脱落；叶较宽，宽 2～4 mm …………………… 金钱松属
6. 球果腋生，熟时种鳞自中轴处脱落；叶上面中脉凹下 …………………… 冷杉属
6. 球果顶生，种鳞宿存 …………………… 7
7. 球果直立；雄球花簇生枝顶；叶两面中脉隆起 …………………… 油杉属
7. 球果下垂，稀直立；雄球花单生叶腋 …………………… 8
8. 一年生枝有明显叶枕；叶钻形或条形，四面或仅上面有气孔带 …………………… 云杉属
8. 一年生枝有微隆起的叶枕；叶条形，下面有气孔带 …………………… 9
9. 球果长 5～8 cm，苞鳞伸出种鳞外，先端 3 裂 …………………… 黄杉属
9. 球果长 1.5～3.5 cm，苞鳞不伸出种鳞，先端不裂或 2 裂 …………………… 铁杉属

2. 雪松 *Cedrus deodara* (Roxb.) G. Don 松科雪松属

【识别要点】常绿乔木，树冠圆锥形。大枝平展，不规则轮生。叶针形，三棱状，在长枝上螺旋状散生，在短枝上簇生。球果椭圆状卵形，直立，熟后脱落。种子具翅。球花期 10—11 月，球果期翌年 9—10 月。

【生长习性】原产印度、阿富汗、喜马拉雅山西部。我国自 1920 年引种，现在长江流域各大城市均有栽培。喜光，喜温凉气候，有一定的耐阴力，阳性树种，抗寒性较强。浅根性，抗风性不强，抗烟尘能力弱，幼叶对二氧化硫极为敏感，受害后迅速枯萎脱落，严重时导致树木死亡。

【观赏与应用】播种、扦插或嫁接繁殖。雪松的树体苍劲挺拔，主干直耸，树冠形如宝塔，大枝四向平展，小枝微下垂，针叶浓绿叠翠。尤其在瑞雪纷飞之时，皎洁的雪片积于翠绿色的枝叶上，形成许多高大的银色金字塔，更是引人入胜，不愧为风景树的“皇后”，也是世界五大庭园观赏树种之一。印度民间将其视为圣树。最宜孤植于草坪中央、建筑前庭中心、广场中心或主要建筑物的两旁及园门的入口处。

3. 五针松（日本五针松）*Pinus parviflora* Siebold & Zucc. 松科松属

【识别要点】常绿乔木，树冠圆锥形。树皮灰黑色，呈不规则鳞片状剥落，内皮赤褐色。一年生小枝淡褐色，密生淡黄色柔毛。冬芽长圆锥形，黄褐色。叶 5 针一束，细而短，长 3～6 cm，基部叶鞘脱落，内侧两面有白色气孔线，蓝绿色，微弯曲，树脂道边生。球果卵圆形或卵状椭圆形，熟时淡褐色。种子倒卵形，较大，种翅短于种子。

【生长习性】原产日本南部。我国长江流域各城市及青岛等地有栽培。各地盆栽。喜光，能耐阴，忌湿畏热，不耐寒，生长慢，不适于沙地生长。移栽成活率较低。

【观赏与应用】常嫁接繁殖，也可播种、扦插。嫁接多用切接，腹接亦可。日本五针松为珍贵的园林观赏树种，宜与山石配植形成优美的园景。品种多，是盆景、桩景制作的常见树种。

4. 黑松（日本黑松）*Pinus thunbergii* Parl. 松科松属

【识别要点】常绿乔木，树冠幼时狭圆锥形，老时呈扁平伞状。树皮灰黑色。枝条开展，老枝略下垂。冬芽圆锥形，黄褐色。叶 2 针一束，粗硬，长 6 ~ 12 cm，叶鞘宿存，常微弯曲，树脂道中生。球果卵形，有短柄；鳞脐微凹，有短刺。种子倒卵形，具有翅。球花期 3—5 月，球果翌年 10 月成熟。

【生长习性】原产日本和朝鲜。我国山东沿海、辽东半岛、江苏、浙江、安徽等地有栽植。喜光，幼树稍耐阴，喜温暖湿润的海洋性气候，极耐海潮风和海雾，耐干旱、耐瘠薄、耐盐碱，对土壤要求不严，喜生于沙质壤土。

【观赏与应用】播种繁殖。种皮坚硬，播前要催芽。黑松为著名的海岸绿化树种，宜作防风、防潮、防沙林带及海滨浴场附近的风景林区、行道树或庭荫树。也是优良的用材树种，又可作嫁接日本五针松和雪松的砧木，是盆景、桩景制作的常见树种。

5. 白皮松 *Pinus bungeana* Zucc. ex Endl. 松科松属

【识别要点】常绿乔木，树冠阔圆锥形。树皮灰绿色，鳞片状剥落，内皮乳白色，树干上形成乳白色或灰绿色花斑。枝条疏大而斜展。叶 3 针一束，叶鞘早落。球果圆锥状卵形，熟时淡黄褐色。球花期 4—5 月，球果期翌年 9—10 月。

【生长习性】为我国特产，是东亚产唯一的 3 针松。山西、河南、陕西、甘肃、四川、湖北、北京、南京、上海等地有栽培。阳性树种，喜光，幼树稍耐阴，较耐寒，耐干旱，不择土壤，喜生于排水良好、土层深厚的土壤。对二氧化硫及烟尘污染有较强的抗性。为深根性树种，较抗风，生长速度中等。寿命长，有 1 000 年以上的古树。

【观赏与应用】播种繁殖。白皮松为我国特产的珍贵树种，自古以来即用于配植在宫廷、寺院、名园之中。树干斑驳如白龙，衬以青翠的树冠，独具奇观。宜栽植于庭院、屋前、亭侧，或与山石配植，植于公园、街道绿地或纪念场所，是盆景、桩景制作的常见树种。

6. 油松 *Pinus tabuliformis* Carr. 松科松属

【识别要点】常绿乔木，幼树树冠塔形或广卵形，老树则呈盘状或伞形。叶 2 针一束，长 10 ~ 15 cm，叶鞘宿存，基部稍扭曲。球果卵形，无柄或有极短柄，宿存枝上达数年之久。球花期 4—5 月，球果期翌年 10 月。变种有：

（1）黑皮油松（var. *mukdensis*）。乔木，树皮深灰色，二年生以上小枝灰褐色或深灰色。产于河北承德以东至辽宁沈阳、鞍山等地。

（2）扫帚油松（var. *umbraculifera*）。小乔木，树高 8 ~ 15 m，树冠呈扫帚形。主干上部的大枝向上斜伸。产于辽宁千山慈祥观附近，供观赏用。

【生长习性】华北为分布中心，西北、西南亦有，辽宁的开原、清原一带是其分布的东北界限。温带树种，强阳性，喜光，幼苗稍需庇荫。抗寒，耐干旱瘠薄，深根性，不耐水涝，不耐盐碱，以深厚肥沃的棕壤及淋溶褐土生长最好。油松的寿命很长。

【观赏与应用】播种繁殖。油松树干苍劲挺拔，四季常青，不畏风雪严寒，象征坚贞不屈、不畏强暴的气质。加之其树形优美，年龄越老姿态越奇，适于孤植、群植或混交种植于庭园，也是营造风景林的重要树种，可选用元宝枫、栎类、桦木、侧柏等作为其伴生树种。

7. 马尾松 *Pinus massoniana* Lamb. 松科松属

【识别要点】常绿乔木，青年期树冠呈狭圆锥形，老则开张如伞状。树皮红褐色，不规则片状裂。一年生小枝淡黄褐色，轮生。叶 2 针一束，叶鞘宿存。球果长卵形，有短柄，熟时栗褐色脱落。球花期 4 月，球果期翌年 10—12 月。

【生长习性】分布极广，遍布于华中、华南各地。喜光，强阳性树种，喜温暖湿润气候，耐寒性差，喜酸性黏质壤土，对土壤要求不严，能耐干旱瘠薄之地，不耐盐碱，在钙质土上生长不良。深根性，侧根多，是南方荒山绿化的先锋树种。

【观赏与应用】播种繁殖。马尾松是江南及华南自然风景区绿化和造林的重要树种。

8. 乔松 *Pinus wallichiana* A.B.Jacks. 松科松属

【识别要点】常绿乔木，高达 70 m，树皮灰褐色，小块裂片易脱落。枝条开展，冠阔尖塔型。当年生枝初绿色渐变红褐色；叶 5 针 1 束，长 10 ～ 20 cm，径约 1 mm，细柔下垂，边缘有细锯齿，叶面有气孔线，树脂道 3，边生。球果圆柱形，成熟后淡褐色，种子椭圆状倒卵形，上端具结合而生的长翅，翅长 2 ～ 3 cm，花期 4—5 月。球果于翌年秋季成熟。

【生长习性】主要产于阿富汗、巴基斯坦等国，在中国主要分布在西藏南部和云南南部，是喜马拉雅山脉分布最广的森林类型。喜温暖湿润的气候，适生于片岩、沙叶岩和变质岩发育的山地棕壤或黄棕壤，耐干旱瘠薄，喜光，生长快。

【观赏与应用】播种繁殖。乔松是优良的观赏树种，在城市绿化中可以在绿地上孤植和散植。

9. 湿地松 *Pinus elliottii* Engelm. 松科松属

【识别要点】常绿乔木，树干通直。树皮灰褐色，纵裂成不规则大鳞片状剥落。小枝粗壮。冬芽圆柱形，先端渐狭，红褐色，无树脂。叶 2 针或 3 针一束并存，较粗硬，长 15 ～ 25（30）cm，叶鞘宿存，树脂道内生。球果圆锥形，常 2 ～ 4 聚生，有短柄；鳞脐疣状，有短刺。种子卵圆形，种翅易脱落。球果翌年 9 月成熟。

【生长习性】原产北美东南沿岸，强阳性树种，喜温暖多雨气候，较耐水湿和盐土，不耐干旱，抗风力强。

【观赏与应用】播种繁殖，也可扦插。我国长江流域至华南地区有栽培，生长较马尾松快，已成为我国南方速生优良用材树种之一。湿地松苍劲而速生，适应性强，材质好，松脂产量高。可在长江流域及以南的园林和自然风景区应用。

10. 金钱松 *Pseudolarix amabilis* (J.Nelson) Rehder 松科金钱松属

【识别要点】落叶乔木，树冠阔圆锥形。树皮赤褐色，长片状剥裂。大枝不规则轮生。叶条形，在长枝上互生，短枝上轮状簇生。球果卵形或倒卵形，有短柄，当年成熟，淡红褐色。球花期4—5月，球果期10—11月。

【生长习性】产于安徽、江苏、浙江、江西、湖南、湖北、四川等地。喜光，幼时稍耐阴，耐寒，抗风力强，不耐干旱，喜温凉湿润气候，在深厚肥沃、排水良好的沙质壤土上生长良好。金钱松属于有真菌共生的树种，菌根多则对生长有利。

【观赏与应用】播种繁殖。金钱松夏叶碧绿，秋叶金黄，15～30枚，小叶轮生于短枝上，就好像一枚枚金钱，为世界五大庭园观赏树种之一。可孤植或丛植。

杉科常见属检索表

1. 常绿乔木；无冬季脱落的小枝；种鳞木质或革质 ……2
1. 落叶或半常绿乔木；有冬季脱落的小枝；种鳞木质 ……5
2. 叶合生，两面中央有1条纵槽，轮状簇生在枝端；种鳞木质 …… 金松属
2. 叶单生，螺旋状散生或小枝上叶基扭成假二列状 ……3
3. 种鳞（苞鳞）扁平，革质，叶条状披针形 …… 杉木属
3. 种鳞盾形，木质 ……4
4. 叶钻形；球果近无柄，直立，种鳞上部有3～7裂齿 …… 柳杉属
4. 叶条形或鳞形；球果有柄，下垂，种鳞无裂齿 …… 北美红杉属
5. 叶与种鳞均对生；叶交互对生，条形，二列状排列；种子扁平，周围有翅 …… 水杉属
5. 叶与种鳞均螺旋状着生 ……6
6. 小枝绿色；种鳞扁平；种子椭圆形，下端有长翅 …… 水松属
6. 小枝淡黄褐色；种鳞盾形；种子不规则三角形，棱脊上有厚翅 …… 落羽杉属

11. 水杉 *Metasequoia glyptostroboides* Hu & W.C. Cheng 杉科水杉属

【识别要点】落叶乔木，干基常膨大，幼树树冠尖塔形，老树则为广圆头形。小枝与侧芽均对生。叶扁平条形，交互对生，叶基扭转成羽状二列，冬季叶与无芽小枝一起脱落。球果深褐色，近球形，具长柄。球花期2月，球果期11月。

【生长习性】原产四川省石柱土家族自治县、湖北省利川市磨刀溪、水杉坝一带及湖南省龙山、桑植等地。水杉是1941年由于铎教授首先在湖北省利川县（现为利川市）发现的，当时正值冬季，没有采回完整的标本。1946年王战教授等专程前往采取标本，经胡先骕、郑万钧两位教授1948年定名公布后，轰动了世界科学界，被认为是20世纪的最大发现之一。水杉喜光，喜温暖湿润气候，具有一定的抗寒性，喜深厚肥沃的酸性土，要求排水

良好，较耐盐碱。对二氧化硫等有害气体抗性较弱。

【观赏与应用】播种或扦插繁殖。树姿优美，叶形秀丽，叶色随季节而变化，春天柔嫩翠绿，婀娜妩媚；盛夏则黛绿浓郁，熏风袅袅；秋霜初降，则变为橙黄、橘红，若与枫树混植，则火红金黄，浑然成趣。在园林中可丛植、列植或孤植、片植。水杉生长快、适应性强、病虫害少，是很有前途的优良速生树种。在风景区绿化，可作为首选树种。与池杉、落羽杉树形和叶相似，应用方式也相似，也是经济树木。

12. 池杉（池柏）*Taxodium distichum* var. *imbricarium* (Nutt.) Croom 杉科落羽杉属

【识别要点】落叶乔木，树冠尖塔形。树干基部膨大，常具膝状呼吸根。树皮褐色，长条状剥落。大枝向上伸展，二年生枝褐红色，当年生小枝如鞭子，常略向下弯垂。叶多钻形略扁，螺旋状互生，贴近小枝。球果圆球形或长圆状球形，有短柄，熟时褐黄色。球花期 3—4 月，球果期 10 月。

【生长习性】原产北美东南部，我国长江流域有栽培。喜光，不耐阴，喜温暖湿润气候及深厚疏松的酸性、微酸性土壤，极耐水湿，可以长在水里，也耐干旱，有一定的耐寒力。生长较快，萌芽力强，抗风力强。

【观赏与应用】播种、扦插繁殖。树形优美，枝叶秀丽婆娑，秋叶棕褐色，是观赏价值很高的园林树种。最宜在水滨湿地成片栽植，也可孤植或丛植，构成园林佳景，可以做水上森林公园植物。适于在农田水网地区、水库附近以及“四旁”造林绿化并生产木材。

13. 落羽杉（落羽松）*Taxodium distichum* (L.) Rich. 杉科落羽杉属

【识别要点】落叶乔木，树冠幼时圆锥形，老时成伞形。树干基部常膨大，具膝状呼吸根。树皮红褐色，长条状剥落。大枝近平展，小枝略下垂，侧生短枝成二列。叶扁平条形，互生，羽状排二列，淡绿色，秋季红褐色。球果圆球形或卵圆形，熟时淡褐黄色。球花期 5 月，球果期翌年 10 月。

墨西哥落羽杉 *Taxodium mucronatum* Ten. 半常绿或常绿乔木，叶条形，扁平，排列紧密，列成二列，呈羽状，通常在一个平面上。与落羽杉、水杉搭配，树形相似，秋季红绿对比突出。

【生长习性】原产美国东南部，我国长江流域及其以南地区有栽培。喜光，喜温暖湿润气候，极耐水湿，有一定耐寒力，喜湿润、富含腐殖质的土

墨西哥落羽杉与落羽杉叶子变色比较

壤，抗风力强。

【观赏与应用】播种、扦插繁殖。树形整齐美观，羽状叶丛秀丽，秋叶红褐色，是世界著名的园林树种之一。最宜在水旁配植，又有防风护岸之效。也是优良的用材树种。

14. 柳杉（长叶孔雀杉）*Cryptomeria japonica* var. *sinensis* Miq. 杉科柳杉属

【识别要点】常绿乔木，树冠塔形。树皮赤棕色，长条片剥落。小枝下垂，绿色。叶钻形，幼树及萌生枝条叶较长，达 2.4 cm，一般长 1.0～1.5 cm，叶微向内曲，四面有气孔线。球果熟时深褐色，种鳞约 20 枚，苞鳞尖头和种鳞顶端的齿缺均较短，每种鳞有 2 粒种子。球花期 4 月，球果期 10—11 月。

日本柳杉

【生长习性】产于浙江、福建、江西。北自江苏、安徽南部，南至广东、广西，西至四川、云南均有栽培。中等阳性树种，稍耐阴，略耐寒，喜温暖湿润、空气湿度大、夏季较凉爽的山地环境，在土层深厚、湿润而透水性较好、结构疏松的酸性壤土生长良好。

【观赏与应用】播种、扦插繁殖。柳杉树形高大，极为雄伟，最适孤植、对植，也可列植、丛植或群植。

15. 杉木 *Cunninghamia lanceolata* (Lamb.) Hook. 杉科杉木属

【识别要点】常绿乔木，幼树树冠尖塔形，大树则为广圆锥形。树皮褐色，长条片状脱落。叶披针形或条状披针形，略弯曲呈镰刀状，革质，坚硬，深绿而有光泽，在主枝与主干上常有反卷状枯叶宿存。球果卵圆至圆球形，熟时棕黄色，种子具翅。球花期 4 月，球果期 10 月。

【生长习性】分布广，产于长江流域或秦岭以南 16 个省（区），其中浙江、福建、江西、湖南、广东、广西为杉木的中心产区，亚热带树种，喜温暖湿润气候，喜光，怕风，怕旱，不耐寒，喜深厚肥沃、排水良好的酸性土壤。

【观赏与应用】播种或扦插繁殖。杉木树干端直，不易秃干，适于园林中群植或植为行道树。1804 年及 1844 年英国引种，在英国南方生长良好，被视为珍贵的观赏树。

柏科常见属检索表

1. 球果种鳞木质或革质，熟时开裂 ………………………… 2
1. 球果种鳞肉质，熟时不开裂或仅顶端开裂 ………………………… 5
2. 种鳞扁平或鳞背隆起但不呈盾形；球果长圆状卵形，当年成熟 ………………………… 3
2. 种鳞盾状而隆起；球果圆球形，次年或当年成熟 ………………………… 4
3. 每种鳞有种子 2 粒；小枝较窄，背面无明显白粉带 ………………………… 侧柏属
3. 每种鳞有种子 3～5 粒；小枝较阔，背面有宽大明显白粉带 ………………………… 罗汉柏属
4. 小枝扁平；球果较小，当年成熟，每种鳞有种子常为 2～3 粒 ………………………… 扁柏属
4. 小枝不扁平；球果较大，次年成熟，每种鳞有种子 5 至多粒 ………………………… 柏木属
5. 叶鳞形、刺形；刺形叶基部无关节，下延生长；冬芽不显著 ………………………… 圆柏属
5. 叶全为刺形；叶基部有关节，不下延生长；冬芽显著 ………………………… 刺柏属

16. 侧柏 *Platycladus orientalis* (L.) Franco 柏科侧柏属

【识别要点】常绿乔木，幼树树冠卵状尖塔形，老树为广圆形。树皮薄片状剥离。大枝斜伸，小枝直展，扁平。叶全为鳞片状。雌雄同株，球花单生小枝顶端。球果卵形，熟前绿色，肉质，种鳞顶端有反曲尖头，熟后开裂，种鳞红褐色。球花期 3—4 月，球果期 10—11 月。在园林中应用的品种有：

洒金千头柏

（1）**洒金千头柏**　密丛状小灌木，树冠圆形至卵圆形，高约 1.5 m。叶淡黄绿色，入冬略转褐绿。在杭州一带有栽培。

（2）**千头柏**　丛生灌木，无明显主干，树高 3～5 m，枝密生，树冠呈紧密卵圆形或球形。叶鲜绿色。球果白粉多。千头柏遗传稳定，可以播种繁殖。近年来，园林上应用较多，其观赏性比原种好，可栽作绿篱或园景树。

（3）**北京侧柏**　常绿乔木，高 15～18 m。枝较长，略开展，小枝纤细。叶甚小，两边的叶彼此重叠。球果圆形，通常仅有种鳞 8 枚。北京侧柏是一个优美栽培品种，1861 年在北京附近发现，并引入英国。

（4）**金叶千头柏**　矮形紧密灌木，树冠近于球形，高达 3 m。叶全年呈金黄色。

【生长习性】原产华北、东北，全国各地均有栽培。喜光，也有一定的耐阴能力，喜温暖湿润气候，耐干旱，耐瘠薄，耐寒，抗盐性强，适应性很强，耐修剪。

【观赏与应用】播种繁殖。侧柏是我国应用最广泛的园林树种之一，自古以来就栽植于寺庙、陵墓地和庭园中。寿命长，是古树名木中的常见树木。北京中山公园的辽代古柏有千年左右，仍然生长健壮，枝繁叶茂。在山区营造侧柏时，以混交林为宜，可与栓柏、油松、黄栌、臭椿等混合种植，效果比纯林更好。侧柏耐修剪，而且下枝不易秃干，是选作绿篱的好材料。

17. 圆柏（桧柏）*Juniperus chinensis* Roxb. 柏科圆柏属

【识别要点】常绿乔木，树冠尖塔形或圆锥形，老树为广卵形、球形或钟形。树皮浅纵条剥离，有时扭转状。老枝常扭曲状。叶两型：幼树全为刺形叶，大树刺形叶和鳞形叶兼有，老树则全为鳞形叶。球果球形，次年或第三年成熟，熟时肉质不开裂呈浆果状。球花期 4 月，果球期多翌年 10—11 月。常见栽培变种和品种有：

（1）**龙柏**　树形圆柱状，大枝斜展或向一个方向扭转。全为鳞形叶，排列紧密，幼叶淡黄绿色，后变为翠绿色。球果蓝黑，略有白粉。

（2）**金枝球柏**　丛生灌木，树冠近球形。多为鳞叶，小枝顶端初叶呈金黄色。

（3）**金龙柏**　叶全为鳞形叶，枝端的叶为金黄色。华东一带城市园林中常见栽培。

（4）**金叶桧**　直立窄圆锥形灌木，3～5 m，枝上伸。小枝具刺形叶及鳞形叶，刺形叶具灰蓝色气孔带，窄而不明显，中脉及边缘黄绿色，鳞形叶金黄色。

（5）**塔柏**　树冠圆柱状塔形，枝条紧密。通常全为刺形叶。华北及长江流域栽培。

【生长习性】原产我国东南部及华北地区，吉林、内蒙古以南均有栽培。喜光，耐阴性很强，耐寒、耐热，对土壤要求不严，对多种有害气体有一定的抗性，阻尘和隔音效果很好。耐修剪。

【观赏与应用】播种或扦插繁殖。圆柏是园林上应用最广的树种之一，耐修剪又耐阴，下枝不易秃干，可以进行各种造型修剪。常用作行道树、庭园树，可孤植、列植、丛植。圆柏树形优美，青年期呈整齐圆锥形，老树则干枝扭曲，奇姿古态，可为独景。寿命长，是古树名木中的常见树木。圆柏在园林上应用时，应注意勿与苹果园、梨园靠近，

龙柏

塔柏

也不能与之混栽，以免锈病发生，因桧柏是梨锈病的中间寄主，是盆景、桩景制作的常见树种。

18. 铺地柏（匍地柏）*Juniperus procumbens* Sargent. 柏科圆柏属

【识别要点】常绿匍匐灌木，贴近地面伏生。叶全为刺形叶，3 叶交叉轮生，叶上面有 2 条白色气孔线，基部有 2 个白色斑点，叶基下延生长。球果球形，内含种子 2～3 粒。球花期 4—5 月，球果期 9—10 月。

【生长习性】原产日本，我国各地常见栽培。阳性树种，喜石灰质的肥沃土壤，忌低湿地，耐寒。

【观赏与应用】扦插繁殖。可作园林绿化中的护坡、水土保持、地被及固沙树种，也可配植于假山岩石园或草地角隅。

19. 刺柏（台湾柏）*Juniperus formosana* Hayata 柏科刺柏属

【识别要点】常绿乔木。刺柏树皮褐色，纵裂成长条薄片脱落。大枝斜展或直伸，小枝下垂，三棱形。3 叶轮生，全为披针形，长 12～20 mm，宽 1.2～2 mm，先端尖锐，基部不下延。表面平凹，中脉绿色而隆起，两侧各有 1 条白色孔带，较绿色的边带宽。

【生长习性】为中国特有树种，自温带至寒带均有分布。喜光，耐寒，耐旱，主侧根均甚发达，在干旱沙地、向阳山坡以及岩石缝隙处均可生长，作为石园点缀树种最佳。

【观赏与应用】以种子繁育为主，也可扦插繁育。优良的园林绿化树种，树形美丽，叶片苍翠，冬夏常青，果红褐或蓝黑色，可孤植、列植形成特殊景观。

20. 日本花柏（五彩松）*Chamaecyparis pisifera* (Siebold & Zucc.) Endl. 柏科扁柏属

【识别要点】常绿乔木，树冠圆锥形。小枝片平展而略下垂。鳞叶先端尖锐，略开展，侧面叶较中间叶稍长；叶表绿色，叶背有白色线纹。球果圆球形，径约 0.6 cm。种子三角状卵形。常见变种与品种有：

（1）**线柏**　灌木或小乔木；小枝细长而圆，下垂如线。鳞叶小，先端锐尖。以侧柏为陆木嫁接繁殖。

（2）**金线柏**　似线柏，但小枝及叶为金黄色。生长较慢。杭州等地有栽培。

（3）**绒柏**　灌木或小乔木，树冠塔形；枝密生，大枝近平展，小枝非扁形；叶条状刺形，柔软，背面有 2 条白色气孔线。以侧柏为砧木嫁接。

【生长习性】原产于日本，我国长江流域各城市有栽培。中性，较耐阴，喜温暖湿润气候及深厚的沙壤土，耐寒性较差。

线柏

绒柏

【观赏与应用】播种、扦插繁殖。枝叶纤细、优美、秀丽，尤其有些品种具有独特的姿态，观赏价值很高。在园林中可孤植、丛植或作绿篱用。

21. 日本扁柏 *Chamaecyparis obtusa* (Siebold & Zucc.) Endl. 柏科扁柏属

【识别要点】常绿乔木，树冠尖塔形，干皮赤褐色。鳞叶较厚，两侧叶对生呈 Y 形，且较中间叶为大。球果圆球形，径 0.8 ～ 1 cm，种鳞常 4 对。球花期 4 月，球果期 10—11 月。常见品种有：

（1）**金边云片柏** 小枝片先端金黄色。

‘洒金云片’柏

（2）**孔雀柏** 灌木，一年生叶小枝四棱形，在主枝上成长短不一的二列状。

（3）**凤尾柏** 灌木，小枝短，末端鳞叶枝短而扁平，排列密集；鳞叶先端钝，常有腺体。

【生长习性】原产于日本。我国长江流域有栽培。较耐阴，喜凉爽湿润气候及排水良好的肥沃土壤。浅根性。

【观赏与应用】原种播种，栽培变种扦插繁殖。树姿优美，枝叶秀丽。在园林中可作园景树、行道树、树丛、风景林及绿篱用。

22. 柏木 *Cupressus funbris* Endl. 柏科柏木属

【识别要点】常绿乔木，树冠狭圆锥形，干皮淡褐灰色。小枝扁平，细长下垂。鳞叶先端尖，偶有线状刺叶。球果径 1 ～ 1.2 cm，有尖头。球花期 3—5 月，球果翌年 5—6 月成熟。

【生长习性】产于长江流域以南温暖多雨地区。喜光，稍耐阴，耐干旱瘠薄，稍耐水湿，喜温暖湿润气候，不耐寒，对土壤适应性强，喜石灰质土壤。浅根性，侧根发达，能生于岩缝中。

【观赏与应用】播种繁殖。树冠整齐，枝叶浓密，树姿优美。在园林中宜植于公园、建筑物前、陵墓、古迹和自然风景区。材质优良，是南方灰岩山地造林用材树种。

23. 罗汉松 *Podocarpus macrophyllus* (Thunb.) Sweet 罗汉松科罗汉松属

【识别要点】常绿乔木，树冠广卵形。树皮灰色，呈薄片状脱落。枝较短而横斜密生。叶条状披针形，先端尖，两面中脉显著，侧脉缺，叶面暗绿。雄球花 3 ～ 5 簇生叶腋，圆柱形；雌球花单生叶腋。种子卵形，熟时紫色，外被白粉，着生于肉质膨大的种托上，有柄。球花期 4—5 月，种熟期 8—11 月。变种与变型有：

（1）**狭叶罗汉松** 叶长 5 ～ 9 cm，宽 3 ～ 6 mm，叶端渐狭呈长尖头，叶基楔形。产于四川、贵州、江西等地，广东、江苏有栽培。

（2）**小叶罗汉松** 小乔木或灌木，枝直上着生。叶密生，长 2 ～ 7 cm，较窄，两端略钝圆。原产日本，在我国江南各地常见栽培。

（3）**短叶罗汉松** 叶特别短小。江苏、浙江等地有栽培。

（4）**雀舌罗汉松** 常绿乔木，节结短。叶片短，长 1.8 ～ 2 cm，宽约 4 mm，春头钝卵圆形，叶头不尖，中间叶脉突出，如雀鸟的舌头，有肉质感。春头呈菊花状，收拢，不发散，很好看。江苏省南通地区周围的特产树种。是通派盆景主要树种。

【生长习性】产于长江流域以南，西至四川、云南。半阴性树种，喜排水良好而湿润的沙质壤土，耐潮风，在海边生长较好。耐寒性较弱，在华北地区只能盆栽。

雀舌罗汉松盆景

【观赏与应用】播种及扦插繁殖。扦插时以在梅雨季节为好；易生根。树形优美，绿白色的种子衬以大 10 倍的肉质红色种托，好似披着红色袈裟正在打坐参禅的罗汉，故而得名罗汉松。满树紫红点点，颇富情趣。宜孤植作庭荫树，或对植、散植于厅、堂之前。罗汉松耐修剪，适应海岸环境，特别适宜作海岸绿化树种。北方为温室盆栽，供观赏。是盆景、桩景制作的常见树种。

24. 竹柏（大叶沙木、猪油木）*Nageia nagi* (Thunb.) Kuntze 罗汉松科竹柏属

【识别要点】常绿乔木，树冠圆锥形。树皮近平滑，红褐色或暗红色，裂成小块薄片。叶长卵形、卵状披针形或披针状椭圆形，长 3.5 ～ 9 cm，宽 1.5 ～ 2.5 cm，似竹叶，上面深绿，背面淡绿，平行脉，无明显中脉。雄球花常呈分枝状。种子球形，熟时紫黑色，有白粉。球花期3—5月，种熟期10月。

【生长习性】产于浙江、福建、江西、湖南、广东、广西、四川等地海拔 1 600 m 以下山地，多与常绿阔叶树混生成林。长江流域有栽培。为阴性树种，适生于温暖湿润、土壤深厚疏松的环境，不耐寒。不耐修剪。

【观赏与应用】播种及扦插繁殖。幼苗期应搭设荫棚。竹柏的枝叶青翠而有光泽，树形美观，是南方园林中很好的庭荫树、行道树，也是“四旁”绿化的优良树种。

25. 三尖杉 *Cephalotaxus fortunei* Hook. 三尖杉科三尖杉属

【识别要点】常绿乔木。叶条状狭披针形，略弯，长 4 ～ 13 cm，宽 3.5 ～ 4.5 mm，先端渐尖，基部楔形，排列较松散。种子椭圆状卵形，熟时具红色假种皮。球花期 4 月，种熟期 8—10 月。

【生长习性】主产于长江流域及河南、陕西、甘肃的部分地区。喜温暖湿润气候，耐阴，不耐寒。

【观赏与应用】播种及扦插繁殖。幼苗期应搭设荫棚。园林树种。木材富有弹性，纤维发达，宜作扁担、农具柄；种子含油率 30% 以上，供工业用油。叶、枝、种子、根可提炼多种生物碱，有治疗癌症作用。

26. 红豆杉 *Taxus wallichiana* var. *chinensis* (Pilg.) Florin 红豆杉科红豆杉属

【识别要点】常绿乔木。树皮褐色，裂成条片状脱落。叶条形，长 1 ～ 3.2 cm，宽 2 ～ 2.5 mm，先端渐尖，叶缘微反曲，稍弯曲，排成二列，叶背有两条黄绿或灰绿色宽气孔带。种脐卵圆形，有 2 棱，种脐卵圆形，假种皮杯状，红色。

【生长习性】产于我国西部及中部地区，在我国的南北方均可以种植。它喜欢凉爽的气候，可以耐寒，也可以耐阴。喜欢湿润，但是怕涝。

【观赏与应用】播种或扦插繁殖。可供园林绿化用，为优良用材树种。适合放在室内作为观赏

南方红豆杉

性植物。

27. 榧 *Torreya grandis* Fortuneex Lindl. 红豆杉科榧属

【识别要点】常绿乔木，树冠广卵形。一年生枝绿色，二年生枝黄绿色。叶条形，表面绿色，有光泽，背面有两条黄白色气孔带。种子椭圆形或卵圆形，假种皮肉质，淡紫褐色，外被白粉。球花期4月，种子翌年10月成熟。

【生长习性】我国特有树种，产于长江以南地区。耐阴，喜温暖湿润、凉爽多雾气候及深厚、肥沃、排水良好的酸性或微酸性土壤，不耐寒。寿命长，抗烟尘。

【观赏与应用】播种繁殖。树冠整齐，枝叶繁密。适于孤植、列植、对植、丛植、群植。可作主景或背景。种子可食用或榨油，是我国特有的观赏兼干果树种。

28. 香榧（细榧）*Torreya grandis* ‘Merrillii’ Hu 红豆杉科榧属

【识别要点】常绿乔木。树干端直，树冠卵形，干皮褐色光滑，老时浅纵裂，冬芽褐绿色，常3个集生于枝端。雌雄异株，雄球花单生于叶腋，雌球花对生于叶腋，种子大形，核果状，为假种皮所包被，假种皮淡紫红色，被白粉。花期4月中、下旬，果熟翌年9月。

【生长习性】中国原产树种，是世界上稀有的经济树种。为亚热带树种，喜光也稍耐阴，喜温暖湿润的气候和深厚肥沃的酸性土壤，不耐积水涝洼和干旱瘠薄。较耐寒，寿命长达数百年至上千年。

【观赏与应用】枝繁叶茂，形体美丽，是良好的园林绿化树种和背景树种，又是著名的干果树种，浙江绍兴会稽山脉中部一带的香榧种子闻名世界，种仁、枝叶可入药。在东亚国家榧木是被用来制作棋盘的高级木料。

29. 其他针叶类园林植物

杉科　北美红杉

三尖杉科　粗榧

柏科　沙地柏

松科　日本落叶松

松科　落叶松

松科　杉松（冷杉、辽东冷杉）

柏科　璎珞柏

柏松科　华山松

松科　樟子松

松科　青扦

松科　云杉

实训作业

学生利用课上课下实训，完成下列任务：

1. 去学校附近植物种类比较多、应用方式多样的公园、绿地认识植物，收集植物图片。利用课后时间以 3 ～ 4 人小组前往复习一次。

2. 完成常见针叶类园林树木的典型特征、应用方式的图片收集，并及时命名、按人为分类法分类整理（图片命名要求：科序号 + 科名属名 + 种名……科序号见“被子植物纲、目和常见科一览”，参考附录 2）。

3. 按下列表格要求，完成常见针叶类园林树木的典型特征与应用信息整理。

序号	植物名称	科属	类型（人为分类）	典型特征 1	典型特征 2	生长习性（主要是温度、光照、水分要求）	应用方式（用途）	观赏特性（如观花：红色、春季）	其他
1									
2									

任务 2.3　荫木类园林树木识别与应用

微课

教学目标

教学课件

知识目标

1. 掌握常见荫木类园林树木的典型特征。2. 掌握常见荫木类园林树木的生长习性与主要繁殖方法。3. 掌握常见荫木类园林树木的园林应用方法。4. 了解非常见荫木类园林树木典型特征与应用方法。

技能目标

1. 能够正确识别常见荫木类园林树木种类。2. 能够准确描述常见荫木类园林树木的典型特征。3. 能够收集、整理常见荫木类园林树木的典型特征、应用方式的图片。4. 能够根据园林用途、生长习性正确选择荫木类常见园林树木。

教学建议

1. 课前，要求学生登录中国大学慕课“园艺植物识别与应用”（或其他同类在线课程）课程教学资源预习，并通过软件识别、讨论区讨论等方式，初步认识校园及附近绿地场所荫木类园林树木种类，建立相关植物的感性认识。2. 课中，采用问题引导、分组回答、植物标本识别、现场识别等理实一体方式进行，有效提高教学效果。3. 课后，完成中国大学慕课“园艺植物识别与应用”（或其他同类在线课程）课程的单元测验题、教材的学习引导题及“实训操作”部分作业。4. 建议指导学生阅读本教材附录 1、附录 2、附录 3 部分内容，通过植物形态术语准确理解植物典型特征、掌握植物自然分类体系、常见科典型特征。指导学生充分使用附录的查阅功能和学习资源。5. 指导学生使用检索表区别、鉴别植物。

学习引导

1. 列举出本地区常见荫木类园林树木 20 种，统计常绿、落叶类所占比例，并说明其主要形态特征和应用特色。2. 列举出本地区常见行道树 10 种，统计常绿、落叶类所占比例，并说明其主要形态特征和应用特色。3. 比较国槐与刺槐的形态差异。4. 比较榆树与榔榆的形态差异。5. 比较香樟、二球悬铃木、梧桐、加杨、垂柳、枫杨、女贞、臭椿、香椿、榕树在应用上的特色。6. 比较梓树、黄金树和楸树的形态差异。

知识与技能

荫木类园林树木概述

荫木类园林树木是以遮阴效果好为特色的树木。主要表现为枝繁叶茂、绿荫如盖，都是阔叶、乔木树种，同时兼具耐烟尘、抗有毒气体、抗风、没有污染、不易生病虫害、寿命比较长、耐旱、耐瘠薄土壤、适应性强特点的树木为优。如能同时具备观叶、赏花或品果功能则更为理想。荫木类园林树木在提升生态效果上（与其他类型植物相比较）发挥着最重要的作用。

荫木类园林树木多为主干通直的乔木，常绿与落叶树木各有优势。常常在庭院、公园中主要起遮阴作用的称庭荫树。庭荫树可孤植、对植或 3 ～ 5 株丛植等，兼顾建筑物的高度、色彩、用途等而定。很多庭荫树是行道树的选择树种。庭荫树在造景方面也有做观赏、背景作用。在园林树木配置时，常常出现在顶层。

常见荫木类园林树木有两大类：

（1）**落叶类**　如银杏、悬铃木、合欢、国槐、朴树、榉树、榆树、白玉兰、元宝枫等。

（2）**常绿类**　如香樟、广玉兰、女贞、小叶榕、高山榕、杜英等。

行道树是种植在道路两旁和中间的乔木类树木，具有提升生态效果、行驶安全、遮阴、防护和美化等作用。各大城市对行道树的选择都非常重视，它是城市绿化的骨架工程，能使整个城市生气勃勃，并对城市的面貌起着决定性作用。

行道树的选择因道路的性质、功能、不同地区而异。公路、街道的行道树需要树冠整齐、冠幅较大、树姿优美、树干下部及根部不萌生新枝、抗逆性强、对环境的保护作用大、根系发达、抗倒伏、生长迅速、寿命长、耐修剪、落叶整齐、无恶臭或其他凋落物污染环境、大苗栽种容易成活、耐瘠薄土壤的种类。常见种类有悬铃木、香樟、复羽叶栾树、女贞、银杏、榕树、羊蹄甲、朴树、榉树、杜英、槐、水杉、银桦、荷花玉兰、黄葛树、秋枫、刺桐等。银杏、鹅掌楸、椴树、悬铃木、七叶树被称为世界五大行道树。其中，悬铃木号称行道树之王。近年来，香樟成为行道树选择的重要树种。

城市街道上的环境条件要比园林绿地、公园环境条件差得多，这主要表现在土壤条件差，烟尘和有害气体的危害，地面行人的践踏、摇碰和损伤，空中电线电缆的障碍，建筑的遮阴，铺装路面的强烈辐射，以及地下管线的障碍和伤害（如煤气管的漏气、水管的漏水、热力管的长期高温等）。因此，行道树的选择首先要考虑对各种街道上种种不良条件有较高适应性的树种；在此基础上，再要求树冠大、荫浓、发芽早、落叶迟而且落叶延续期短、花果不污染街道环境、干性强、耐修剪、干皮不怕强光暴晒、不易发生根腐、病虫害少、寿命长、根系较深等条件。由于需要考虑的因素多，完全符合理想要求的、十全十美的行道树种是没有的，选择比较理想的树种即可。选择时，要根据实际需要确定树种满足的首要条件，每一项因素不可能都是首要的或者是最重要的。

现以南京地区为例，在选择理想的行道树时应考虑的条件包括：

（1）耐脊薄、耐高温、耐修剪，生产上能适应不利的环境条件。

（2）功能上能发挥应有的作用，躯干通直，体型高大，枝叶繁茂。

（3）清洁卫生，对有害气体有一定的抵御和净化能力。

（4）具有一定的经济价值。

经过多年观察，南京地区比较适应的行道树种主要有：

落叶乔木：悬铃木、杂种马褂木、枫香、薄壳山核桃、毛白杨、银杏、柳树、水杉、五角枫、槐、白蜡、喜树、七叶树、南京椴、枫杨等。

常绿乔木：雪松、龙柏、圆柏、蜀柏、广玉兰、大叶女贞等。

国际上选择行道树的 10 条标准如下，供参考：

（1）发叶早、落叶迟，夏季绿、秋季浓；落叶时间短，叶片小而有利于清扫。

（2）冬态树形美、枝叶美、冬季可观赏。

（3）叶、花、果可供观赏，且无污染。

（4）树冠形状完整，分枝点在 1.8 m 以上，分枝的开张度与地平面成 30°以上，叶片紧密，可提供浓荫。

（5）大苗好移植，繁殖容易。

（6）能在城市环境下正常生长，抗污染、抗板结、抗干旱。

（7）抗强风、大雪，根系深，不易倒伏，不易折断干枝及无大量落叶。

（8）生命力强，病虫害少，管理容易。

（9）寿命长，生长不慢。

（10）耐高温，也耐低温。

荫木类园林树木识别与应用

荫木类园林树木种类很多，因地区差异，各地区主要应用的荫木类园林树木变化很大。南方多常绿类型，北方多落叶类型，中间兼而有之。

由于观赏特性突出，另有部分常见荫木类园林树木种类在观花、观叶、观果类园林树木中介绍。

樟科常见属检索表

1. 花两性，第 3 轮雄蕊花药外向	2
1. 花单性，雌雄异株	5
2. 落叶性，总状花序，花药 4 室	檫木属
2. 常绿性，聚伞状圆锥花序	3
3. 花被片脱落，叶三出脉或羽状脉，果生于肥厚果托上	樟属
3. 花被片宿存，叶为羽状脉，花柄不增粗	4
4. 花被裂片薄而长，向外开展或反曲	润楠属
4. 花被裂片厚而短，直立或紧抱果实基部	楠属
5. 花药 4 室，能育雄蕊为 12	木姜子属
5. 花药 2 室，伞形花序	6
6. 花被片 6，能育雄蕊常为 9；常绿或落叶	山胡椒属
6. 花被片 4，能育雄蕊常为 12；常绿	月桂属

常见园艺植物

1. 樟（香樟）*Camphora officinarum* Nees 樟科樟属

【识别要点】常绿大乔木，高达 30 m，树冠近球形。叶互生，卵形、卵状椭圆形；背面有白粉，离基三出脉，脉腋有腺体，有樟脑味。花序腋生，花小，黄绿色。浆果球形，紫黑色。花期 4—5 月，果期 8—11 月。

【生长习性】广布于中国长江以南各地，现在应用范围不断向北延伸。喜光，幼苗、幼树耐阴，喜温暖湿润气候，耐寒性不强。不耐干旱瘠薄和盐碱土，耐湿。萌芽力强，耐修剪。抗二氧化硫、烟尘污染能力强，能吸收多种有毒气体。较适应城市环境，耐海潮风。深根性，生长快，寿命长。

【观赏与应用】播种繁殖。樟树树冠圆满，枝叶浓密青翠，树姿壮丽，是优良的庭荫树、行道树、风景树、防风林树种。也是我国珍贵的造林树

种，江南地区自古以来尤喜种植。近年来园林绿化中应用数量剧增。

2. 天竺桂（浙江樟）*Cinnamomum japonicum* Siebold 樟科樟属

【识别要点】常绿乔木，树高 10 ～ 16 m。树皮光滑不裂，有芳香及辛辣味。叶互生或近对生，长椭圆状广披针形，长 5 ～ 12 cm，离基三出脉并在表面隆起，脉腋无腺体，背面有白粉及细毛。5 月开黄绿色小花；果 10—11 月成熟，蓝黑色。

【生长习性】主要分布于江苏、浙江、安徽、江西、福建及台湾等地。中性树种，幼年期耐阴，喜温暖湿润的气候及排水良好的微酸性土壤。

【观赏与应用】播种、扦插繁殖。树干端直，树冠整齐，叶茂荫浓，气势雄伟，在园林绿地中孤植、丛植、列植均相宜。且对二氧化硫抗性强，隔声、防尘效果好，可选作工矿区绿化及防护林带树种。枝、叶、果 可提取芳香油。

3. 肉桂（桂皮）*Cinnamomum cassia* (L.) D.Don 樟科樟属

【识别要点】常绿乔木，老树皮厚。小枝四棱形，密被灰色茸毛。叶长椭圆形，长 8 ～ 20 cm，三出脉近于平行，在表面凹下，脉腋无腺体。圆锥花序腋生或近枝端着生，花白色。果椭圆形，紫黑色。花期 5 月，果 11—12 月成熟。

【生长习性】原产中国，现广东、广西、福建、台湾、云南等地的热带及亚热带地区广为栽培。成年树喜光，稍耐阴，喜暖热多雨气候，怕霜冻，喜湿润、肥沃的酸性（pH 4.5 ～ 5.5）土壤。生长较缓慢，深根性，抗风力强，萌芽力强，病虫害少。

【观赏与应用】播种繁殖。树形整齐、美观，在华南地区可栽作庭园绿化树种。主要作为特种

经济树种栽培。树皮即“桂皮”，肉桂是食用香料植物。

4. 紫楠 *Phoebe sheareri* (Hemsl.) Gamble 樟科楠属

【识别要点】常绿乔木，高达 20 m。树皮灰褐色。小枝、叶及花序密被黄褐色或灰褐色柔毛或茸毛。叶倒卵状椭圆形，革质，背面网脉隆起密被黄褐色长柔毛，花期 4—5 月，果熟期 9—10 月。

【生长习性】广泛分布于长江流域及其以南和西南地区。耐阴，全光照下生长不良。喜温暖湿润气候及较阴湿环境，有一定耐寒能力。深根性，萌芽力强，生长缓慢，有抗风、防火的功能。

【观赏与应用】播种及扦插法繁殖。紫楠树姿整齐优美，树形端正美观，叶大荫浓，是优美的庭荫树。木材坚硬耐腐，是珍贵的优良用材及芳香油树种。

5. 月桂 *Laurus nobilis* L. 樟科月桂属

【识别要点】常绿小乔木，高 12 m。小枝绿色有纵条纹。单叶互生，叶椭圆形至椭圆状披针形，叶缘细波状，革质，有光泽，无毛，叶柄紫褐色，叶片揉碎后有香气。花单性异株，花小黄色，花序在开花前呈球状。果暗紫色。花期 3—5 月，果熟期 6—9 月。

【生长习性】原产地中海一带，中国浙江、江苏、福建、台湾、四川及云南等地有引种栽培。喜光，稍耐侧阴。耐旱，萌芽力强，耐修剪。对烟尘、有害气体有抗性。

【观赏与应用】主要以扦插繁殖为主，也可播

种、分株繁殖。月桂四季常青，苍翠欲滴，枝叶茂密，分枝低，可修剪成各种球形或柱体，孤植、丛植点缀草坪、建筑。常作绿墙分隔空间或作障景。叶可作调味香料。

6. 二球悬铃木（悬铃木、英桐、英国梧桐）*Platanus acerifolia* (Aiton) Willd. 悬铃木科悬铃木属

【识别要点】落叶乔木，树冠广卵圆形。树皮灰绿色，裂成不规则的大块状脱落，内皮淡黄白色。嫩枝密生星状毛。叶基心形或截形，裂片三角状卵形，中部裂片长宽近相等。果序常 2 个生于总柄，花柱刺状。花期 4—5 月，果熟期 9—10 月。该种是三球悬铃木 *P. orientalis* 与一球悬铃木 *P. occidentalis* 的杂交种。相似种：

法桐（三球悬铃木、法国梧桐）树皮薄片状剥落，灰褐色。叶片 5 ～ 7 深裂。果序 3 ～ 5 个生于同一果序柄上。原产于欧洲东南部及亚洲西部。我国西北及山东、河南等地有栽培。喜温暖湿润气候，耐寒性不强；生长快，寿命长。

美桐（一球悬铃木、美国梧桐）大乔木；树皮常成小块状裂，不易剥落，灰褐色。叶 3 ～ 5 掌状浅裂。果球常单生，宿存花柱极短。原产北美，在美国东南部很普遍，但在欧洲生长不良，我国长江流域及华北南部有栽培。

【生长习性】原产欧洲，现广植于全世界。中国东北、北京以南各地均有栽培，尤以长江中、下游各城市为多见。喜光，不耐阴。喜温暖微湿润气候，对土壤要求不严，耐干旱瘠薄，亦耐湿。根系浅，易风倒，萌芽力强，耐修剪。

【观赏与应用】播种、扦插繁殖。悬铃木树形优美，冠大荫浓，栽培容易，成荫快，耐污染，抗烟尘，对城市环境适应能力强，是世界著名的城市绿化树种、优良庭荫树和行道树，是世界著名的四大行道树种之一。也可孤植、丛植作庭荫树。

7. 杜仲 *Eucommia ulmoides* Oliv. 杜仲科杜仲属

【识别要点】落叶乔木，高达 20 m；树冠球形或卵形。植物体内有丝状胶质。枝具片状髓。单叶互生，羽状脉。叶椭圆状，先端渐尖，缘有锯齿。翅果扁平，矩圆形。花期 4 月，叶前开放或与叶同放；果期 10 月。

【生长习性】中国特产树种，原产我国中西部地区。喜光，耐寒，适应性强，在酸性、中性、钙质或轻盐土上都能生长。生长较快，萌芽力强，深根性树种。

【观赏与应用】播种、扦插、压条、嫁接繁殖。杜仲树冠圆满，叶绿荫浓，在园林中作庭荫树、行道树，风景区植风景林，在山坡、水畔、建筑周围、街道孤植、丛植、群植都可以，也可用于山区绿化。杜仲的干燥树皮，是中国名贵滋补药材。

8. 榆（白榆、家榆）*Ulmus pumila* L. 榆科榆属

【识别要点】落叶乔木，大树之皮暗灰色，不规则深纵裂，粗糙；树冠圆球形。叶椭圆状卵形或椭圆状披针形，叶缘不规则重锯齿或单锯齿，无毛或脉腋微有簇生柔毛，老叶较厚。花簇生。翅果近圆形，熟时黄白色。花 3—4 月先叶开放；果熟期 4—6 月。

【生长习性】产于我国东北、华北、西北及华东。喜光，耐寒，喜深厚、排水良好的土壤，耐盐碱，不耐水湿。生长快，萌芽力强。耐修剪。

【观赏与应用】主要采用播种繁殖，也可用嫁接、分蘖、扦插法繁殖。白榆冠大荫浓，树体高大，适应性强，是城镇绿化常用的庭荫树、行道树。也可群植于草坪、山坡，常密植作树篱，也是防风固沙、水土保持和盐碱地造林的重要树种。

9. 榔榆 *Ulmus parvifolia* Jacq. 榆科榆属

【识别要点】落叶乔木，高达 25 m，树冠扁球形至卵圆形。树皮绿褐色或黄褐色，不规则鳞片状脱落。叶窄椭圆形、卵形或倒卵形，先端尖或钝尖，基部歪斜，单锯齿，质较厚，嫩叶背面有毛，后脱落。翅果椭圆形，较小。花期 8—9 月，果期 10 月。

【生长习性】喜光，喜温暖湿润气候，耐干旱瘠薄，耐湿。萌芽力强，耐修剪，生长速度中等，主干易歪，不通直。耐烟尘，对二氧化硫等有害气体抗性强。

【观赏与应用】主要是播种繁殖和扦插繁殖。树形及枝态优美，宜作庭荫树、行道树及观赏树。在园林中孤植、丛植或与亭榭、山石配植都很合适。是制作盆景的好材料。

10. 皂荚（皂角）*Gleditsia sinensis* Lam. 豆科皂荚属

【识别要点】高大乔木，树冠扁球形，茎上刺粗大，数量多。一回羽状复叶，小叶 6～14，卵形至卵状长椭圆形，中脉有毛。总状花序腋生，果带形，弯或直，木质，经冬不落。种子扁平，亮棕色。花期 4—5 月，果熟期 10 月。同属常见种有山皂荚，1～2 回偶数羽状复叶，荚果扁薄，革质，常扭曲。相似种：

山皂荚（*Gleditsia japonica* Lodd. ex W. Baxter）云实科皂荚属，落叶乔木或小乔木，常分枝，刺略扁，粗壮，叶羽状复叶，叶片先端圆钝，有时微

凹，小叶柄极短。花黄绿色，穗状花序，荚果带形，扁平，长 20 ～ 35 cm，不规则旋扭或弯曲作镰刀状，4—6 月开花，6—11 月结果。

【生长习性】产于我国黄河流域以南。喜光，稍耐阴，喜温暖湿润气候，有一定的耐寒能力。对土壤要求不严，耐盐碱，干燥瘠薄的地方生长不良。深根性，生长慢，寿命较长。

【观赏与应用】播种繁殖。皂角树冠圆满宽阔，浓荫蔽日，适宜作庭荫树、行道树、造林树种。果有皂类素，可用于洗涤。

豆科蝶形花亚科常见属检索表

1. 木本植物	2
1. 草本植物	7
2. 雄蕊 10，花丝连合为单体或二体	4
2. 雄蕊 10，花丝分离，稀基部合生	3
3. 荚果扁平，不为串珠状，开裂	红豆树属
3. 荚果圆柱形，种子间缝缩为串珠状，不裂	槐属
4. 三出复叶	6
4. 奇数羽状复叶	5
5. 乔木或灌木，托叶刺状	刺槐属
5. 木质藤本，托叶正常非刺状	紫藤属
6. 乔木或灌木，茎及枝具皮刺；花瓣中旗瓣最大	刺桐属
6. 木质藤本，无刺，花瓣中龙骨瓣最大	豆薯属
7. 掌状复叶常具 3 小叶；花密集为头状花序，瓣柄与雄蕊管连生	车轴草属
7. 掌状复叶小叶 5 至多数；总状花序，瓣柄与雄蕊管完全分离	羽扇豆属

11. 槐（国槐、家槐、豆槐）*Styphnolobium japonicum* (L.) Schott 豆科槐属

【识别要点】落叶乔木，高达 25 m，树冠广卵形。树皮深纵裂。顶芽缺，柄下芽，有毛。1 ～ 2 年生枝绿色，皮孔明显。奇数羽状复叶，小叶 7 ～ 17，卵形、卵状椭圆形。花黄白色，圆锥花序。荚果肉质不裂，种子间缢缩成念珠状，宿存。种子肾形。花期 6—8 月，果熟期 9—10 月。常见的变种有：

（1）**龙爪槐** 枝条弯曲，形似龙游，故而得名，常用国槐做砧木高位嫁接，能培育通直的主干，小枝屈曲下垂，树冠伞形。

（2）**金枝槐** 枝条黄色，叶子黄绿色，以国槐做砧木嫁接。

【生长习性】原产我国北方，各地都有栽培，是华北平原、黄土高原常见树种。喜光，稍耐阴，喜干冷气候，但在炎热多湿的华南地区也能生长。稍耐盐碱，抗烟尘及二氧化硫、氯气、氯化氢等有害气体能力强。深根性，根系发达，萌芽力强。

【观赏与应用】播种、扦插、嫁接繁殖。槐树

国槐

龙爪槐

金枝国槐

枝叶茂密，浓荫葱郁，是北方城市中主要的行道树、庭荫树，但在江南一带作行道树则易衰老，效果不佳。可配植于公园绿地、建筑物周围、居住区及农村道路。变种龙爪槐盘曲下垂，姿态古雅，最宜在古典园林中应用。它也是一种重要的蜜源植物。

12. 刺槐（洋槐、德国槐）*Robinia pseudoacacia* L. 豆科刺槐属

【识别要点】落叶乔木，高达 25 m，树皮灰褐色交叉深纵裂。一回羽状复叶，叶基具两个托叶刺。花白色，芳香，旗瓣基部有黄斑。花期 4—5 月，果熟期 9—10 月。

（1）**金叶刺槐** 中等高的乔木，叶片金黄色。

（2）**曲枝刺槐** 枝条扭曲生长，又称疙瘩刺槐。

（3）**柱状刺槐** 侧枝细，树冠呈圆柱状，花白色。

（4）**红花刺槐**花冠蝶形，紫红色。南京、北京、大连、沈阳有栽培。

【生长习性】原产北美，18 世纪初引入我国青岛，现遍布全国，以黄河、淮河流域最为普遍。喜强光，喜干燥而凉爽气候，耐干旱瘠薄，不耐湿热，忌低洼积水或地下水位过高。浅根性，在风口易风倒、风折。20 龄以前生长较快，以后长势渐衰，寿命短。对二氧化硫、氯气、光化学烟雾等的抗性都较强，还有较强的吸收铅蒸汽的能力。

【观赏与应用】播种、根段催芽繁殖。刺槐花芳香、洁白，花期长，树荫浓密，是各地郊区、铁路、公路沿线绿化常用的树种，是优良的水土保持、土壤改良树种，可用于荒山造林，也是上等蜜源树种。

刺槐托叶刺

13. 加杨（加拿大杨）*Populus × canadensis* Moench 杨柳科杨属

【识别要点】落叶乔木。树冠开展呈卵圆形。树干通直，树皮纵裂。小枝无毛，芽先端反曲。叶近三角形，先端渐尖，基部平截或宽楔形，无腺体或稀有 1～2 个腺体，锯齿钝圆，叶缘半透明。花期 4 月，果熟期 5—6 月。

【生长习性】广植于欧洲、亚洲、美洲。我国于 19 世纪中叶引入，以东北、华北及长江流域为多。喜光，耐寒，喜肥沃湿润的壤土、沙壤土，对水涝、盐碱和瘠薄土地均有一定耐性。

【观赏与应用】播种、扦插、压条繁殖。加杨是美洲黑杨与欧洲黑杨的杂交种，宜作行道树、庭荫树、公路树及防护林等。具有适应性强、生长快等特点，是华北及江淮平原最常见的绿化树种。

14. 垂柳（水柳、柳树、倒杨柳）*Salix babylonica* L. 杨柳科柳属

【识别要点】落叶乔木。树冠倒广卵形，小枝细长下垂，褐色。叶披针形或条状披针形，先端渐长尖，基部楔形，细锯齿，托叶披针形。雌雄异株，花期 3—4 月，果熟期 4—5 月。

雄花序　雌花序

【生长习性】主产于我国长江流域，平原地区水边常见栽培，华北、东北亦有栽培。喜光，耐水湿。喜肥沃湿润土壤，高燥地及石灰性土壤也能适应。耐寒性不及旱柳。实生苗初期生长较慢，但萌芽力强，根系发达，能成大树，能抗风固沙。

【观赏与应用】以扦插为主，也可用播种、嫁接繁殖。桃红柳绿为江南园林点缀春景的特色配植方式之一。可作庭荫树孤植草坪、水滨、桥头；也可对植于建筑物两旁；列植作行道树，是固堤护岸的重要树种。“柳”常用来表达离别思念之情，李白在《春夜洛城闻笛》中写道：“此夜曲中闻折柳，何人不起故园情。”

15. 旱柳（立柳、直柳）*Salix matsudana* koidz. 杨柳科柳属

【识别要点】落叶乔木，树冠倒卵形。大枝斜展，小枝下垂少。叶披针形或条状披针形，先端渐长尖，基部窄圆或楔形，无毛，背面略显白色，细锯齿；嫩叶有丝毛，后脱落。花期 4 月，果熟期 4—5 月。种内变型比较：

（1）**龙爪柳**　小乔木，枝扭曲而生。各地庭园栽培，供观赏。

（2）**馒头柳**　树冠半圆形馒头状。各地栽培供观赏或作行道树。

（3）**绦柳**　小枝细长下垂。栽培供观赏或作行道树。

【生长习性】原产我国，是我国北方平原地区最常见的乡土树种之一。喜光，耐寒性较强。喜湿润、排水良好的沙壤土，河滩、河谷、低湿地都能

生长成林。

【观赏与应用】扦插繁殖为主，播种繁殖。绿化宜用雄株。是我国北方常用的庭荫树、行道树。也用作防护林及沙荒造林、农村“四旁”绿化等，是早春蜜源树种。

16. 榕树（细叶榕、小叶榕）*Ficus microcarpa* L.f. 桑科榕属

【识别要点】常绿大乔木。气生根纤细下垂，渐次粗大，下垂及地，入土成根，复成一干，形似支柱。叶全缘，羽状脉 5～6 对，叶薄革质、光滑无毛。隐花果腋生，扁球形，径约 8 mm，黄色或淡红色，熟时暗紫色。广州花期 5 月；果熟期 7—9 月。

（1）**垂叶榕**（*Ficus benjamina* L.）　大乔木，具有明显的板根，气生根发达；小枝柔软下垂，叶尖下垂，叶薄革质有光泽，全缘，先端渐尖，叶柄长，上面有沟槽，托叶披针形；花果期夏、秋季。南方多作行道树和庭园风景树，或密行植做高篱，或整形修剪做树球，变种星光垂叶榕在园林中多用在造型苗。北方室内观赏。

（2）**柳叶榕**（*Ficus celebensis* Corner）　常绿乔木，叶通常互生，披针形至狭披针形，全缘，托叶合生，早落，脱落后留有环形的痕迹。雌雄同株，生于球形中空的花序托内。有雄花、瘿花和雌花，榕果腋生，口部苞片覆瓦状排列。喜温暖湿润和阳光充足环境，不耐寒，耐半阴。多用作行道树，柳叶榕容易贴合生长，通常将十几棵柳叶榕种在一起，快速培育大树。

【生长习性】喜暖热、多雨气候，不耐寒。萌芽力强，抗污染，耐烟尘，抗风，病虫害少。深根性，适生性强，生长快，寿命长。

【观赏与应用】多采用扦插或压条繁殖。榕树树冠庞大，枝叶茂密，是华南地区常见的行道树及庭荫树。从树冠上垂挂下来的气生根能为园林环境创造出热带雨林"一树成林"的自然景观。榕树可被制作成盆景，装饰庭院、卧室。亦可作为孤植树观赏。

17. 构（楮桃、构树）*Broussonetia papyrifera* (L.) L`Her.ex Vent. 桑科构属

【识别要点】落叶乔木，高达 16 m。树皮浅灰色，小枝密被丝状刚毛。叶卵形，叶缘具粗锯齿，不裂或有不规则 2～5 裂，两面密生柔毛。聚花果圆球形，橙红色。花期 4—5 月，果熟期 7—8 月。

【生长习性】全国各地均有分布。喜光，适应性强；耐干旱瘠薄，也耐湿，生长快，根系浅，侧根发达，萌芽性强，对烟尘及多种有毒气体抗性强。

【观赏与应用】可播种、扦插、嫁接繁殖。构树枝叶茂密，适应性强，可作庭荫树及防护林树种，是工矿区绿化的优良树种。在城市行人较多处宜种植雄株，以免果实被污染。在人迹较少的公园偏僻处、防护林带等处可种植雌株，聚花果能吸引鸟类觅食，以增添山林野趣。

18. 枫杨（元宝树）*Pterocarya stenoptera* C.DC. 胡桃科枫杨属

【识别要点】落叶乔木，裸芽密生锈褐色毛，侧芽叠生。羽状复叶互生，叶轴有翼。小叶 9～23，矩圆形或窄椭圆形，缘有细锯齿，叶柄顶生小叶常不发育。果序下垂，长 20～30 cm，坚果近球形，两侧具 2 翅，似元宝。花期 4—5 月，果熟期 8—9 月。

【生长习性】在中国华北、华中、华东、华南和西南各地均有分布。喜光，稍耐庇荫。喜温暖湿润气候。对土壤要求不严，耐水湿。稍耐干旱瘠薄，耐轻度盐碱。深根性，萌蘖性强。

【观赏与应用】播种、扦插繁殖。枫杨冠大荫浓，生长快，适应性强，常用作庭荫树孤植草坪一角、园路转角、堤岸及水池边；也可作行道树，是黄河、长江流域以南"四旁"绿化、固堤护岸的优良速生树种。

19. 美国山核桃（薄壳山核桃）*Carya illinoinensis* (Wangenh.) K.Koch 胡桃科山核桃属

【识别要点】落叶乔木，树皮纵裂。树冠广卵形。鳞芽、幼枝有灰色毛。羽状复叶，小叶 11～17，长圆形。果有 4（6）纵脊，果壳薄，种仁大。花期 5 月，果熟期 10—11 月。

【生长习性】原产北美及墨西哥。喜光，喜温暖湿润气候，有一定耐寒性。不耐干旱瘠薄，耐水

湿。栽植在沟边、池旁的植株生长结果良好。深根性，根系发达，根部有菌根共生。

【观赏与应用】播种、扦插、嫁接繁殖。本种果核壳薄，仁肥味甘，是优良木本油料树种。也可栽作行道树及庭荫树。薄壳山核桃树体高大雄伟，枝叶茂密，树姿优美，在园林中是优良的上层骨干树种。是一个用途广、受益期长、经济效益高、社会效益和生态效益明显的优良经济树种。

壳斗科（山毛榉科）常见属检索表

1. 雄花序是直立柔荑花序；坚果 1 ～ 3，壳斗球状，外面密生针刺；枝无顶芽，落叶 ………… 栗属
1. 雄花序是下垂柔荑花序；坚果 1，壳斗杯状或碗状 ……………………………………………… 2
2. 壳斗小苞片组成同心环带；常绿 ……………………………………………………………… 青冈栎属
2. 壳斗小苞片鳞状、线形或锥形分离，不结合成环；落叶稀，常绿 ……………………………… 栎属

20. 青冈（青冈栎）*Quercus glauca* Thunb. 壳斗科栎属

【识别要点】常绿乔木，高达 20 m。树冠扁球形，小枝无毛。叶革质，倒卵状椭圆形或长椭圆形，先端渐尖；基部圆或宽楔形，中部以上有疏锯齿，背面覆白色毛，老时脱落。壳斗杯状，有 5 ～ 8 环带，上有薄毛。果椭圆形，无毛。花期 4—5 月，果 10—11 月成熟。

【生长习性】较耐阴。酸性或石灰岩土壤都能生长。在深厚肥沃、湿润的地方生长旺盛，贫瘠处生长不良。深根性，萌芽力强。具抗有害气体、隔声及防火等功能。

【观赏与应用】播种、嫁接繁殖。青冈栎枝叶茂密，树荫浓郁，树冠丰满。宜用作庭荫树，2 ～ 3 株丛植，可配植在建筑物的阴面，常群植片林作常绿基调树种。

21. 麻栎 *Quercus acutissima* Carruth. 壳斗科栎属

【识别要点】落叶乔木，高达 30 m。幼枝有黄色柔毛，后渐脱落。叶长椭圆状披针形。先端渐尖，基部圆或宽楔形，侧脉排列整齐，芒状锯齿，背面绿色。坚果球形，壳斗碗状，鳞片粗刺状，木质反卷，有灰白色茸毛。花期 3—4 月，果熟期为翌年 9—10 月。

【生长习性】产于我国辽宁南部、华北各省及陕西、甘肃以南，黄河中下游及长江流域较多。喜光。耐寒，在肥沃深厚、排水良好的中性至微酸性沙壤土上生长最好，排水不良或积水地不宜种植，耐干旱瘠薄。抗污染、抗烟尘、抗风能力都较强。

【观赏与应用】播种繁殖。麻栎树干高耸，枝叶茂密，秋叶橙褐色，季相变化明显，树冠开阔，可作庭荫树、行道树。最适宜在风景区与其他树种混交植风景林。也适合营造防风林、水源涵养林和防火林。

22. 栓皮栎（软木栎）*Quercus variabilis* Blume 壳斗科栎属

【识别要点】落叶乔木，树冠广卵形。干皮暗灰色，深纵裂，木栓层特别发达。叶长椭圆形或长卵状披针形，叶背具灰白色茸毛，侧脉排列整齐，芒状锯齿。壳斗碗状，鳞片反卷，坚果球形或广椭圆形。花期 5 月，果熟期为翌年 9—10 月。

【生长习性】喜光，常生于山地阳坡，但幼树以有侧方庇荫为好。对气候、土壤的适应性强。亦耐干旱、瘠薄，不耐积水。深根性，萌芽力强。

【观赏与应用】播种繁殖。栓皮栎树干通直，枝条广展，树冠雄伟，浓荫如盖，秋季叶色转为橙褐色，季相变化明显，是良好的绿化观赏树种。孤植、丛植、或与其他树种混交成林，均适宜。

23. 鹅耳枥（北鹅耳枥）*Carpinus turczaninovii* Hance 桦木科鹅耳枥属

【识别要点】落叶乔木，高达 15 m。叶卵形、长卵形或卵圆形，先端渐尖，基部圆或近心形，叶缘重锯齿钝尖或有短尖头，脉腋有簇生毛，网脉不明显，叶柄细，有毛。果穗稀，果苞扁长圆形；坚果卵圆形有肋条，疏生油腺点。花期 4—5 月，果熟期 8—9 月。

【生长习性】广布于东北南部、华北至西南各地；垂直分布于海拔 200 ~ 2 300 m。稍耐阴，喜生于背阴之山坡及沟谷中，喜肥沃湿润之中性及石灰质土壤，也能耐干旱瘠薄。

【观赏与应用】播种繁殖。鹅耳枥叶形秀丽，果穗奇特，枝叶茂密，宜草坪孤植、路边列植或与其他树种混交成风景林。也可作桩景材料，是石灰岩地区的造林树种。

24. 杜英（羊尿树）*Elaeocarpus decipiens* Hemsl. 杜英科杜英属

【识别要点】常绿乔木，干皮不裂；嫩枝被微毛。单叶互生，倒披针形至披针形，先端尖，缘有钝齿，革质，绿叶丛中常存有少量鲜红的老叶。花下垂，花瓣先端细裂如丝；腋生总状花序，花期 6—7 月。核果椭圆形。

相似种：山杜英（羊尿树）*Elaeocarpus sylvestris*（Lour.）Poir. 常绿乔木，枝叶光滑无毛。叶倒卵形至倒卵状长椭圆形，先端钝，缘有浅钝齿，两面无毛。总状花序。核果椭球形，紫黑色。枝叶茂密，在暖地可选作城乡绿化树种。

【生长习性】主产我国南部，常见于山地林中；日本也有分布。稍耐阴，喜温暖湿润气候及排水良好的酸性土壤；根系发达，萌芽力强，耐修剪；对二氧化硫抗性强。

【观赏与应用】播种、扦插繁殖。秋冬至早春部分树叶在掉落前转为绯红色，红绿相间，鲜艳悦目，长江中下游以南地区多作为行道树、园景树广为栽种。

25. 糯米椴 *Tilia henryana* var. subglabra V.Engl. 椴树科椴树属

【识别要点】落叶乔木，叶圆形，上面无毛，下面除脉腋有毛丛外，其余秃净无毛。聚伞花序长 10 ~ 12 cm，有花 30 ~ 100 朵及以上，花序柄有星状柔毛。果实倒卵形，有棱 5 条，被星状毛。花期 6 月。

【生长习性】产于江苏、浙江、江西、安徽等省。喜阳，幼苗稍耐阴，耐干旱贫瘠，稍耐寒，对土壤要求不严。

【观赏与应用】播种繁殖。树形美观，树姿雄伟，叶大荫浓，寿命长，花香馥郁，长江流域各地常用作行道树或庭园观赏。此外，糯米椴也是蜜源植物。

26. 南京椴（密克椴、米格椴）*Tilia miqueliana* Maxim. 椴树科椴树属

【识别要点】落叶乔木，小枝及芽密被星状毛。叶卵圆形，先端短渐尖，基部偏斜，心形或截形，叶缘有细锯齿，具短尖头。叶面无毛，背面密被星状毛。

【生长习性】中性，喜温暖气候，较耐寒。产于江苏、浙江、安徽、江西等地。较糠椴分布偏南。

【观赏与应用】南京椴是优良的用材树种和蜜源植物，叶大荫浓、花香馥郁，为优良的城乡绿化树种，可用作行道树、广场绿化和庭园绿化。

27. 梧桐（青桐）*Firmiana simplex* (L.) W. Wight 梧桐科梧桐属

【识别要点】树高达 16 m。树干端直，树冠卵圆形；干枝翠绿色，平滑。叶片基部心形，掌状 3～5 裂，全缘；叶柄与叶片近等长。萼裂片长条形，黄绿色带红，向外卷。蓇葖果匙形，网脉明显。花期 6 月，果期 9—10 月。

【生长习性】分布于华东、华中、西南及华北各地。喜光，喜温暖气候及土层深厚、肥沃、湿润、排水良好、含钙丰富的土壤。

【观赏与应用】常用播种、扦插繁殖。为优美的庭荫树和行道树，与棕榈、竹子、芭蕉等配植，点缀山石园景，协调古雅，具有我国民族风格。对多种有害气体有较强抗性，可用于厂矿绿化。

28. 珙桐（鸽子树）*Davidia involucrata* Baill. 珙桐科珙桐属

【识别要点】落叶乔木，树皮深灰褐色，呈不规则薄片状脱落。单叶互生，广卵形，背面密生茸毛。花杂性，同株，头状花序；花序下有 2 片大型白色苞片，苞片卵状椭圆形，上部有疏浅齿，常下垂，花后脱落，核果椭球形，紫绿色，锈色皮孔显著。花期 4—5 月，果 10 月成熟。

【生长习性】我国特产，产于湖北西部、四川、贵州及云南北部，生于海拔 1 300～2 500 m 的山地林中。喜半阴和温凉湿润气候，略耐寒；喜排水良好的酸性或中性土壤，忌碱性和干燥土壤，不耐炎热和暴晒。

【观赏与应用】播种繁殖。珙桐属仅珙桐 1 种，为第三纪孑遗植物，珙桐是世界著名的珍贵观赏树。树形高大，端正整齐，开花时白色的苞片远观似许多白色的鸽子栖于树端，蔚为奇观，故有“中国鸽子树”之称，国家一级保护树种。宜植于温暖地带的较高海拔地区的庭园、山坡、休疗养所、宾馆、展览馆前作庭荫树，有象征和平的含义。

29. 喜树（千丈树）*Camptotheca acuminata* Decne. 珙桐科喜树属

【识别要点】落叶乔木，树干通直。单叶互生，椭圆形至长卵形，全缘（幼树枝的叶常疏生锯齿）或微呈波状，羽状脉弧形。花单性，同株，头状花序具长柄；花瓣 5，淡绿色。坚果香蕉形，有窄翅，黄色，长 2～2.5 cm，集生成球形。花期 7 月，果 10—11 月成熟。

【生长习性】分布于长江流域以南各地，长江以北地区少有分布。喜光，稍耐阴，喜温暖湿润气候，不耐寒；在酸性、中性及弱碱性土壤上均能生长。萌芽力强，在前10年生长迅速，以后则变缓慢。

【观赏与应用】播种繁殖。主干通直，树冠宽展，叶荫浓郁，是良好的基础绿化树种。

30. 八角枫 *Alangium chinense* (Lour.) Harms. 八角枫科八角枫属

【形态特征】落叶乔木，常成灌木状。树皮淡灰色、平滑，小枝呈“之”字形曲折，疏被毛或无毛。单叶互生，卵圆形，基部偏斜，全缘或微浅裂，基出脉 3 ～ 5，入秋叶转为橙黄色。花为黄白色，花瓣狭带形，有芳香，核果卵圆形，黑色。花期 5—7 月，果期 9—10 月。

【生长习性】主要分布于我国南部广大地区，亚洲东部和东南部亦产。喜光，稍耐阴，对土壤要求不严，稍耐寒，萌芽力强，根系发达。

【观赏与应用】播种、分株繁殖。八角枫的叶片形状较美，花期较长，宜做行道树。

31. 白杜（丝棉木、明开夜合）*Euonymus maackii* Rupr. 卫矛科卫矛属

【识别要点】落叶小乔木，树冠圆形或卵圆形。叶宽卵形至卵状椭圆形，先端渐长尖，基部近圆形，缘具细锯齿；叶柄长 2 ～ 3.5 cm。花淡红色，3 ～ 7 朵组成花序。蒴果淡红色或带黄色，4 深裂，假种皮橘红色。花期 5—6 月，果期 9—10 月。

【生长习性】喜光，稍耐阴，耐寒，耐旱，耐潮湿。对土壤要求不严，一般土壤均能良好生长。根发达，抗风，抗烟尘，萌芽力强。

【观赏与应用】播种、扦插繁殖。丝棉木枝叶秀美，秋季果实挂满枝梢，开裂后露出橘红色的假种皮，分外艳丽。可作庭荫树或配植于水边、假山旁，也可作防护林及厂矿绿化树种。

32. 橄榄 *Canarium album* (Lour.) Raeusch.exDC. 橄榄科橄榄属

【识别要点】常绿乔木，高 10 ～ 20 m。羽状复叶互生，托叶早落，小叶 9 ～ 15，对生，长椭圆形至卵状披针形，基部偏斜，全缘。圆锥花序腋生，花小、芳香、白色，两性或杂性。核果卵形，长约 3 cm，熟时黄绿色。花期4—5月，果熟期9—10月。

【生长习性】产于我国华南，枝叶茂盛，主干通直，对土壤要求不严，喜温暖气候，稍耐寒。

【观赏与应用】播种、嫁接繁殖。橄榄树形优美，四季常绿，可作庭荫树，也是华南地区良好的防风林和行道树种。果实可生食或加工，并有药效。

33. 臭椿（椿树）*Ailanthus altissima* (Mill.) Swingle. 苦木科臭椿属

【识别要点】落叶乔木，树冠开阔平顶形。树皮灰色，粗糙不裂。叶痕倒卵形，明显，有 7 ～ 9 个维管束痕。一回奇数羽状复叶，小叶 13 ～ 25，卵状披针形，在基部有一对粗齿，齿端有臭腺点。花期 4—5 月，果熟期 9—10 月，翅果褐色，纺锤形。

【生长习性】原产我国，南北均有。强喜光，适应干冷气候，耐低温。对土壤适应性强，耐干旱、瘠薄，能在石缝中生长，是石灰岩山地常见的树种。耐盐碱，不耐积水。抗风沙，耐烟尘及有害气体能力极强。

【观赏与应用】播种、分株繁殖。臭椿树干通直高大，春季嫩叶红色，秋季翅果红黄相间，是适应性强、管理简便的优良庭荫树、行道树，适于荒山造林和盐碱地绿化，更适于污染严重的工矿区、街头绿化。

34. 楝（苦楝树、紫花树）*Melia azedarach* L. 楝科楝属

【识别要点】落叶乔木，高达 30 m。树冠开阔平顶形。2～3 回羽状复叶，小叶卵形或卵状椭圆形。圆锥状复伞房花序，花淡紫色，花瓣 5，轮状花冠。核果球形，熟时黄色，经冬不落。花期 4—5 月。

【生长习性】喜光，喜温暖气候，对土壤要求不严，酸性、中性土壤、石灰岩山地、盐碱地都能生长。稍耐干旱瘠薄，浅根性，萌芽力强，生长快。

【观赏与应用】播种、扦插繁殖。楝树树体高大、优美，是优良的庭荫树、行道树。宜配植在草坪边缘、水边、山坡等，生长快速，可用于造林。木材天然防虫，可造家具。

35. 香椿（椿树、椿芽）*Toona sinensis* (Juss.) Roem. 楝科香椿属

【识别要点】落叶乔木，树冠宽卵形，树皮浅纵裂，近黑色。有顶芽，小枝粗壮，叶痕大，内有 5 个维管束痕。偶数羽状复叶，稀奇数，有香气；小叶 10～20，矩圆形或矩圆状披针形，基部歪斜。花白色，芳香。蒴果倒卵状椭圆形。花期 6 月。

【生长习性】产于我国辽宁南部、黄河及长江流域，各地普遍栽培。喜光，有一定的耐寒性，稍耐盐碱，耐水湿。萌蘖性、萌芽力强，耐修剪，深根性。对有害气体抗性强。

【观赏与应用】播种、扦插、分株繁殖。香椿树干通直，树冠开阔，枝叶浓密，嫩叶红艳，常用作庭荫树、行道树，园林中配植于疏林中，作上层树种，其下栽以耐阴花木。嫩芽、嫩叶可食，种子榨油食用。

36. 女贞（大叶女贞、蜡树、冬青）*Ligustrum lucidum* Ait. 木樨科女贞属

【识别要点】常绿乔木，树皮光滑。叶宽卵形至卵状披针形，革质，上面深绿色，光滑、有光泽，背面淡绿色。花芳香，几无梗，花冠裂片与花冠筒近等长；花序长 10～20 cm。果椭圆形，紫黑色，被白粉。花期 6—7 月，果期 11—12 月。

【生长习性】广布我国中部，华北及西北地区引种栽培。喜光，稍耐阴，在湿润、肥沃的微酸性土壤上生长迅速，中性、微碱性土壤也能适应，不耐干旱瘠薄。萌芽力强，耐修剪整形。对有害气体抗性较强，且有滞尘、抗烟功能。

【观赏与应用】播种繁殖。终年常绿，苍翠可爱。可孤植于绿地、广场、建筑物周围，也可做行道树。江南一带多作绿篱、绿墙栽植。适于厂矿绿化。

37. 梓 *Catalpa ovata* G. Don 紫葳科梓属

【识别要点】落叶乔木，树冠宽阔。树皮灰褐色，浅纵裂。叶广卵形或近圆形，基部心形或圆形，叶背沿脉有毛，基部脉腋有紫斑。顶生圆锥花序，花萼绿色或紫色；花冠淡黄色，内面有黄色条纹及紫色斑纹。蒴果细长下垂；种子具毛。同属相似植物比较：

梓树

①楸 落叶乔木，树干通直。树皮灰褐色，浅纵裂。叶三角状卵形，先端渐尖，基部截形，近全缘，两面无毛，基部脉腋有紫斑。顶生伞房状总状花序，有花 5 ～ 20 朵，花冠白色，内有紫色斑点。蒴果。原产我国，长江下游和黄河流域各地普遍栽培。自花不育，需异株或异花授粉。树姿挺秀，叶荫浓郁，花大美丽。抗性强，对二氧化硫及氯气有较强的抗性，吸滞灰尘、粉尘能力较强，是优良的绿化树种。花可提取芳香油。

楸树

②黄金树 落叶乔木，叶长卵形，全缘，叶上面无毛，叶背有柔毛，基部脉腋有绿黄色腺斑。圆锥花序顶生，苞片 2，线形；花冠白色，喉部有 2 黄色条纹及紫色细斑点。蒴果细长，较梓树粗短、少。原产于美国中北部，我国 1911 年引入上海。强阳性树种，耐寒性差。花大美丽，树形优美。

【生长习性】分布于中国长江流域及以北地区、东北南部、华北、西北、华中、西南地区。喜光，稍耐阴；适生于温带地区，耐寒；不耐干旱瘠薄。抗性强，深根性。

【观赏与应用】播种繁殖。花大美丽，树冠宽大，是行道树、庭荫树及“四旁”绿化的好树种。常与桑树配植，“桑梓”意指故乡。

黄金树

38. 幌伞枫 *Heteropanax fragrans* (Roxb.) Seem. 五加科幌伞枫属

【识别要点】常绿乔木，叶大，3～5 回羽状复叶，互生，小叶对生，纸质，椭圆形，无毛，全缘。多数小伞形花序排成大圆锥花序，主轴及分枝密生锈色星状茸毛；花淡黄白色，芳香，花瓣 5，镊合状排列；萼近全缘；雄蕊 5；果球形、卵形或扁球形。花期 10—12 月，果期次年 2—3 月。

【生长习性】分布于中国、印度、不丹、锡金、孟加拉国、缅甸和印度尼西亚。喜光，性喜温暖湿润气候；亦耐阴，不耐寒，能耐 5～6 ℃低温及轻霜，较耐干旱，贫瘠。

【观赏与应用】播种、扦插、压条等方法繁殖。幌伞枫的树形端正，枝叶茂密，在庭院中既可孤植作行道树，也可片植。盆栽可做为室内的观赏树种，多用在庄重肃穆的场合，冬季圣诞节前后。

39. 人面子 *Dracontomelon daperreanum* Pierre 漆树科人面子属

【识别要点】常绿大乔木，高可达 20 m。叶轴和叶柄具条纹，主干上明显的有树皮不规则剥落的痕迹。奇数羽状复叶，小叶 5～7 对、互生，近革质、长圆形，基部常偏斜。在春季有明显的换叶期，在新叶萌出前几周有明显的落叶期。圆锥花序顶生，花瓣白色。

【生长习性】分布于华南地区，喜阳、高温多湿环境，喜湿润肥沃酸性土壤，萌芽力强。阳性，喜温暖湿润气候，适应性颇强，不耐寒，抗风。

【观赏与应用】播种、扦插繁殖。在华南地区作行道树、庭荫树。

40. 台湾相思 *Acacia confusa* Merr. 豆科金合欢属

【识别要点】常绿乔木，小枝纤细。苗期第一片真叶为羽状复叶，长大后小叶退化，叶柄变为叶状柄，革质，披针形，直或微呈弯镰状，两端渐狭，先端略钝。头状花序球形，黄色。荚果扁平，于种子间微缢缩，顶端钝而有凸头，基部楔形；种子椭圆形，压扁。花期 3—10 月；果期 8—12 月。

【生长习性】国内分布于台湾、福建、广东、广西、云南。生长于热带和亚热带地区，对土壤条件要求不高，极耐干旱和瘠薄，在土壤冲刷严重的酸性粗骨土、沙质土均能生长。

【观赏与应用】播种繁殖。树冠苍翠绿荫，为优良而低维护的遮阴树、行道树、园景树、防风树、护坡树。抗性极强，能固氮，具有自我改造立地的能力，是荒山造林的生态树种及水土保持和沿海防护林的重要树种。

41. 红千层 *Callistemon rigidus* R. Br. 桃金娘科红千层属

【识别要点】常绿小乔木，树皮坚硬，嫩枝有棱，初时有长丝毛，不久脱落。叶片坚革质，线形，先端尖锐，初时有丝毛油腺点明显，干后突起，中脉在两面均突起；叶柄极短。穗状花序生于枝顶；萼管略被毛，萼齿半圆形；花瓣绿色，雄蕊鲜红色，花药暗紫色，花柱比雄蕊稍长。蒴果半球形，先端平截，萼管口圆，果瓣稍下陷；种子条状。花期 6—8 月。

垂枝红千层　红千层

【生长习性】原产于澳大利亚，属南亚热带树种。广东、广西、海南、福建、台湾、上海等地均有栽培。性喜温暖湿润气候，能耐烈日酷暑，较耐寒；喜肥沃、酸性土壤，也耐瘠薄地。能耐 –10 ℃低温和 45 ℃高温，对水分要求不严，但在湿润的条件下生长较快。

【观赏与应用】播种和扦插方法繁殖。红千层花形奇特，色彩鲜艳美丽，开放时火树红花，具有很高的观赏价值，被广泛应用于公园、庭院及街边绿地；由于极耐旱耐瘠薄，也可在城镇近郊荒山或森林公园等处栽培。

42. 重阳木 *Bischofia polycarpa* (H. Lév.) Airy Shaw 大戟科秋枫属

【识别要点】落叶乔木，树冠伞形，大枝斜展。三出复叶互生，小叶卵圆形或椭圆状卵形，叶缘有细钝齿。总状花序，花期 4—5 月，与叶同放；果熟期 10—11 月，浆果小，熟时红褐色。

【生长习性】产于我国秦岭、淮河流域以南至两广北部，长江流域中下游平原常见。喜光，略耐阴，喜温暖气候，耐寒性差。对土壤要求不严，喜生于湿地，在湿润肥沃的沙壤土中生长快。

【观赏与应用】播种繁殖。秋枫生长快速、树姿优美、浓荫如盖，多用做行道树、庭荫树；根系发达，抗风能力强，可作防护林。但是重阳木木质不够坚硬，近年发现容易有天牛等蛀干害虫危害，成年大树容易因蛀干而干枯、死亡，不宜大面种植。

43. 假苹婆 *Sterculia lanceolata* Cav. 梧桐科苹婆属

【识别要点】常绿乔木，小枝幼时被毛。叶椭圆形、披针形或椭圆状披针形，顶端急尖，基部钝形或近圆形。圆锥花序腋生，密集且多分枝；花淡红色，萼片 5 枚，为五星形。蓇葖果鲜红色，长卵形或长椭圆形，顶端有喙，基部渐狭，密被短柔毛；种子黑褐色，椭圆状卵形，花期 4—6 月，果期 6—7 月。

【生长习性】分布于中国、缅甸、泰国、越南和老挝；在中国分布于广东、广西、云南、海南、贵州和四川南部，为中国产苹婆属中分布最广的一种。为热带性树种，但抗寒力较强，能耐较长期 3 ～ 5 ℃低温及短期 –4 ℃左右低温，耐较轻霜冻及较轻冰雪。能耐高温及长期暑热天气，喜湿润空气，也较耐干燥，在石灰岩岩溶石山悬崖、石缝等恶劣环境也能成大树。

【观赏与应用】播种或扦插繁殖。树冠浑圆，枝叶茂密，生性强健，适应性强，是石山绿化、城市郊区生态风景林的好树种，也可作为城市园林风景树和绿荫树加以利用。宜作庭荫树、行道树。

44. 盆架树（面条树）*Alstonia rostrata* C. E. C. Fisch. 夹竹桃科鸡骨常山属

【识别要点】常绿乔木，大枝轮生，树皮具纵裂条纹；小枝绿色，嫩时棱柱形。叶 3 ～ 4 片轮生，长圆状椭圆形，顶端渐尖呈尾状或急尖，两面无毛。花多朵集成顶生聚伞花序，花小，黄绿色，开花时有浓郁的异味，令人不喜。果荚细长，成簇从枝头垂下，形如面条，扁平，两端被棕黄色的缘毛。花期 4—7 月，果期 8—12 月。

【生长习性】生于热带和亚热带山地常绿林中或山谷热带雨林中，喜阳光，喜温暖至高温环境，不耐寒，根系发达，有一定抗风能力，适生于深厚肥沃疏松的酸性沙壤土。

【观赏与应用】播种或扦插繁殖。盆架树果实长线形，枝条开展呈水平状，层层有序，树冠优美，为高级的庭园绿荫观赏树及行道树。树形美观，叶色亮绿，又有一定的抗风能力，是华南地区城市绿化的好树种，常用于公园观赏或行道树用。因花期散发的气味比较难闻，不宜种在居民楼边上。

45. 小叶榄仁 *Terminalia neotaliala* Capuron 使君子科诃子属

【识别要点】落叶大乔木，主干通直，大枝条轮生，侧枝轮生呈水平展开，树冠层伞形，层次分明，质感轻细。叶片小，簇生，提琴状倒卵形，全缘。

花叶小叶榄仁，变种，叶片有白色至黄色不规则斑块，整体呈现花色块，生长势不如原种强。

【生长习性】原产于非洲的马达加斯加。中国广东、福建、台湾沿海一带已有引种栽培。耐风、耐热、耐湿、耐碱、耐瘠。不拘土质，但以排水良好的肥沃土壤为最佳，性喜高温多湿，不耐寒。

【观赏与应用】播种、嫁接繁殖。小叶榄仁具有树形优美、抗病虫害、抗强风吹袭、耐贫瘠等优点，可用作行道树、景观树，孤植、列植或群植皆宜，是中国南方地区极具观赏价值的园林绿化树种和海岸树种。

46. 其他荫木类园林树木

壳斗科　石栎

木樨科　对节白蜡

桑科　柘树

实训作业

学生利用课上课下实训，完成下列任务：

1. 按下列表格要求，完成常见荫木类园林树木的典型特征与应用信息整理。

2. 完成常见荫木类园林树木的典型特征、应用方式的图片收集与命名（图片命名要求：科序号 + 科名属名 + 种名……科序号见附录 2“被子植物纲、目和常见科一览”）。

序号	植物名称	科属	类型（人为分类）	典型特征 1	典型特征 2	生长习性（主要是温度、光照、水分要求）	应用方式（用途）	观赏特性（如观花：红色、春季）	其他
1									
2									

任务 2.4　观花类园林树木识别与应用

微课

教学目标

教学课件

知识目标

1. 掌握常见观花类园林树木的典型特征。2. 掌握常见观花类园林树木的生长习性与主要繁殖方法。3. 掌握常见观花类园林树木的园林应用方法。4. 了解非常见观花类园林树木典型特征与应用方法。

技能目标

1. 能够正确识别常见观花类园林树木。2. 能够准确描述常见观花类园林树木的典型特征。3. 能够收集、整理常见观花类园林树木的典型特征、应用方式的图片。4. 能够根据园林用途、生长习性正确选择并应用观花类常见园林树木。

教学建议

1. 课前，要求学生登录中国大学慕课“园艺植物识别与应用”（或其他同类在线课程）课程教学资源预习，并通过软件识别、讨论区讨论等方式，初步认识校园及附近绿地场所观花类园林树木种类，建立相关植物的感性认识。2. 课中，采用问题引导、分组回答、植物标本识别、现场识别等理实一体方式进行，有效提高教学效果。3. 课后，完成中国大学慕课“园艺植物识别与应用”（或其他同类在线课程）课程的单元测验题、教材的学习引导题及“实训操作”部分作业。4. 通过介绍“中国传统十大名花”的产生和应用，了解中国传统植物文化的特点，激发爱祖国、爱家乡的情感，启发学生在园林绿化和家庭布置中应用。5. 通过身边经营某种植物品种创业成功的案例启发学生创新创业思路，增强学习积极性。6. 建议指导学生阅读本教材附录 1、附录 2、附录 3 部分内容，通过植物形态术语准确理解植物典型特征、掌握植物自然分类体系、常见科典型特征。

学习引导

1. 列举出常见木兰科玉兰属植物 5 种，并指出它们在花色、花期、花型等识别特征上的异同点。2. 列举出木樨科春天开黄花的植物 4 种，并指出它们在花期、花型、叶型等识别特征上的异同点。3. 列举出紫荆和洋紫荆在识别特征上的异同点。4. 列举出山茶和茶梅在识别特征上的异同点。5. 列举出牡丹和芍药在识别特征上的异同点。6. 列举出月季、蔷薇和玫瑰在识别特征上的异同点。7. 中国有国花吗？如果有，是什么植物？ 8. 列举常见春季观花植物 20 种，并按照你认为有价值的标准进行分类。9. 列举出本地区 10 种夏季常见观花植物，比较其形态特征。10. 列举出本地区 5 种秋季常见观花植物，比较其形态特征。11. 列举出本地区 5 种冬季常见观花植物，比较其形态特征。12. 讨论题：比较春季四大名花——梅花、茶花、牡丹和杜鹃应用上各有哪些特色？

知识与技能

花木类园林树木概述

花木类园林树木是木本植物中以观花为主的类群，以灌木为主，也有乔木和藤本植物，是园林绿化造景中最受重视的一类树木。

鉴于园林规划设计中植物造景的需要，除了要重点掌握花木类园林树木的识别要点、产地与分布、习性、观赏与应用等内容外，尤其要掌握植物开花习性、把握植物的开花规律。具体内容有以下方面：

（1）花相　即花朵在植株上着生的状况。包括密满花相、覆盖花相、团簇花相、星散花相、线条花相及干生花相等。

（2）**花式** 即开花与展叶的前后关系。分花叶同放、先花后叶、先叶后花。

（3）**花色** 一般指花朵盛开时的标准颜色，包括花的色泽、深浅、复色、变化规律等。常见花色有红色、粉红、黄色、橙色、白色、紫色、蓝色、绿色。花红色、粉红、黄色的植物比较多，花紫色、蓝色、绿色的植物比较少。

（4）**花瓣** 花瓣类型有重瓣、复瓣、单瓣等。

（5）**花香** 即花朵分泌、散发出的独特香味，包括香味类型、浓淡、持久性、飘香距离等。

（6）**花期** 即花朵开放的时期。春夏之交开花的树木最多，冬季开花树木比较少。具体植物开花时分初开、盛开及凋谢期。

（7）**花韵** 即花木所具有的独特风韵，是人们对客观存在所引起的联想。只可意会不可言传。

上面 7 点既是欣赏具体观花植物特色的角度，也是评价各种观花植物观赏价值的角度。

花木类园林树木园林应用上具有多种用途。有些可作独赏树兼庭荫树，有些可作行道树，有些可作花篱或地被植物用。在配植应用的方式上可以独植、对植、丛植、列植、或修剪整形为棚架用树种。本类树木在园林中不但能独立成景，可与各种地形及设施物相配合而产生烘托、对比、陪衬等作用，例如植于路旁、坡面、道路转角、座椅周旁、岩石旁，或与建筑相配作基础种植用，或配植湖边、岛边形成水中倒影。

花木类又可依其特色布置成各种专类花园（月季园、牡丹园等），可依花色的不同配植成具有各种色调的景区，也可依开花季节的异同配植成四季花园，又可集各种香花于一堂布置成各种芳香园。总之，将花木类树种称为园林树木之宠儿，并不为过。

常用花灌木有：月季、杜鹃花、桂花、茶花、紫薇、蜡梅、日本晚樱、早樱、白玉兰、广玉兰、含笑、棣棠、石榴、南天竹、金丝桃、西府海棠、碧桃等。

观花类园林树木中也有些树木具有观叶和观果的功能。

中国传统十大名花 1986 年 11 月 20 日至 1987 年 4 月 5 日期间，由上海园林学会、《园林》杂志、上海电视台、上海文化出版社联合举办了“中国传统十大名花”评选活动。这次评选标准以栽培历史悠久、观赏价值特高、富有民族特色为三个基本条件。共收到选票 149 018 张，这些选票与全国 114 位园林花卉学专家（陈俊愉、程绪珂等）一起组成的评委会选票，评选出 10 大名花（按得票多少顺序排列）如下：1. 梅花、2. 牡丹、3. 菊花、4. 兰花、5. 月季、6. 杜鹃、7. 荷花、8. 山茶、9. 桂花、10. 水仙。以上即为“中国传统十大名花”。

中国传统文化赋予植物花草的丰富多彩的含义，是通过植物的某些特征、姿态、色彩给人的不同感受而产生的比拟联想，以表达某种思想感情或某一意境，并通过诗词歌赋、绘画、音乐等形式呈现出来。中国传统名花包含着中国不同层面的精神文化底蕴，有着深厚而浓重的历史内涵。“中国传统十大名花”有各种美誉：梅花——花中之魁、凌霜傲雪；牡丹——花中之王、国色天香；菊花——高洁丰丽、傲霜怒放；兰花——花中君子、天下第一香；月季——花中皇后、世界名花；杜鹃——花中西施；山茶——花中珍品、富丽堂皇；荷花——水中芙蓉；桂花——十里飘香；水仙——凌波仙子。

“中国传统十大名花”也有着非常高的经济价值，特别是培育、经营优异的品种，是创新、创业容易成功的选择方向。相反，有些不常见的观花植物也有意想不到的经营优势。

中国有没有国花？如果有，是哪种植物？如果没有，是什么原因？

花木类园林树木识别与应用

下面大概按冬季至秋季开花的顺序介绍具体开花植物，同一科的植物集中介绍。有些观花植物在荫木类、观叶类、观果类、藤本类、绿篱类园林树木部分介绍。

1. 蜡梅（黄梅花、香梅）*Chimonanthus praecox* (L.) Link. 蜡梅科蜡梅属

【识别要点】落叶丛生灌木，高达 3 m。叶半革质，椭圆状卵形至卵状披针形，长 7 ～ 15 cm，先端渐尖，叶基圆形或广楔形，叶表有方向性硬毛，叶背光滑。花单生，径约 2.5 cm，花被外轮蜡黄色，中轮有紫色条纹，有浓香。果托坛状，聚合果紫褐色。花期 12 月到翌年 3 月，远在叶前开放；果 8 月成熟。变种与品种：

①**狗蝇蜡梅** 花较小，花瓣长尖，中心花瓣呈紫色，香气弱。

②**磬口蜡梅** 叶较宽大，长达 20 cm。外轮花

被片淡黄色，内轮花被片有浓红紫色边缘和条纹。花亦较大，径 3 ～ 3.5 cm。

③素心蜡梅　内外轮花被片均为纯黄色，香味浓。

【生长习性】喜光又略耐阴，较耐寒。耐干旱，忌水湿，花农有“旱不死的蜡梅”的经验，但仍以湿润土壤为好。生长势强，发枝力强。

【观赏与应用】嫁接、分株、播种繁殖。花开于寒月至仲春，花黄如蜡，清香四溢，天气越冷开放越旺，有耐寒、芳香的特征，在冬季尤显可贵。配植于室前、墙隅均极适宜，作为盆花、桩景和瓶花亦独具特色。我国传统上喜用南天竹与蜡梅搭配，可谓色、香、形三者相得益彰，极得造化之妙。不同花色、不同花期、不同造型、不同搭配的蜡梅和蜡梅盆景是蜡梅专类园的重要资源。收集这些品种资源是成功创业的好途径。

2. 茶梅 *Camellia sasangua* Thub. 山茶科山茶属

【识别要点】常绿小乔木或灌木，高 3 ～ 13 m，分枝稀疏。小枝、叶柄、子房、果皮均有毛，且芽鳞表面有倒生柔毛。叶椭圆形至长卵形。花白色、红色等，无柄。蒴果，内有种子 3 粒。花期 11 月至翌年 3 月。

【生长习性】性强健，喜光，喜温暖湿润环境，稍耐阴，不耐严寒和干旱，喜酸性土，有一定的抗旱性。分布于长江流域以南地区。

【观赏与应用】常用播种、扦插、嫁接法等繁殖。可作基础种植及常绿篱垣材料，花期长，开花时为花篱，故很受欢迎。

3. 山茶（曼陀罗树、耐冬、茶花）*Camellia japonica* L. 山茶科山茶属

【识别要点】常绿灌木，高 10 ～ 15 m。小枝淡绿色或紫绿色。叶互生，卵形、倒卵形或椭圆形，叶缘有细齿，叶表有光泽。花大无梗，腋生或单生枝顶，萼密被短毛；花丝基部连合成筒状；子房无毛。蒴果近球形；种子椭圆形。花期 2—4 月，果实 11—12 月成熟。

【生长习性】原产我国和日本。喜侧方庇荫；喜温暖湿润气候，不耐热，不耐严寒，不耐盐碱；喜肥沃湿润、排水良好的微酸性土壤（pH 5～6.5）。

【观赏与应用】通常以扦插为主，也可嫁接、压条、播种和组织培养等繁殖。我国传统十大名花之一，品种达 300 多个，开花期正值其他花较少的季节，故更为珍贵。苏轼十分喜爱山茶花，他有诗写道："山茶相对阿谁栽，细雨无人我独来。说似与君君不会，烂红如火雪中开。"茶花不仅是公共绿地普遍应用的观花植物，也是居民喜爱种植的盆花种类。收集、培育、繁殖茶花好品种，是一个比较好的创业的途径。

4. 木荷（荷树）*Schima superba* Gardner & Champ. 山茶科木荷属

【识别要点】常绿乔木，叶厚革质，深绿色，有钝锯齿。花白色，芳香，子房基部密被细毛。果扁球形，果柄粗。花期 4—7 月，果期 9—10 月。

【生长习性】较喜光，喜暖热湿润气候，适生于土层深厚、富含腐殖质的酸性黄红壤山地，耐干旱、瘠薄土壤。原产华南、西南。长江流域以南广泛分布。

【观赏与应用】播种繁殖为主。适作庭荫树和风景林。可与其他常绿树种混植，可配植在山坡、溪谷作为主体背景树种。对有害气体具有一定抗性；是著名的防火树种；木材珍贵。

5. 厚皮香（珠木树、猪血柴）*Ternstroemia gymnanthera* (Wight et Arn.) Beddome 山茶科厚皮香属

【识别要点】小乔木；枝条灰绿色，粗壮，近轮生，多次分叉形成圆锥形树冠。叶基部渐窄下延，表面暗绿色，有光泽，中脉在表面显著下凹。花淡黄色，有浓香，常数朵集生枝梢。果近球形，萼片宿存。花期 6 月，果期 10 月。

【生长习性】分布于华东、华中、华南及西南各地。喜阴湿环境，能忍受 -10 ℃低温，常生于背阴、潮湿、酸性黄壤或黄棕壤的山坡，也能适应中性和微碱性壤土。根系发达，抗风力强，不耐强度修剪。

【观赏与应用】播种、扦插繁殖。叶平展成层，树冠浑圆，叶质光亮，入冬转为绯红色，似红花满树，花开时节浓香扑鼻，色、香俱美。可植于门庭两侧、步道角隅、草坪边缘。病虫害少，对二氧化硫、氟化氢、氯气等抗性强，并能吸收有害气体，适于街道、厂矿绿化。

蔷薇科常见属检索表

1. 骨葖果，稀蒴果；多无托叶（绣线菊亚科）…………	2
1. 梨果、瘦果或核果，不开裂；有托叶 …………	4
2. 骨葖果；种子无翅；花小 …………	3
2. 蒴果；种子有翅；花较大，花径 2 cm 以上；单叶 …………	白鹃梅属
3. 单叶，无托叶；伞形、伞形总状、伞房或圆锥花序，心皮离生 …………	绣线菊属
3. 一回羽状复叶，有托叶；大型圆锥花序，心皮基部连合 …………	珍珠梅属
4. 子房下位，心皮 2～5；梨果或浆果状（苹果亚科）…………	5
4. 子房上位，少数下位（蔷薇属子房似下位）…………	12
5. 心皮成熟时坚硬骨质；果内有 1～5 个骨质小核 …………	6

5. 心皮成熟时革质或纸质；梨果 1～5 室，每室 1 或多数种子 …… 8
6. 叶全缘；枝无刺 …… 栒子属
6. 叶缘有锯齿或缺裂；枝常有刺 …… 7
7. 常绿；心皮 5，每室胚珠 2；叶缘具锯齿 …… 火棘属
7. 落叶；心皮 1～5，每室胚珠 1；叶缘有缺裂 …… 山楂属
8. 伞房、复伞房或圆锥花序 …… 9
8. 伞形或总状花序，有时花单生 …… 10
9. 心皮合生；圆锥花序；种子大；常绿 …… 枇杷属
9. 心皮成熟时顶端与萼筒分离；伞形、伞房或复伞房花序；梨果小 …… 石楠属
10. 梨果每室有种子多数；花单生或簇生 …… 木瓜属
10. 梨果每室有种子 1～2 粒 …… 11
11. 花柱基部合生 …… 苹果属
11. 花柱离生 …… 梨属
12. 心皮多数；瘦果，萼宿存；多复叶（蔷薇亚科） …… 16
12. 心皮常为 1；核果，萼脱落；单叶；无刺（李亚科或梅亚科） …… 13
13. 幼叶多席卷；果具沟，被毛或蜡粉 …… 14
13. 幼叶多对折；果无沟；枝具顶芽 …… 樱属
14. 腋芽有 3 个并生，两侧为花芽，具顶芽；核果具孔穴 …… 桃属
14. 腋芽有单生，无顶芽；核果光滑，或不明显具孔穴 …… 15
15. 花无梗，先叶开放 …… 杏属
15. 花有梗，花叶同放 …… 李属
16. 瘦果多数，生于坛状肉质花托内；羽状复叶；有刺 …… 蔷薇属
16. 瘦果生于扁平或微凹花托上；单叶；无刺 …… 棣棠花属

6. 粉花绣线菊（日本绣线菊）*Spiraea japonica* L. f. 蔷薇科绣线菊属

【识别要点】落叶灌木，高 1.5 m。叶卵形至卵状长椭圆形，先端尖，叶缘有缺刻状重锯齿，叶背灰白色，脉上常具短柔毛。花粉红色至深粉红色，稀白色，雄蕊长于花瓣，复伞房花序，有柔毛，生于当年生枝端。花期 6—7 月，果期 8—9 月。

其他品种有金山绣线菊，由粉花绣线菊和其白花品种杂交育成，矮灌木，新叶金黄色；金焰绣线菊，由粉花绣线菊和其白花品种杂交育成，矮灌木，春叶黄红相间，下部红色，上部黄色，犹如火焰。

【生长习性】原产日本，我国华东有栽培。喜光，稍耐阴，耐寒，耐干旱，适应性强。

【观赏与应用】分株、扦插或播种繁殖。粉花绣线菊枝叶茂密，花色娇艳，花朵繁多。宜丛植于草坪、花境、路旁、建筑物前。可作花坛、花境，或植于草坪及园路角隅等处构成夏日佳景，也可作

金叶绣线菊

金焰绣线菊

基础种植。

7. 珍珠梅 *Sorbaria sorbifolia* (L.) A. Braun 蔷薇科珍珠梅属

【识别要点】落叶灌木，奇数羽状复叶，小叶 11 ～ 17，披针形至卵状披针形，重锯齿。圆锥花序，花蕾小时似珍珠，花小，白色。蓇葖果，果梗直立。花期 6—8 月，果熟期 9—10 月。同属的常见种有东北珍珠梅，雄蕊数量 40 ～ 50，比珍珠梅多，花期比珍珠梅晚而短。

【生长习性】主产我国北部，生于山坡、河谷及杂木林中。喜光，较耐阴，耐寒，对土壤要求不严。生长快，萌蘖性强，耐修剪。

【观赏与应用】以分株法为主，也可播种繁殖。珍珠梅花、叶秀丽，花期长，是夏季优良的花灌木，是北方庭园夏季主要的观花树种之一，可丛植于草坪、林缘、墙边等，也可作花篱、在背阴处栽植。

8. 白鹃梅 *Exochorda racemosa* (Lindl.) Rehder 蔷薇科白鹃梅属

【识别要点】落叶灌木，多呈小乔木状，高可达 3 ～ 5 m。单叶互生，长椭圆形至倒卵形，先端圆钝，基部楔形，全缘，叶柄极短。花两性，顶生总状花序，具花 6 ～ 10 朵，萼片边缘有尖细锯齿，花白色，基部有短爪。蒴果倒圆锥形，具 5 棱脊，有短果梗。花期 4 月。

【生长习性】喜温暖湿润的气候，喜光线充足也稍耐阴，抗寒力强，对土壤要求不严，较耐干燥瘠薄。酸性土壤、中性土壤都能生长，在排水良好、肥沃而湿润的土壤中长势旺盛。萌芽力强。

【观赏与应用】常用播种及嫩枝扦插法繁殖。白鹃梅叶片光洁，花开时洁白如雪，是良好的优良观赏树木，适于在草坪、亭园、庭院等点缀。老树古桩是制作树桩盆景的材料。

9. 贴梗海棠（皱皮木瓜）*Chaenomeles speciosa* (Sweet) Nakai 蔷薇科木瓜属

【识别要点】落叶灌木，有枝刺。叶卵形至椭圆形，叶缘锯齿尖锐，表面无毛，有光泽；托叶肾形或半圆形，有尖锐重锯齿。花红色、淡红色、白色，3 ～ 5 朵簇生在二年生枝上。

花期 3—5 月，果熟期 9—10 月，梨果卵形至球形，径 4 ～ 6 cm，黄绿色，芳香，近无梗。

【生长习性】喜光，亦耐阴，适应性强，耐寒，耐旱，耐瘠薄，不耐水涝，耐修剪。

【观赏与应用】常用分株、扦插和压条播种繁殖。贴梗海棠繁花似锦，花色艳丽，是常用的早春花木，常丛植点缀园林小景，也是制作盆景的好材料，果供观赏、闻香。

10. 西府海棠（小果海棠）*Malus × micromalus* Makino. 蔷薇科苹果属

【识别要点】落叶小乔木，高 5 m，树冠紧抱。枝条直伸，嫩枝有柔毛，后脱落。叶椭圆形，锯齿尖。花粉红色，花梗短，花序不下垂。花期 4 月，果期 8—9 月。相似种比较：

垂丝海棠 *Malus halliana* Koehne 落叶小乔木，常见灌木状，树冠开展。叶片卵形或椭圆形至长椭

西府海棠

卵形，两个托叶细长。花粉红色，有紫晕，4～7朵簇生于小枝顶端，花梗细长下垂状，花梗与萼筒、萼片在向阳面为紫红色。花期 4 月，果紫色，果熟期9—10月。有重瓣及白花品种。喜光，也耐阴，喜暖湿气候，耐寒，耐旱能力较差，稍耐湿。耐修剪。对有害气体抗性较强。常作主景树种。

【生长习性】原产于我国中部，为山荆子与海棠花的杂交种，各地有栽培。喜光，耐寒，耐旱，怕湿热，喜肥沃、排水良好的沙壤土。

【观赏与应用】以嫁接或分株繁殖，也可用播种、压条及根插等方法繁殖。“枝间新绿一重重，小蕾深藏数点红”。西府海棠树态俏立，似亭亭少女。花朵红粉相间，叶子嫩绿可爱，果实鲜美诱人，不论孤植、列植、丛植、群植均极为美观。最宜植于水滨及小庭一隅，是花果并茂的观赏树种。果味酸甜可口。

垂丝海棠

11. 梅（梅花、春梅）*Prunus mume* Siebold & Zucc. 蔷薇科李属

【识别要点】落叶乔木，树皮灰褐色。小枝绿色，先端刺状。叶宽卵形，先端尾状渐长尖，细尖锯齿。花单生或 2 朵并生，先叶开放，白色或淡粉红色，芳香，花期 1—3 月；果熟期 5—6 月。果球形，一侧有浅沟槽，绿黄色密生细毛，果肉黏核，味酸，核有蜂窝状穴孔。

梅

梅花品种达 323 种，有用作果树栽培的果梅，也有用作园林观赏的花梅，根据我国著名梅花专家陈俊愉教授 1998 年对我国梅花品种的分类可分为三系五类十八型：

①真梅系　分三类：第一类叫直枝梅类。枝直上或斜生。这是梅家族中历史最悠久，成员最繁茂的一类，下分品字梅、宫粉等 9 种。第二类名为垂枝梅类。枝自然下垂或斜垂，有粉花垂枝等 5 型。第三类名为龙游梅类。枝天然扭曲如龙游，仅 1 类（龙游梅类）1 型（玉蝶龙游型）。

②杏梅系　是梅与杏的天然杂交种。枝、叶都似山杏或杏，开杏花型复瓣花，色似杏花，花期较晚，春末开花，花托肿大，微香。抗寒性较强。

③樱李梅系　为 19 世纪末法国人用红叶李与宫粉型梅花远缘杂交而成，我国已引入栽培数个品种。

④山桃梅系　是最新建立的系，1983 年用山桃与梅花远缘杂交而成，现仅有‘山桃白’梅一个品种，花白色，单瓣。抗寒性强。

2009 年陈俊愉、陈瑞丹又将梅花观赏品种分 11 个品种群，每个品种群特征及部分代表品种列举如下：

江梅型（品种群）筋入冬至（品种）

江梅型　道知辺

宫粉型 粉红梅

玉碟型 草思梅

绿萼型 皱瓣单绿

洒金型 都锦

洒金型 跳枝梅

①单瓣品种群 又称江梅品种群，花单瓣，呈红、粉、白等单色，如‘江梅’等。

②宫粉品种群 花复瓣至重瓣，萼多绛紫，花瓣呈或深或浅之粉红色，如‘小宫粉’等。

③玉蝶品种群 花复瓣至重瓣，萼多绛紫，花瓣白色，如‘素白台阁’等。

④绿萼品种群 花单瓣至重瓣，萼绿色，花白色，如‘小绿萼’等。

⑤黄香品种群 花单瓣至重瓣，萼绛紫或纯绿色，花淡黄色，如‘曹王黄香’等。

⑥跳枝品种群 又称洒金品种群，一树开具斑点、条纹之二色花，如‘晚跳枝’等。

⑦朱砂品种群 枝内新生木质部淡暗紫色，花紫红，单瓣至重瓣，萼酱紫色，如‘水朱砂’等。

⑧垂枝品种群 枝自然下垂或斜垂，如‘粉皮垂枝’等。

⑨龙游品种群 枝天然扭曲，如‘龙游’等。

⑩杏梅品种群 叶似梅，枝红色，花不香或微异香，花被丝托肿大，如‘燕杏’等。

⑪美人品种群 枝、叶似紫叶李，叶常年紫红，花不香或微异香，花被丝托略肿大，果成熟时紫红色，如‘美人’等。

【生长习性】梅花原产于中国，秦岭以南至南岭各地都有分布。喜光，稍耐阴，喜温暖湿润气候，不耐气候干燥，耐瘠薄，喜排水良好，忌积水；萌芽力强，耐修剪。浙江天台山国清寺有隋梅一株，相传已有 1 300 年；云南昆明黑龙潭尚存唐梅；杭州超山有宋梅，传为苏东坡所植。

【观赏与应用】常用播种、嫁接、扦插繁殖。梅树苍劲古雅，傲霜斗雪，是我国传统十大名花之

朱砂梅与非朱砂梅木质部的比较

朱砂型 红露梅

杏梅 春后型 丰后

美人梅型 美人梅

梅花盆景

梅花孤植

垂枝型 白碧绿萼垂枝梅

龙游梅型

垂枝型 白碧绿萼垂枝梅

梅花胜景

一，是人们早春走出去观赏的最重要的观花植物。“疏影横斜水清浅，暗香浮动月黄昏”。梅花既可在公园、庭园配植，也可在风景区群植成“梅坞”“梅岭”“梅园”“梅溪”等大型专类园，构成“踏雪寻梅”的风景；还可制作树桩盆景，供室内观赏。梅花品种体系丰富，是公园、绿地应用最重要的观花植物之一，也是最有市场的观花植物之一。果鲜食或制作蜜饯。

12. 紫叶李（红叶李）*Prunus cerasifera* ‘Atropurpurea’ 蔷薇科李属

【识别要点】落叶小乔木。枝、叶片、花萼、花梗、雄蕊均呈紫红色。叶卵形至椭圆形，重锯齿尖细，背面中脉基部密生柔毛。花 1 朵，花瓣白色，长圆形或匙形，边缘波状。红叶李是樱李的变形。

【生长习性】原产亚洲西南部及高加索。我国江浙一带栽培较多。喜光，光照充足处叶色鲜艳，喜温暖湿润气候，稍耐寒，对土壤要求不严，可在胶质土壤中生长。根系较浅，生长旺盛，萌芽力强。

【观赏与应用】采用扦插、芽接法、高空压条法繁殖。红叶李常年红紫色，春秋更艳，是重要的常年观紫叶树种。园林中常孤植、丛植、群植于草坪、园路旁、街头绿地及建筑物前。

13. 桃（桃花）*Prunus persica* (L.) Batsch 蔷薇科李属

【识别要点】落叶小乔木，小枝红褐色或褐绿色。叶片披针形，叶缘有细密锯齿。花单生，先叶开放，粉红色。果卵球形，密生茸毛，肉质多汁。花期 3—4 月，果熟期 6—8 月。桃树栽培历史悠久，品种多达 3 000 种以上，我国约有 1 000 个品种。按用途可分食用桃和观赏桃两大类。观赏桃常见品种有：

①碧桃　花粉红色，重瓣。

②白碧桃　花白色，重瓣。

③红碧桃　花深红色，重瓣。

④洒金碧桃（二乔碧桃）　花红白两色相间或同一株上花两色，重瓣。

粉花桃

红碧桃

碧桃

白桃

白碧桃

⑤寿星桃　树形矮小，枝紧密，节间短。花有红色、白色、粉色、单瓣和重瓣品种。

寿星桃

寿星桃（复瓣）

寿星桃（单瓣）

寿星桃（粉花）

寿星桃（白花）

寿星桃（红花）

粉红塔形桃

白塔形桃

红塔形桃

⑥垂枝桃　枝下垂。花重瓣，有白、红、粉红、洒金等半重瓣、重瓣不同品种。

⑦紫叶桃　叶紫红色，花淡红色，单瓣或重瓣。

绛桃

菊花桃

紫叶桃

洒金碧桃

另外，油桃（果皮光滑无毛）和蟠桃（果实扁圆，核小）都作果树栽培。

【生长习性】原产于我国甘肃、陕西高原地带，全国都有栽培，栽培历史悠久。桃喜光，不耐阴，耐干旱气候，有一定的耐寒力；耐贫瘠、盐碱、干旱，需排水良好，不耐积水及地下水位过高；浅根性，生长迅速，寿命短。

【观赏与应用】常用嫁接、播种繁殖。"桃花一簇开无主，可爱深红爱浅红"。桃花烂漫妩媚，品种繁多，栽培简易，是园林中重要的春季花木。孤植、列植、群植于山坡、池畔、林缘，构成三月桃花满树红的春景。最宜与垂柳配植于池边、湖畔，形成"桃红柳绿"江南之动人春色。果可以生食或制桃脯、罐头等。

14. 郁李 *Prunus japonica* Thunb. 蔷薇科李属

【识别要点】落叶灌木，小枝细密，枝芽无毛。叶卵形、卵状披针形，叶基圆形，叶缘具重锯齿，托叶条形有腺齿。花单生或 2 ～ 3 朵簇生，粉红色或白色，径 1.5 ～ 2 cm，花梗长 5 ～ 10 mm。花期 4—5 月。

【生长习性】产于我国华北、华中、华南。郁李喜光，耐寒，耐旱，对土壤要求不严，以石灰岩山地生长最好。

【观赏与应用】以分株、扦插繁殖为主，也可用压条、播种、嫁接。郁李是花果兼美的春季花木，常与迎春、榆叶梅等春季花木成丛、成片配植在路边、林缘、草坪等，或作花篱、花境。也可盆栽、制作桩景、切花观赏。

15. 山樱花（樱花）*Prunus serrulata* Lindl. 蔷薇科李属

【识别要点】落叶乔木；树皮栗褐色，有横裂皮孔。小枝红褐色；叶矩圆状倒卵形、卵形或椭圆形，有尾尖，有尖锐单锯齿或重锯齿，齿尖刺芒状。伞形或短总状花序由 3 ～ 6 朵花组成；叶状苞片，边缘有腺齿；萼筒筒状，无毛；花白色至粉红

山樱花

色。核果球形，黑色，无明显腹缝沟。花期 4—5 月，与叶同放，果期 6—8 月。

栽培变种日本晚樱（var. *lannesiana* Carr.）植株较矮小。叶倒卵形或卵状椭圆形，先端长尾状，边缘锯齿长芒状；叶柄上部有 1 对腺体；新叶红褐色。花大型而芳香，单瓣或重瓣，常下垂，粉红色、白色或黄绿色；2 ～ 5 朵成伞房花序；苞片叶状。花期 4—5 月，与叶同放，花期迟，持续时间长。原产于日本，我国园林常见栽培。

日本晚樱

【生长习性】分布于东北、华北、华东、华中等地。喜光，略耐阴；喜温暖湿润气候，但也较耐寒、耐旱。对土壤要求不严，但不喜低湿和土壤黏重之地，不耐盐碱，浅根性。对烟尘的抗性不强。

【观赏与应用】播种或嫁接繁殖。樱花妩媚多姿，繁花似锦，是重要的春季花木。树体高大，可孤植或丛植于草地、房前，既供赏花，又可遮阴；也可成片种植或群植成林，花时缤纷艳丽、花团锦簇。

16. 东京樱花（日本樱花）*Prunus × yedoensis* Matsum. 蔷薇科李属

【识别要点】与樱花相近，但树体稍小。树皮暗灰色，平滑，小枝幼时有毛。叶卵状椭圆形至倒卵形；叶缘具芒状单或重锯齿，叶下面沿脉及叶柄被短柔毛，具 1 ～ 2 个腺体。花白色至淡粉红色，先叶开放，常为单瓣；萼筒圆筒形，萼片长圆状三角形，外被短毛。果实球形或卵圆形，直径约 1 cm，熟时紫褐色。花期较樱花为早。

相似种日本早樱 *Cerasus subhirtella* Miq 落叶乔木，树皮灰色。小枝淡紫褐色，无毛，嫩枝绿色，被疏柔毛。叶片椭圆卵形或倒卵形，和樱桃树相比较，叶子比樱桃树小。花瓣 5 枚，卵圆形；多为单瓣白色。花期早，持续时间短。

东京樱花

日本早樱

【生长习性】原产于日本，栽培品种甚多。我国各大城市如北京、西安、青岛、南京、南昌、杭州等均有栽培。其他同樱花。

【观赏与应用】播种或嫁接繁殖。著名观花树种，花时满株灿烂，甚为壮观，宜植于山坡、庭园、建筑物前及园路旁，或以常绿树为背景丛植。东京樱花是日本国花。樱花类植物在日本非常受推崇，有很多好品种，但大部分的樱花类品种的原始种来自中国。

17. 瑞香（睡香）*Daphne odora* Thunb. 瑞香科瑞香属

【识别要点】常绿灌木，高约 2 m，小枝细长，带紫色。叶互生，质厚，全缘，长椭圆形至倒披针形；头状花序顶生，花瓣无，花萼筒状，白色或带紫红色，芳香。花期 2—3 月。常见变种：金边瑞香，叶边缘金黄色，香味浓烈，为瑞香中之珍品，常常室内盆栽观赏。

【生长习性】分布于长江流域以南各地。喜阴凉、通风环境，不耐阳光暴晒及高温高湿。耐寒性

金边瑞香

差。要求排水良好、富含腐殖质的土壤；不耐积水。萌芽力强，耐修剪，易造型。

【观赏与应用】嫁接、扦插、压条、播种繁殖。瑞香枝干丛生，四季常绿，早春开花，香味浓郁。宜配植于建筑物、假山旁，或岩石的阴面及树丛的前侧。也可盆栽，制作盆景。

18. 结香 *Edgeworthia chrysantha* Lindl. 瑞香科结香属

【识别要点】落叶灌木，高 1 ～ 2 m，枝条粗壮柔软（可打结），常三叉分枝。叶互生，长椭圆形至倒披针形，常集生枝顶。花黄色，有浓香，头状花序下垂，花生于叶腋，40 ～ 50 朵。果卵形，状如蜂窝。花期 2—3 月，果期 5—6 月。

【生长习性】分布于长江流域以南各地及西南和河南、陕西等地。喜阴，耐晒，喜温暖湿润气候和肥沃而排水良好的壤土，较耐寒。根肉质，过干和积水处不易生长，根颈处易萌蘖。

【观赏与应用】分株和扦插方法繁殖。枝条柔软，弯之可打结而不断，故可整成各种形状；花多成簇，芳香浓郁。可灌木球孤植、对植、丛植于庭前、路边、墙隅或疏林下，也可盆栽，进行曲枝造型。

19. 玉兰（白玉兰、望春花）*Yulania denudata* (Desr.) D.L.Fu 木兰科玉兰属

【识别要点】落叶乔木。树冠卵圆形。花芽大，顶生，密被灰黄色长绢毛。叶宽、倒卵形，先端宽圆或平截，有突尖的小尖头，叶柄有柔毛，托叶痕几达叶柄中部。花先叶开放，花大，单生枝顶，径 12 ～ 15 cm，白色、芳香，花被片 9，花萼与花瓣相似。聚合蓇葖果圆柱形。木质褐色，成熟后背裂露出红色种子。花期 2—4 月，果期 8—9 月。

【生长习性】我国北京及黄河流域以南至西南各地普遍栽植。白玉兰是上海市市花。喜光，稍耐阴，较耐寒。喜肥，喜深厚、肥沃、湿润及排水良好的中性、微酸性土壤，微碱土亦能适应。根系肉质，易烂根，忌低洼处积水。不耐移植，不耐修剪，抗二氧化硫等有害气体能力较强。生长缓慢，寿命长。

【观赏与应用】嫁接、压条、扦插、播种繁殖。白玉兰花大清香，亭亭玉立，为名贵早春花木，是开花最早的乔木之一。最宜列植堂前，点缀中堂。园林中常丛植于草坪、路边，亭台前后，漏窗、洞门内外，构成春光明媚的春景，若其下配植山茶等花期相近的花灌木则更富诗情画意。若与松树配植，再置数块山石，也觉古雅成趣。

20. 紫玉兰（辛夷、木笔）*Yulania liliiflora* (Desr.) D.L.Fu 木兰科玉兰属

【识别要点】落叶灌木，高 3 ～ 5 m。小枝紫褐色。顶芽卵形，叶椭圆形，先端渐尖，背面沿脉有短柔毛，托叶痕长为叶柄的 1/2。花叶同放；花杯形，花被片 6，紫红色，内面白色。聚合蓇葖果圆柱形，淡褐色。花期 4 月、7 月，二次开花，果期 8—9 月。

【生长习性】原产于我国湖北、四川、云南，现长江流域各省广为栽培。喜光，幼时稍耐阴。不耐严寒，在肥沃、湿润的微酸性和中性土壤中生长最盛。根系发达，萌蘖强，较白玉兰耐湿。

【观赏与应用】播种、分株、压条繁殖。紫玉兰的花"外烂烂以凝紫，内英英而积雪"，花大而艳，是传统的名贵春季花木。可配植在庭园的窗前和门厅两旁，丛植草坪边缘，或与常绿乔、灌木配植。常与山石配小景，与木兰科其他观花树木配植组成玉兰园。

21. 二乔玉兰（朱砂玉兰）*Yulania × soulangeana* (Soul.-Bod.) D.L.Fu 木兰科玉兰属

【识别要点】落叶小乔木，高 6 ～ 10 m。叶倒卵形，长 6 ～ 15 cm，先端短急尖，基部楔形，背面多少有柔毛，侧脉 7 ～ 9 对，托叶痕约为叶柄长的 1/3。与玉兰的主要区别为：萼片 3，常花瓣状；花瓣 6，外侧淡紫红色，基部色较深，内侧白色。花期与玉兰相近，叶前开花。

【生长习性】为玉兰与紫玉兰的天然杂交种，较亲本更耐寒、耐旱。欧美各国园林中甚普遍，并有许多园艺品种。我国各地也常见栽培观赏，有较多变种与品种。如一年能几次开花的'常春'二乔玉兰、株矮而花瓣短圆的'丹馨'和花色深红或紫并能在春、夏、秋三次开花的'红远'等优良品种。

【观赏与应用】嫁接、压条、扦插、播种繁殖。二乔玉兰是早春色、香俱全的观花树种，花大色艳，观赏价值很高。应用与玉兰相似。

22. 荷花木兰（广玉兰）*Magnolia grandiflora* L. 木兰科北美木兰属

【识别要点】常绿乔木，高达 30 m。树冠阔圆锥形。叶厚革质，倒卵状长椭圆形，先端钝，表面光泽，背面密被锈褐色茸毛，无托叶痕。花期 5—6 月，果熟期 10 月。变种与品种：狭叶广玉兰（var. *lanceolata*）。叶较狭窄，椭圆状披针形，叶缘不呈波状，背面锈色毛较少。耐寒性较强。

【生长习性】原产北美洲东南部。我国 19 世纪末引入，现长江流域及其以南各城市广泛栽培。喜光，幼时耐阴。喜温暖湿润气候。稍耐寒。不耐积水，不耐修剪。抗二氧化硫、氯气、氟化氢、烟尘污染。根系深广，病虫害少，幼时生长缓慢，寿命长。

【观赏与应用】播种、嫁接繁殖。广玉兰树姿雄伟壮丽，树荫浓郁，花大而幽香，常绿乔木，是优良的城市绿化观赏树种，并被誉为"美国最华丽的树木"。可孤植草坪，对植在现代建筑的门厅两旁，列植作园路树，在开阔的草坪边缘群植片林，或在居民新村、街头绿地、工厂等绿化区种植，既可遮阴又可赏花，入秋种子红艳，深受群众喜爱。

23. 厚朴 *Houpoea officinalis* (Rehder & E.H.Wilson) N.H. Xia & C.Y.Wu 木兰科厚朴属

【识别要点】落叶乔木，高 15 ～ 20 m。树皮紫褐色，有凸起的圆形皮孔。冬芽大，有黄褐色茸毛。叶簇生于枝端，倒卵状椭圆形，叶大，长 30 ～ 45 cm，叶表光滑，叶背有白粉，网状脉上密生有毛，叶柄粗，托叶痕达叶柄中部以上。花顶生，

白色，芳香。聚合果圆柱形。花期5—6月；果9月下旬成熟。

亚种凹叶厚朴 ssp.*biloba* 形态与厚朴相似，与厚朴的主要区别为叶先端有凹口。花叶同放。聚合果大而红色，颇为美丽。

【生长习性】特产我国中部及西部，长江流域和陕西、甘肃南部。喜光，喜温暖湿润气候及排水良好的酸性土壤。

【观赏与应用】主要以种子繁殖，也可用压条和扦插繁殖。叶大荫浓，白花美丽，可作庭荫树栽培及观赏树。

24. 含笑花（香蕉花）*Michelia figo* (Lour.) Spreng. 木兰科含笑属

【识别要点】常绿灌木。芽、小枝、叶柄、花梗均密被锈色茸毛。叶革质，倒卵状椭圆形，先端钝短尖，背面中脉常有锈色平伏毛，托叶痕达叶柄顶端。花单生叶腋，淡黄色，边缘常紫红色，芳香，香蕉味，花径2～3 cm。聚合果。花期3—5月，果熟期7—8月。

【生长习性】喜半阴、温暖多湿，不耐干燥和暴晒，不耐干旱瘠薄，忌积水。耐修剪。对氯气有较强的抗性。

【观赏与应用】扦插、圈枝繁殖和嫁接法等方式繁殖。"一点瓜香破醉眠，误他诗客枉流涎"，含笑花香浓烈，花期长，树冠圆满，四季常青，是著名的香花树种。常配植在公园、庭园、居民新村、街心公园的建筑周围；落叶乔木下较幽静的角落、窗前栽植。花可熏茶，叶可提取芳香油。

25. 白兰（白兰花、缅桂）*Michelia* × *alba* DC. 木兰科含笑属

【识别要点】常绿乔木，树体高达17 m。新枝及芽有白色绢毛。叶薄革质，长圆状椭圆形或椭圆状披针形，长10～25 cm，托叶痕不及叶柄长的1/2。花白色，极芳香，花瓣披针形，10枚以上。花期4月下旬至9月下旬，开放不绝。

【生长习性】原产于印度尼西亚。在长江流域及华北有盆栽。喜阳光充足、暖热多湿气候。不耐寒。根肉质，怕积水。

【观赏与应用】压条和嫁接繁殖。著名香花树种。在华南多作庭荫树及行道树用，是芳香类花园的良好树种，长江下游盆栽，冬季要放在室内。花朵常作襟花佩带，极受欢迎。

26. 深山含笑（光叶白兰花）*Michelia maudiae* Dunn 木兰科含笑属

【识别要点】常绿乔木，树高达20 m，全株无毛。顶芽窄葫芦形，被白粉。叶宽椭圆形，长7～18 cm，叶表深绿色，叶背有白粉，中脉隆起，网脉明显。花被片6，花大，白色，芳香。聚合果长10～12 cm，种子斜卵形。花期2—3月，果9—10月成熟。

【生长习性】产于浙江、福建、湖南、广东、广西等地。喜温暖湿润环境，有一定耐寒能力。喜光，幼时较耐阴。自然更新能力强，生长快，适应性广。抗干热，对二氧化硫的抗性较强。

【观赏与应用】播种繁殖。是华南常绿阔叶林的常见树种。枝叶光洁，花大而早开，可植于庭园。花洁白如玉，花期长，且三年生树即可开花，宜植为园林观赏树种。花可供观赏及药用，亦可提取芳香油。

27. 乐昌含笑 *Michelia chapensis* Dandy 木兰科含笑属

【识别要点】常绿乔木，高 15 ～ 30 m，小枝无毛，幼时节上有毛。叶薄革质，倒卵形至长圆状倒卵形，长 6 ～ 16 cm，先端短尾尖，基部楔形。花被片 6，黄白色带绿色；花期 3—4 月。

【生长习性】原产于中国江西（南部）、湖南（南部）、广东（西部及北部）、广西（东部）、贵州等地。喜温暖、湿润的气候，能抗 41 ℃的高温，亦能耐寒。喜光，喜土壤深厚、疏松、肥沃、排水良好的酸性至微碱性土壤。能耐地下水位较高的环境，在过于干燥的土壤中生长不良。

【观赏与应用】播种繁殖。树形壮丽，枝叶稠密，花清丽而芳香，是优良的园林绿化和观赏树种。近年南京以南地区都有引种栽培，在杭州一带已在绿化中广泛应用。

28. 木莲 *Manglietia fordiana* Oliv. 木兰科木莲属

【识别要点】常绿乔木，树高 20 m。小枝具环状托叶痕，嫩枝及芽有褐色绢毛。单叶互生，叶厚革质，长椭圆状披针形，长 8 ～ 17 cm，先端尖，叶柄红褐色。花白色，单生于枝顶。聚合果卵形，肉质，深红色，成熟后木质紫色。花期 5 月，果熟期 10 月。

【生长习性】分布于中国福建、广东、广西、贵州、云南。模式标本采自香港。浙江、安徽、江西、湖南等地均有栽培。喜温暖湿润气候及酸性土壤。幼树耐阴，长大后喜光。

【观赏与应用】播种、嫁接繁殖。是南方绿化及用材树种。树荫浓密，花果美丽，宜作为园林观赏树种。

29. 白花泡桐（泡桐、大果泡桐）*Paulownia fortunei* (Seem.) Hemsl. 玄参科泡桐属

【识别要点】落叶乔木，树冠宽阔，树皮灰褐色，幼体全部被黄色茸毛。叶片长卵形至椭圆状长卵形，先端渐尖，基部心形，全缘，稀浅裂。花冠大，乳白色或微带紫色。果长椭圆形。花期 3—4 月，果期 9—10 月。

【生长习性】主产长江流域以南各地，现辽宁以南各地都能栽植。速生树种，喜光，喜温暖气候。深根性，适于疏松、深厚、排水良好的壤土和黏壤土，对土壤酸碱度适应范围较广。喜湿畏涝，萌芽力、萌蘖力强。

【观赏与应用】播种、扦插繁殖。主干端直，冠大荫浓，春天繁花似锦，夏天绿树成荫。适于庭园、公园、广场、街道作庭荫树或行道树。泡桐叶大被毛，能吸附烟尘，抗有害气体，能净化空气，适于厂矿绿化。

30. 火桐 *Firmiana colorata* (Roxb.) R.Br. 梧桐科火桐属

【识别要点】落叶乔木，叶亚革质，广心形，顶端 3 ～ 5 浅裂，基部心形。聚伞花序作圆锥花序式排列，密被橙红色星状短柔毛；萼漏斗状，基部近楔形，顶端 5 浅裂。先花后叶，花期 3—4 月，花色鲜艳亮丽。具有很高的观赏价值，是园林绿化和行道树的佳品。

相近种：广西火桐 *Firmiana kwangsiensis* Hsue. 叶纸质，叶片广卵形或近圆形，裂片楔状短渐尖，基生脉的脉腋间密被淡黄褐色星状短柔毛；聚伞状总状花序，花梗均密被金黄色且带红褐色的星状茸

毛；萼圆筒形，萼的裂片三角状卵形，雄花集生在雌雄蕊柄的顶端。6 月开花，仅分布于中国广西靖西市海拔 910 m 的山谷缓坡灌丛中。

【生长习性】主要生长于热带雨林中，海拔 400 ～ 900 m，所在地的气候特点是夏秋炎热湿润，冬春凉湿，少雨，土壤为赤红壤或砖红壤。耐阴蔽，在常有云雾的山谷阴湿的地方生长良好。不耐寒。

【观赏与应用】常扦插繁殖。濒危物种，国家 2 级保护植物。它的树皮似厚皮树，树叶似三角枫，花蕊似炮仗花。每逢开花时节，树叶全面脱落，枝梢挂满红花，是观赏价值很高的花树。多用作行道树栽培。

木樨科常见属检索表

1. 核果或浆果 ………… 5
1. 翅果或蒴果 ………… 2
2. 蒴果 ………… 4
2. 翅果 ………… 3
3. 果周围具翅；单叶 ………… 雪柳属
3. 果顶端具翅；奇数羽状复叶 ………… 梣属
4. 花黄色，花冠裂片长于冠筒；小枝中空或具片状髓 ………… 连翘属
4. 花紫、红或白色；花冠裂片短于冠筒或等长，枝髓实心 ………… 丁香属
5. 浆果，双生或单生；花冠裂片覆瓦状排列 ………… 素馨属
5. 核果 ………… 6
6. 花序顶生，稀腋生；浆果状核果开裂；果长 1 cm 以下 ………… 女贞属
6. 花序腋生，稀顶生 ………… 7
7. 花蕾时，花冠裂片覆瓦状排列；花多簇生 ………… 木樨属
7. 花蕾时，花冠裂片镊合状排列；圆锥花序 ………… 8
8. 花冠深裂近基部，或基部成对合生 ………… 流苏树属
8. 花冠浅裂，花冠裂片常短于冠筒，稀无花冠 ………… 木樨榄属

31. 迎春花（金腰带）*Jasminum nudiflorum* Lindl. 木樨科素馨属

【识别要点】落叶灌木。枝细长直出或拱形，绿色，四棱。三出复叶，对生，缘有短刺毛。花单生在上年生枝的叶腋，叶前开放，有叶状狭窄的绿色苞片；萼裂片 5 ～ 6；花冠黄色，常 6 裂，约为花冠筒长的 1/2。常不结果。花期 2—4 月。相似种比较：

迎春

①探春花（迎夏）半常绿蔓性灌木，高达 1 ～ 3 m。小枝绿色，光滑有棱。奇数羽状复叶，互生，小叶 3 ～ 5。花冠黄色，径约 1.5 cm 裂片 5，长约为花冠筒长的 1/2；萼片 5，线形，与萼筒等长；聚伞花序顶生。浆果近圆形。花期 5—6 月。

②野迎春（云南素黄馨、南迎春）常绿灌木，高 3 ～ 4.5 m。枝绿色，细长拱形，绿色，四棱。三出复叶对生，叶面光滑。花黄色，径 3.5 ～ 4.5 cm，花冠 6 裂，花冠裂片较花冠筒长，

探春花

野迎春

单生于具总苞状单叶的小枝端。4 月开花，花期延续较长时间。枝条长而柔弱，下垂或攀缘，碧叶黄花，可做庭院观赏、花篱、地被植物，可于堤岸、台地和阶前边缘栽植，特别适用于宾馆、大厦顶棚布置，也可盆栽观赏。

【生长习性】产于我国中部、北部及西南高山区，各地广泛栽培。适应性强，喜光，喜温暖湿润环境，较耐寒，耐旱，但不耐涝。浅根性，萌芽力、萌蘖力强。

野迎春与探春花比较

【观赏与应用】嫁接、扦插繁殖。花开极早，绿枝垂弯，金花满枝，为人们早报新春。宜植于路缘、山坡、池畔、岸边、悬崖、草坪边缘，或作花篱、花丛及岩石园材料。与梅花、水仙花、山茶花并称“雪中四友”。也可护坡固堤，作水土保持树种。

32. 茉莉花（茉莉）*Jasminum sambac* (L.) Aiton 木樨科素馨属

【识别要点】常绿灌木，高 0.5 ~ 3 m。枝细长略呈藤本状。单叶对生，全缘，薄纸质，仅背面脉腋有簇毛。花白色，浓香，常 3 朵成聚伞花序；花萼裂片 8 ~ 9，线形。常不结果。花期 5—10 月。

【生长习性】原产印度、伊朗、阿拉伯半岛。我国广东、福建及长江流域以南各地栽培。北方盆栽。喜光，喜温暖湿润气候及酸性土壤，不耐寒，低于 3 ℃时易受冻害，不耐干旱、湿涝和碱土。

【观赏与应用】扦插、压条或分株繁殖。“一天明月星河澹，满殿风吹茉莉香”。茉莉叶翠绿，花洁白、浓香，是著名香花树种。常盆栽室内观赏。是印度尼西亚、菲律宾、巴基斯坦国花。

33. 连翘（黄寿丹、黄花杆）*Forsythia suspensa* (Thunb.) Vahl 木樨科连翘属

【识别要点】落叶灌木，高达 3 m。枝条拱形下垂，小枝黄褐色，稍四棱，髓中空。叶卵形，有时 3 裂成 3 小叶，先端锐尖，基部宽楔形，锯齿粗。花通常单花腋生，花冠黄色，单生，稀 3 朵腋生；花萼裂片长圆形，与花冠筒等长。蒴果表面散生瘤点，萼片宿存。花期 3—4 月，果期 8—9 月。相似种与变种比较：

①枝连翘　较细、下垂，枝梢常匍匐地面生根。花冠裂片宽，微开展。

②三叶连翘　通常为 3 小叶或 3 裂。花冠裂片窄，常扭曲。

③金钟花（黄金条、细叶连翘、迎春条）落叶灌木，高 1 ~ 3 m。枝直立，有时拱形，小枝黄绿色，四棱形，髓薄片状。叶椭圆状长圆形，不裂，先端急尖，基部楔形，中部以上有粗锯齿。花深黄色，1 ~ 3 朵腋生，花萼裂片卵圆形，长为花冠筒的 1/2。蒴果先端喙状，萼片脱落。

【生长习性】产于我国北部、中部及东北地区，各地栽培。喜光，稍耐阴，耐寒，耐干旱瘠薄，不耐涝，喜温暖湿润气候，对土壤要求不严，喜钙质土。根系发达，萌蘖性强，病虫害少。

【观赏与应用】扦插、压条或分株繁殖。枝条拱形开展，早春花先叶开放，满枝金黄，艳丽可爱，是优良的早春观花灌木。宜丛植于草坪、角隅、建筑物周围、岩石假山旁、路旁、水旁，也可片植于向阳坡地，列植为花篱、花境，或作基础种植。以常绿树作背景，与榆叶梅、紫荆等配植，更显金黄夺目的色彩。

34. 紫丁香（华北紫丁香）*Syringa oblata* Lindl. 木樨科丁香属

【识别要点】灌木或小乔木，高达 4 m。小枝粗壮无毛。叶宽卵形至肾形，宽大于长，先端短尖，基部心形、截形或宽楔形，全缘。花冠紫色或暗紫色，花冠筒长 1 ～ 1.5 cm，花药着生于花冠筒中部或中部以上；花序长 6 ～ 12 cm。果长圆形，先端尖。花期 4—5 月，果期 9—10 月。变种与品种：

①白丁香　与原变种的区别在于：叶较小，叶背面微有短柔毛。花白色，单瓣，香气浓。花期 4—5 月。长江流域以北普遍栽培。

②紫萼丁香　叶先端狭尖，叶背面及叶缘有短柔毛。花序较大，花瓣、花萼、花轴以及叶柄均为紫色。

紫丁香

白丁香

③佛手丁香　花白色，重瓣。

【生长习性】产于我国东北南部、华北、西北、山东、四川等地。喜光，稍耐阴，喜湿润、肥沃、排水良好的沙质壤土或石灰质土壤。不耐水淹，抗寒、抗旱性强。对有害气体抗性较强。

【观赏与应用】播种、扦插、嫁接、压条和分株繁殖。枝叶茂密，花丛庞大，丁香“一树百枝千万结”，花开时清香四溢，芬芳袭人。秋季叶变橙黄色、紫色，为北方应用最普遍的观赏花木之一。通常植于路边、草坪、角隅、林缘或与其他丁香配植成丁香园。也适于工矿区绿化。

35. 桂花（木樨）*Osmanthus fragrans* (Thunb.) Lour. 木樨科木樨属

【识别要点】常绿小乔木，高达 12 m，树冠圆头形或椭圆形。侧芽多为 2 ～ 4 叠生。叶革质、硬，全缘或上半部疏生细锯齿。花小，花冠淡黄色或橙黄色，浓香；花序聚伞状簇生叶腋。果椭圆形，熟时紫黑色。花期 9—10 月，果期翌年 4—5 月。常见变种：

①金桂　花金黄色，香味浓或极浓。

②银桂　花黄白或淡黄色，香味浓至极浓。

③丹桂　花橙黄或橙红色，香味浓。

④四季桂　黄或黄白色，一年内花开数次，香味淡。

【生长习性】原产于我国中南、西南地区。淮河流域至黄河流域以南各地普遍地栽。喜光，喜温暖湿润气候，耐半阴，不耐寒。对土壤要求不严，但以土层深厚、富含腐殖质的沙质壤土生长良好，不耐干旱瘠薄，忌积水。萌芽力强，寿命长。对有害气体抗性较强。

【观赏与应用】中国传统十大名花之一。“何须浅碧深红色，自是花中第一流”。桂花四季常青，枝繁叶茂，秋日花开，芳香四溢。常孤植、对植或成丛成片栽植。在古典厅前多采用二株对称栽植，古称“双桂当庭”或“双桂留芳”；与牡丹、荷花、山茶等配植，可使园林花开四季。对有害气体有一定的抗性，可用于厂矿绿化。

36. 紫荆（老枝生花、满条红）*Cercis chinensis* Bunge 豆科紫荆属

【识别要点】落叶乔木，高达 15 m，栽培时通常呈丛生灌木状，树形直立。小枝之字形，密生皮孔。叶近圆形，先端骤尖，基部心形。花 5 ～ 8 朵簇生于二年生以上的老枝上，花冠假蝶形，紫红色或白色。荚果扁，腹缝线有窄翅，网脉明显。花期 3—4 月。相似种有：

湖北紫荆（*Cercis glabra* Pamp.）乔木，树皮和小枝灰黑色。叶片较大，心形或三角状圆形，总状花序短，花淡紫红色或粉红色，先于叶或与叶同时开放，稍大，荚果狭长圆形，紫红色，3—4 月开花。

紫叶加拿大紫荆　是加拿大紫荆（*Cercis canadensis* L.）的变种。春天，粉红的花先于叶开放，花期 3—4 月；叶大，心形，春、夏、秋三季均是鲜亮的紫红色，是少有的观花观叶的三季彩色园林观赏植物。

【分布】产于我国黄河流域以南，我国中部地区多有栽培。喜光，喜湿润肥沃土壤，也耐干旱瘠薄，耐寒性强。深根性，耐修剪，对烟尘、有害气体抗性强。

【观赏与应用】常用播种、分株、压条、扦插繁殖。紫荆早春繁花簇生在老枝上，尤为别致，观赏性高，适宜栽在建筑周边、园路旁，或片植、丛植成早春主景。

白紫荆

湖北紫荆

加拿大紫荆

37. 伞房决明 *Cassia corymbosa* Lam. 苏木科决明属

【识别要点】半常绿灌木或小乔木，高达 2 m。羽状复叶，小叶 2 ～ 3 对，卵形至卵状椭圆形，伞房花序腋生，花鲜黄色，花期夏至秋。荚果，圆柱形。

【生长习性】原产南美，现我国南方多有引种栽培。喜光，不耐寒，在肥沃湿润的土壤中生长良好，也耐干旱贫瘠，生长强健，管理简便。

【观赏与应用】常用播种、扦插繁殖。伞房决明生长快速，叶片鲜绿，花嫩黄，生长旺盛，常配植在街头绿地，或点缀在园林小景中。

38. 羊蹄甲（紫花羊蹄甲）*Bauhinia purpurea* L. 豆科羊蹄甲属

【识别要点】常绿或半落叶乔木。叶近圆形，先端 2 裂，深约为全叶的 1/3，似羊蹄状。总状花序，花大，花瓣 5 枚，玫瑰红色，有时白色。间以白色脉状彩纹，上部中间花瓣较大，有深红斑纹，其余 4 瓣于两侧成对排列；常具瓣柄，中间朝上的一枚花瓣往往具有孔雀尾状的深色斑块，花期 9—10 月。荚果长圆形，带状或线形，通常扁平，开裂。常见相近种：

①宫粉羊蹄甲 *Bauhinia variegata* L. 花色粉红至浅粉，冬季落叶，花期春季 2—3 月，开花时往往无叶。暖冬往往不落叶或者落叶不完全。多用于营造早春花海。

②红花羊蹄甲 B. × *blakeana* Dunn 有能育雄蕊 5 枚，花瓣较阔，具短柄。花色呈深紫红色，为自然杂交种，常绿乔木，花期春季和秋季，不结果。多用作庭荫树。

【生长习性】产于中国南部。喜阳光和温暖、

潮湿环境，不耐寒。适应性强，有一定的耐寒能力，中国北回归线以南的广大地区均可以越冬。分布于我国华南一带，耐热也稍耐寒，对生长环境要求不严苛，生长快速。

【观赏与应用】扦插、压条、嫁接、播种繁殖。热带地区广泛栽培于庭园供观赏，可作庭荫树、行道树、风景树。羊蹄甲是华南一带重要的绿化美化树种，但羊蹄甲属植物的分类一直有争议，其典型种不落叶，全年几乎有花，且结果不断，树上常挂果。近年来因栽培逐渐广泛，变种、新种不断出现，在应用时需辨明品种。

39. 凤凰木 *Delonix regia* (Bojer.) Raf. 豆科凤凰木属

【识别要点】高大落叶乔木，树冠伞形。复叶具羽 10～24 对，对生，小叶 20～40 对，近圆形，基部歪斜。花集中着生于树冠外围枝顶，花萼绿色，花冠鲜红色，花瓣 5，上侧中部的一片花瓣有黄色条

纹，总状花序伞房状。果带状，木质。花期 6—7 月。

【生长习性】原产马达加斯加及非洲热带地区，现广植于热带各地，喜光，喜暖热湿润气候，不耐寒，对土壤要求不严。根系发达，生长快。

【观赏与应用】播种繁殖。因花期满树一片火红，十分醒目，且在 6、7 月份，“凤凰花开”时学生要毕业、离开母校。树冠开阔，花大而色艳，初夏开放，如火如荼，与绿叶相映更显灿烂。宜在华南地区作行道树、庭荫树。

40. 龙牙花（象牙红、珊瑚刺桐）*Erythrina corallodendron* L. 豆科刺桐属

【识别要点】小乔木，高 3～5 m。三出复叶，顶生小叶宽卵形或卵状三角形，侧生小叶较狭。总状花序腋生，花冠鲜红色，旗瓣长 5～6 cm，象牙状，翼瓣和龙骨瓣短小，几乎全包在旗瓣内；花期 2—3 月，属短日照植物。

【生长习性】原产于亚洲热带，我国华南有栽培。喜高温、高湿、向阳的环境，不耐寒。生长快，耐修剪。

【观赏与应用】用播种及扦插繁殖。常作行道树及庭园观赏树种。长江流域盆栽观赏。

41. 锦鸡儿 *Caragana sinaca* (Buc'hoz) Rehder 豆科锦鸡儿

【识别要点】落叶灌木，高 1～5m。枝细长，有棱脊线。托叶针刺状，偶数羽状复叶，小叶 4 枚，叶轴先端呈刺状。花单生，红黄色，下垂。花期 4—5 月。

【生长习性】主产于我国北部及中部，西南也有

分布，各地有栽培。喜光，稍耐阴，耐寒，对土壤要求不严，耐干旱瘠薄，也耐湿。萌芽力强，耐修剪。

【观赏与应用】常用播种、分株、压条扦插繁殖。锦鸡儿叶色秀丽，花型美，花色艳；丛生，可植于岩石旁、坡地、小路边，也可作绿篱，尤其适合作树桩盆景。

42. 木棉（红棉、英雄树、攀枝花）*Bombax ceiba* L. 木棉科木棉属

【识别要点】落叶乔木，树干端直，树皮灰白色，枝轮生、平展。幼树树干及枝具圆锥形皮刺。小叶长椭圆形，全缘，先端尾尖。花大，簇生枝端；花瓣红色，厚肉质。果椭圆形，黑色。花期 2—3 月，先叶开放；果 6—7 月成熟。

【生长习性】分布于福建、台湾、广西、广东、四川、云南、贵州等地。喜光，喜暖热气候，为热带季雨林的代表种。很不耐寒，较耐干旱。树皮厚，耐火烧。

【观赏与应用】播种、嫁接繁殖。木棉是广州市花，树形高大雄伟，树冠整齐，早春先叶开花，如火如荼，十分红艳美丽。在华南各城市栽作行道树、庭荫树及庭园观赏树，是最美丽的树种之一。

43. 美丽异木棉 *Ceiba speciosa* (A.St.-Hil.)Ravenna 木棉科吉贝属

【识别要点】落叶乔木，树冠呈伞形，树干下部膨大，呈酒瓶状，树皮绿色，密生圆锥状坚硬皮刺。叶互生，掌状复叶有小叶 3 ～ 7 片；小叶椭圆形。花单生，花冠淡粉红色，中心白色；花瓣 5，反卷，花丝合生成雄蕊管，包围花柱。花期为每年的 10 月至翌年春季，冬季为盛花期，花期并不集中。

【生长习性】原产于南美洲，热带地区多有栽培，在中国广东、福建、广西、海南、云南、四川等南方城市广泛栽培。性喜光而稍耐阴，喜高温多湿气候，略耐旱瘠，忌积水，不耐寒。抗风、速生、萌芽力强。在两广地区广有引种栽培，生长良好、健壮。

【观赏与应用】播种繁殖。干直立，主干有突刺，树冠层呈伞形，叶色青翠，成年树树干呈酒瓶状；冬季盛花期满树姹紫，秀色照人，人称“美人树”，是优良的观花乔木，也是庭院绿化和美化的高级树种，可用作高级行道树和园林造景。

44. 牡丹（鹿韭、木芍药）*Paeonia × suffruticosa* Andrews 芍药科芍药属

【识别要点】落叶灌木。叶互生，叶呈二回羽状复叶，阔卵形至卵状长椭圆形，先端 3 ～ 5 裂，叶背有白粉，平滑无毛。花大；心皮 5，被柔毛，玫瑰色、红紫色、粉红色至白色，花期 4—5 月。聚合蓇葖果。品种很多。

新日月（品种）

岛之藤

赵粉

凤丹

二乔

圣代

金桂飘香

金玉良缘

百园红霞

岛大臣

冠世墨玉

锦绣球

首案红

冠群芳

海黄

姚黄

栽培牡丹有牡丹系、紫斑牡丹系、黄牡丹系等品系，通常分为墨紫色、白色、黄色、粉色、红色、紫色、雪青色、绿色等八大色系，按照花期又分为早花、中花、晚花类，依花的结构分为单花、台阁两类，又有单瓣、重瓣、千叶之异。牡丹品种中国产有500余种，著名品种有姚黄、魏紫、赵粉、二乔、梨花雪、金轮黄、冰凌罩红石、瑶池春、掌花案、首案红、葛巾紫、蓝田玉、乌龙卧墨池、豆绿等。

【生长习性】原产我国陕西、甘肃一带。喜光，亦稍耐阴，喜凉忌热，宜燥惧湿，可耐 -30 ℃的低温，在年平均相对湿度45%左右的地区可正常生长。

【观赏与应用】牡丹繁殖方式有分株、嫁接、播种等，但以分株及嫁接居多，播种方法多用于培育新品种。多选用芍药作为砧木嫁接。“唯有牡丹真国色，花开时节动京城”。牡丹色、姿、香、韵俱佳，花大色艳，花姿绰约，为我国传统十大名花之一，有“花中之王”的美誉，至今约有 2 000 年历史。在洛阳有多个大型牡丹专类园，品种多，观赏性强，也是经营效益很好的观花植物之一。

豆绿

45. 杜鹃（映山红、山踯躅）*Rhododendron simsii* Planch. 杜鹃花科杜鹃花属

【识别要点】落叶灌木；小枝被亮棕色扁平糙伏毛。叶革质，常集生枝端，卵形、椭圆状卵形至倒披针形，上面深绿色，疏被糙伏毛，下面淡白色，密被褐色糙伏毛。花冠阔漏斗形，玫瑰色、鲜红色或暗红色等，花簇生枝顶，花冠 5 裂，上方 3 裂片有深红色斑点；子房密被糙伏毛。花期 4—5 月。

品种很多，按花色分杜鹃品种可分为红色系、紫色系、黄色系、白色系、复色系及其他等系列。

按花期分，杜鹃品种可分春鹃、春夏鹃、夏鹃和西鹃。春天开花的品种称为春鹃，春鹃又分为大叶大花和小叶小花两种；6 月开花的称为夏鹃；介于春鹃和夏鹃花期之间的称为春夏鹃；而将从西方传入的单独列为一类称为西洋鹃，简称西鹃。

按花型分，主要针对西鹃，以花型为主、结合花色、叶片等形态特征，将西鹃品种分成 10 个系列，即紫凤朝阳系、芙蓉系（四海波系）、珊瑚系、五宝系、王冠系、冷天银系（仙女舞系）、紫士布系（紫霞迎晓系）、锦系、火焰系及其他品系。

按综合性状分，根据产地来源、亲缘关系、形态习性和观赏特征，进行逐级筛选，先分成东鹃、毛鹃、西鹃、夏鹃 4 个类型，然后再将每个类型划分为几个组群，最后从组群中分离出各个品种，如西鹃类可分为光叶组、尖叶组、扭叶组、狭叶组、阔叶组 5 个组。

相似种：

①夏鹃（皋月杜鹃、紫鹃）半常绿灌木，分枝多而开展。叶厚近革质，有光泽，狭披针形，紫红色，两面有红褐色粗伏毛。花冠广漏斗形，具深色斑点。蒴果长圆状卵球形。花期 5—6 月。性喜有散射光线的半阴、温暖而湿润的环境。是日本盆栽的主要种类之一。品种甚多，有单瓣、重瓣、蕊花等类型，以及红、粉、紫、桃红等色。

②毛鹃（毛叶杜鹃、大叶杜鹃、春鹃大叶种）本类包括锦绣杜鹃、毛白杜鹃及其变种、杂种，体型高大，花大、单瓣、少有重瓣，花色有红、紫、粉、白及复色。生长健壮，适应力强，可露地种植，是嫁接西鹃的优良砧木。

③西洋鹃 系皋月杜鹃、映山红及毛白杜鹃反复杂交而成，是花色、花型最多最美的一类。体型矮壮，树冠紧密，习性娇嫩、怕晒怕冻，花期 4—5 月，花色多种多样，多数为重瓣、复瓣，少有单瓣，从国外引入的四季杜鹃便是其中之一，因四季开花不断而取名。最早在西欧的荷兰、比利时育成，故称西洋鹃，简称西鹃。

【生长习性】原产于长江流域及其以南地区，东至台湾，西达四川、云南。喜光，喜温暖湿润环境，不耐烈日暴晒。喜酸性土，不耐碱性土壤。

【观赏与应用】常用播种、扦插和嫁接法繁殖，也可行压条和分株。中国十大传统名花之一。当春季杜鹃花开放时，满山鲜艳，像彩霞绕林，被人们誉为“花中西施”。“回看桃李都无色，映得芙蓉不是花”。可以做色块、成片、专类园种植，春季和夏季观花，也有盆栽室内观赏。杜鹃类植物主要资源在我国西南地区，有很大的发展空间。

夏鹃

西鹃

46. 绣球（八仙花）*Hydrangea macrophylla* (Thunb.) Ser. 绣球科绣球属

【识别要点】落叶灌木。叶厚，革质，倒卵形或阔椭圆形，边缘具粗齿。伞房状聚伞花序近球形，直径 8～20 cm，花密集，多数不育。八仙花形似绣球，花色艳丽，有粉红、蓝、白、红等色。花期 4—6 月。

【生长习性】八仙花原产我国和日本。喜温暖、湿润和半阴环境。冬季温度不低于 5 ℃。在低温和短日照条件下进行花芽分化。栽于酸性土壤中花瓣偏红色，栽于碱性土壤中花瓣偏蓝色。

【观赏与应用】常用分株、压条、扦插和组培繁殖。半阴环境下成片种植。也可盆栽观赏，生产上常进行促成栽培作年宵花卉销售。

47. 山梅花 *Philadelphus incanus* Koehne 绣球科山梅花属

【识别要点】落叶灌木。树皮褐色，薄片状剥落，小枝幼时密生柔毛，后渐脱落。近叶卵形，缘具细尖齿，表面疏生短毛，背面密生柔毛，脉上毛尤多，花白色，无香味，萼外有柔毛，总状花序，花期为 5—7 月，果期为 8—9 月。

【生长习性】原产于我国陕、豫、粤一带。适应性强，喜光，喜温暖也耐寒、耐热。怕水涝。对土壤要求不严，生长速度较快，适生于中原地区以南。

【观赏与应用】播种、扦插、压条和分株法繁殖。其花美丽、多朵聚焦，花期持久，为优良的观赏花木。宜栽植于庭园、风景区。也可作切花材料。宜丛植、片植于草坪、山坡、林缘地带，若与建筑、山石等配植也合适。

48. 荚蒾 *Viburnum dilatatum* Thunb. 忍冬科荚蒾属

【识别要点】丛生落叶灌木。高 1～3 m，小枝幼时有星状毛，老枝红褐色。单叶对生，叶宽倒卵形至椭圆形，长 3～9 cm，边缘具尖锯齿，表面疏生柔毛。聚伞花序，花冠辐射状，花白色 5 裂，5—6 月开放。核果卵形，9—10 月成熟，果实殷红，艳丽夺目。

【生长习性】分布很广，主产于华中及华东地区。喜光，喜温暖湿润，也耐阴，耐寒，对气候因子及土壤条件要求不严。

【观赏与应用】播种繁殖。荚蒾枝叶稠密，树冠球形；叶形美观，入秋变为红色；开花时节，团团白花布满枝头；果熟时，累累红果，令人赏心悦目。如此集叶、花、果为一树，实为观赏佳木，是制作盆景的良好素材。

49. 绣球荚蒾（木绣球、斗球）*Viburnum keteleeri* 'Sterile' 忍冬科荚蒾属

【识别要点】落叶或半常绿灌木，高达 4 m，树冠呈球形。裸芽，幼枝及叶背面密生星状毛。叶卵形或椭圆形，先端钝，基部圆形，细锯齿。大型聚伞花序呈球状，径 15～20 cm，全由白色不孕花组成。花期 4—5 月。

琼花 与原种主要区别点为：花序中央为可育花，仅边缘最多为 8 朵大型白色不孕花（没有雌雄蕊），果椭圆形，先红后黑。花期 4—5 月，果期 9—10 月。

【生长习性】产于我国长江流域，各地广泛栽培。喜光，稍耐阴，喜温暖湿润气候，较耐寒。喜生于湿润、排水良好、肥沃的土壤。萌芽力、萌蘖力强。

【观赏与应用】常用播种、嫁接繁殖。树枝开展，繁花满树，洁白如雪球，极为壮观。且花期较长，是优良的观花灌木。变型琼花，花扁圆，边缘着生洁白不孕花，宛如群蝶起舞，惹人喜爱。宜孤植于草坪及空旷地、园路两侧、庭中堂前、墙下、窗前或后庭树下，如小片群植也十分壮观。

50. 金银忍冬（金银木）*Lonicera maackii* (Rupr.) Maxim. 忍冬科忍冬属

【识别要点】落叶灌木，高达 5 m。小枝髓黑褐色，后变中空，幼时具微毛。叶卵状椭圆形至卵状披针形，两面疏生柔毛，全缘。花成对腋生，总花梗短于叶柄，苞片线形；花冠唇形，唇瓣长为花冠筒的 2～3 倍，先白色后变黄色，有芳香。果球形，红色。花期 5—6 月，果期 9—10 月。变种与品种：

①红花金银忍冬 花较大，淡红色。小苞片和幼叶均带淡红色。

②红白忍冬 幼枝紫黑色，幼叶带紫红，花冠外面紫红色，内面白色。

③紫叶忍冬 叶紫色。

④花叶忍冬 叶有黄斑。

【生长习性】产于长江流域及以北地区。喜光，耐阴，耐寒，耐旱，耐水湿，喜湿润肥沃土壤。萌芽力、萌蘖力强。病虫害少。

【观赏与应用】常用播种和扦插繁殖。树势旺盛，枝叶扶疏，春夏开花，清雅芳香，秋季红果累累，晶莹可爱，是良好的观花、观果树种。可孤植、丛植于草坪、路边、林缘、建筑物周围。花可提取芳香油，也是优良的蜜源植物。

51. 锦带花（五色海棠）*Weigela florida* (Bunge) A.DC. 忍冬科锦带花属

【识别要点】落叶灌木。小枝细，幼时有二列柔毛。叶椭圆形或卵状椭圆形，上面疏生短柔毛，背面毛较密，叶缘有锯齿。花 1 ～ 4 朵成聚伞花序；萼裂片披针形，分裂至中部；花冠漏斗状钟形，玫瑰红色或粉红色；柱头 2 裂。果柱形。种子无翅。花期 4—6 月，果期 10 月。变种、品种和相似种比较：

①白花锦带花 花近白色。

②红花锦带花 花鲜红色，繁密而下垂。

③深粉锦带花 花深粉红色，花期早约半个月，花繁密而色彩亮丽，整体效果好。

④亮粉锦带花 花亮粉色，盛开时整株被花朵覆盖。

⑤变色锦带花 花由奶油白色渐变为红色。

⑥紫叶锦带花 植株紧密，高达 1.5 m。叶带褐紫色，花紫粉色。

⑦花叶锦带花 叶边淡黄白色，花粉红色。

⑧斑叶锦带花 叶金黄色，有绿斑，花粉紫色。

⑨美丽锦带花 高达 1.8 m。叶较小。花较大而多，花萼小，二唇形，花冠玫瑰紫色，裂片短。

斑叶锦带花

花叶锦带花

产于朝鲜，耐寒性强。

⑩海仙花 落叶灌木。小枝粗壮，近无毛。叶阔椭圆形或倒卵形，背面脉间稍有毛。花数朵组成聚伞花序，腋生，萼片线形，裂达基部；花冠初时乳白、淡红色，后变深红色；柱头头状。果柱形。花期6—8月，果期9—10月。喜光，稍耐阴，较耐寒，耐寒性不如锦带花。用途同锦带花，但观赏价值不及锦带花。

海仙花

【生长习性】产于我国东北、华北及华东北部，各地都有栽培。喜光，耐寒，适应性强，耐瘠薄土壤，不耐水涝。萌芽力、萌蘖力强。对氯化氢等有害气体抗性强。

【观赏与应用】播种、扦插、压条繁殖。花繁色艳，花期长，是东北、华北地区重要花灌木之一。杨万里在《红锦带花》诗中写道："节节生花花点点，茸茸晒日日迟迟。后园初夏无题目，小树微芳也得诗。"宜丛植于草坪、庭园角隅、山坡、河滨、建筑物前，也可密植为花篱，或点缀假山石旁，或制盆景。花枝可切花插瓶。

52. 接骨木（公道老、扦扦活）*Sambucus williamsii* Hance 忍冬科接骨木属

【识别要点】落叶灌木或小乔木，高达6 m。枝条黄棕色。小叶5～7，卵状椭圆形或椭圆状披针形，基部宽楔形，常不对称，有锯齿，揉碎后有臭味。花冠辐射状，5裂，白色至淡黄色；萼筒杯状；圆锥状聚伞花序顶生。果近球形，黑紫色或红色。花期4—5月，果期6—7月。

【生长习性】产于我国东北、华北、华东、华中、西北及西南地区。各地广泛分布。喜光，稍耐阴，耐寒，耐旱，不耐涝，对气候要求不严，适应性强，喜肥沃疏松沙壤土。根系发达，萌蘖性强。

【观赏与应用】常用播种、扦插、分株繁殖。

枝叶繁茂，春季白花满树，夏秋红果累累，是良好的观赏灌木。宜植于草坪、林缘或水边，也可用于城市、工厂防护林。枝、叶可药用。

花叶接骨木

53. 糯米条 *Abelia chinensis* R.Br. 忍冬科六道木属

【识别要点】落叶丛生灌木。枝开展，幼枝被微毛，带红褐色。叶对生，卵形或椭圆状卵形。先端渐尖或短尖，基部宽钝或圆形，边缘具浅齿，背面脉间或基部密生白色柔毛。花白色或粉红色，有芳香。集成顶生或腋生伞状圆锥花序。花期7—8月，果熟期10月。

【生长习性】产于浙江、福建、台湾、江西、湖南、广东、广西、贵州、云南及四川。喜凉爽、湿润环境，对土壤要求不严，根系发达，耐瘠薄干旱，萌芽力强，耐修剪。

【观赏与应用】播种、扦插繁殖。糯米条树形丛状，枝条细弱柔软，大团花序生于枝前，小花洁白秀雅，阵阵飘香，该花期正值夏、秋少花季节，花期时间长，花香浓郁，可谓不可多得的秋花树木，可群植或列植，修成花篱，也可栽植于池畔、

路边、草坪等处加以点缀。

54. 野蔷薇（蔷薇、多花蔷薇）*Rosa multiflora* Thunb. 蔷薇科蔷薇属

【识别要点】落叶蔓性灌木，枝细长，皮刺少，无毛。小叶 5～9，倒卵形或椭圆形，锯齿锐尖，两面有短柔毛。圆锥花序生于枝顶，花白色或微有红晕，单瓣，芳香，花期 5—7 月；果熟期 9—10 月，果球形，暗红色。变种有‘粉团蔷薇’，花粉红色，单瓣，小叶较大；‘十姊妹’，重瓣，深红紫色；‘白玉棠’，皮刺较少，花白色，重瓣；‘荷花蔷薇’，花重瓣，粉红色，多朵簇生。

【生长习性】现全国普遍栽培。喜光，耐半阴，耐寒，对土壤要求不严，喜肥，耐瘠薄，耐旱，耐湿。萌蘖性强，耐修剪。抗污染。

【观赏与应用】常用播种、扦插、压条繁殖。花浅粉色、芳香，生长强健，可用于垂直绿化，布置花墙、花门、花廊、花架、花柱，点缀斜坡、水池坡岸，装饰建筑物墙面或植花篱。可用做嫁接月季的砧木。花可提取芳香油。

55. 月季花（月月红、长春花）*Rosa chinensis* Jacq. 蔷薇科蔷薇属

【识别要点】直立半落叶灌木，高度因品种而异，茎具钩状皮刺或无刺。羽状复叶，互生，小叶 3～5（7）枚，广卵形至卵状椭圆形，先端渐尖，具尖齿，缘有锯齿，叶柄和叶轴散生皮刺和短腺毛；托叶贴生于叶柄上，顶端分离为耳状。花数朵簇生，少数单生，粉红至白色；萼片常羽裂，边缘有腺毛。花 4—9 月，多次开放；果熟期 9—11 月，果卵形至球形，红色。

蔷薇科　月季（中国古老月季品种月月红）

现在正在应用的大多数是现代月季品种，由欧洲培育出来的品种，分 5 种大类：

①杂种茶香月季　又称杂种香水月季，株形匀称俊美，花体肥硕丰满，花色丰富艳丽，有香味，花期长，品种繁多，如‘和平’‘香云’等。

②多花姊妹月季　植株较矮，分枝细密，花朵密集，绚丽多姿，如‘大教堂’‘冰山’‘太阳火焰’等。

杂种香花月季（现代月季）

多花姊妹月季（现代月季）

③大花姊妹月季　又称壮花月季，株高在 1 m 以上，长势强壮，花繁叶茂，如‘伊丽莎白女王’‘雪峰’等。

④微型月季　植株矮小，一般仅为 10～45 cm，花朵小，径 1～3 cm，品貌秀美，如‘微型金丹’‘小假面舞会’等。

⑤藤本月季　枝条蔓生，攀缘性，如‘多特蒙德’‘藤墨红’等。

【生长习性】原产于我国，原种及多数变种

在 18 世纪末、19 世纪初引至欧洲，通过杂交培育出了现代月季，目前品种已达万种以上。喜光，喜肥，气温在 22～25 ℃时生长最适宜，耐寒，耐旱，怕涝，耐修剪。温度合适可全年开花，主要开花季节为春、秋两季，夏季开花较少。

【观赏与应用】大多采用扦插繁殖法，也可分株、压条、嫁接繁殖。月季花大而芳香，花期长，色泽各异，适应性强，繁殖容易，我国自古即有栽培的习俗，为世界著名花木，我国传统十大名花之一，有“花中皇后”的美誉。月季品种繁多，花色丰富，可植于花坛，或盆栽，是园林中应用最广泛的花灌木。杂种茶香月季是重要的切花材料，丰花月季适于表现群体美，宜成片种植或沿道路、墙垣、花坛、草地列植或环植，形成花带、花篱。壮花月季可孤植、对植，藤本月季可用于垂枝绿化，微型月季适合盆栽，也可用于地被、花坛和草坪的镶边。现代月季品种繁多，观赏性很高，经济价值很可观。

微型月季（现代月季）

藤本月季（现代月季）

树状月季（现代月季）

56. 玫瑰 *Rosa rugosa* Thunb. 蔷薇科蔷薇属

【识别要点】直立丛生落叶灌木，高达 2 m。枝粗壮，密生皮刺、刚毛及茸毛。小叶 7～9，椭圆形、倒卵状椭圆形，锯齿钝，叶质厚，小叶面皱褶，表面网脉凹下，背面有柔毛及刺毛。花单生或 3～6 朵集生，常为紫红色、白色，径 6～8 cm，芳香。花期 4—9 月，果熟期 9—10 月。果扁球形，径 2～2.5 cm，砖红色。品种有白玫瑰（‘Alba’），花白色，单瓣。红玫瑰（‘Rosea’），花粉红色，单瓣。紫玫瑰（‘Rubra’），花红紫色，单瓣。重瓣紫玫瑰（‘Rubro-plena’），花重瓣，紫红色，香气浓。重瓣白玫瑰（‘Albo-plena’），花重瓣，白色。

【生长习性】原产于我国华北、西北、西南等地，各地都有栽培，山东平阴为全国闻名的“玫瑰之乡”。玫瑰喜光，不耐阴，耐寒、耐旱，不耐积水，在肥沃而排水良好的中性或微酸性土上生长最好，在微碱性土上也能生长，萌蘖性强。

【观赏与应用】扦插或嫁接繁殖。明代陈淳的《玫瑰》诗中写“色与香同赋”，说玫瑰花色艳香浓，是著名的观花闻香花木。可植于花篱、花境，也可丛植于草坪，点缀坡地，布置专类园。花可作香料、食品工业原料。

57. 紫花风铃木 *Handroanthus impetiginosus* (Mart. ex DC.) Mattos 紫葳科风铃木属

【识别要点】落叶或半落叶乔木，树皮灰白色，其表面有皱纹，通常有支柱根，假二叉分枝。叶子为暗绿色。花朵呈喇叭状或漏斗状，浅紫色到深紫色或紫红色，常在叶腋处形成顶生的大花簇。花期一般在 12 月至翌年 3 月，果期 3—4 月。果实深褐色，圆柱形结荚，成熟后会裂开，露出带翼的种子。

【生长习性】原产于巴西、巴拉圭等中南美洲的国家。性喜光，阳光不足不开花，也稍耐阴，但种在隐蔽处几乎不开花只长枝叶。生长适温 20～30 ℃，最低温度 5 ℃，不耐寒。

【观赏与应用】用种子、扦插和压条法进行繁殖。是优良的观花乔木树种，可在公园、庭院、风景区的草坪、水塘边或主干道路旁作庇荫树或行道树，适宜孤植或列植观赏。

58. 蓝花楹 *Jacaranda mimosifolia* D. Don 紫葳科蓝花楹属

【识别要点】落叶乔木，高达 15 m。小枝直立，新枝树皮绿色，叶对生，为二回羽状复叶，小叶椭圆状披针形至椭圆状菱形，花序顶生，花蓝色，花萼筒状。蒴果木质，扁卵圆形，中部较厚，四周逐渐变薄，不平展。花期 5—6 月。

【生长习性】原产于南美洲。中国广东、海南、福建、云南南部（西双版纳）有引种栽培。性喜阳光充足和温暖、多湿气候，要求土壤肥沃、疏松、深厚、湿润且排水良好，低洼积水或土壤瘠薄则生长不良。不耐寒也不耐高温。

【观赏与应用】扦插、种子繁殖。蓝花楹花、叶、果都别具特色，具有很好的观赏效果。蓝花楹树干通直，树冠椭圆形，绿阴如伞，细叶似羽，花朵蓝色清雅，花开在早春，可以在公园中进行孤植，可以作为行道树栽植，也可以作为庭院特色树种进行利用。

59. 溲疏（空疏）*Deutzia scabra* Thunb. 绣球科溲疏属

【识别要点】落叶灌木，高达 3 m，小枝淡褐色，中空。叶卵状，锯齿细密，两面有锈褐色星状毛，叶柄短。圆锥花序，花白色或略带粉红色。蒴果半球形。花期 5 月，果期 7—8 月。有重瓣品种。

【生长习性】产于我国华东各省，野生山坡灌丛中或路旁。喜光，略耐半阴。喜温暖湿润气候，抗寒、抗旱。萌发力强。

【观赏与应用】常用扦插、播种、压条或分株繁殖。溲疏初夏白花繁密、素雅，常丛植于草坪一角、建筑物旁、林缘配山石；也可做花篱，花枝可作切花插瓶。

60. 山茱萸（药枣、枣皮）*Cornus officinalis* Siebold & Zucc. 山茱萸科山茱萸属

【识别要点】落叶小乔木，高可达 10 m。树皮片状剥落；小枝微呈四棱形。背面脉腋处具黄褐色簇毛。花黄色，先叶开放，伞形花序簇生小枝顶端，萼片和花深红色，花瓣 4。核果长椭圆形，深红色。花期 3—4 月。

【生长习性】产于我国台湾、广东、广西、云南、四川、湖北等地。性强健，喜光、耐寒、耐旱，管理粗放。

【观赏与应用】常用播种、扦插、压条、嫁接繁殖。山茱萸早春开黄色小花，秋季有鲜红果实及深红叶色，兼具观花、观果，可植于庭院，点缀绿地，或盆栽。

61. 灯台树（瑞木）*Cornus controversa* Hemsl. 山茱萸科山茱萸属

【识别要点】落叶乔木，高 15 ～ 20 m。树皮暗灰色，老时浅纵裂。侧枝轮状着生。当年生枝紫红绿色，二年生枝淡绿色，有半月形的叶痕和圆形皮孔。叶互生，常集生枝顶，卵状椭圆形，长 6 ～ 13 cm，侧脉 6 ～ 8 对，弓形内弯。顶生伞房状聚伞花序，花小，白色。核果球形，径 6 ～ 7 mm，熟时由紫红色变紫黑色。花期 5—6 月，果 9—10 月成熟。

【生长习性】主产于我国长江流域及西南各地，喜温暖湿润气候，稍耐阴，有一定的耐寒性；喜肥沃湿润而排水良好的土壤，生长快。

【观赏与应用】播种繁殖。灯台树树形整齐，侧枝呈层状生长，宛如灯台，形成美丽的圆锥状树冠。花色洁白、素雅，果实紫红、鲜艳，为优良的庭荫树及行道树。

62. 红瑞木（红杆木）*Cornus alba* L. 山茱萸科山茱萸属

【识别要点】落叶灌木，高 3 m。枝条血红色，光滑，初时常被白粉，髓腔大呈白色。单叶对生，卵形或椭圆形，两面均疏生贴伏柔毛，叶脉弓形内弯。花小，黄白色，排成顶生的伞房状聚伞花序。核果斜卵圆形，成熟时白色或稍带蓝色。花期 5—6 月，果 8—9 月成熟，小果洁白。

【生长习性】分布于我国东北、内蒙古及河北、陕西、山东等地。喜光，喜略湿润土壤，耐寒、耐湿，树势强健。

【观赏与应用】可用播种、扦插和压条法繁殖。红瑞木枝条终年鲜红色，秋叶也为鲜红色，均异常艳丽。最宜丛植于庭园草坪、建筑物前或间种在常绿树间，或作绿篱。冬枝可作切花材料。根系发达，又耐潮湿，植于水边，可护岸固土。

63. 四照花 *Cornus kousa* subsp.*chinensis* (Osborn) Q.Y. Xiang 山茱萸科山茱萸属

【识别要点】落叶小乔木或灌木，高达 8 m。叶厚纸质，卵形至卵状椭圆形，侧脉 3 ～ 4（5）对，弧形弯曲。因花序外有 2 对黄白色花瓣状大型苞片，光彩四照而得名。球形头状花序，有小花 20 ～ 30，黄白色，花期 5—6 月。果球形，肉质，橙红色或紫红色。

【生长习性】产于长江流域、西南及河南、陕西、山西、甘肃等地，喜光，稍耐阴，喜温暖湿润气候，较耐寒。对土壤要求不严，以土层深厚、排水良好的沙质壤土生长良好。

【观赏与应用】常用分蘖、插扦、种子繁殖。四照花树姿优美，初夏开花，白色总苞覆盖满树，叶色光亮，入秋变红，衬以红果，光彩耀目。可孤植或丛植点缀园林绿地。果可食及酿酒。

64. 金丝桃 *Hypericum monogyunm* L. 藤黄科金丝桃属

【识别要点】常绿、半常绿或落叶灌木。全株光滑无毛。小枝圆柱形，红褐色。叶无柄，长椭圆形，基部渐狭而稍抱茎，上面绿色，背面粉绿色，网脉明显。花单生或聚伞花序；花瓣和细长弯曲的雄蕊、雌蕊均为鲜黄色；雄蕊多数，5 束，较花瓣长。蒴果卵圆形。花期 6—7 月，果期 8—9 月。

【生长习性】分布于河北、山东、河南、陕西、江苏、浙江、福建、台湾、广东、广西、贵州、四川等地。喜光，稍耐阴，稍耐寒，喜肥沃中性沙壤土，忌积水。常野生于湿润河谷或溪旁半阴坡。萌芽力强，耐修剪。

【观赏与应用】播种、扦插、分株繁殖，是南方庭园中常见的观赏花木。列植、丛植于路旁、草坪边缘、花坛边缘、门庭两旁，植为花篱、灌木球等均可，也可作切花材料。

65. 金丝梅 *Hypericum patulum* Thunb. 藤黄科金丝桃属

【识别要点】与金丝桃的区别为：幼枝 2～4 棱；叶卵形至卵状长圆形；雄蕊短于花瓣，花柱离生；比金丝桃耐寒。

【生长习性】喜光，稍耐寒，喜肥沃中性沙壤土，忌积水。萌芽力强，耐修剪。分布于河南伏牛山、陕西商县等、甘肃东南部、江苏、浙江、福建、广西、贵州、四川等地。

【观赏与应用】同金丝桃。

66. 栀子（黄栀子）*Gardenia jasminoides* J.Ellis 茜草科栀子属

【识别要点】常绿灌木，高 1～3 m。小枝绿色，有垢状毛。叶长椭圆形，端渐尖，基部宽楔形，全缘，革质而有光泽。花单生枝端或叶腋，花萼 5～7 裂，裂片线形；花冠高脚碟状，先端常 6 裂，白色，浓香；花丝短，花药线形。果卵形，黄色，具 6 纵棱，有宿存萼片。花期 6—8 月，果期 9 月。

变种与品种：

①大花栀子　叶较大；花大而重瓣，径 7～10 cm。

②水栀子　又名雀舌栀子。矮小灌木，茎匍匐，叶小而狭长，花较小。

③玉荷花（重瓣栀子）　花较大而重瓣，径达

水栀子

小叶栀子

7～8 cm，庭园栽培较普遍。

【生长习性】原产于长江流域以南各地，我国中部及东南部有栽培。喜光，也能耐阴，在庇荫条件下叶色浓绿，但开花稍差，喜温暖湿润气候，耐热，也稍耐寒；耐干旱瘠薄，但植株易衰老。抗二氧化硫能力较强。萌蘖力、萌芽力均强，耐修剪。

【观赏与应用】播种、扦插繁殖。“尽日不归处，一庭栀子香”，栀子是著名香花植物，叶色亮绿，四季常青，花大洁白，芳香馥郁，又有一定耐阴和抗有毒气体的能力，是良好的绿化、美化、香化材料。成片丛植或植作花篱均极适宜，作盆花、切花或盆景也十分相宜。

67. 紫薇（百日红、满堂红、痒痒树）*Lagerstroemia indica* L. 千屈菜科紫薇属

【识别要点】落叶灌木或小乔木。老树皮呈长薄片状，剥落后树干平滑细腻；小枝略呈四棱形，常有狭翅。叶椭圆形至倒卵形，近无柄。圆锥花序顶生；花呈红、紫红、白等色；蒴果6瓣裂。花期5—9月，果期9—10月，果实经冬不落。常见变种‘银薇’，花白色，叶与枝淡绿；‘翠薇’，花紫色（或带蓝色），有浅蓝、紫蓝等品种。

【生长习性】喜光，略耐阴，喜温暖、湿润气候，耐旱能力强。萌芽力强，耐修剪。

【观赏与应用】常用播种、扦插、压条、嫁接、分株繁殖。紫薇树形优美，树皮光滑，于少花的夏季开花，长达数月之久。唐代白居易任中书舍人时写过著名诗句：“独坐黄昏谁是伴，紫薇花对紫薇郎。”适宜孤植或几株丛植点缀园林绿地；对有害气体有较强的抗性和吸收能力，可用于厂矿及街道绿化；也可制作桩景。紫薇是夏、秋季节重要的观花植物。

银薇

翠薇

68. 大花紫薇 *Lagerstroemia speciosa* (L.) Pers. 千屈菜科紫薇属

【识别要点】常绿乔木，树皮灰色。叶革质，矩圆状椭圆形，稀披针形，顶端钝形或短尖，基部阔楔形至圆形；叶柄粗壮。花淡红色或紫色，顶生圆锥花序，花瓣6片，雄蕊多数。蒴果球形至倒卵状矩圆形；花期5—7月，果期10—11月。

【生长习性】中国分布于广东、广西、福建及台湾。喜温暖湿润，喜阳光而稍耐阴，不耐寒，喜生于石灰质土壤。

【观赏与应用】播种、压条繁殖。花大，美丽，用作行道树或庭阴树；在建筑物附近、草坪边缘栽植均有良好的绿化美化效果。

69. 夹竹桃 *Nerium oleander* L. 夹竹桃科夹竹桃属

【识别要点】常绿直立大灌木，高达 5 m，含水液。嫩枝具棱。叶 3～4 枚轮生，枝条下部对生，窄披针形，中脉明显，叶缘反卷。花序顶生；花冠深红色、粉红色和白色，单瓣 5 枚，喉部具 5 片撕裂状副花冠，重瓣 15～18 枚，组成 3 轮，每裂片基部具顶端撕裂的鳞片。果细长；种子长圆形。花期 6—10 月。

【生长习性】产于伊朗、印度、尼泊尔。我国长江流域以南广为栽植。喜光，喜温暖湿润气候，不耐寒；耐旱力强；抗烟尘及有毒气体能力强；对土壤适应性强，在碱性土上也能正常生长。性强健，管理粗放，萌蘖性强，病虫害少，生命力强。

【观赏与应用】可用播种、扦插、压条、嫁接、分株繁殖。姿态潇洒，花色艳丽，兼有桃竹之胜，自夏至秋花开不绝，有特殊香气，可植于公园、庭院、街头等处。此外，性强健，耐烟尘，抗污染，是工矿区等生长条件较差地段绿化的好树种。全株有毒，人畜误食有危险。

黄花夹竹桃

花叶夹竹桃

花叶夹竹桃

70. 合欢（夜合树、马缨花）*Albizia julibrissin* Durazz. 豆科合欢属

【识别要点】落叶乔木，高达 16 m，树冠伞形。小枝有棱，无毛。二回羽状复叶，互生，羽片 4～12 对，小叶 10～30 对，镰刀形，中脉明显偏上缘，复叶朝开暮合，雨天亦闭合。头状花序，总梗细长，排成伞房状，萼及花冠均黄绿色；雄蕊多数，长 25～40 mm，粉红色。花期 6—7 月。荚果扁条形。

【生长习性】原产于美洲南部，我国黄河流域至珠江流域各地也有分布。合欢喜光，耐阴，稍耐寒，对土壤适应性强，喜排水良好的肥沃土壤，耐干旱瘠薄，不耐积水，不耐修剪，生长快。

【观赏与应用】播种繁殖。古人称合欢花为相思树，“辽阳春尽无消息，夜合花前日又西。”合欢树冠开阔，绿荫浓密，夏日绒花满树，树冠伞形，是优良的庭园观赏树种。可用作行道树、庭荫树。

71. 银荆 *Acacia dealbata* Link 豆科金合欢属

【识别要点】常绿乔木，树皮灰绿或灰色；二回羽状复叶，偶数，小叶线形，银灰色或浅灰蓝色。3—4 月开花，头状花序，花黄色，有香气。荚果长带形，果皮暗褐色，密被茸毛。种子卵圆形，黑色，有光泽。

【生长习性】原产美洲热带，我国亚热带地区多有引种，喜光，喜温暖气候，不耐寒；喜肥沃、疏松、湿润的微酸性土壤。

【观赏与应用】可用播种、扦插、压条、嫁接、分株等繁殖。南方园林中可植为行道树或绿篱。花含芳香油，可提取香精。

72. 扶桑（朱槿、佛桑）*Hibiscus rosa-sinensis* L. 锦葵科木槿属

【识别要点】常绿灌木或小乔木。全株无毛。叶互生，卵形至广卵形，长锐尖，具不规则粗齿，3 明显主脉，叶面有光泽。花大，单生上部叶腋，阔漏斗形，雄蕊柱超出花冠外，花红色，中心部分深红色，花期夏季。

【生长习性】原产于中国南部，喜温暖、湿润，不耐寒，喜光，为强阳性植物，宜肥沃土壤。春季扦插繁殖。

【观赏与应用】常用扦插繁殖。盆栽，暖地做花篱。

73. 木槿 *Hibiscus syriacus* L. 锦葵科木槿属

【识别要点】落叶灌木，多分枝；小枝密被黄色星状茸毛。叶菱形至三角状卵形，端部常 3 裂，边缘具不整齐齿缺，三出脉；花单生于枝端、叶腋，花冠钟状，浅紫蓝色；果卵圆形，密被黄色星状茸毛。花期 6—9 月；果期 10 月。

【生长习性】原产东亚，我国各地均有栽培。喜光，耐阴。喜温暖湿润气候，耐干旱及瘠薄土壤，抗寒性、萌芽力强，耐修剪，易整形。

【观赏与应用】采用扦插、分株、压条、播种繁殖。因枝条柔软，作围篱时可进行编织。对有害气体抗性很强，又有滞尘功能，适宜工厂及街道绿化，可丛植或单植点缀于庭园、林缘或道旁，用作花篱。全株均可入药。“槿花不见夕，一日一回新”，写出了木槿花朝开暮落的特点。

74. 木芙蓉（芙蓉花）*Hibiscus mutabilis* L. 锦葵科木槿属

【识别要点】灌木或小乔木，常作宿根栽培。枝密被星状毛。叶大，具细长叶柄，广卵形，掌状裂，基部心形，具钝齿，两面有毛，花大，单生或聚生于上部枝叶腋，副萼短于萼；花期 9—10 月。

【生长习性】原产于中国四川、广东东部及云南等地。喜温暖、湿润，不耐寒，忌干旱，耐水湿，对土壤要求不严。

【观赏与应用】常用扦插、压条、分株等繁殖。晚秋观花植物，丛植湖边、路旁，盆栽专类园布置。

75. 海州常山（臭梧桐）*Clerodendrum trichotomum* Thunb. 马鞭草科大青属

【识别要点】落叶灌木或小乔木，高达 4 m。嫩枝和叶柄有黄褐色短柔毛；枝髓有淡黄色薄片横隔；裸芽，侧芽叠生。叶对生。聚伞花序，有红色叉生总梗；萼紫红色，深 5 裂；花冠白色，雄蕊与花柱均凸出。果球形，蓝紫色。花期 8—10 月，果期 10 月。

【生长习性】产于我国中部，各地均有栽培。喜光，耐阴。喜凉爽、湿润气候。一般土壤均能生长。

【观赏与应用】采取播种、分株、扦插等繁殖。花形奇特美丽，且花期长，可供堤岸、悬崖、石隙及林下等处栽植。

76. 醉鱼草 *Buddleja lindleyana* Fortune 醉鱼草科醉鱼草属

【识别要点】落叶灌木，高约 2 m；小枝具 4 棱而稍有翅；嫩枝、嫩叶背面及花序被细棕黄色星状毛。叶对生，卵形至卵状披针形，顶端渐尖，基部楔形，全缘或疏生波状牙齿。花序穗状，顶生，直立；花萼、花冠均密生细鳞片；花冠紫色，稍弯曲，筒内面白紫色。蒴果矩圆形。

【生长习性】喜温暖气候，稍耐寒，耐旱，喜

光也能耐阴，喜肥沃、湿润、排水良好的土壤。

【观赏与应用】扦插繁殖。在园林绿化中可用来植草地，也可用作坡地、墙隅绿化美化，装点山石、庭院、道路、花坛都非常优美，也可作切花用。

77. 其他观花树木

忍冬科　蝴蝶戏珠花（粉团、雪球的变种）

夹竹桃科　黄蝉

蔷薇科　樑丝花

蔷薇科　麻叶绣线菊

忍冬科　粉团

蜡梅科　夏蜡梅

蝶形花冠科　紫穗槐

锦葵科　海滨木槿

马鞭草科　穗花牡荆

马鞭草科　穗花牡荆

蔷薇科 风箱果

蔷薇科 喷雪花

蔷薇科 海棠花

忍冬科 地中海荚蒾

无患子科 文冠果

马鞭草科 马缨丹（五色梅）

山茶科 金花茶

实训作业

学生利用课上课下实训，完成下列任务：

1. 按下列表格要求，完成常见观花类园林树木的典型特征与应用信息整理。

2. 完成常见观花类园林树木的典型特征、应用方式的图片收集与命名（图片命名要求：科序号＋科名属名＋种名……，科序号见“被子植物纲、目和常见科一览”）。

序号	植物名称	科属	类型（人为分类）	典型特征 1	典型特征 2	生长习性（主要是温度、光照、水分要求）	应用方式（用途）	观赏特性（如观花：红色、春季）	其他
1									
2									

微课

任务 2.5 观叶类园林树木识别与应用

教学目标

教学课件

知识目标

1. 掌握常见观叶类园林树木的典型特征。2. 掌握常见观叶类园林树木的生长习性与主要繁殖方法。3. 掌握常见观叶类园林树木的园林应用方法。4. 了解非常见园林树木典型特征与应用方法。

技能目标

1. 能够正确识别常见观叶类园林树木种类。2. 能够准确描述常见观叶类园林树木的典型特征。3. 能够收集、整理常见观叶类园林树木的典型特征、应用方式的图片。4. 能够根据园林用途、生长习性正确选择观叶类常见园林树木。

教学建议

1. 课前，要求学生登录中国大学慕课“园艺植物识别与应用”（或其他同类在线课程）课程教学资源预习，并通过软件识别、讨论区讨论等方式，初步认识校园及附近绿地场所观叶类园林树木种类，建立相关植物的感性认识。2. 课中，采用问题引导、分组回答、植物标本识别、现场识别等理实一体方式进行，有效提高教学效果。3. 课后，完成中国大学慕课“园艺植物识别与应用”（或其他同类在线课程）课程的单元测验题、教材的学习引导题及“实训操作”部分作业。4. 介绍具体植物时，兼顾介绍该植物在本地区的认可度和生产经营比较好的原因。5. 建议安排第三次室外实训：对已经识别过的植物，教师尽量先提问，看看学生的掌握情况。鼓励识别能力强的学生带动其他学生。要求学生利用课后时间以 3 ～ 4 人小组前往复习一次。6. 建议指导学生阅读本教材附录 1、附录 2、附录 3 部分内容，通过植物形态术语准确理解植物典型特征、掌握植物自然分类体系、常见科典型特征。

学习引导

1. 列举出常见异形叶类园林树木 5 种，并说明其异形叶特点。2. 列举出常见常彩色叶园林树木 10 种，并说明其叶色特点。3. 列举出常见春色叶园林树木 10 种，并说明其叶色特点。4. 列举出常见秋叶呈红色或紫红色的园林树木 5 种，并说明其叶色特点。5. 列举出常见秋叶呈黄色的园林树木 5 种，并说明其叶色特点。6. 比较下列植物的形态特征与园林应用：三角枫与枫香、石楠与红叶石楠、朴树与榉树。

知识与技能

观叶类园林树木概述

叶木类园林树木专指叶形、叶色或叶幕具有良好观赏价值的树种，可分为亮绿叶类、异形叶类、异色叶类等。观叶类园林树木也有些树木具有观花、观果的功能。

1. 叶木类园林树木类型

（1）亮绿叶类 绿色虽属叶子的基本颜色，但仔细观察会发现绿叶有嫩绿、浅绿、鲜绿、浓绿、黄绿、蓝绿、墨绿、暗绿等差别，将不同绿色的树木搭配在一起，能形成明显的层次感。

①叶色深浓绿色 如油松、圆柏、雪松、女贞、桂花等。

②叶色浅淡绿色 如水杉、落羽杉、落叶松、七叶树、玉兰等。

（2）异形叶类 异形叶类园林树木叶形奇特，极具观赏性。如鹅掌楸、七叶树、八角金盘等。

（3）异色叶类 又称色叶植物或彩叶植物，指叶片呈现红色、黄色、紫色等色彩，具有较高观赏价值的树种。可分为：

①常彩色叶类 有些树的变种或变型，其叶常见为异色，终年均为彩色的，而不必待秋季来临，特称为常彩色叶树，包括嵌色、洒金、镶边、复色等多种类型。

全年树冠呈紫色 有红花檵木、紫叶李、紫叶桃等；

全年叶均为金黄色 有金叶鸡爪槭、金叶雪松、金叶圆柏等；

全年为双色叶 有银白杨、胡颓子等。

全年为斑色 绿叶上具有其他颜色的斑点或花

纹的，如洒金桃叶珊瑚、变叶木等。

②变色叶类 如春色叶树种、秋色叶树种、新叶有色树种。

春色叶树种 指春季新生嫩叶呈现显著异色的树种，多为红色、紫红色或黄色，如石楠、臭椿、山麻秆、蚊母树、桂花等。

秋色叶树种 指秋季树叶变色比较均匀一致，持续时间长，观赏价值高的树种。秋色叶树种主要为落叶树种，少数常绿树种秋叶艳丽，也可作为秋色叶树种应用。秋色叶树木多为红色、黄色。

秋叶呈红色或紫红色 如枫香、爬山虎、鸡爪槭、樱花、柿、黄栌、南天竹、乌桕、卫矛、水杉、五角枫、黄连木等。

秋叶呈黄或黄褐色 如银杏、无患子、鹅掌楸、栾树、白蜡、梧桐、金钱松、悬铃木等。

2. 观叶类园林树木用途

（1）庭荫树 庭荫树又称绿荫树，主要以能形成绿荫供游人纳凉、避免日光暴晒和装饰用。庭荫树在选择树种时应以遮阴的功能为主，结合观赏效果来考虑。可以孤植、对植或3～5株丛植于园林、庭院，配置方式根据面积大小、建筑高度、色彩而定。热带和亚热带地区多选常绿树种，北方地区以选用叶大荫浓的落叶乔木为主。常见的庭荫树主要有鹅掌楸、五角枫等。

（2）行道树 行道树是种植在道路两旁给车辆和行人遮阴并构成街景的树种。在城市道路绿化与园林绿化中起着重要作用。一般选择行道树必须要考虑具有树形整齐、枝叶茂盛、抗逆性强、耐修剪、主干直、分枝点高等特点。一般城区道路多以主干通直、分枝较高、冠大荫浓、耐修剪的落叶或常绿树种为主。而郊区及一般等级公路，则多栽植生长快、抗污染、耐瘠薄力更强、易管理养护的树种。

（3）风景树种 风景树是各地专门用于城市建设、公园绿化、市政绿化等工程中使用的，用于美化风景、绿化环境的苗木。

（4）彩叶篱植物 彩叶植物是指在植物正常生长季节里，叶片呈现非常见的绿色，如黄色、红色、白色、黑色、蓝色及其由上述叶色组成的混合色（复色叶）和随着季节的变化而呈现不同色彩（变色叶）的植物。呈现色彩的如金叶国槐、金叶榆、紫叶皂荚、蓝冰柏、千层金等；植物即将落叶时，叶色发生变化的植物不属于彩叶植物，如银杏、元宝枫等。

观叶类园林树木具体介绍

接下来按异形叶类、异色叶类（常彩色叶类，变色叶类——春色叶类、秋色叶类树木）的顺序介绍常见色叶树木。叶木类园林树木在其他任务里也有，只是观叶效果不是最突出的。

1. 鹅掌楸（马褂木）*Liriodendron chinense* (Hemsl) Sarg. 木兰科鹅掌楸属

【识别要点】落叶乔木。树冠阔卵形。叶马褂状，近基部有1对侧裂片，上部平截，叶背苍白色，有乳头状白粉点。花杯状，黄绿色，外面绿色较多，而内侧黄色较多。花被片9，清香。聚合果纺锤形，翅状小坚果钝尖。花期5—6月，果熟期10—11月。相似种比较：

北美鹅掌楸（美国鹅掌楸）*Liriodendron tulipifera* 叶鹅掌形，两侧各有1～2裂，偶有3～4裂者，裂凹浅平，老叶背无白粉。花较大。聚合果较粗壮，翅状小坚果的先端尖或突尖。耐寒性比鹅掌楸强。生长速度快，寿命长。对病虫的抗性极强。花朵较鹅掌楸美丽，树形更高大，为著名的庭荫树和行道树种。秋季叶变金黄色，是秋色叶树种之一。

杂种鹅掌楸（杂交马褂木）*Liriodendron × sinoamericanum* 鹅掌楸与北美鹅掌楸的杂交种，叶形变异较大，花被外轮3片黄绿色，内两轮黄色。杂种优势明显，生长势超过亲本，10年生植株高可达

杂交马褂木

18 m，胸径达 25 ～ 30 cm。耐寒性强，在北京生长良好。

【生长习性】产于我国长江流域以南海拔 500 ～ 1 700 m 山区。中性偏阴性树种。喜温暖湿润气候，不耐干旱瘠薄，忌积水。对二氧化硫有一定抗性。生长较快，寿命较长。

【观赏与应用】种子繁殖，春季播种。鹅掌楸叶形奇特，秋叶金黄，树形端正挺拔，是珍贵的庭荫树及很有发展前途的行道树、庭荫树。是国家二级重点保护树种。

2. 苏铁 *Cycas revoluta* Thunb. 苏铁科苏铁属

【识别要点】常绿棕榈状木本植物，茎高达 2 ～ 5 m。叶羽状，长 0.5 ～ 1.2 m，厚革质而坚硬，羽片条形，长达 18 cm，边缘显著反卷；种子卵形而微扁，长 2 ～ 4 cm。花期 6—8 月，种子 10 月成熟，熟时红色。

苏铁科　鳞秕苏铁

【生长习性】原产亚洲热带，我国华南有分布。喜暖热湿润气候及酸性土壤，不耐寒，在温度低于 0 ℃时易受害。生长速度缓慢，寿命可达 200 余年。10 年以上的植株在南方每年均可开花。

【观赏与应用】可用播种、分蘖、埋茎等法繁殖。长江流域露地需要包裹，或冬季移入低温温室或室内越冬，翌年 4 月移到室外。苏铁树形优美，能反映热带风光，暖地常布置于花坛的中心或盆栽布置于大型会场内供装饰用；长江流域以北城市常盆栽观赏，温室越冬。

3. 银杏（白果树、公孙树）*Ginkgo biloba* L. 银杏科银杏属

【识别要点】落叶乔木，茎干粗壮，常不分枝。树皮灰褐色，叶扇形。有鳞叶及营养叶之分，营养叶多具大型羽状复叶，叶革质，顶生，螺旋状排列；鳞叶小，密被褐色毡毛；叶多具平行叶脉。茎大多较粗短，原始类型分叉，其表面常具叶落后残留的叶基。茎的内部形态中虽有形成层，次生木质部不发育。雌雄同株或异株，单性花或两性花。孢子叶球也生于茎顶。

主要有下列种类：

①黄叶银杏　叶黄色。

②塔状银杏　大枝的开张角度较小，树冠呈尖塔柱形。

③裂叶银杏　叶形大，缺刻深。

④垂枝银杏　枝下垂。

⑤斑叶银杏　叶有黄斑。

银杏有雄株、雌株之分，为了美化城市或结合生产，有必要加以区别，其主要形态特征：雄株主枝开张角度小，树冠稍瘦；叶裂深达叶中部以上；秋叶变色和落叶较晚。雌株主枝开张角度较大，树冠宽大，顶端较平；叶裂较浅，未达叶的中部；秋叶变色和落叶较早。

【生长习性】银杏是中国特有树种，世界各地都有引种；东自辽宁南部至华南，西至西南，均有栽培。喜光，耐寒，深根性，喜温暖湿润及肥沃平

地，忌水涝，寿命长，树龄可达千年。如山东省吉县定林寺内的春秋时代银杏，距今 3 000 多年，主干粗壮，胸围 15.7 m，被称为“天下银杏第一树”。银杏是著名的活化石植物，是现存种子植物中最古老的孑遗植物，银杏纲就只剩下 1 个银杏种。

【观赏与应用】可用播种、嫁接、扦插等方法繁殖。银杏树姿雄伟，叶形奇特，秋呈金黄，又少发病虫害，为珍贵园林绿化树种，国家二级重点保护树种。对烟尘和二氧化硫有特强的抵抗能力，为优良的抗污染树种。宜作庭荫树、行道树、独赏树。利用银杏作行道树时，应选择雄株，以免种实污染行人衣物。

4. 凤尾丝兰（菠萝花）*Yucca gloriosa* Linn. 龙舌兰科丝兰属

【识别要点】常绿灌木，茎短或高达 5 m，常分枝，叶剑形，硬直，长 40 ～ 80 cm，宽 4 ～ 6 cm，全缘，顶端硬尖，边缘光滑，老叶边缘有时具疏丝。圆锥花序，花被白或淡白色，6 月、9—10 月两次开花。蒴果倒锥形，不裂。同属种比较：

软叶丝兰（丝兰）*Yucca flaccida* Haw. 常绿灌木，近无茎，叶近地面丛生，宽 25 ～ 4 cm，边缘具白色丝状纤维，叶较凤尾兰软，下垂。蒴果开裂。花期为秋季。

【生长习性】原产北美东部至东南部。我国常见栽培，供观赏。喜光，耐干旱，不耐寒。

【观赏与应用】种子繁殖和扦插。凤尾兰花大、树美、叶绿，是良好的庭园观赏树木，常植于花坛中央、建筑前、草坪中、路旁及绿篱等处。

丝兰

花叶丝兰

5. 木麻黄（驳骨松）*Casuarina equisetifolia* L. 木麻黄科木麻黄属

【识别要点】常绿乔木，高达 30 ～ 40 m。树皮暗褐色，狭长条状脱落。单叶，小枝轮生或近轮生，绿色或灰绿色，纤细形似木贼，具节，节间有沟棱，1 对小苞片，萼片 2，无花被。雄花柔荑状，穗状花序直生，雌花序球形，心皮 2，合生成 2 室，子房上位，胚珠 2。果序球形，木质苞片被柔毛，坚果连翅长 5 ～ 7 mm。花期 5 月，果熟期 7—8 月。

【生长习性】分布于大洋洲、亚洲东南部、太平洋岛屿以及非洲东部，我国有引种栽培。本种对环境条件要求不高，根系深广，萌芽力强，生长迅速，具有耐干旱、抗风沙和耐盐碱的特性。

【观赏与应用】种子繁殖，也可用半成熟枝扦插。本种是我国华南沿海地区造林最适树种，凡沙地和海滨地区均可栽植，其防风固沙作用良好；在城市及郊区也可作行道树、防护林或绿篱。

6. 柽柳（三春柳、红荆条）*Tamarix chinensis* Lour. 柽柳科柽柳属

【识别要点】常绿乔木。树冠圆球形；小枝细长下垂，红褐色或淡棕色。叶卵状披针形，叶先端渐尖，叶背有龙骨状突起。总状花序集生为圆锥状复花序，多柔弱下垂；花粉红色或紫红色，花期春、夏季，有时一年 3 次开花。果期 10 月。

【生长习性】分布于长江流域中下游至华北、辽宁南部各地，福建、广东、广西、云南等地有栽培。喜光，不耐庇荫。对气候适应性强，耐干旱，耐高温和低温。对土壤要求不严，耐旱、耐盐及盐碱能力极强，叶能分泌盐分，为盐碱地指示植物。深根性，根系发达，抗风能力强。萌蘖力极强，耐修剪，生长快。

【观赏与应用】播种或扦插繁殖。花色美丽，经久不落，干红枝柔，叶纤如丝，宜配植于盐碱地的池边、湖畔、河滩，或作为绿篱、林带下木。老桩可作盆景，枝条可编筐。

7. 南天竹（红天竺）*Nandina domestica* Thunb. 小檗科南天竹属

【识别要点】常绿灌木，2～3 回羽状复叶，互生，小叶全缘革质，椭圆状披针形，先端渐尖，基部楔形，无毛。圆锥花序顶生，花小，白色，花序长 13～25 cm。浆果球形，熟时红色。花期 5—7 月，果熟期 9—10 月。

【生长习性】喜半阴，阳光不足生长弱，结果少，烈日暴晒时嫩叶易焦枯。喜通风良好的湿润环境。较耐严寒，黄河流域以南可露地种植。南天竹是钙质土的指示植物。萌芽力强，寿命长。

【观赏与应用】分株、播种或扦插。南天竹秋冬叶色红艳，果实累累，姿态清丽，可观果、观叶、观花、观姿态。丛植建筑前，特别是古建筑前，配植粉墙一角或假山旁最为协调；也可丛植草坪边缘、园路转角、林荫道旁、常绿或落叶树丛前。全光照、通风环境下，秋叶转红早。秋季常盆栽装饰

火焰南天竹

厅堂、居室、布置大型会场。枝叶或果枝配蜡梅是春节插花佳品。

8. 十大功劳（狭叶十大功劳）*Mahonia fortunei* (Lindl.) Fedde. 小檗科十大功劳属

【识别要点】树高 1～2 m。树皮灰色，木质部黄色。小叶 5～9，侧生小叶狭披针形至披针形，长 5～11 cm，边缘每侧有刺齿 6～13，侧生小叶柄短或近无。花黄色，4～8 条总状花序簇生。果卵形，蓝黑色，被白粉。花期 8—9 月，果期 10—11 月。

【生长习性】耐阴，喜温暖气候及肥沃、湿润、排水良好的土壤，耐寒性不强。

【观赏与应用】种子、扦插或分株等繁殖。长江流域园林中常见栽培观赏；常植于庭园、林缘及草地边缘，或作绿篱及基础种植。华北常盆栽观赏，温室越冬。

9. 阔叶十大功劳（土黄柏）*Mahonia bealei* (Fortune) Carr. 小檗科十大功劳属

【识别要点】常绿直立丛生灌木，全体无毛。小叶 9～15，卵形或卵状椭圆形，每边有 2～5 枚刺齿，厚革质，正面深绿色有光泽，背面黄绿色，边缘反卷，侧生小叶，基部歪斜。花黄色，有香气，花序 6～9 条。果卵圆形。花期 9 月至翌年 3 月，果熟期 3—4 月。

【生长习性】喜光，较耐阴。喜温暖湿润气候，较耐寒，华北各地盆栽。耐干旱，稍耐湿。萌蘖性强。对二氧化硫抗性较强，对氟化氢敏感。

【观赏与应用】种子、扦插或分株等繁殖。阔叶十大功劳叶形奇特，树姿典雅，花果秀丽，是观叶树木中的珍品。常配植在建筑的门口、窗下、树荫前，用粉墙作背景尤美，也可装点山石、岩隙。适合作下木，分隔空间。

10. 花叶青木（洒金东瀛珊瑚）*Aucuba japonica* var.*variegata* Dombrain 山茱萸科桃叶珊瑚属

【识别要点】常绿灌木。小枝粗圆。叶对生，叶片椭圆状卵圆形至长椭圆形，油绿，有光泽，散生大小不等的黄色或淡黄色的斑点，先端尖，边缘疏生锯齿。圆锥花序顶生，花小，紫红色或暗紫色。浆果状核果，鲜红色。花期 3—4 月。果熟期 11 月至翌年 2 月。

【生长习性】原产于中国台湾及日本。喜湿润、排水良好、肥沃的土壤。极耐阴，夏季怕阳光暴晒。不甚耐寒。扦插极易成活。尤其对烟尘和大气污染抗性强。

【观赏与应用】以扦插繁殖为主。是十分优良的耐阴树种，特别是它的叶片黄绿相映，十分美丽，宜栽植于园林的庇荫处或树林下。在华北多见盆栽供室内布置厅堂、会场用。

11. 红叶石楠 *Photinia*×*fraseri* Dress 蔷薇科石楠属

【识别要点】常绿小乔木。叶革质，长椭圆形。叶端渐尖，叶基楔形，叶缘有带腺的锯齿，花多而密，复伞房花序，花白色，梨果黄红色，5—7 月开花，果期 9—10 月。常见的有‘红罗宾’和‘红唇’两个品种，其中‘红罗宾’的叶色鲜艳夺目，观赏性更佳。为石楠属杂交种的统称。

【生长习性】性喜强光照，也有很强的耐阴能力，但在直射光照下，色彩更为鲜艳。生长速度快，且萌芽性强，耐修剪。有很强的适应性，耐低温，耐土壤瘠薄，有一定的耐盐碱性和耐干旱能力。

【观赏与应用】播种、扦插、压条繁殖。红叶石楠被誉为“红叶绿篱之王”，是彩色篱的重要树种，多用作绿篱、灌木球、色块。在江浙沪地区一直在畅销。春季新叶红艳，夏季转绿，秋、冬季又呈现红色，霜重色逾浓，低温色更佳。春、秋两季，红叶石楠的新梢和嫩叶火红，色彩艳丽持久，极具生机。红叶石楠还可培育成独干、球形树冠的乔木，在绿地中孤植，或作行道树，或盆栽后在门廊及室内布置。红叶石楠 20 多年前引进到国内，应用至今很受欢迎，一直保持很高的市场需求，没有与其媲美的同类植物可以取代。不少人在红叶石楠引进推广初期的育苗销售上收益颇丰。在各类型新种类、新品种植物引进推广中也有这种规律，这是创新、创业易成功的好机会。

红叶石楠灌木球

12. 八角金盘（八角盘）*Fatsia japonica* (Thunb.) Decne. & Planch. 五加科八角金盘属

【识别要点】常绿灌木，高 4～5 m，常呈丛生状。叶革质，掌状 5～9 裂，基部心形，叶缘有锯齿，上面有光泽。花两性或杂性，多个伞形花序聚成顶生圆锥花序，花小，白色。果紫黑色，外被白粉。花期 10—11 月，挂果至翌年 5 月。

【生长习性】原产于我国台湾及日本，长江以南城市可露地栽培，北方温室盆栽。喜阴湿温暖环境，不耐干旱，耐寒性差，不耐酷热和强光暴晒。在排水良好、肥沃的微酸性壤土中生长良好，萌芽性强。

【观赏与应用】扦插繁殖为主，也可播种繁殖。八角金盘绿叶大而光亮，状似金盘，十分可爱，是重要的观叶树种之一。适植于栏下、窗边、庭前、门旁墙隅及建筑物背阴处，也可点缀于溪流、池畔或成片丛植于草坪边缘、疏林之下。对二氧化硫抗性较强，是厂矿街道美化的良好材料，叶片可做插花花材。也可盆栽，供室内绿化及场景布置。

金缕梅科常见属检索表

1. 花有花冠，羽状叶脉 ……	檵木属
1. 花无花冠 ……	2
2. 落叶性；掌状叶脉，叶有分裂；头状花序 ……	枫香树属
2. 常绿性；羽状叶脉，叶不分裂；总状花序 ……	蚊母树属

13. 枫香树（路路通、山枫香树）*Liquidambar formosana* Hance 金缕梅科枫香树属

【识别要点】落叶乔木，树高达 40 m，树冠广卵形或略扁平。叶常为掌状 3 裂，基部两角近 180°，基部心形或截形，裂片先端尖，缘有锯齿，幼叶有毛，后渐脱落。花期 3—4 月，球果，果期 10 月。相似种：北美枫香 *Liquidambar styraciflua* L. 落叶乔木；小枝红褐色，通常有木栓质翅。叶 5～7 掌状裂，背面主脉有明显白簇毛。树形优美，秋叶红色或紫色，宜栽作观赏树。树脂可作胶皮糖的香料，并含苏合香，有药效。

【生长习性】产于我国长江流域及其以南地区。喜光，幼树稍耐阴，喜温暖湿润气候及深厚湿润土壤，也能耐干旱瘠薄，但不耐水湿。萌芽力强。深根性，抗风力强。

【观赏与应用】播种繁殖，也可扦插。树高干直，树冠宽阔，气势雄伟，深秋叶色红艳，是南方著名的秋色叶树种，苏州太平山就有很多百年枫香树，深秋观叶是一大旅游热点。在园林中栽作庭荫树，如与常绿树丛配合种植，秋季红绿相衬，会显得格外美丽。又因枫香具有较强的耐火性和对有毒气体的抗性，可用于工矿区绿化。

14. 金缕梅 *Hamamelis mollis* Oliv. 金缕梅科金缕梅属

【识别要点】落叶灌木或小乔木，高达 10 m；单叶互生，倒广卵形，基部歪心形，缘有波状齿，侧脉 6～8 对，背面有茸毛。花瓣 4，狭长如带，黄色，基部常带红色，花萼深红色，芳香；花簇生，叶前开放。蒴果卵球形。花期 2—3 月；果期 10 月。

【生长习性】产于长江流域，多生于山地次生林及灌丛中。喜光，耐半阴，喜排水良好的壤土；

生长慢。

【观赏与应用】播种繁殖为主。花美丽而花期早，秋叶黄色或红色，宜植于园林绿地观赏。根可入药，治劳伤乏力。

15. 白蜡树（蜡条）*Fraxinus chinensis* Roxb. 木樨科梣属

【识别要点】落叶乔木，树冠卵圆形。小枝无毛，小叶常 7（5～9），缘有波状齿，背面沿脉有短柔毛，叶柄基部膨大。圆锥花序顶生或腋生于当年生枝梢，与叶同放或叶后开放，花萼钟状，无花冠，雌雄异株；翅果先端尖，倒披针形，基部窄，先端菱状匙形。花期 3—5 月，果期 9—10 月。

【生长习性】我国南北各地、日本、朝鲜均有分布。喜光，稍耐阴，适宜温暖湿润气候。耐旱，耐寒，对土壤要求不严，但以含钙质、深厚、湿润沙壤土生长良好。深根性，根系发达，萌芽力、萌聚力均强，生长快，耐修剪。抗烟尘及有害气体。

【观赏与应用】播种繁殖为主，也可扦插或压条。树干端正挺秀，叶绿荫浓，秋日叶色变黄。适于河流两岸、池畔、湖边栽植，作行道树或绿荫树，适于工矿区绿化。是我国重要的经济树种，可行矮林作业，以放养白蜡虫，枝条可供编织。常栽培为园景树或饲养白蜡虫。

槭树科槭属分种检索表

1. 单叶	2
1. 羽状复叶，小叶 3～7；小枝无毛，有白粉	复叶槭
2. 叶裂片全缘或疏生浅齿	3
2. 叶裂片有锯齿	5
3 叶掌状 3 裂	三角槭
3. 叶掌状 5～7 裂	4
4. 叶基通常心形；果翅长为坚果的 2 倍	五角槭
4. 叶基通常截形；果翅等于或略长于坚果	元宝枫
5. 叶常 3 裂，叶缘具不整齐的缺刻状重锯齿；两果翅近于平行	茶条槭
5. 叶片 7～9 掌状深裂，叶缘具尖重锯齿，两果翅呈钝角	鸡爪槭

16. 五角槭（五角枫、色木槭）*Acer pictum* subsp. *mono* (Maxim.) Ohashi 槭树科槭属

【识别要点】落叶乔木，高可达 20 m，小枝内常有乳汁。单叶对生，通常掌状 5 裂，基部常心形，裂片卵状三角形，全缘，两面无毛或仅背面脉腋有簇毛。花杂性，伞房花序顶生。果翅张开成钝角，翅长为坚果的 2 倍。花期 4—5 月，果熟期 9—10 月。

【生长习性】产于我国长江流域、西南、华北及东北南部，为本属中分布最广的一个种。喜光，耐阴，喜温凉湿润气候。对土壤要求不严，在酸性、中性及石灰性土壤上均能生长。病虫害少。

【观赏与应用】播种繁殖。树姿优美，叶形秀丽，秋季叶渐变为黄色或红色，为著名秋色叶树种。可作庭荫树、行道树，或风景林中的伴生树，营造秋季美景。

17. 鸡爪槭（鸡爪枫、青枫）*Acer Palmatum* Thumb. 槭树科槭属

【识别要点】落叶小乔木。小枝纤细，紫色或灰紫色。叶掌状 5～7 深裂，通常 7 深裂，裂片卵状长椭圆形至披针形，叶缘具细重锯齿。花杂性，伞房花序，紫红色。果球形，两果翅张开成直角至钝角。花期 5 月，果期 9 月。本种变种、品种很多，常见的有：

①红枫 var. *atropureum* 叶终年红色或紫红色。

②细叶鸡爪槭 var. *dissectum* 又名羽毛枫、绿羽毛。叶掌状深裂达基部，裂片狭长且有羽状细裂，树冠开展而枝略下垂。

③深红细叶鸡爪槭 var. *dissectum* f. *ornatum* 外形似细叶鸡爪槭，但叶常年呈古铜红色。

【生长习性】喜温暖、湿润环境，喜光，稍耐阴。对土壤要求不严，但以疏松、肥沃、湿润的土壤生长良好。不耐水涝，较耐干旱。

【观赏与应用】播种繁殖，园艺变种常用嫁接或扦插繁殖。鸡爪槭树姿婀娜，叶形秀丽，园林品种甚多，叶色深浅各异，入秋变红，鲜艳夺目，为秋季重要的观红叶树种。宜植于庭园、草坪、花坛、树坛、建筑物前，或与假山配植。也可盆栽或制作盆景。也是重要的切花材料。

18. 三角槭（三角枫）*Acer buergerianum* Miq. 槭树科槭属

【识别要点】落叶乔木，高可达 20 m。树皮长片状剥落，灰褐色。叶 3 裂或少数不分裂，径 3.5～8 cm，基部三出脉，裂片三角形，顶端短，渐尖，全缘或微有不整齐锯齿，表面深绿色，背面粉绿色。伞房花序顶生，花小，有短毛。翅果张开成锐角或近于直立。

【生长习性】多生长在山谷及溪谷两岸，北自山东，东至台湾南部及广东等地，喜光，喜温暖湿润气候，较耐水湿，有一定的耐寒力。

【观赏与应用】以播种繁殖为主。三角枫树冠端正，枝叶茂盛，园林中适于栽植于小道旁，或点缀在草坪上，夏季绿茵叠翠，凉爽宜人，秋冬红叶映蓝天，也耐观赏，也可制作盆景。

19. 元宝槭（华北五角枫、平基槭）*Acer truncatum* Bunge. 槭树科槭属

【识别要点】落叶乔木。单叶近纸质，掌状 5 裂，裂深常达叶的中部或中部以上；裂片窄三角形，全缘稀有疏锯齿，叶基截形或近心形；花杂性，雄花与两性花同株，常 6～10 朵组成顶生的伞房花序；花黄白色。两翅张开成直角或钝角。花期 4—5 月，果期 9—10 月。

【生长习性】华北各地普遍栽培或野生，喜温

凉气候及湿润、肥沃、排水良好的土壤，较喜光。耐旱不耐涝，深根性，萌芽力强。

【观赏与应用】播种繁殖。适宜用作行道树和庭荫树，是北方城乡、工矿区较好的街道绿化树种。木材为优质用材，种子可榨油。

20. 榉树（大叶榉）*Zelkova serrata* (Thunb.) Makino 榆科榉属

【识别要点】落叶乔木，树冠倒卵状伞形。树干通直，小枝有柔毛；树皮棕褐色，平滑，老时薄片状脱落。叶椭圆状卵形，先端渐尖，桃形锯齿排列整齐，上面粗糙，背面密生灰色柔毛，叶柄短。坚果小，径 2.5 ～ 4 mm，歪斜且有皱纹。花期 3—4 月，果期 10—11 月。

【生长习性】喜光，喜温暖气候和肥沃湿润的土壤，耐轻度盐碱，不耐干旱、瘠薄。深根性，抗风强。耐烟尘，抗污染。寿命长。

【观赏与应用】播种繁殖。树体高大雄伟，盛夏绿荫浓密，秋叶红艳早，著名秋色叶树种，江南地区历来尤喜种植。可孤植、丛植于公园、草坪、建筑旁作庭荫树；与常绿树种混植作风景林；列植作行道树，也是农村“四旁”绿化树种。还可作盆景树种。

21. 朴树（沙朴）*Celtis sinensis* Pers. 榆科朴属

【识别要点】落叶乔木，高达 20 m，树冠扁球形。幼枝有短柔毛后脱落。叶宽卵形、椭圆状卵形，先端短渐尖，基部歪斜，中部以上有浅钝锯齿，基部三出脉，背面沿叶脉及脉腋疏生毛，网脉隆起。核果近球形，橙红色，果梗与叶柄近等长。花期 4 月，果熟期 10 月。

【生长习性】喜光，稍耐阴，喜肥厚、湿润、疏松的土壤，耐干旱瘠薄，耐轻度盐碱，耐水湿。深根性，萌芽力强，抗风。耐烟尘，抗污染。

【观赏与应用】播种繁殖。树冠圆满宽广，树荫浓郁，秋季叶色转黄色，适合公园、庭园作庭荫树，也可作行道树及“四旁”绿化，也可作桩景材料。

22. 黄金香柳 *Melaleuca bracteata* ‘Revolution Gold’ 桃金娘科白千层属

【识别要点】常绿乔木，树皮纵裂，冠幅锥形，主干直立，枝条密集、细长、柔软，嫩枝红色。叶互生，金黄色，窄卵形至卵形，无叶柄，具芳香味。穗状花序，花序有少到多个尖状花组成，花轴被软毛，同一苞片内有 1 ～ 3 个白色花；花瓣绿白色。果实为蒴果，近球形，萼片宿存。

【生长习性】原产于荷兰、新西兰等濒海国家，适宜中国南方大部分地区，黄金香柳于 1999 年首次引入中国广州，特别在冬季长势非常旺盛。属于深根性树种，适应土质的范围很广，也有比较强的耐低温能力。喜欢温暖湿润的气候，抗旱又抗涝，可在水边生长。喜光，阳光越强则金黄的叶色愈加深艳。

【观赏与应用】嫩枝扦插、空中压条繁殖。是优良的彩叶树种，是视觉效果最好的色叶乔木新树种之一。可作为家庭盆栽、切花配叶、公园造景、修剪造型等。特别适合沿海地区城市绿化。作为湿地树种、海滨树种等，其新鲜枝叶可以提炼香精油。用作风景树，因整体呈现黄色，常用在园林中调节色彩。

大戟科常见属检索表

1. 三出复叶；子房每室 2 胚珠 ………………………………………… 秋枫属
1. 单叶；子房每室 1 胚珠 2 ………………………………………… 2
2. 植株无乳汁；花无花瓣；雄花雄蕊 8，花柱撕裂 ………………… 铁苋菜属
2. 植株有乳汁；花有或无花瓣；雄花雄蕊 1 至多数，花柱非撕裂 ……… 3
3. 杯状聚伞花序（大戟花序），无花瓣，雄蕊 1 ……………………… 大戟属
3. 总状、穗状或聚伞圆锥花序 ………………………………………… 4
4. 雄花具花瓣 ………………………………………………………… 5
4. 雄花无花瓣 ………………………………………………………… 6
5. 总状花序，雄蕊多数，雌花无花瓣 ………………………………… 变叶木属
5. 聚伞圆锥花序，雄蕊 8～12，雌花有花瓣 ………………………… 麻风树属
6. 叶柄顶端无腺体，花序腋生 ……………………………………… 海漆属
6. 叶柄顶端有 2 腺体，花序顶生 …………………………………… 乌桕属

23. 乌桕（蜡子树）*Triadica sebifera* (L.) Small 大戟科乌桕属

【识别要点】落叶乔木，枝叶含乳汁。小枝纤细。叶菱形至菱状卵形，长 5～9 cm，先端尾尖，叶柄顶端有 2 腺体。花序穗状，小花细小，黄绿色。蒴果三棱状球形，径约 1.5 cm，熟时黑色，果皮 3 裂，脱落；种子黑色，外被白蜡，经冬不落。花期 5—7 月，果期 10—11 月。

【生长习性】喜光，喜温暖气候，较耐旱。对土壤要求不严，耐水湿，对酸性土和含盐量达 0.25% 的土壤也能适应。对二氧化硫及氯化氢抗性强。

【观赏与应用】播种繁殖。乌桕叶形秀美，秋日红艳，蔚为壮观，是重要的秋色叶红色树种。冬天果实白色，挂满枝头，经冬不落。在园林中可孤植、散植或列植于堤岸、路旁作护堤树、行道树。

24. 红叶乌桕（紫锦木）*Euphorbia cotinifolia* Miq. 大戟科大戟属

【识别要点】常绿小乔木，枝叶有白色乳汁，叶 3 枚轮生，两面红色，花序生于二歧分枝的顶端，总苞阔钟状，蒴果三棱状卵形，种子近球状，直径约 3 mm，褐色。

【生长习性】原产于热带美洲，我国福建、台湾、两广近年有栽培。喜阳光充足、温暖、湿润的环境，要求土壤疏松、肥沃、排水良好。

【观赏与应用】常用扦插繁殖，也可采用播种繁殖。叶片终年红色，是北方非常美丽的盆栽观叶植物，温暖地区常用于行道树、环境美化等。

25. 山麻秆（桂圆木）*Alchornea davidii* Franch. 大戟科山麻秆属

【识别要点】落叶丛生直立灌木。叶宽卵形至圆形，三出脉，上面绿色，叶背带紫色，密生茸毛，叶缘有粗齿。新生嫩叶及新枝均为紫红色，夏

季绿色，秋季红色。单性花，雄花密生成短穗状花序，雌花疏生成总状花序。花期 4—6 月，果期 7—8 月，蒴果扁球形，密生短柔毛。

【生长习性】分布于长江流域、西南及河南、陕西等地。稍耐阴，喜温暖湿润气候，抗寒力较强，对土壤要求不严。

【观赏与应用】分株、扦插或播种繁殖。山麻杆春季嫩叶及新枝均紫红色、秋季红色，艳丽醒目，是园林中重要的春、秋季观叶树种，宜孤植、片植在草坪上、路旁、池畔。

26. 油桐（三年桐）*Vernicia fordii* (Hemsl.) Airyshaw 大戟科油桐属

【识别要点】落叶乔木。叶片卵形至宽卵形，长 10 ～ 20 cm，全缘，偶有 3 浅裂，基部截形或心形，叶柄顶端具 2 扁平腺体。花单性同株，花瓣 5，辐射对称，白色，有淡红色斑纹。花期 3—4 月，总状、圆锥状生于枝顶，极为壮观。果球形或扁球形。

【生长习性】喜光，喜温暖湿润气候，不耐寒，不耐水湿及干旱瘠薄，在深厚、肥沃、排水良好的酸性、中性或微石灰性土壤上生长良好。对二氧化硫污染极为敏感，可作大气中二氧化硫污染的监测植物。

【观赏与应用】播种繁殖。油桐是珍贵的特用经济树种，种子榨油即为桐油，为优质干性油，种仁含油量 51%，是我国重要的传统出口物资。树冠圆整，叶大荫浓，花大而美丽，可植为行道树和庭荫树，是园林结合生产的树种。

27. 蓖麻 *Ricinus communis* L. 大戟科蓖麻属

【识别要点】落叶小乔木，中国长江以北地区常作一年生草本栽培。株高 2 ～ 3 m。株丛开展，疏生分枝，茎中空，呈绿、红或紫色。单叶互生，掌状 5 ～ 11 裂，具齿，盾状着生，有长柄。花单性同株，无花瓣，圆锥花序与叶对生。蒴果球形，有刺。栽培变种很多，有红茎、红叶或亮绿叶以及矮生等种类。

蓖麻

红叶蓖麻

【生长习性】原产非洲热带地区，世界各地普遍栽培。喜光，不耐寒，宜肥沃深厚的酸性土壤，也耐碱，耐干旱。适应性强。播种繁殖。

【观赏与应用】播种繁殖。叶片裂片深，茎秆红色，可用于观赏。作背景栽植，散植草坪，点植角隅。种子含油量高。

28. 黄连木 *Pistacia chinensis* Bunge 漆树科黄连木属

【识别要点】落叶乔木，树冠近圆球形。树皮薄片状剥落。通常为偶数羽状复叶，小叶 10 ～ 14，披针形或卵状披针形，基部偏斜，全缘，有特殊气味。雌雄异株，圆锥花序。核果初为黄白色，后变红色至蓝紫色。花期 3—4 月。

【生长习性】喜光，喜温暖，耐干旱瘠薄，对土壤要求不严，以肥沃、湿润而排水良好的石灰岩山地生长最好。生长慢，抗风性强，萌芽力强。

【观赏与应用】播种繁殖。树冠浑圆，枝叶茂密而秀丽，秋季叶片变红色，是良好的秋季观赏树种，可片植、混植于风景林中。

29. 黄栌（红叶）*Cotinus coggygria* var. *cinerea* Engl. 漆树科黄栌属

【识别要点】落叶灌木或小乔木。树皮深灰褐色，不开裂。小枝暗紫褐色，被蜡粉。单叶互生，宽卵形、圆形，先端圆或微凹，秋季经霜后变成红色。花小，杂性，圆锥花序顶生。核果小，扁肾形。正种欧洲黄栌有紫叶黄栌（叶片全年紫色）、金叶黄栌、美国红栌、垂枝红栌等品种。

美国红栌（美国红叶黄栌）春季其叶片大部分为红色或紫红色；夏季逢雨季其上部新叶片为红色或紫红色，下部老叶为绿色；秋季叶片全部变为红色或紫红色，是一个很有发展前途的城市彩色树种。

美国红栌

【生长习性】产于我国西南、华北、西北、浙江、安徽等地。阳性树种，稍耐阴；耐寒。萌蘖性强，生长快。

【观赏与应用】播种、扦插或分株繁殖。重要的秋色叶树种。霜重色越浓，北京的香山红叶即为红栌的变种，是北方著名观赏红叶树种。

30. 盐麸木 *Rhus chinensis* Mill. 漆树科盐麸木属

【识别要点】落叶小乔木，高 8～10 m。枝开展，树冠圆球形。小枝有毛，柄下芽。奇数羽状复叶，叶轴有狭翅；小叶 7～13，卵状椭圆形，边缘有粗钝锯齿，背面密被灰褐色柔毛，近无柄。圆锥花序顶生，密生柔毛；花小，5 数，乳白色。核果扁球形，红色，密被毛。花期 7—8 月，果 10—11 月成熟。

【生长习性】我国大部分地区有分布，北起辽宁，西至四川、甘肃，南至海南。喜光，喜温暖湿润气候，也耐寒冷和干旱。不择土壤，不耐水湿。生长快，寿命短。

【观赏与应用】播种繁殖。秋叶鲜红，果实红色，颇为美观。可植于园林绿地观赏或点缀山林。

31. 火炬树 *Rhus typhina* L. 漆树科盐麸木属

【识别要点】落叶小乔木，分枝多。小枝粗壮，密生长茸毛。奇数羽状复叶，小叶 19～23（11～30），长椭圆状披针形，缘有锯齿，先端长渐尖，背面有白粉，叶轴无翅。雌雄异株，顶生圆锥花序，密生毛；雌花序及果穗鲜红色，呈火炬形。果扁球形，密生深红色刺毛。花期 6—7 月，果 8—9 月成熟。

【生长习性】原产于北美。我国华北、华东、西北 20 世纪 50 年代引进栽培。喜光，适应性极强，抗寒，抗旱，耐盐碱。根萌蘖力极强，生长快。

【观赏与应用】播种繁殖。较好的观花、观叶树种，雌花序和果序均红色且形似火炬，在冬季落叶后，雌树上仍可见满树“火炬”，颇为奇特。秋季叶色红艳或橙黄，是著名的秋色叶树种。可点缀山林或园林栽培观赏。

32. 七叶树（天师栗、娑罗树）*Aesculus chinensis* Bunge 七叶树科七叶树属

【识别要点】落叶乔木，高达 25 m。掌状复叶对生，小叶 5～7，缘具细锯齿。圆锥花序呈圆柱状，顶生，花白色，花瓣 4。花期 5 月，果期 9—10 月，果近球形，径 3 ～ 5 cm，密生疵点。同属常见种有日本七叶树、欧洲七叶树。

【生长习性】原产于黄河流域，陕西、河北、江浙等地有栽培。喜光，耐阴，幼树喜阴。喜温暖湿润气候，较耐寒，畏干热。深根性，寿命长，萌芽力不强。

【观赏与应用】以播种繁殖为主。树姿壮丽，枝叶扶疏，冠如华盖，叶大而形美，秋季叶转红色。开花时硕大的花序竖立于叶簇中，蔚为奇观。是世界著名观赏树种和五大佛教树种之一。宜作庭荫树及行道树。

33. 其他观叶类园林树木

杨柳科　花叶杞柳

实训作业

学生利用课上课下实训，完成下列任务：

1. 按下列表格要求，完成常见观叶类园林树木的典型特征与应用信息整理。

2. 完成常见观叶类园林树木的典型特征、应用方式的图片收集与命名（图片命名要求：科序号 + 科名属名 + 种名……，科序号见“被子植物纲、目和常见科一览”）。

序号	植物名称	科属	类型（人为分类）	典型特征 1	典型特征 2	生长习性（主要是温度、光照、水分要求）	应用方式（用途）	观赏特性（如观花：红色、春季）	其他
1									
2									

任务 2.6　观果类园林树木识别与应用

微课

教学目标

教学课件

知识目标

1. 掌握常见观果类园林树木的典型特征。2. 掌握常见观果类园林树木的生长习性与主要繁殖方法。3. 掌握常见观果类园林树木的园林应用方法。4. 了解非常见园林树木的典型特征与应用方法。

技能目标

1. 能够正确识别常见观果类园林树木种类。2. 能够准确描述常见观果类园林树木的典型特征。3. 能够收集、整理常见观果类园林树木的典型特征、应用方式的图片。4. 能够根据园林用途、生长习性正确选择观果类常见园林树木。

教学建议

1. 课前，要求学生登录中国大学慕课“园艺植物识别与应用”（或其他同类在线课程）课程教学资源预习，并通过软件识别、讨论区讨论等方式，初步认识校园及附近绿地场所观果类园林树木种类，建立相关植物的感性认识。2. 课中，采用问题引导、分组回答、植物标本识别、现场识别等理实一体方式进行，有效提高教学效果。3. 课后，完成中国大学慕课“园艺植物识别与应用”（或其他同类在线课程）课程的单元测验题、教材的学习引导题及“实训操作”部分作业。4. 建议安排学生讨论：如何在家庭屋前屋后配置果树，达到生态功能、观赏功能与美食作用兼顾？（列出植物种类，说明理由）。5. 建议指导学生阅读本教材附录 1、附录 2、附录 3 部分内容，通过植物形态术语准确理解植物典型特征、掌握植物自然分类体系、常见科典型特征。

学习引导

1. 列举出常见观果类园林树木 5 种，并说明其特点。2. 列举出常见秋果呈红色或紫红色的园林树木 5 种，并说明其特点。3. 列举出常见的秋果呈黄色的园林树木 5 种，并说明其特点。4. 比较下列植物的形态特征与园林应用：黄山栾树与无患子、石榴与杨梅。

知识与技能

观果类园林树木概述

观果类园林树木是以观赏果实为主的树木，又称赏果类树木，主要观赏果实的色、香、味、形、量等特征。果木类园林树木也有观花、观叶功能的树木，不少是常见的果树。

以观赏为主要应用目的的果木类园林树木一部分跟农业生产中的果树一样，有些可以观赏兼顾可以食用，如在农业休闲观光园、采摘园、各种生态餐厅内应用；另一部分，如公共绿地，它无意追求经济价值，但必须经久耐看，不污染地面、不招引虫蝇，管理方便，这是最基本的要求。观赏果实在外形方面还应具备如下条件：

（1）**果实色泽醒目** 如琼花、紫珠、湖北海棠、枸骨、香橼、老鸦柿等。

（2）**果实形状奇特** 如佛手、柚子、秤锤树、刺梨、石榴、木瓜、罗汉松等。

（3）**果实的数量繁多** 如火棘、金柑、南天竹、葡萄、石楠、枇杷等。

在农业休闲观光园、庭院、采摘园、各种生态餐厅等特色园林里，则充分发挥果树的可以吃的优势，突出采摘过程、果实新鲜、采摘环境特殊等特色，增加经济效益、提升服务功能。

在庭院中利用果木类植物造景，是我国造园的一大传统特色，如庭院中栽植柿树，寓意“事事如意”；栽植石榴，象征“多子多福”等。在现代园林中，利用果木类植物营造硕果累累的秋季景观，已成为较常用的造景手法。

观果类园林树木除了本任务列举之外，在荫木类、观花类、藤本类、绿篱类、棕榈类等园林树木部分还有出现，有些种类与果树重复。接下来介绍公共园林中常用的观果类园林树木。

观果类园林树木识别与应用

观果类园林树木在其他任务里也有，只是观果特性不是最突出的。

1. 枇杷 *Eriobotrya japonica* (Thunb.) Lindl. 蔷薇科枇杷属

【识别要点】常绿小乔木。小枝粗壮，密生锈黄色茸毛。叶革质，倒披针形至长圆形，先端尖，基部全缘，上部锯齿粗钝，叶面褶皱，有光泽，背面及柄密生灰棕色茸毛。花白色，芳香，圆锥花序。梨果橙黄色或橙红色。10—12 月开花，果翌年 5—6 月成熟。

【生长习性】亚热带常绿果树。喜光照充足，稍耐侧阴，喜温暖湿润气候，不耐寒。喜肥沃、湿润土壤。耐积水，冬季干旱生长不良。抗二氧化硫及烟尘。深根性，生长慢，寿命长。

【观赏与应用】播种、嫁接繁殖。枇杷树形整齐，叶大荫浓，冬日白花盛开，初夏果实金黄。江南园林中，常配植于亭、台、院落之隅，点缀山石、花卉，极富诗情画意。江苏洞庭及福建省云霄都是枇杷有名产地。福建省莆田市的常太镇、云霄县还被誉为中国枇杷之乡。是园林绿化结合生产的优良树种。

2. 木瓜 *Pseudocydonia sinensis* (Thouin) C.K. Schneid. 蔷薇科木瓜属

【识别要点】落叶小乔木，树皮不规则薄片状剥落。叶卵形、卵状椭圆形，叶缘芒状腺齿，嫩叶背面密生黄白色茸毛，后脱落；托叶卵状披针形，有腺齿。花单生叶腋，粉红色，叶后开放。梨果椭圆形，暗黄色，木质，芳香。花期 4—5 月，果熟期 8—10 月。

【生长习性】原产于我国。喜光，耐半阴，适应性强，喜肥沃、排水良好的壤土，不耐积水和盐碱地，生长缓慢。

【观赏与应用】播种、嫁接和压条繁殖。木瓜花艳果香，树皮斑驳，常孤植、丛植庭前院后，对植于建筑前、入口处，或丛植，春可赏花，秋可观果。果实经蒸煮后做成蜜饯。

3. 山楂 *Crataegus pinnatifida* Bunge. 蔷薇科山楂属

【识别要点】落叶小乔木，高达 6 m，有枝刺。叶宽卵形至三角状卵形，两侧各有 3～5 羽状深裂，基部 1 对裂片分裂较深，缘有不规则锐齿；托叶大而有齿。果球形，深红色，径约 1.5 cm。花期 5—6 月，果熟期 9—10 月。

变种山里红，果径约 2.5 cm。叶较大，羽状裂较浅，枝上无刺，树体较原种大而健壮，作果树栽培。

【生长习性】产于我国东北、华北等地。在丘陵、平原均广为栽培。喜光，喜干冷气候，耐寒，耐旱，在排水良好的肥沃沙壤土上生长最好。根系

发达，常有根蘖，抗氯气、氟化氢污染。

【观赏与应用】种子、扦插和嫁接繁殖。山楂叶形秀丽，白花繁茂，红果艳丽可爱，是既可观花又可观果的优美庭荫树，也是常见水果。可孤植或丛植于绿地上，或作刺篱。果实供鲜食或加工食品，也可入药。

4. 无花果（蜜果、映日果）*Ficus carica* L. 桑科榕属

【识别要点】落叶小乔木。小枝粗壮。单叶互生，厚膜质，宽卵形或近球形，3～5 掌状深裂，边缘有波状齿，叶面有短硬毛粗糙，托叶脱落后在枝上留有极为明显的环状托叶痕。肉穗花序，单生于叶腋。聚花果梨形，熟时黑紫色。花期 4—5 月，自 6 月中旬至 10 月均可成花结果。

【生长习性】原产于欧洲地中海沿岸和中亚地区，唐朝时传入我国，以长江流域和华北沿海地带栽植较多。喜温暖湿润的海洋性气候，喜光、喜肥，比较耐寒，不抗涝，较耐干旱。

【观赏与应用】以扦插繁育为主，也可播种或压条繁殖。无花果可食率高，鲜果可食用部分达 97%，干果和蜜饯类达 100%，且含酸量低，无硬大的种子，营养丰富。也是优良的庭院绿化和经济树种，具有抗多种有毒气体的特性，抗污染，耐烟尘，少病虫害。可用于厂矿绿化和家庭副业生产，北方温室盆栽。是园林绿化结合生产的优良树种。

5. 杨梅（圣生梅、白蒂梅、树梅）*Morella rubra* Lour. 杨梅科杨梅属

【识别要点】常绿小乔木。叶革质，倒卵状披

针形，螺旋状着生，背面密生金黄色腺体。花单性异株；雄花序穗状，单生或数条丛生叶腋；雌花序单生叶腋，密生覆瓦状苞片。核果球形，直径 10 ～ 15 mm，有小疣状突起，熟时深红、紫红成白色，味甜酸。花期 4 月，果期 6—7 月。

【生长习性】原产我国浙江。稍耐阴，不耐烈日直射，不耐寒，喜温暖湿润气候及喜酸性土壤，其根系与放线菌共生形成根瘤；对二氧化硫、氯气等抗性较强。

【观赏与应用】种子繁殖、嫁接繁殖和分株繁殖。果实为著名水果，是江浙名产。孤植、丛植于草坪、庭院、或列植于路边都很适合；若采用密植方式用来分隔空间或起遮蔽作用也很理想。是园林绿化结合生产的优良树种。

6. 柿 *Diospyros kaki* Thunb. 柿树科柿属

【识别要点】落叶乔木，主干暗褐色，树皮鳞片状开裂。叶质肥厚，椭圆状卵形，表面深绿色，背面淡绿色，疏生褐色柔毛。花黄色，雌雄异株或同株；雄花每 3 朵集生或成短聚伞花序；雌花单生于叶腋。浆果卵圆形成扁球形，橘红色或橙黄色，有光泽。花期 5—6 月，果熟期 9—10 月。

【生长习性】原产中国。阳性树，喜光。喜温暖亦耐寒；喜湿润也耐干旱。耐干旱瘠薄，但不耐水湿及盐碱。对有毒气体抗性较强。根系发达，寿命长。

【观赏与应用】嫁接繁殖。果可食，营养丰富，享有“果中圣品”之誉，为著名的木本粮食树种。柿的果实应用广泛，除供鲜食外，可制成柿饼、柿干、柿汁蜜、柿叶茶、柿醋、柿脯等，也可再加工成糕点和风味小吃，并有一定的药用价值。柿树材质致密，纹理美观，可制贵重器具。树形优美，果色红艳，有观赏价值。是观叶、观果和结合生产的重要树种。

7. 石榴（安石榴、海石榴）*Punica granatum* L. 石榴科石榴属

【识别要点】落叶小乔木，常呈灌木状。小枝细长柔软，具 4 棱，有对生枝刺。单叶长椭圆形，对生或簇生。花萼钟形，橙红色；花瓣红色，有皱褶。果近球形，径 6 ～ 8 cm，深黄色。花期 5—6 月，果期 9—10 月，花萼宿存。石榴经数千年栽培驯化，发展成为花石榴和果石榴两类。

①**花石榴**　观花兼观果，重瓣，常不结果，常见品种有：‘月季石榴’，丛生矮小灌木，枝、叶、花均小，是做盆景的好材料；‘千瓣橙红石榴’，花橙红色，重瓣，不结果，夏季连续开花。

②**果石榴**　以食用为主，兼有观赏价值。有 70 多个品种，花多单瓣。

【生长习性】播种或扦插繁殖为主。原产中亚地区，我国除严寒地区外均有栽培。喜阳光充足和温暖气候，耐寒。对土壤要求不严，但喜肥沃湿润、排水良好的石灰质土壤，较耐瘠薄和干旱，不耐水涝。萌蘖性强。

【观赏与应用】石榴枝繁叶茂，花果期长，夏观花，秋观果，可孤植、丛植于庭院、草坪中或大量配植于自然风景区，也是制作盆景和桩景的好材料。

8. 秤锤树 *Sinojackia xylocarpa* Hu. 安息香科秤锤树属

【识别要点】落叶小乔木。单叶互生，椭圆形至椭圆状倒卵形，缘有硬骨质细锯齿，无毛或仅脉上疏生星状毛，叶脉在背面显著凸起。花白色，花冠基部合生；腋生聚伞花序；花期4—5月。果卵形，似秤锤，木质，有白色斑纹；10—11月果熟。

【生长习性】分布区土壤为黄棕壤，pH 6～6.5。具有较强的抗寒性，喜光，幼苗、幼树不耐庇荫，喜生于深厚、肥沃、湿润、排水良好的土壤上，不耐干旱瘠薄。产于江苏，常生于山坡、路旁树林中。

【观赏与应用】种子、扦插繁殖。花白色而美丽，果实形似秤锤，颇为奇特；宜作园林绿化及观赏树种。

9. 枣（红枣）*Ziziphus jujube* Mill. 鼠李科枣属

【识别要点】落叶乔木，树皮灰褐色，条裂；枝有长枝（枣头）、短枝（枣股）和脱落性小枝（枣吊）之分。叶卵形至卵状长椭圆形，三出脉。花小，黄绿色，5～9朵簇生于脱落性枝的叶腋，成聚伞

花序。核果长椭圆形，熟后暗红色。花期5—6月，果期8—9月。

【生长习性】原产于我国，各地均有栽植，以黄河中下游和华北平原栽培最普遍。阳性树种，耐寒，耐湿热，耐旱、涝；对土壤要求不严，山坡、丘陵、沙滩、轻盐碱都能生长。

龙爪枣

【观赏与应用】分株、嫁接、扦插繁殖。是园林结合生产的良好树种，除设置枣园外，宜作庭树及行道树，或丛植、群植于庭园、“四旁”；也可孤植，群植宅院、堂前、建筑物角隅，或片植于坡地，幼树可作刺篱材料，对多种有害气体抗性较强，可用于厂矿绿化，老根可作桩景，还是优良的蜜源植物。

10. 黄山栾树（全缘叶栾树）*Koelreuteria bipinnata* ‘*integrifolia*’ (Merr.) T.Chen 无患子科栾树属

【识别要点】落叶乔木，枝具小疣点。叶平展，二回羽状复叶，叶轴和叶柄向轴面常有一纵行皱曲的短柔毛；小叶9～17片，全缘，互生，很少对生，斜卵形，顶端短尖至短渐尖，下面密被短柔毛。圆锥花序大型，萼5裂达中部，花瓣4，长圆状披针形，黄色。蒴果椭圆灯笼形，具3棱，成熟时红色，花期7—9月，果期8—10月。同属相关植物有：

①栾树　落叶乔木。奇数羽状复叶或不完全二回羽状复叶，互生，小叶7～15枚，小叶卵形至卵状长椭圆形，有不规则粗锯齿。大型圆锥花序顶

黄山栾树

栾树

生，花金黄色，花期 6—7 月，果期 9—10 月，蒴果三角状长卵形，成熟时红褐色或橘红色。

②复羽叶栾树　落叶乔木，枝具小疣点。叶片平展，二回羽状复叶，边缘有内弯的小锯齿。圆锥花序大型，裂片阔卵状三角形，花瓣长圆状披针形，黄色。蒴果红色，顶端钝或圆；

7—9 月开花，8—10 月结果。

【生长习性】产于江苏南部、浙江、江西、安徽、湖南、广东、广西等地。喜光，也稍耐半阴。喜生长于石灰岩土壤，也能耐盐渍性土，耐寒、耐旱、耐瘠薄，并能耐短期水涝。对风、粉尘污染、二氧化硫、臭氧均有较强的抗性。

【观赏与应用】播种、扦插繁殖。全缘叶栾树因其适应性强、速生、病虫害少，树形高大优美，加之夏末秋初鲜黄色花朵洒满树冠，深秋季节酷似串串灯笼的红色蒴果与鲜黄色秋叶交相辉映，宜作庭荫树、行道树及园景树，是秋季最美的行道树、庭院树种之一。

11. 无患子 *Sapindus saponaria* L. 无患子科无患子属

【识别要点】落叶或半常绿乔木。一回羽状复叶，小叶 8～14，互生或近对生，卵状披针形，先端尖，基部不对称。花黄白色或带淡紫色，顶生圆锥花序。花期 5—6 月，果熟期 9—10 月。核果近球形，熟时黄色或橙黄色；种子球形，黑色，坚硬。

【生长习性】分布于我国淮河流域以南各地。喜光，稍耐阴，喜温暖湿润气候，耐寒性不强。深根性，抗风力强。萌芽力弱，不耐修剪。生长尚快，寿命长。对二氧化硫抗性较强。

【观赏与应用】播种繁殖。无患子树形高大，绿阴稠密，秋叶金黄，颇为美观。宜作庭荫树及行道树。亦可作秋景树种点缀树林。

12. 其他观果类园林树木

蔷薇科　海棠果

蔷薇科　湖北海棠

冬青科 红果冬青

冬青科 红果冬青

苏木科 云实

实训作业

学生利用课上课下实训，完成下列任务：

1. 按下列表格要求，完成常见观果类园林树木的典型特征与应用信息整理。

2. 完成常见观果类园林树木的典型特征、应用方式的图片收集与命名（图片命名要求：科序号 + 科名属名 + 种名……，科序号见“被子植物纲、目和常见科一览”）。

序号	植物名称	科属	类型（人为分类）	典型特征 1	典型特征 2	生长习性（主要是温度、光照、水分要求）	应用方式（用途）	观赏特性（如观花：红色、春季）	其他
1									
2									

任务 2.7 藤本类园林树木识别与应用

微课

教学目标

教学课件

知识目标

1. 掌握常见藤本类园林树木的典型特征。2. 掌握常见藤本类园林树木的生长习性与主要繁殖方法。3. 掌握常见藤本类园林树木的园林应用方法。4. 了解非常见园林树木的典型特征与应用方法。

技能目标

1. 能够正确识别常见藤本类园林树木种类。2. 能够准确描述常见藤本类园林树木的典型特征。3. 能够收集、整理常见藤本类园林树木的典型特征、应用方式的图片。4. 能够根据园林用途、生长习性正确选择藤本类常见园林树木。

教学建议

1. 课前，要求学生登录中国大学慕课“园艺植物识别与应用”（或其他同类在线课程）课程教学资源预习，并通过软件识别、讨论区讨论等方式，初步认识校园及附近绿地场所藤本类园林树木种类，建立相关植物的感性认识。2. 课中，采用问题引导、分组回答、植物标本识别、现场识别等理实一体方式进行，有效提高教学效果。3. 课后，完成中国大学慕课“园艺植物识别与应用”（或其他同类在线课程）课程的单元测验题、教材的学习引导题及“实训操作”部分作业。4. 建议最近安排一次常见园林植物标本识别：采集常见各类植物的枝条、叶片、花、果实等典型植物器官 50 种左右，先让学生识别、讨论，检查了解学生学习情况。预告下次课考查。5. 检查学生拍摄的植物图片与命名整理状况。检查方法是要求学生把整理好的植物图片设置成中等图标大小，按人为分类，逐个截图发到班级群。老师做评讲，不符合要求的，提出来改正。表扬表现好的学生，鼓励大家不断提高。6. 建议指导学生阅读本教材附录 1、附录 2、附录 3 部分内容，通过植物形态术语准确理解植物典型特征、掌握植物自然分类体系、常见科典型特征。

学习引导

1. 列举出常见藤本类园林树木 5 种，并说明其特点。2. 列举出常见秋叶呈红或紫红色的藤本类园林树木 5 种，并说明其特点。3. 列举出攀爬方式不同的藤本类园林树木 4 类。

知识与技能

藤本类园林树木概述

藤本类园林树木指茎蔓细长，自身不能直立，须攀附其他支撑物，缘墙而上或匍匐卧地蔓延的木本园林植物。这类植物是垂直绿化或立体绿化（最大的优势）必不可少的植物材料，对山坡、路坎、墙面、屋顶、篱垣、棚架、林下、室内绿化等多种形式的立体绿化都具有不可替代的作用。在建筑密集的老城区改造中，具有开拓绿化空间、增加城市绿色量、丰富绿化形式、提高整体绿化水平、改善生态环境的重要作用，具有广阔的应用前景。藤本类园林树木也有些树木具有观花、观叶和观果的功能。

藤本植物在园林绿化中的应用：

（1）墙面、屋顶及阳台绿化 现代城市的建筑外观固然很美，但作为硬质景观，若配以藤本植物进行垂直绿化，则既增添了绿意和生机，又可有效遮挡夏季阳光的辐射，降低建筑物内部温度，增加空气湿度。用藤本植物绿化旧墙面，还可起到美化的作用，与周围环境形成和谐统一的景观，提高城市绿化覆盖率。

（2）立交桥绿化 作为城市景观中亮丽的风景线，高架路、立交桥已成为城市绿地的重要组成部分。城市里绿化空间少，充分利用立交桥下面的空间，如用地锦、常春藤等藤本植物绿化桥下面，不仅可以增添绿色、美化环境，还可改善城市生态环境。

（3）棚架、篱垣、栅栏绿化 园林绿化中的廊架包括游廊、花架、拱门、灯柱、栅栏等，是常见的构筑物之一。利用藤本植物进行绿化，可形成繁花似锦、绿荫满地的景观，既美化了环境，又具有较高的生态效益。木香、紫藤、藤本月季、三角花、凌霄等都是棚架绿化的优良材料。

（4）利用藤本植物构成独立景观 藤本植物可用于建造绿柱、绿廊、绿门、绿亭、特定造型等。绿柱是指在灯柱、廊柱、大型树干等粗大的柱形物体周围，种植缠绕类或吸附类藤本植物，使之盘绕或包裹柱形物体，形成绿柱。绿廊、绿门是选用藤本植物种植于门、廊两侧，形成优美的植物景观。绿亭本身可以看作花架的特殊形式，在亭阁形状的构架周围种以藤本植物并略加牵引，即可形成绿亭。特定造型就更多了。

（5）覆盖地面 利用根系庞大、牢固的藤本植物覆盖地面，可起到保持水土的作用。同时，与乔木、灌木、草本植物合理配植，也增加了人工植物群落的层次。另外，以藤本植物点缀景石，也可使其更加生机盎然。

藤木类园林树木识别与应用

1. 紫藤 *Wisteria sinensis* (Sims) Sweet 豆科紫藤属

【识别要点】落叶藤木，茎缠绕性强，长达 30 m。羽状复叶互生，小叶 7 ～ 13，对生，卵状长椭圆形至卵状披针形。花蝶形，淡紫色，具芳香，圆锥花序大，下垂；荚果长条形，密被黄色茸毛，长 10 ～ 15 cm。花期 4—6 月。品种有银藤，花白色，香气浓郁；重瓣紫藤，花重瓣。

白花紫藤

【生长习性】喜光，对气候和土壤适应性强；主根深，侧根少，不耐移植。对二氧化硫、氟化氢和氯气等有害气体抗性强。生长快，寿命长。

【观赏与应用】播种、扦插、压条、嫁接或分株繁殖。紫藤枝叶茂盛，生长势很强，可以做大型垂直绿化、装饰。春季先叶开花，穗穗紫花下垂，为著名观花藤本植物。园林中常作棚架、门廊、凉亭及山石绿化树种，或作树桩盆景。

2. 凌　霄 ***Campsis grandiflora*** **(Thumb.) Schum**
紫葳科凌霄属

【识别要点】落叶木质藤本，藤蔓长达 10 m。借气根攀缘；树皮灰褐色，呈细长状纵裂；小枝紫褐色。羽状复叶对生，小叶 7 ～ 9，叶缘疏生粗齿，长卵形。顶生聚散花序，花冠唇状漏斗形，红色；花萼绿色，5 裂至中部，有 5 条纵棱。蒴果细长如豆荚，先端钝；种子有膜质翅。花期 5—8 月；果期 10 月。

美国凌霄，与凌霄相似。小叶较多，9 ～ 13，叶缘疏生 4 ～ 5 齿，叶背面脉上有柔毛。花冠较小，橘黄或深红色，花萼棕红色，无纵棱，萼裂较浅，深约 1/3。蒴果先端尖。花期 7—9 月。耐寒力较凌霄为强。

美国凌霄

硬骨凌霄

【生长习性】原产长江流域中、下游地区，现从海南到北京各地均有栽培。喜光，喜温暖，颇耐寒。宜于背风向阳、排水良好的沙质壤土上生长；耐干旱，不耐积水，萌芽力、萌蘖性均强。花粉有毒，能伤眼睛，需加注意。

【观赏与应用】扦插繁殖为主，也可压条、分株或播种繁殖。柔条纤蔓，夏秋季开红花，花大色艳且花期长。可搭棚架，作花门、花廊，可攀缘老树、假山石壁、墙垣等作垂直绿化遮阴材料，还可作桩景材料，为园林中夏秋主要观花棚架植物。

3. 炮仗藤 ***Pyrostegia venusta*** **(Ker Gawl.) Miers**
紫葳科炮仗藤属

【识别要点】常绿藤木。茎粗壮，有棱，小枝有纵槽纹。复叶对生，小叶 3 枚，卵状椭圆形，顶生小叶线形，卷须 3 叉。花冠橙红色，管状，长约 6 cm，端 5 裂，稍呈二唇形，外反卷，有明显白色，顶生圆锥花序，下垂。蒴果。

【生长习性】原产巴西；我国华南、云南南部等地有栽培。喜温暖湿润气候，不耐寒。花期初春。

【观赏与应用】扦插或压条繁殖。炮仗花花橙红，累累成串，状如炮仗，花期较长，为南方重要的观赏藤本植物，多植于建筑物旁或棚架上。

4. 叶子花（三角梅、毛宝巾） ***Bougainvillea spectabilis*** **Willd 紫茉莉科叶子花属**

【识别要点】常绿攀缘藤本或小灌木。茎叶密生茸毛。茎具弯刺，拱形下垂。叶卵形，有光泽。花生于新梢顶，3 朵花簇生于 3 枚大苞片内，花梗与苞片中脉合生，苞片叶状，椭圆状卵形，鲜红、砖红或浅紫色，花期春夏季，苞片经久不凋。温度适合可常年开花。有苞片为白、红、橙、淡褐、橙黄、红紫、粉色的品种，各色重瓣品种及矮生和半矮生品种。

【生长习性】原产于巴西。喜强光，喜温暖、湿润，不耐寒，在 3 ℃以上方可安全越冬，15 ℃以上才能开花。对土壤要求不严，耐瘠薄，耐碱，耐干旱，宜富含腐殖质的肥沃土壤，忌水涝；萌芽力强，耐修剪。

【观赏与应用】扦插繁殖为主，也可嫁接繁殖。茎干千姿百态，左右旋转，或自己缠绕，打结成环；枝蔓较长，柔韧性强，可塑性好，人们常将其编织后用于花架、花柱、绿廊、拱门和墙面的装饰，或修剪成各种形状；苞片大，色彩鲜艳如花，南方宜庭园种植或作绿篱及修剪造型，老株可制作树桩盆景。长江流域及其以北适宜盆栽，冬季放在温室观赏。

叶子花动物造型——鲸鱼（三亚市天涯海角园内）

5. 木香花 *Rosa banksiae* Aiton. 蔷薇科蔷薇属

【识别要点】落叶或半常绿攀缘灌木，高达 6 m，枝细长绿色，光滑而少刺。小叶 3～5，罕 7，长椭圆状披针形，缘有细齿，托叶线形，与叶柄离生，早落。花常为白色或淡黄色，径约 2.5 cm，单瓣或重瓣，芳香；3～5 朵排成伞形花序。花期 4—5 月。有黄木香（花黄色）、重瓣白木香、重瓣黄木香品种。

木香亭——苏州拙政园

【生长习性】原产于我国中南及西南部，现国内外园林及庭园中普遍栽培观赏。喜光，又耐阴，喜温暖气候，有一定的耐寒性，北京选背风向阳处栽植。

【观赏与应用】扦插、压条等繁殖。木香晚春至初夏开花，芳香袭人，在我国黄河流域以南各地普遍栽作棚架、凉廊、花篱材料。

6. 平枝栒子（铺地蜈蚣）*Cotoneaster horizontalis* Decne. 蔷薇科栒子属

【识别要点】落叶或半常绿匍匐灌木，高不过 0.5 m。枝水平开展成整齐的两列。叶近圆形或宽椭圆形，背面有柔毛。花粉红色，1～2 朵并生。果近球形，鲜红色，常含 3 小核。花期 5—6 月，果熟期 9—10 月。同属常见种有水栒子，又称多花栒子，落叶灌木，高 2～4 m。小枝细长拱形，花白色。

【生长习性】产于我国亚热带山区。喜半阴，湿润，耐寒，耐干旱，对土壤要求不严，不耐水涝。华北地区宜栽培于避风处或盆栽。

【观赏与应用】扦插、播种繁殖为主，也可秋季压条繁殖。平枝栒子树姿低矮，春季粉红色小花星星点点嵌于墨绿色叶之中，入秋红果累累，经冬不落。适宜作为地被，或点缀草坪。

7. 扶芳藤 *Euonymus fortunei* (Turcz.) Hand.-Mazz. 卫矛科卫矛属

【识别要点】常绿匍匐、攀缘性藤木，小枝微起棱，有小瘤状凸起皮孔。如任其匍匐生长则随地生根。叶薄革质，椭圆形，基部楔形，缘具细钝齿。花小，绿白色，聚伞花序。蒴果淡黄紫色，假种皮橘红色。花期 5—6 月，果期 10—11 月。有金边、银边、金心等栽培变种。

【生长习性】喜温暖气候，耐阴，较耐寒，适应性强，喜阴湿环境，常匍匐于林缘岩石上。若生

银叶扶芳藤　　金叶扶芳藤

长在干燥瘠薄之地，叶质增厚，色黄绿，气根增多。

【观赏与应用】扦插、播种或压条繁殖。扶芳藤枝叶碧绿光亮，终年苍翠，入秋常变红色，有极强的攀缘能力，庭园中常用于覆盖地面、掩覆墙面、坛缘或将其攀附在假山、老树干、岩石上。也可盆栽。

8. 地锦（爬墙虎、爬山虎）*Parthenaissus tricuspidata* (Siebold & Zucc.) Planch. 葡萄科地锦属

【识别要点】落叶藤本；卷须短，多分枝，顶端有吸盘。叶形通常宽卵形，先端多 3 裂，或深裂成 3 小叶，基部心形，边缘有粗锯齿。花序常生于短枝顶端两叶之间。果球形，蓝黑色，被白粉。相似种：

美国地锦（五叶地锦），与爬山虎相似，区别是掌状复叶，小叶 5，质较厚，叶缘具大而圆的粗锯齿。原产于美国东部，我国引种栽培，现各地有分布，以北部栽培较早、较多，喜高温高空气湿度环境，耐寒，抗旱，耐阴。秋叶变红，新枝叶也红色，比爬山虎更美丽，宜用于屋面、墙壁等绿化，

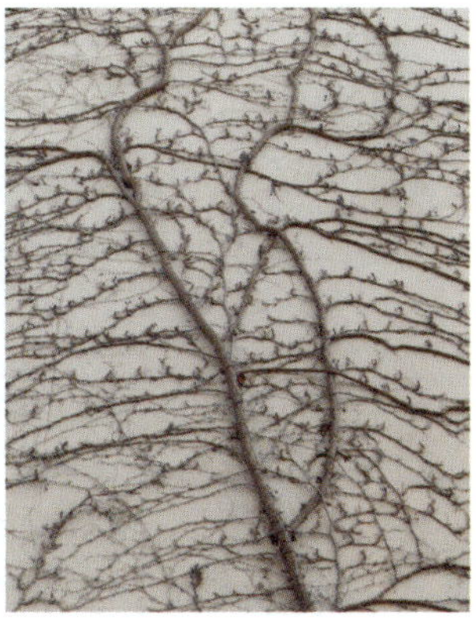

可作为地被植物栽培。

【生长习性】对土壤及气候适应能力很强，喜阴，耐寒，耐旱，在较阴湿、肥沃的土壤中生长最佳。

【观赏与应用】播种、扦插、压条。多用作垂直绿化，在墙根种植，使其藤条向上攀爬，可种在建筑物墙根、立交桥边，公路边坡等。是很普遍应用的藤本类垂直绿化植物，秋季观红叶、观果、观茎（攀爬状态）。

绿叶地锦　　五叶地锦

9. 金银花（忍冬）*Lonicera Japonica* Thunb. 忍冬科忍冬属

【识别要点】半常绿缠绕藤本。小枝髓心中空；幼枝、叶两面、叶柄、苞片、小苞片及萼檐外面均被柔毛和微腺毛。花芳香，生幼枝叶腋，相邻 2 萼筒分离；花冠先白后黄色，唇形，冠筒长约为唇瓣的 1/2。花期 5—6 月。

红金银花

【生长习性】除高寒、沙漠地区外，我国各省均产。日本、朝鲜及俄罗斯远东地区有分布。常见栽培。喜阳光和温和、湿润的环境，生活力强，适应性广，耐寒，耐旱。

【观赏与应用】播种、扦插、压条、分株均可。适用于棚架、花架、栅栏及庭院绿化栽培，也可盆栽置于阳台、窗台。金银花也可入药。

10. 常春藤 *Hedera nepalensis* var.*sinensis* (Tobler.) Rehder. 五加科常春藤属

【识别要点】常绿大藤本，长可达 30 m。叶有两型：营养枝上的叶三角状卵形，全缘或 3 浅裂；花果枝上的叶椭圆状卵形至卵状披针形，全缘。伞形花序，淡黄色或绿白色，微香。果球形，熟时橙红或橙黄色。花期 9—11 月，果期翌年 4—5 月。常见品种有金边常春藤，叶缘黄色；金心常春藤，叶片中心部位黄色；银边常春藤，叶片边缘乳白色；斑叶常春藤，叶有白色斑纹等。

花叶常春藤

花叶常春藤

【生长习性】我国华中、华南、西南等地均有栽培。极耐阴，不耐寒，喜温暖湿润气候，能耐短暂 -15 ℃低温，对土壤要求不严，喜湿润、肥沃、排水良好的中性或酸性土壤。

【观赏与应用】扦插为主，也可播种或压条繁殖。适宜种在建筑物的阴面、岩石旁，或盆栽。

11. 络石 *Trachelospermum jasminoides* (Lindl.) Lem. 夹竹桃科络石属

【识别要点】常绿藤木。茎常有气生根。叶薄革质，椭圆形，全缘，脉间常呈白色，背面有柔毛。腋生聚伞花序；萼片 5 深裂，花后反卷；花冠白色，芳香，裂片 5，右旋形如风车；花冠筒中部以上扩大，喉部有毛；花药内藏。线形果，对生，长 15 cm。花期 4—5 月。

变种及品种：

①石血　叶形异，通常狭披针形。

②斑叶络石　叶圆形，色杂，白色、绿色，后变为淡红色。

【生长习性】主产于长江、淮河流域以南各地。喜光，耐阴；喜温暖湿润气候，耐寒性弱；对土壤要求不严，抗干旱，不耐积水。萌蘖性强。

【观赏与应用】播种、扦插或者压条繁殖。叶色浓绿，四季常青，冬叶红色，花繁色白，且具芳香，是优美的垂直绿化和常绿地被植物，植于枯树、假山、墙垣之旁，攀缘而上，均颇优美。

花叶络石

12. 枸杞 *Lycium chinense* Mill. 茄科枸杞属

【识别要点】落叶灌木或蔓生。茎皮带灰黄色，枝条细长弯曲下垂，侧生短棘刺。单叶互生或枝下部数叶丛生，卵形，长圆形至卵状披针形，长

2～6 cm，叶柄短。花腋生，淡紫色，花冠漏斗形，先端 5 裂，裂片向外平展。浆果卵圆形至长圆形，鲜红橙色。花期 5—9 月，果期 8—11 月。

【生长习性】原产于我国，分布于东北、华北、西北、西南、华东、华南各地。喜阳和温暖，耐阴，较耐寒。对土壤要求不严，喜排水良好的石灰质土壤。耐旱力和耐碱性较强，忌低湿。

【观赏与应用】播种、扦插、分株和压条繁殖。入秋满枝红果，甚为美观。枸杞是优良的观果树种，也具有药用价值。

13. 其他藤本植物

桑科　薜荔

豆科　油麻藤

豆科　油麻藤

五加科　熊掌木

夹竹桃科　飘香藤

实训作业

学生利用课上课下实训，完成下列任务：

1. 按下列表格要求，完成常见的藤本园林树木的典型特征与应用信息整理。

2. 完成常见的藤本园林树木的典型特征、应用方式的图片收集与命名（图片命名要求：科序号 + 科名属名 + 种名……，科序号见“被子植物纲、目和常见科一览”）。

序号	植物名称	科属	类型（人为分类）	典型特征 1	典型特征 2	生长习性（主要是温度、光照、水分要求）	应用方式（用途）	观赏特性（如观花：红色、春季）	其他
1									
2									

微课

任务 2.8　绿篱类园林树木识别与应用

教学目标

教学课件

知识目标

1. 掌握常见绿篱类园林树木的典型特征。2. 掌握常见绿篱类园林树木的生长习性与主要繁殖方法。3. 掌握常见绿篱类园林树木的园林应用方法。4. 了解非常见绿篱类园林树木的典型特征与应用方法。

技能目标

1. 能够正确识别常见绿篱类园林树木种类。2. 能够准确描述常见绿篱类园林树木的典型特征。3. 能够收集、整理常见绿篱类园林树木的典型特征、应用方式的图片。4. 能够根据园林用途、生长习性正确选择绿篱类常见园林树木应用。

教学建议

1. 课前，要求学生登录中国大学慕课“园艺植物识别与应用”（或其他同类在线课程）课程教学资源预习，并通过软件识别、讨论区讨论等方式，初步认识校园及附近绿地场所绿篱类园林树木种类，建立相关植物的感性认识。2. 课中，采用问题引导、分组回答、植物标本识别、现场识别等理实一体方式进行，有效提高教学效果。3. 课后，完成中国大学慕课“园艺植物识别与应用”（或其他同类在线课程）课程的单元测验题、教材的学习引导题及“实训操作”部分作业。4. 建议指导学生阅读本教材附录 1、附录 2、附录 3 部分内容，通过植物形态术语准确理解植物典型特征、掌握植物自然分类体系、常见科典型特征。

学习引导

1. 列举出适宜做高篱的植物 5 种，并说明应用特点。2. 列举出适宜做花篱的植物 5 种，并说明应用特点。3. 列举出适宜做果篱的植物 5 种，并说明应用特点。4. 列举出适宜做彩叶篱的植物 5 种，并说明应用特点。5. 列举出适宜做盆景的绿篱类园林树木 10 种，并说明其应用特点。

知识与技能

绿篱类景观树木概述

绿篱类园林树木又称植篱，是园林中主要起分隔空间、范围场地、遮蔽视线、衬托景物、美化环境及防护等作用的灌木，是富有田园气息的篱笆。还有装饰园景、划分园林境界、组织园林空间、防止灰尘、减弱噪声、防风遮阴、充当背景、作为绿化屏障（遮挡疵点或作雕像、掩蔽不雅观局部）、小品的基础栽植等多种功能。绿篱类园林树木也有观花、观叶、观果功能。

用作绿篱的树种，即篱木类，一般以枝细、叶小、常绿、观赏特色明显者为佳，并应具备下部枝条茂密、不易枯萎、基部萌芽力或再生力强、耐修剪、生命力强等特点。绿篱种类不同，选用的树种也会有一定差异。就绿篱高度可分为三类：

（1）**高篱类**　篱高 2 m 左右，起围墙作用，多不修剪，应以生长旺、高大的种类为主，如蚊母树、石楠、日本珊瑚树、桂花、女贞、木槿、丛生竹类等。

（2）**中篱类**　篱高 1 m 左右，多配置在建筑物旁和路边，起联系与分割作用，常作轻度修剪，多选用六月雪、小叶女贞、枸骨、冬青卫矛、小蜡等。

（3）**矮篱类**　篱高 50 cm 以内，主要植于规则式花坛、水池、草坪等边缘，起装饰作用，需做强度修剪，应由萌芽力强的树种，如红花檵木、紫叶小檗、黄杨、小月季、迎春等组成。

常见篱木类园林树种包括：

（1）**绿篱**　黄杨、大叶黄杨、小叶女贞、女贞、小蜡、雀舌黄杨、千头柏、法国冬青等。

（2）**彩叶篱**　红花檵木、洒金千头柏、金边大叶黄杨、紫叶小檗、金叶女贞等。

（3）**花篱**　月季、杜鹃、栀子花、六月雪、榆叶梅、麻叶绣球、绣线菊等。

（4）**果篱**　由观果灌木组成，如无刺枸骨、火棘、南天竹、紫珠、枸杞等。

（5）**刺篱** 起防护警界作用，由具刺的灌木、木质藤本植物组成，如小檗、枸橘、花椒、云实、刺柏等。

绿篱依造型的不同，分整齐形绿篱与自然形绿篱两类。

绿篱类植物常见的表现形式有植物篱、灌木球、色块、花坛等。

绿篱类植物很多也是盆景制作的选择植物，如黄杨、雀舌黄杨、红花檵木、六月雪、火棘、南天竹、无刺枸骨、蚊母树等。

植物篱

灌木球

色块

灌木花坛（色块）

绿篱类树木的识别与应用

1. 红花檵木 *Loropetalum chinense* Var. rubrum rieh 金缕梅科檵木属

【识别要点】常绿灌木；小枝、嫩叶及花萼均有锈色星状短柔毛。单叶暗紫红色（遮阴下绿色），互生，卵形或椭圆形，长 2 ～ 5 cm，先端短尖，基部不对称，革质，全缘。花瓣 4 枚，带状条形，紫红色，长 1 ～ 2 cm；3 ～ 8 朵簇生小枝端；4—5 月开花。蒴果 2 瓣裂，每瓣有 2 浅裂。

檵木，常绿灌木或小乔木。小枝、嫩叶及花萼均有锈色星状短柔毛。叶革质，全缘背面密生星状柔毛。花瓣带状线形，黄白色，3 ～ 8 朵簇生于小枝端。花期 5 月，果 8 月成熟。

【生长习性】产于湖南。在华东、华南及西南各地广泛栽培。稍耐阴，喜温暖气候及酸性土壤。全光照下，叶常年暗紫红色，光照不足，叶色绿色。

檵木

【观赏与应用】扦插或嫁接繁殖，砧木为檵木。叶常年暗紫红色，花紫红色，花瓣奇特，常在园林绿地、庭院作彩叶篱、色块、灌木球或制作盆景观赏。红花檵木是非常优秀的观花、观叶绿篱植物，是最受欢迎的绿篱植物之一，市场需求很旺盛。

红花檵木盆景（树桩是檵木）

2. 黄杨（瓜子黄杨）*Buxus sinica* (Rehder & E.H. Wilson) M. Cheng 黄杨科黄杨属

【识别要点】常绿灌木或小乔木。枝叶较疏散，小枝有 4 棱，小枝及冬芽外鳞均有短柔毛。叶倒卵形，长 2 ～ 3.5 cm，先端圆或微凹，叶柄及叶背中脉基部有毛。花簇生叶腋或枝端，黄绿色。花期 4 月，果 7 月成熟。

变种珍珠黄杨，分枝密，节间短。叶片细小，不及 1 cm 长；叶面略作龟背状凸起，入秋后由深绿渐变红色。是制作盆景和点缀假山的好材料。产于江西山区、安徽、湖北大别山一带，生于山脊或岩峰中。

【生长习性】原产于我国中部，长江流域及以南地区有栽培。喜半阴，喜温暖湿润气候，稍耐寒。喜肥沃湿润、排水良好的土壤，耐旱，稍耐湿，忌

积水，耐修剪，抗烟尘及有害气体。浅根性树种，生长慢，寿命长。

【观赏与应用】常见有播种繁殖和扦插繁殖。黄杨枝叶茂密，常绿，园林中多用作绿篱、灌木球、色块、基础种植，常修剪整形后（灌木球、灌木球组合）孤植、丛植在草坪、建筑周围、路边，亦可点缀山石。可盆栽室内装饰，是重要的盆景制作好材料，扬派盆景代表树种之一。

扬派盆景

3. 雀舌黄杨（细叶黄杨、匙叶黄杨）*Buxus bodinieri* H. Lév. 黄杨科黄杨属

【识别要点】常绿小灌木，高不及 1 m。分枝多而密集。叶狭长，倒披针形，革质，两面中脉均明显隆起。花黄绿色。蒴果卵圆形。花期 4 月，果熟期 7 月。

【分布】产于我国长江流域至华南、西南地区。喜温暖湿润和阳光充足环境，较耐寒，耐干旱和半阴，要求疏松、肥沃和排水良好的沙壤土。

【观赏与应用】主要用扦插和压条繁殖。有一定耐寒性，生长极慢。枝叶茂密，植株低矮，耐修剪，最适宜作高约 50 cm 的绿篱或布置花坛边缘，组成模纹图案或文字，也是盆栽观赏的好材料。

4. 冬青卫矛（扶芳树）*Euonymus japonicus* Thunb 卫矛科卫矛属

【识别要点】常绿灌木或小乔木；小枝稍呈四棱形。叶革质，倒卵状椭圆形，厚质有光泽，锯齿细钝。花绿白色，排成聚伞花序。花期 5—6 月，果期 9—10 月，蒴果扁球形，淡红色或带黄色，4 深裂，开裂后露出橘红色假种皮。有金边、银边、金心、银斑、斑叶等栽培变种。

金边冬青卫矛

【生长习性】喜光，也耐阴，喜温暖湿润气候，较耐寒。对土壤要求不严，但以中性肥沃壤土生长最佳。适应性强，耐干旱瘠薄。生长慢，寿命长，极耐整形修剪。

【观赏与应用】可采用扦插、嫁接、压条繁殖，以扦插繁殖为主，极易成活。大叶黄杨枝叶浓密，四季常青，浓绿光亮，其变种叶色斑斓，尤为艳丽可爱。多用作绿篱、灌木球、色块，可修剪成球形、台形等各种形状，也可自然式配植于草坪、假山石畔。对有害气体抗性较强，抗烟尘，是污染区绿化的理想树种。

冬青卫矛植株造型

5. 卫矛（鬼箭羽）*Euonymus alatus* (Thunb.) Siebold 卫矛科卫矛属

【识别要点】落叶灌木，高 2～3 m，小枝硬直而斜出，具 2 ～ 4 条木栓质阔翅。叶狭倒卵形至椭圆形，缘具细锐锯齿，两面无毛，叶柄极短。花黄绿色，常 3 朵集成花序。蒴果紫色，4 深裂，开裂后露出橘红色假种皮。花期 5—6 月，果期 9—10 月。

【生长习性】我国各地均有分布。喜光，耐阴，耐干旱瘠薄。对土壤要求不严，一般酸性、中性、石灰性土壤均能生长。萌芽力强，耐整形修剪。

【繁殖方式】常见有播种繁殖和扦插繁殖方式。

【观赏与应用】卫矛枝翅奇特，早春之嫩叶及秋日枝叶均呈紫红色，且有紫红色的果宿存至秋冬，为重要观叶、观果树种之一。可孤植、群植于亭台楼阁之间或点缀于风景林中。对二氧化硫有较强抗性，适于厂矿区绿化。

6. 石楠（千年红）*Photinia serratifolia* (Desf.) Kalkman 蔷薇科石楠属

【识别要点】常绿灌木或小乔木，树冠自然圆满。叶革质，有光泽，倒卵状椭圆形，先端尖，叶缘具细尖锯齿，新叶红色。冬芽大，红色。复伞房花序顶生，花白色。果球形，红色，1 粒种子。花期 5—6 月，果 10 月成熟。同属常见种有光叶石楠，又称扇骨木，花瓣内侧基部有毛。

【生长习性】产于我国秦岭南坡、淮河流域以南，各地多有栽培。喜光，耐半阴，喜温暖气候，耐干旱瘠薄，不耐积水。生长慢，萌芽力强，耐修剪，分枝密。抗二氧化硫、氯气污染。

【观赏与应用】常见有播种繁殖和扦插繁殖方式。楠树树冠圆满，树姿优美，嫩叶红艳，老枝叶浓绿光亮，秋果累累，是优良的观叶、观果树种。可作绿篱、灌木球，或作道路隔离带绿篱，兼做高、中、矮篱材料。

7. 日本珊瑚树（法国冬青）*Viburnum awabuki* K.Koch 忍冬科荚蒾属

【识别要点】常绿灌木或小乔木。叶倒卵状长椭圆形，长 6 ～ 16 cm，先端钝尖，全缘或上部有波浪式疏钝齿，革质，侧脉 6 ～ 8 对。圆锥状聚伞花序顶生，花白色，芳香。核果倒卵形，熟时红色，似珊瑚，经久不变，后转蓝黑色。花期 5—6 月，果期 9—11 月。

【生长习性】产于我国浙江和台湾，长江流域以南广泛栽培，黄河流域以南各地也有栽培。喜光，稍耐阴，不耐寒。耐烟尘，对氯气、二氧化硫抗性较强。根系发达，萌芽力强，耐修剪，易整形。

【观赏与应用】常见有播种繁殖和扦插繁殖方式。枝叶繁密紧凑，树叶终年碧绿而有光泽，秋季红果累累盈枝头，状若珊瑚，极为美丽，是良好的观叶、观果树种。可作绿篱、灌木球，或作道路隔离带、防火隔离绿篱，兼作高、中、矮篱材料。

8. 蚊母树 *Distylium racemosum* Siebold & Zucc. 金缕梅科蚊母树属

【识别要点】常绿小乔木，栽培时常呈灌木状，树冠球形。叶椭圆形或倒卵形，先端钝尖，全缘，厚革质，光滑无毛，两面网脉不明显。总状花序，蒴果卵形，密生星状毛，顶端有 2 宿存花柱。花期 4 月，果 9 月成熟。

【生长习性】喜光，能耐阴，喜温暖湿润气候，耐寒性不强，对土壤要求不严，耐贫瘠。萌芽力强，耐修剪，寿命长。对有害气体、烟尘均有较强抗性。

【观赏与应用】常见有播种繁殖和扦插繁殖方式。抗性强，防尘及隔声效果好，是理想的城市、工矿区绿化及观赏树种。可植于路旁、庭前草坪及大树下，或成丛、成片栽植作为分隔空间或作为其他花木的背景。也可栽作绿篱和防护林带。

9. 海桐（臭海桐）*Pittosporum tobira* (Thunb.) W. T. Aiton 海桐花科海桐花属

【识别要点】常绿灌木，树冠圆球形。叶倒卵形，全缘，先端圆钝，边缘略反卷。伞房花序，顶生，花白色后变黄色，芳香。花期 4—5 月，果熟期 10 月，蒴果熟时 3 瓣裂，种子鲜红色。

【生长习性】原产我国江苏、浙江、福建、广东等地，长江流域及以南地区都有栽培。喜光，但耐阴能力强，喜温暖湿润气候，不耐寒。对土壤适应性强，耐盐碱。萌芽力强，耐修剪。抗风性强，抗二氧化硫污染，耐烟尘。

【观赏与应用】常见有播种繁殖和扦插繁殖方式。海桐枝叶茂密，树冠圆满，白花芳香，种子红艳，是园林中常用的观叶、观花、闻香的灌木树种。常配植于路旁、草坪上，可修剪成绿篱、灌木球，也是街头绿地、厂矿区常用的绿化树种。

10. 枸骨（鸟不宿）*Ilex cornuta* Lindl. & Paxton 冬青科冬青属

【识别要点】常绿灌木、小乔木，小枝无毛。叶硬革质，矩圆形，先端 3 枚尖硬齿，基部平截，两侧各有 1 ～ 2 枚尖硬齿，有光泽，花黄绿色，簇生于二年生枝叶腋，雌雄异株。核果球形，鲜红色。花期 4—5 月，果期 9 月。有黄果（果实黄色）及无刺枸骨品种。

无刺枸骨，叶椭圆形，平展，叶缘无刺，浓绿有光泽；核果球形，初为绿色入秋成熟转红，满枝累累硕果，鲜艳夺目，经冬不凋，直至来年春季。经修枝整形可制作成大树形、球形及树状盆景，是良好的观果、观叶、观形的观赏树种。

【生长习性】产于我国长江流域及以南各地，生于山坡、谷地、溪边杂木林或灌丛中。喜光，亦耐阴。喜温暖湿润气候，稍耐寒，耐湿。萌芽力强，耐修剪。生长缓慢，须根少，移植较困难。耐烟尘，抗二氧化硫和氯气。

金边枸骨

无刺枸骨

金叶枸骨

【观赏与应用】枸骨红果鲜艳，叶形奇特，浓绿光亮，是优良的观果、观叶树种。灌木球可孤植配在假山石，常见有播种繁殖和扦插繁殖方式。或花坛中心，丛植于草坪或道路转角处，也可作刺绿篱，兼有防护与观赏效果。盆栽作室内装饰，老桩做盆景，叶、果枝可做插花花材。

11. 龟甲冬青 ***Ilex crenata* var.*convexa* Makino 冬青科冬青属**

【识别要点】常绿灌木，分枝多，叶椭圆形，长 1.5 ～ 3 cm，叶缘有浅钝齿，革质有光泽，叶面突起形似龟甲。花小，白色，果球形。有钝齿冬青的变种。

【生长习性】产于我国长江流域及以南地区，耐半阴，喜温暖湿润气候，不耐修剪。

【观赏与应用】常见有播种繁殖和扦插繁殖方式。龟甲冬青叶片浓绿，形态奇特，秋季果实累累，观果期长，适宜作灌木球、色块，或作盆景材料。

12. 胡颓子 ***Elaeagnus pungens* Thunb. 胡颓子科胡颓子属**

【识别要点】常绿灌木，枝开展，被褐色鳞片，具枝刺。叶革质，边缘微翻卷或微波状，背面有银

花叶胡颓子

白色及褐色鳞片。花银白色，芳香，1 ～ 3 朵腋生，下垂。果椭圆形，被锈褐色鳞片，熟时棕红色。花期 9—12 月，果期翌年 4—6 月。有金边、银边、金心的变种。

【生长习性】分布于长江流域以南各地，在长江以北的常绿、落叶阔叶混交林中也有生长。喜光，也耐阴，喜温暖气候。对土壤要求不严，从酸性到微碱性土壤均能适应，耐干旱瘠薄，也耐水湿。

【观赏与应用】常见有播种繁殖和扦插繁殖方式。胡颓子枝叶浓密，叶具光泽；其变种叶色美丽，为理想的观叶观果树种。灌木球可配植于花丛林缘、建筑物角隅。也可作为绿篱或盆景材料。对多种有害气体抗性较强，适于污染区厂矿绿化。

13. 小叶女贞 ***Ligustrum quihoui* Carr. 木樨科女贞属**

【识别要点】落叶或半常绿灌木，高 2 ～ 3 m。枝条疏散，小枝具短柔毛。叶椭圆形，无毛，先端钝，边缘略向外反卷；叶柄有短柔毛。花芳香，无梗，花冠裂片与筒部等长；花药略伸出花冠外；花序长 7 ～ 21 cm。核果椭圆形，紫黑色。花期 7—8 月，果期 10—11 月。

金叶女贞

相似种：金叶女贞，金边卵叶女贞和欧洲女贞的杂交种。半常绿灌木。叶卵状椭圆形，先端急尖或短渐尖，基部楔形，嫩叶黄色，后渐变为黄绿色，冬叶褐色。花冠裂片与花冠筒近等长或稍短。果紫黑色。花期 5—6 月。

【生长习性】分布于我国中部、东部和西南部。喜光，稍耐阴，耐寒，耐干旱，对土壤要求不严，喜深厚、肥沃、排水良好的土壤。对二氧化硫、氟化氢等有害气体抗性强。萌芽力、根蘖性强，耐修剪。

【观赏与应用】常见有播种繁殖和扦插繁殖、分株繁殖方式。枝叶紧密圆整，宜作绿篱，或修剪成球形树冠植于广场、建筑物周围、草坪、林缘等观赏，也可作工矿区绿化树种。

14. 六月雪 ***Serissa japonica* (Thunb.) Thunb. 茜草科白马骨属**

【识别要点】常绿或半常绿小灌木，高不及

1 m，多分枝。单叶对生或簇生于短枝，长椭圆形，端有小突尖，基部渐狭，全缘，两面叶脉、叶缘及叶柄上均有白色毛。花小，单生或数朵簇生，花冠白色或淡粉紫色。核果小，球形。花期 4—6 月，果期 10 月。变种与品种：

①金边六月雪　叶缘金黄色。

②重瓣六月　雪花重瓣，白色。

③阴木　较原种矮小，小枝直伸。叶质地厚，密集。花单瓣，白色带紫晕。

【生长习性】原产于我国长江流域以南各地。喜温暖、阴湿环境，不耐严寒，要求肥沃的沙质壤土。萌芽力、萌蘖力强，耐修剪。

【观赏与应用】常见有扦插繁殖和分株繁殖方式。枝叶密集，夏日白花盛开，宛如白雪满树，宜作花坛边界、花篱和下木，于庭园路边及步道两侧作花境配植极为别致，交错栽植在山石、岩际也极适宜，还是制作盆景的上好材料。

15. 火棘（火把果、救兵粮）*Pyracantha fortuneana* (Maxim.) H.L.Li 蔷薇科火棘属

【识别要点】常绿灌木，高 3 m，有枝刺。嫩枝有锈色柔毛。叶倒卵形或倒卵状长圆形，先端钝圆或微凹，基部下延至叶柄，叶缘有细密锯齿。花白色。果深红或桃红色，经久不落。花期 3—5 月，果熟期 8—11 月。

【生长习性】产于我国华东、中南、西南、西北等地。生于海拔 2 800 m 以下山谷、溪边灌丛中。喜光，稍耐阴，耐寒性差，耐干旱，山地平原都能适应。萌芽力强，耐修剪。

【观赏与应用】常见有播种繁殖和扦插繁殖方式。火棘枝叶茂盛，初夏白花繁密，入秋红果满树，经久不落，是优良的观果树种。宜在林缘丛植，或灌木球配植于草坪、庭园一角等。也可作绿篱或基础种植。

16. 棣棠 *Kerria japonica* (L.) DC. 蔷薇科棣棠花属

【识别要点】丛生落叶小灌木，高 1 ～ 2 m。小枝绿色有棱，光滑。叶卵形、卵状椭圆形，尖锐重锯齿，叶面皱缩。花，单瓣，金黄色，单生于侧枝顶端。瘦果，生于盘状花托上，萼片宿存。花期 4—5 月，果熟期 7—8 月。重瓣棣棠变种，花瓣极多，雌雄蕊瓣化。

【生长习性】喜半阴，忌炎日直射，喜温暖湿润气候，耐严寒，华北地区需选背风向阳处栽植，对土壤要求不严，耐湿。萌蘖性强，病虫害少。

【观赏与应用】常见有播种繁殖和扦插繁殖、分株繁殖方式。棣棠花色金黄，枝叶鲜绿，花期从春末到初夏，重瓣棣棠可陆续开花至秋季。适宜栽植花境、花篱，或在建筑物周边、园林绿地上丛植。

17. 日本小檗（小檗）*Berberis thunbergii* DC. 小檗科小檗属

【识别要点】落叶灌木，高 2 ～ 3 m。小枝通常红褐色，有沟槽，刺不分叉。叶倒卵形或匙形，先端钝，基部急狭，全缘，表面暗绿色，背面灰绿色。花浅黄色，1 ～ 5 朵呈簇生状伞形花序。浆果长椭圆形，长约 1 cm，熟时亮红色。花期 5 月，果期 9 月。变种与品种：

①紫叶小檗 在阳光充足的情况下，叶常年紫红色，为观叶佳品。北京等地常见栽培观赏。

②金边紫叶小檗 叶紫红并有金黄色的边缘，在阳光下色彩更艳。

【生长习性】原产于日本及我国东北南部、华北及秦岭，喜光，稍耐阴。喜温暖湿润气候，亦耐寒。对土壤要求不严，耐旱。萌芽力强，耐修剪。

紫叶小檗

【观赏与应用】主要采用扦插方式繁殖，也可用分株、播种法。日本小檗春日黄花簇簇，秋日红果满枝。宜丛植草坪、池畔、岩石旁、墙隅、树下，可观果、观花、观叶，也可栽作刺篱。紫叶小檗可盆栽观赏，是植花篱、点缀山石的好材料。

18. 花椒 *Zanthoxylum bungeanum* Maxim. 芸香科花椒属

【识别要点】落叶灌木。树皮上有许多瘤状突起，枝具宽扁而尖锐的皮刺。奇数羽状复叶，小叶 5～11，卵形至卵状椭圆形，先端尖，基部近圆形或广楔形，锯齿细钝，齿缝处有透明油腺点，叶轴具窄翅。顶生聚伞状圆锥花序，花单性或杂性同株，子房无柄。果球形，红色或紫红色，密生油腺点。花期 4—5 月，果熟期 7—9 月。

【生长习性】原产于我国中北部，以河北、河南、山西、山东栽培最多。不耐严寒，喜较温暖气候，对土壤要求不严。生长慢，寿命长。

【观赏与应用】可采用播种、嫁接、扦插和分株 4 种方式。生产中以播种繁殖为主。园林绿化中可作绿篱、刺篱。果是香料，可结合生产进行栽培。

19. 其他绿篱植物

木樨科 金森女贞

唇形科 水果篮

木樨科 银姬小蜡

柿科 金弹子

鼠李科　雀梅藤

蔷薇科　椤木石楠

木樨科　小蜡

实训作业

学生利用课上课下实训，完成下列任务：

1. 按下列表格要求，完成常见绿篱园林树木的典型特征与应用信息整理。

2. 完成常见绿篱园林树木的典型特征、应用方式的图片收集与命名（图片命名要求：科序号＋科名属名＋种名……，科序号见“被子植物纲、目和常见科一览”）。

序号	植物名称	科属	类型（人为分类）	典型特征 1	典型特征 2	生长习性（主要是温度、光照、水分要求）	应用方式（用途）	观赏特性（如观花：红色、春季）	其他
1									
2									

任务 2.9　棕榈类及观赏竹类园林树木识别与应用

微课

教学课件

教学目标

知识目标

1. 掌握常见棕榈类及观赏竹类园林树木的典型特征。2. 掌握常见棕榈类及观赏竹类园林树木的生长习性与主要繁殖方法。3. 掌握常见棕榈类及观赏竹类园林树木的园林应用方法。4. 了解非常见棕榈类及观赏竹类园林树木的典型特征与应用方法。

技能目标

1. 能够正确识别常见棕榈类及观赏竹类园林树木种类。2. 能够准确描述常见棕榈类及观赏竹类园林树木的典型特征。3. 能够收集、整理常见棕榈类及观赏竹类园林树木的典型特征、应用方式的图片。4. 能够根据园林用途、生长习性正确选择棕榈类及观赏竹类常见园林树木。

教学建议

1. 课前，要求学生登录中国大学慕课“园艺植物识别与应用”（或其他同类在线课程）课程教学资源预习，并通过软件识别、讨论区讨论等方式，初步认识校园及附近绿地场所棕榈类及观赏竹类园林树木种类，建立相关植物的感性认识。2. 课中，采用问题引导、分组回答、植物标本识别、现场识别等理实一体方式进行，有效提高教学效果。3. 课后，完成中国大学慕课“园艺植物识别与应用”（或其他同类在线课程）课程的单元测验题、教材的学习引导题及“实训操作”部分作业。4. 建议最近安排一次常见园林植物标本考查：采集常见各类植物的枝条、叶片、花、果实等典型植物器官 50 种左右，先考查学生，再让学生复习。通过考查，发现掌握比较好的学生，利用他们发挥带头作用。同时，分析学生识别掌握上存在的问题，采取有效措施。

5. 建议指导学生阅读本教材附录 1、附录 2、附录 3 部分内容，通过植物形态术语准确理解植物典型特征、掌握植物自然分类体系、常见科典型特征。

学习引导

1. 列举出比较耐寒的棕榈类园林树木 3 种，并说明其特点。2. 棕榈类园林树木造景上有什么特点？3. 列举出观杆、观叶、地被类观赏竹种类各 3 个。

知识与技能

棕榈类园林树木概述

棕榈类园林树木是指常绿，树干直，多无分枝，叶大型，掌状或羽状分裂，聚生茎端，树形较特殊的一类观赏树木，包括棕榈科、苏铁科植物，分布于热带及亚热带地区，大多数不耐寒，适应性强，中国主要分布在南方。棕榈科一般为乔木，是单子叶植物中唯一具有乔木习性的一类树木。

棕榈类园林树木主要作行道树和庭院树，树形独特，观赏价值高，是南国风光的标志性植物。在亚热带地区及其以北地区露地种植的棕榈科植物种类比较少，室内观赏的种类多一些。苏铁科植物在亚热带地区可以露地栽培，需要包裹越冬，不会长成乔木状。

观赏竹类园林树木概述

观赏竹类园林树木是禾本科竹亚科具有观赏价值的多年生、木质化的常绿树种植物。竹类大都喜温暖湿润的气候，多数半耐寒。我国主要分布于秦岭、淮河流域以南地区，主要种类产地为热带、亚热带，温带有少数种类种植。

按地下茎分为 3 种类型：

① **轴散生型**　地下茎均呈水平生长，延伸至一定距离后可于节上出笋而发育成竹秆。此类竹类多为散生竹类，可较快扩张成竹林。如刚竹属、唐竹属。

②**合轴丛生型**　地下茎极短，不能在地下长距离蔓延生长，易生成密集丛生的竹丛，即为丛生竹。如刺竹属、慈竹属、单竹属等。

③**复轴混生型**　兼有前两型的特点，既有横走的竹鞭，又有短缩的地下茎，在地面兼有丛生和散生型竹。如茶秆竹属、苦竹属、箭竹、箬竹属。

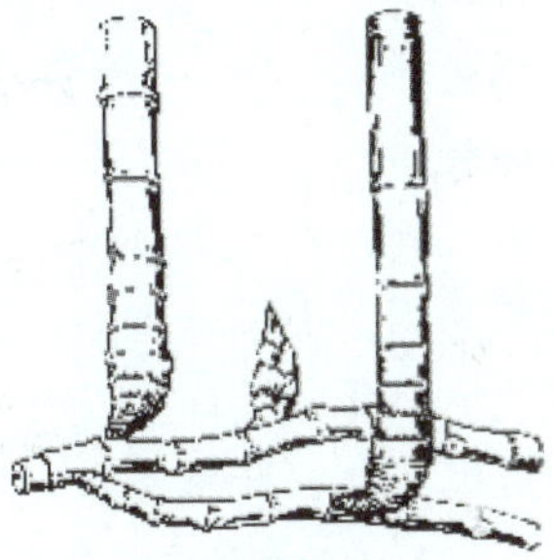

单轴散生型

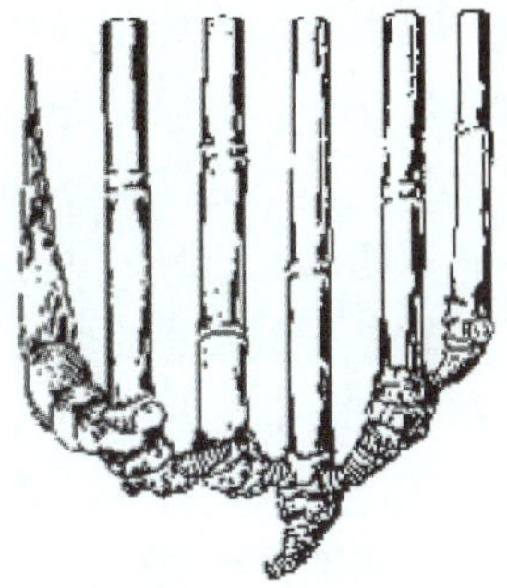

合轴丛生型

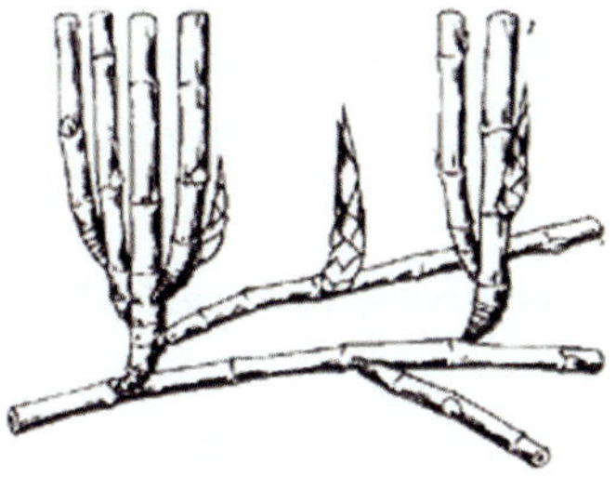

复轴混生型

观秆型竹类又可分为两类：

①**秆色型**　竹秆色彩丰富的竹种，如紫竹、湘妃竹、金镶玉竹、黄秆京竹等。

②**观秆形型**　竹秆形态奇异的竹种，如罗汉竹、龟甲竹、佛肚竹等。

竹类为我国园林传统的观赏植物，素有高风亮节的雅誉，历来为人们所喜爱和颂扬。

主要配置方式有：

丛植　3 株以上同种或几种观赏竹组合在一起的种植方法，是将其个体美与群体美展现出来的最佳方式。观秆形型、合轴丛生型的多用。

群植　将观赏竹类植物作为一个类别群体种植。散生型、复轴混生型的多用。

列植　观赏竹类植物成行种植，是快速营造生态环境的最佳方法，以“品”字形种植，行与列交错有序。

棕榈类和观赏竹类园林树木识别与应用

常见棕榈科属检索表

1. 叶羽状分裂 …………………………………………………… 5
1. 叶掌状分裂 …………………………………………………… 2
2. 叶柄两侧无刺，或有微锯齿 ………………………………… 4
2. 叶柄两侧具刺，小裂片先端 2 裂 …………………………… 3
3. 小裂片边缘无丝状纤维 ……………………………………… 蒲葵属
3. 小裂片边缘有丝状纤维 ……………………………………… 丝葵属
4. 茎单生，直径 6 cm 以上，叶的裂片单折… ………………… 棕榈属
4. 茎丛生，直径 1 ～ 3 cm，叶的裂片多折 …………………… 棕竹属
5. 叶二回羽状全裂，小裂片短宽似鱼尾 ……………………… 鱼尾葵属
5. 叶一回羽状全裂，小裂片线形 ……………………………… 6
6. 叶基部羽片正常，不退化为针刺 …………………………… 8
6. 叶基部羽片退化为针刺 ……………………………………… 7
7. 小羽片在芽中或小裂片基部向内对折；雌雄异株 ………… 刺葵属
7. 小羽片在芽中或小裂片基部向外对折；雌雄同株 ………… 油棕属
8. 叶鞘半抱茎，不形成茎冠，具交织纤维；子房 3 室 ……… 金山葵属
8. 叶鞘筒状，光滑，形成明显的茎冠，无交织纤维；子房 1 室 …… 9
9. 羽片在叶轴上通常排为 4 列，中脉背面常被鳞秕 ………… 王棕属
9. 羽片在叶轴上排为 2 列 ……………………………………… 10
10. 羽片背面有鳞秕，花雌雄同株异序 ………………………… 假槟榔属
10. 羽片背面无鳞秕，花雌雄同株同序 ………………………… 槟榔属

1. 棕榈 *Trachycarpus fortunei* (Hook.) H.Wendl. 棕榈科棕榈属

【识别要点】常绿乔木，茎单生，具不易脱落的叶柄基部和网状纤维。树干常有残存的老叶柄以及黑褐色叶鞘。叶形如扇，裂片条形，多数，坚硬，先端 2 浅裂；叶柄长 0.5 ～ 1 m，两侧具细锯齿。花淡黄色。果肾形，直径 5 ～ 10 mm，熟时呈蓝黑色，略被白粉。

【生长习性】产于华南沿海至秦岭、长江流域以南，日本也有分布。喜温暖、湿润气候及肥沃、排水良好的石灰性、中性或微酸性土壤，较耐寒。是棕榈科最耐寒的植物之一；大树喜光，小树耐阴。浅根性，无主根，易被风吹倒。

【观赏与应用】播种繁殖。树干挺拔，叶姿优雅。适宜对植、列植于庭前、路边、入口处，或孤植、群植于池边、林缘、草地边角、窗前，颇具南国风光。也可盆栽，布置会场及庭园。耐烟尘，可吸收多种有害气体，宜在工矿区种植。是适应性最广的棕榈科植物。

2. 棕竹（筋头竹）*Rhapis excelsa* (Thunb.) A. Henry 棕榈科棕竹属

【识别要点】常绿丛生灌木，树高 2 ～ 3 m，茎圆柱形，有节。叶掌状，5 ～ 10 片深裂，裂片不等宽，具 2 ～ 5 肋脉，先端截状，边缘及脉上具稍锐利的锯齿；叶柄顶端的小戟突常半圆形。果近球形，种子球形。花叶棕竹，叶有黄色条纹。

【生长习性】产于我国华南及西南地区。喜温暖、阴湿及通风良好的环境和排水良好、富含腐殖质的沙壤土。夏季温度以 20 ～ 30 ℃为宜，冬季温度不可低于 4 ℃。萌蘖力强，适应性强。

【观赏与应用】播种和分株繁殖。株丛挺拔，

叶形秀丽，宜配植于花坛、廊隅、窗下、路边，丛植、列植均可；亦可盆栽或制作盆景，供室内装饰。

3. 蒲葵 *Livistona chinensis* (Jacp.) R. Br.ex Mart. 棕榈科蒲葵属

【识别要点】常绿乔木，叶片直径 1 m 以上，掌状分裂至中部，裂片先端 2 深裂，小裂片下垂，裂片条状披针形，具横脉，叶柄长 2 m；花序长 1 m，腋生，花无柄，黄绿色；核果，果椭圆形，长 1.8 ～ 2 cm，熟时蓝黑色。

【生长习性】原产华南，福建、台湾、广东、广西等地普遍栽培，其他地区盆栽越冬。喜高温、多湿的气候及肥沃、富含腐殖质的壤土。耐水湿和咸潮。喜光，也耐阴，不耐寒。虽无主根，但侧根发达，密集丛生，抗风力强，能在沿海地区生长。

【观赏与应用】播种繁殖。为热带及亚热带地区优美的庭荫树和行道树，可孤植、丛植、对植、列植。生长缓慢，也可盆栽。其嫩叶编制葵扇；老叶制蓑衣等，叶裂片的肋脉可制牙签。

4. 加那利海枣（长叶刺葵）*Phoenix canariensis* Chabaud 棕榈科刺葵属

【识别要点】常绿乔木，高达 10 ～ 15 m，茎单生，树干粗壮，具紧密排列的扁菱形叶痕。羽状复叶，长达 5 ～ 6 m，拱形。总轴羽片排为 2 列，有 100 多对小叶，小叶基部内折，长 20 ～ 40 cm 基部小叶刺状。穗状花序，花序长达 2 m，花单性异株。浆果球形，果长 25 cm。

【生长习性】产于非洲西部加那利群岛。我国引种栽培，我国南部及西南常见栽培。喜高温多湿的热带气候，稍能耐寒。喜充足的阳光。在肥沃的土壤中生长快而粗壮，也能耐干旱瘠薄的土壤。

【观赏与应用】播种繁殖。树干高大雄伟，羽叶细裂而伸展，形成一密集的羽状树冠，颇显热带风光。华南宜作行道树或园林绿化树种。江南地区可露地包裹越冬，仲春至秋，生长很好；北方可盆栽、桶栽。

5. 鱼尾葵 *Caryota maxima* Blume ex Mart. 棕榈科鱼尾葵属

【识别要点】常绿乔木，树高约 20 m。干单生，叶二回羽状全裂，长 2 ～ 3 m，裂片暗绿色，厚而硬，形似鱼尾，叶缘有不规则的锯齿，表面被白色毡状茸毛。圆锥状肉穗花序下垂，长达 3 m。果径 1.8 ～ 2 cm，熟时淡红色。

【生长习性】原产于亚洲热带，我国华南的福建、广东、海南、广西、云南等地常见栽培。喜温暖湿润及光照充足的环境，也耐半阴，忌强光直射和暴晒，不耐寒。要求排水良好、疏松肥沃的酸性土壤。

【观赏与应用】播种、分株繁殖。茎干挺拔，树形优美，叶形奇特，华南城市常作庭荫树或行道树，也适于广场、草地孤植、丛植，还可盆栽作室

内装饰用。

6. 槟榔 *Areca catechu* L. 棕榈科槟榔属

【识别要点】常绿乔木。茎单生，基部略膨大。叶簇生枝顶，羽状全裂，裂片狭长披针形，羽片两面无毛。肉穗花序，花白色，有香气。坚果长圆形，橙红色。

【生长习性】产于云南、海南及台湾。华南有栽培。喜高温高湿的热带气候，不耐寒。要求土层深厚、保水力强、排水良好、富含有机质的冲积土和壤土。

【观赏与应用】播种繁殖。槟榔是热带优良的绿化树种。种子入药。

7. 假槟榔（亚历山大椰子）*Archontophoenix alexandrae* (F. Muell.) H. Wendl. & Drude 棕榈科假槟榔属

【识别要点】常绿乔木，树高达 25 m 左右，树干具阶梯状环纹，基部略膨大。羽状复叶，长 2～3 m；小叶排成 2 列，条状披针形，羽片背面具灰白色鳞秕；叶鞘膨大抱茎，绿色光滑。花单性同株，花序下垂。果卵状球形，熟时红色。

【生长习性】原产于澳大利亚东部，我国华南及西南等地有栽培。喜高温、高湿和避风向阳的气

候，不耐寒。要求微酸性沙壤土。

【观赏与应用】播种繁殖。树干通直高大，环纹美丽，叶片披垂碧绿，随风招展，浓荫遍地，是优美的热带风光树种之一，华南城市常作庭园风景树或行道树。

8. 散尾葵 *Dypsis lutescens* (H. Wendl.) Beentje & Dransf. 棕榈科马岛棕属

【识别要点】常绿丛生灌木。株高约 8 m，茎干如竹，有环纹。叶一回羽状全裂，长约 1 m，拱形，叶柄、叶轴常为黄色。羽状小叶披针形，裂片排为 2 列，先端柔软，平滑细长，叶柄稍弯曲，亮绿色；细长的叶柄和茎干金黄色。基部多分蘖。

【生长习性】喜温暖、潮湿。耐寒性不强。耐阴。适宜疏松、排水良好、肥厚的土壤。

【观赏与应用】播种和分株繁殖。枝叶茂密，四季常青，耐阴性强。适宜庭院草坪绿化。幼树可盆栽。

9. 大王椰（王棕）*Roystonea regia* (kunth.) O.F. Cook 棕榈科王棕属

【识别要点】常绿乔木，树高达 20 m，树干光滑，有环纹，幼时基部膨大，后中下部渐膨大。羽

状复叶长达 3 ～ 4 m，羽片常排为 4 列，基部外折；小叶条状披针形，长 60 ～ 90 cm，宽 2.5 ～ 4.5 cm，软革质，基部外折；叶鞘包干，绿色光滑。圆锥花序初时斜举，开花结果后下垂。果近球形，熟时红褐色至紫黑色；种子卵形。

【生长习性】原产于古巴、牙买加及巴拿马，广植于热带地区，我国广东、广西、福建、台湾及云南有栽培。喜高温、多湿的热带气候，也能耐短暂的 0 ℃低温。喜充足阳光和疏松肥沃的土壤。20 年以上发育正常的植株开始开花结果。

【观赏与应用】播种繁殖。树姿高大雄伟，树干笔挺端直。华南适作行道树和风景树，孤植、丛植或片植均具优美观赏效果。为别致的庭园植物或行道树。

10. 椰子（胥余、大椰）*Cocos nucifera* L. 棕榈科椰子属

【识别要点】常绿乔木，树干上有明显的环状叶痕和叶鞘残基。树干挺直，单项树冠，整齐。叶羽状全裂，革质，线状披针形；叶柄粗壮，长超过 1 m。佛焰花序腋生，多分枝，雄花聚生于分枝上部，雌花散生于下部；雄花具萼片 3，鳞片状；雌花基部有小苞片数枚，萼片革质，圆形，花瓣与萼片相似。坚果倒卵形或近球形。

【生长习性】椰子为热带喜光作物，在高温、

多雨、阳光充足和海风吹拂的条件下生长发育良好。椰子适宜在低海拔地区生长。椰子具有较强的抗风能力，不耐寒。

【观赏与应用】播种繁殖。椰汁及椰肉含大量蛋白质、果糖、葡萄糖、蔗糖、脂肪、维生素 E、维生素 C 等。椰肉色白如玉，芳香滑脆；椰汁清凉甘甜。椰子树形优美，苍翠挺拔，冠大叶多，在热带、南亚热带地区可作行道树，孤植、丛植、片植均宜，组成特殊的热带风光。

11. 酒瓶椰子 *Hyophorbe lagenicaulis* (L.H.Bailey) H.E.Moore 棕榈科酒瓶椰属

【识别要点】常绿乔木，株高 2 ～ 7 m，单干，地表处较细，向上干茎基部膨大如酒瓶，最大处直径 60 ～ 80 m，再往上渐细，环节显著。羽状复叶，叶羽状全裂，裂片排为 2 列。小叶线状披针形，长 40 ～ 50 cm。肉穗花序，螺旋状排列。浆果椭圆形，熟果黑褐色。

【生长习性】原产地毛里求斯、马达加斯加岛。我国华南、东南有引种。性喜高温多湿、日照良好，耐瘠，但不耐寒。沙质壤土最佳，排水需良好。

【观赏与应用】播种繁殖。树形美丽，以观赏为

主，在南方无霜冻地区适合作庭园树、行道树或盆栽。

12. 国王椰子 *Ravenea rivularis* Jum. & H.Perrier 棕榈科国王椰属

【识别要点】常绿乔木，植株高大，单茎通直，成株高 9 ～ 12 m，最高可达 25 m，直径可达 80 cm，表面光滑，密布叶鞘脱落后留下的轮纹。

【生长习性】原产于马达加斯加东部。性喜光照充足、水分充足的环境，不耐寒，耐阴。对土壤要求不严，但疏松、肥沃和排水良好的土壤更有利于其生长。

【观赏与应用】播种繁殖。园林上可作庭园配置、行道树，盆栽观赏也甚雅。

13. 狐尾椰子 *Wodyetia bifurcata* A. K. Irvine 棕榈科狐尾椰子属

【识别要点】常绿乔木，植株高大通直，茎干单生，茎部光滑，有叶痕，略似酒瓶状，高可达 12 ～ 15 m，叶色亮绿，簇生茎顶，羽状全裂，长 2 ～ 3 m，小叶披针形，轮生于叶轴上，形似狐尾而得名，穗状花序，分枝较多，雌雄同株，果卵形，长 6 ～ 8 cm，熟时橘红色至橙红色。

【生长习性】原产于澳大利亚昆士兰东北部的约克角，我国近年有引种栽培。性喜温暖湿润、光照充足的生长环境，不耐寒、耐旱、抗风。生长适

温为 20 ～ 28 ℃，冬季不低于 −5 ℃可以安全越冬。对土壤要求不严，但以疏松肥沃、排水良好的沙质壤土为佳。

【观赏与应用】播种繁殖。适列植于池旁、路边、楼前后，也可数株群植于庭院之中或草坪角隅，观赏效果极佳。

14. 果冻椰子（布迪椰子）*Butia capitata* (Mart.) Becc. 棕榈科果冻椰子属

【识别要点】常绿乔木，单干型，高可达 8 m，老叶基残存包裹树干，粗壮、坚硬。

羽状叶，弯曲如弓形，有羽片对，厚革质，叶端尖锐，小叶片长灰绿色，叶柄具刺；雌雄同株；花序腋生，花序梗及花瓣均为紫红色，果卵球形，成熟时为橙红色；种子圆形或近圆形，核果内有种子。

【生长习性】原产于南美洲的巴西与乌拉圭，中国黄淮流域及京津地区有引种栽培。适生于阳光充足、气候温暖的环境。耐干热、干冷，耐寒性强，最低可耐 −22 ℃的低温，是抗冻性最强的棕榈植物之一，可在热带、亚热带至温带地区种植。

【观赏与应用】播种繁殖。茎干笔直，形态优美，叶形规则整齐，适合列植，在较宽的道路两边用作行道树，以展现其群体韵律美，也可丛植，与草坪、花灌木配置，形成疏密有致、视觉疏朗的植物景观空间，孤植也是布迪椰子较适合的一种应用形式，孤植于草坪上，更能体现其个体气势与景观。

15. 棕榈科其他植物

董棕

贝叶棕

霸王棕

红脉葵

美丽针葵

袖珍椰子

弓葵棕

斐济金棕

夏威夷椰子

棍棒椰子

红槟榔

三药槟榔

竹亚科主要特征与类型

（1）**地上茎** 竹类的地上茎称秆。秆由节和节间组成，通常节内有横隔板，节间中空，节上有2环，上环称为秆环，下环称为箨环（又称箨环），两环之间称节内；节内上生芽，芽萌发成小枝，分枝多少常为分属的依据；秆环、箨环、节内合称节，两节之间称为节间。竹类的地上茎刚刚露出地面时称为笋。有的竹种具色泽美观的笋，如红竹、白哺鸡竹、花竹等。

竹秆多为绿色，圆筒形，有的一侧有扁槽；也有些竹种具有特殊的秆色及秆形，成为观秆型竹种。观秆型竹类又可分为观秆色型和观秆形型两种。

①**观秆色型** 竹秆色彩丰富的竹种，如紫竹、黄秆京竹、黄纹竹、金镶玉竹、金明竹、花秆早竹、小琴丝竹、湘妃竹等。

②**观秆形型** 竹秆形态奇异的竹种，如罗汉竹、龟甲竹、佛肚竹、方竹等。

（2）**地下茎** 竹类植物的地下茎称竹鞭。竹鞭上有节，节处生芽，竹鞭的节间近于实心，一般将地下茎分为3种类型，即单轴散生型、合轴丛生型和复轴混生型。

①**单轴散生型** 地下茎均呈水平生长，延伸至一定距离后可于节上出笋而发育成竹秆。此类竹类多为散生竹类，可较快扩张成竹林。如刚竹属、唐竹属。

②**合轴丛生型** 地下茎极短，不能在地下长距离蔓延生长，易生成密集丛生的竹丛，即为丛生竹。如刺竹属、慈竹属、单竹属等。

③**复轴混生型** 兼有前两型的特点，既有横走的竹鞭又有短缩的地下茎，在地面兼有丛生和散生型竹。如茶秆竹属、苦竹属、箭竹、箬竹属。

（3）**分枝类型** 不同竹种常具有固定的分枝类型，因此分枝类型成为竹类识别和分类的重要依据之一。根据每节分枝的数目，一般将其分为4种类型：

①**单枝型** 即一枝型，每节1分枝，分枝直立，直径与秆相近。如赤竹属、箬竹属等。

②**二枝型** 每节具2分枝，通常1枝较粗，1枝较细。如刚竹属等。

③**三枝型** 每节具粗细相近的3枝，有时竹秆上部各节可成为5～7分枝。如酸竹属、纬竹属等。

④**多枝型** 每节具多数分枝，分枝可近于等粗，或只有1～2枝较粗。如刺竹属等。

（4）**叶和箨**

①**箨** 竹笋及新秆外所包的壳称为笋箨或秆箨，随着新秆的长大逐渐脱落。完整的秆篓箨由箨鞘、箨叶、箨舌、箨耳、肩毛组成。宽阔抱秆的称箨鞘，上端较小、似叶的部分称箨叶，箨叶与箨鞘之间有舌状窄片，称幸舌，两侧有第箨耳，箨耳上常有肩毛。

②**叶** 单叶互生，排成二列，常为披针形，平行脉，全缘，有短柄。叶鞘包裹小枝节间，与叶片连接处的内侧有膜质片或纤毛，称为叶舌；两侧常有耳状突起，称叶耳。

（5）**花和果实** 花两性，顶生或腋生，由多数小穗排列而成。竹类开花后，整个植株即枯死。果实的类型包括颖果、坚果、胞果或浆果等。

（6）**笋** 竹类的地上茎刚刚露出地面时称为笋。有的竹种具有色泽美丽的笋，如红竹、白哺鸡竹、花竹等。

竹亚科常见属检索表

1. 秆草质，一年生或多年生，叶一型（禾亚科）………………………… 5
1. 秆木质，多年生；主干叶与普通叶明显不同（竹亚科）………………… 2
2. 秆散生，或散生与丛生混生；分枝一侧多少扁平或有沟槽 …………… 3
2. 秆丛生，分枝一侧圆筒形，不呈扁平状，也无沟槽 …………………… 4
3. 秆通常2分枝；秆箨脱落后基部不宿存于鞘节上 ………………… 刚竹属
3. 秆通常4至多分枝；秆箨脱落后基部宿存于鞘节上 ……………… 大明竹属
4. 箨鞘顶端略宽于箨叶基部；箨叶直立；若有外反者，小枝硬化成刺 …… 簕竹属
4. 箨鞘顶端远宽于箨叶基部；箨叶向外反折；小枝无硬刺 ……………… 慈竹属
5. 圆锥花序 ……………………………………………………………… 7
5. 总状或穗状花序 ……………………………………………………… 6
6. 小穗无柄，小穗具数朵至多数小花；穗状花序 ………………… 黑麦草属

6. 小穗有柄，小穗通常只含 1 朵两性花，总状花序 ………………………………………… 结缕草属
7. 外稃顶端锐尖，非膜质，有芒或无芒，基盘无绵毛 ……………………………………… 羊茅属
7. 外稃顶端钝圆，常膜质，无芒，基盘多少被绵毛 ………………………………………… 早熟禾属

16. 毛竹（茅竹）*Phyllostachys heterocycla* (Carr.) Mitford cv. *Pubescens* 禾本科刚竹属

【识别要点】乔木状竹种，高可达 20 ～ 25 m，地径 12 ～ 20 cm 或更粗。秆节间稍短，秆环平，箨环隆起。新秆绿色，有白粉及细毛；老秆灰绿色，节下面有白粉或黑色的粉垢。笋棕黄色，秆箨背面密生黑褐色斑点及深棕色的刺毛；箨叶三角形至披针形，绿色，初直立，后反曲。每小枝有 2 ～ 3 片叶，叶舌隆起，叶耳不明显。

龟甲竹又称佛面竹。秆矮小，仅 3 ～ 6 m。栽培品种还有花秆毛竹、黄槽毛竹、绿槽毛竹、金丝毛竹等。

【生长习性】分布在秦岭、淮河以南，南岭以北，是我国分布最广的竹种。喜光，也耐阴。喜湿润凉爽气候，较耐寒，能耐 –15 ℃的低温，若水分充沛时耐寒性更强。喜肥沃湿润、排水良好的酸性土壤。

【观赏与应用】分株繁殖。毛竹秆高叶翠，端直挺秀，最宜大面积种植，既可美化环境，又具很高的经济价值。

花毛竹（龟甲竹的品种）

龟甲竹

17. 紫竹（黑竹、乌竹）*Phyllostachys nigra* (Lodd. & Lindl.) Munro. 禾本科刚竹属

【识别要点】乔木状中小型竹或灌木，散生竹，秆高 2 ～ 4 m，地径可达 5 cm。秆节两环隆起，新秆绿色，有白粉及细柔毛，一年后变为紫黑色，毛及粉脱落。箨鞘背面密生刚毛，无黑色斑点。箨舌紫色，弧形，与箨鞘顶部等宽，有波状缺齿。每小枝有叶 2 ～ 3 片，披针形，下面有细毛。叶舌微凸起，背面基部及鞘口处常有粗肩毛。

【生长习性】主要分布于长江流域，性喜温暖、湿润，较耐寒，可耐 –20 ℃低温，亦耐阴，忌积水。

【观赏与应用】分株繁殖。秆紫叶绿，别具特色，极具观赏价值。宜与黄金间碧玉、黄槽竹、金镶玉竹、斑竹等秆具色彩的竹种同植于园中，增添色彩变化。或植于山石之间、园路两侧、池畔水边、书斋和厅堂四周，也可盆栽观赏。

18. 茶竿竹（茶杆竹）*Pseudosasa amabilis* (McClure) P.C.Keng ex S.L.Chen & al. 禾本科矢竹属

【识别要点】混生竹，秆高 2 ～ 4 m，径 1.5 ～ 4 cm。秆直，多分枝，秆圆筒形，新秆淡绿色有白粉，枝叶浓密，片植效果好。地下茎复轴混生型。

【生长习性】主产于广东、广西、湖南，适应性强，对土壤要求不严，喜酸性、肥沃和排水良好的沙壤土。

【观赏与应用】分株繁殖。移竹栽植，适用于园林绿化，可配植于亭栅叠石之间。可作温室花卉支柱、花园竹篱等，为园林中优良观赏竹种。

19. 乌哺鸡竹 *Phyllostachys* vivax Mcciure. 禾本科刚竹属

【识别要点】散生竹，通常秆高 6 ～ 12 m，新秆绿色，节下具白粉；节间初被浓厚蜡粉，具颇明显的纵脊条纹，秆环肿胀。笋箨淡黄褐色，密布黑褐色斑点或斑块；箨叶细长披针形，前半部强烈皱折。笋箨密被稠密斑点；箨舌短而中部拱起，两侧显著下延。竹叶较长、大而呈簇叶状下垂。

【生长习性】主要分布于江、浙和沪等地，抗寒性强，适应性强，为南竹北移的优良竹种。

【观赏与应用】分株繁殖。秆色泽鲜艳，竹叶较大、浓绿，为优良观赏竹种。配景、建成竹林或盆栽观赏效果都非常好。

黄秆乌哺鸡竹
（乌哺鸡竹变型）

黄纹竹
（乌哺鸡竹的变型）

20. 箬 竹 *Indocalamus tessellatus* (munro) P.C. Keng 禾本科箬竹属

【识别要点】混生竹，矮生竹类，秆高约 0.75 m，节间长 2.5 ～ 5 cm。秆簇生，圆柱形，每节有 1（2）分枝。秆箨宿存，长 20 ～ 25 cm，仅边缘下部具纤毛，箨舌弧形。叶人，长可达 45 cm 以上，宽超过 10 cm，矩圆披针形，背面散生一行毛，次脉 15 ～ 18 对，小横脉极明显。地下茎为复轴型。同属种比较：

箬竹

阔叶箬竹，竹秆混生型，灌木状，秆高约 1 m，径 5 mm，节间长 5 ～ 20 cm，通直，近实心；每节分枝 1 ～ 3，与主干不等粗。箨鞘质坚硬，鞘背具棕色小刺毛，箨舌平截，小枝有叶 1 ～ 3 片，叶长 13 ～ 30（40）cm，宽 2 ～ 5（8）cm。叶鞘革质，无耳毛。

阔叶箬竹

【生长习性】产于我国长江流域各地，生于低丘山坡。喜温暖湿润，较耐寒。

【观赏与应用】分株繁殖。宜作庭园丛植，点缀山石坡坎，也可密植作绿篱。

21. 佛肚竹（小佛肚竹、密节竹）*Bambusa ventricosa* McClure 禾本科簕竹属

【识别要点】丛生竹，灌木状，秆高 2.5 ～ 5 m。竹秆圆筒形，节间长 10 ～ 20 cm，畸形秆，节间短，下部节间膨大呈瓶状，长 2 ～ 3 cm。箨鞘无毛，初为深绿色，老时则转红色，箨耳发达，箨舌极短。相似品种：大佛肚竹，与小佛肚竹的区别是秆较矮，秆及大多数节间缩短、肿胀呈佛肚状。

【生长习性】原产于我国广东，分布于江南及西南地区。喜温暖湿润气候，喜阳光，冬季气温应保持 10 ℃以上，要求疏松和排水良好的壤土。

【观赏与应用】分株、扦插繁殖。佛肚竹形成畸形植株，是观赏价值较高的竹类，南方多地栽装饰庭园，北方多盆栽，宜作盆景。

大佛肚竹（龙头竹的品种）

22. 孝顺竹（凤凰竹）*Bambusa multiplex* (Lour.) Raeusch. ex Schult. 禾本科簕竹属

【识别要点】竹秆丛生，尾梢近直或略弯，茎下部挺直，绿色。幼秆稍有白粉，箨耳极微小以至不明显，节间上部有白色或棕色刚毛。箨鞘薄革质、硬脆；叶鞘无毛，纵肋稍隆起，叶耳肾形，叶舌圆拱形。每 1 小枝有 5 ~ 9 片叶，二列状排列，条状披针形。变种有：

①凤尾竹 秆高常 1 ~ 2 m，径不超过 1 cm，秆细而中空。枝叶稠密纤细，下弯。叶细小，常 9 ~ 13 片排成羽状二列。

凤尾竹

②小琴丝竹（花秆孝顺竹） 节间金黄色，秆上夹有显著的绿色纵条纹。

还有菲白孝顺竹、条纹孝顺竹、观音竹等栽培种及变种。

小琴丝竹
（慈孝竹的品种）

花秆孝顺竹
（慈孝竹的品种）

【生长习性】我国华南、西南至长江流域各地都有分布。喜温暖湿润气候及排水良好、湿润的土壤，可以引种北移。

【观赏与应用】分株繁殖。竹秆青绿，叶密集下垂，姿态婆娑秀丽，在中国长江以南多栽培于庭园供观赏，或种植宅旁作缘篱用，也常在湖边、河岸栽植。孝顺竹叶片数目甚多，排成羽毛状，枝顶端弯曲，是常见观赏竹类。

23. 菲白竹 *Pleioblastus fortunei* (Van Houtte ex Munro) Nakai 禾本科大明竹属

【识别要点】复轴混生竹类，低矮竹类，高 30 ~ 80 cm，秆每节具 2 至数分枝，下部为 1 分枝。叶片狭披针形，边缘有纤毛，有明显的小横脉；叶鞘淡绿色，一侧边缘有明显纤毛，鞘口有数条白缘毛。叶面上有白色或淡黄色纵条纹，菲白竹即由此得名。同属种比较：

菲白竹

菲黄竹，矮生型竹种，复轴混生型，叶较大，长 10 ~ 20 cm，嫩叶亮黄色，具绿色条纹，十分醒目；后色彩逐渐变淡，老叶通常变为绿色。

菲黄竹

【生长习性】原产日本。我国华东地区有栽培。喜温暖湿润气候，好肥，较耐寒，忌烈日。

【观赏与应用】分株繁殖。常植于庭园观赏；也是盆栽或盆景中配植的好材料。

24. 芦竹 *Arundo donax* L. 禾本科芦竹属

【识别要点】多年生宿根草本。株高 2 ~ 6 m，直径 1 ~ 3 cm，秆粗壮，秆稍木质化，上部分枝，具粗而多节的根状茎。叶互生，扁平，叶舌膜质，极短；叶片阔披针形，先端尾尖，叶鞘长于节间，常年紧抱茎；圆锥花序直立，紫色，长 30 ~ 60 cm，外稃下部密生白色长柔毛，顶端由主

花叶芦竹

脉延伸成 1 ~ 2 mm 的短芒；内稃长为外稃长的一半。花果期 10—12 月。

【生长习性】原产于亚洲及美洲热带及我国华南及西南。稍耐寒，喜温暖湿润，不耐旱。

【观赏与应用】分株繁殖。在园林中常植于水边上观赏；庭园中可丛植、行植，花叶及高大花序供观赏。

25. 禾本科竹亚科其他植物

斑竹（桂竹变型）

黄槽斑竹（桂竹变型）

锦竹

金镶玉竹（黄槽竹变型）

黄金间碧玉竹（桂竹变种）

矢竹

绿槽刚竹（刚竹的变型）

罗汉竹

黄秆金竹（黄槽竹变型）

铺地竹

实训作业

学生利用课上课下实训，完成下列任务：

1. 按下列表格要求，完成常见棕榈类及观赏竹类园林树木的典型特征与应用信息整理。

2. 完成常见棕榈类及观赏竹类园林树木的典型特征、应用方式的图片收集与命名（图片命名要求：科序号 + 科名属名 + 种名……科序号见“被子植物纲、目和常见科一览”）。

序号	植物名称	科属	类型（人为分类）	典型特征 1	典型特征 2	生长习性（主要是温度、光照、水分要求）	应用方式（用途）	观赏特性（如观花：红色、春季）	其他
1									
2									

项目 3　花卉识别与应用

知识目标

1. 掌握常见花卉及其常见变种、品种的典型特征。2. 掌握常见花卉及其常见变种、品种的生长习性与主要繁殖方法。3. 掌握常见花卉的园林应用规律。4. 理解具体花卉植物应用与植物配置、创新与创业的关系。

能力目标

1. 能够正确识别常见花卉及其常见变种、品种。2. 能够准确描述常见花卉及其常见变种、品种的典型特征。3. 能够收集 130 种常见花卉的典型特征、应用方式的图片。4. 能够根据园林用途、树木习性正确选择常见花卉。

任务 3.1　花卉应用概述

微课

教学目标

教学课件

知识目标

1. 掌握花卉应用的概念及其特点、原则。2. 理解花卉应用的设计原理。3. 掌握常见花卉的园林应用方法。4. 了解非常见花卉典型特征与应用方法。

技能目标

1. 根据所学知识能够正确制作花卉应用人为分类体系。2. 能够准确地把收集到的花卉图片放到花卉应用人为分类体系中。

教学建议

1. 课前，要求学生登录中国大学慕课“园艺植物识别与应用”（或其他同类在线课程）课程教学资源预习，并通过软件识别、讨论区讨论等方式，初步认识校园及附近绿地场所常见花卉种类，建立相关植物的感性认识。2. 课中，采用问题引导、分组回答、植物标本识别、现场识别等理实一体方式进行，有效提高教学效果。3. 课后，完成中国大学慕课“园艺植物识别与应用”（或其他同类在线课程）课程的单元测验题、教材的学习引导题及“实训操作”部分作业。

学习引导

1. 正确制作花卉应用人为分类体系。2. 阐述花卉应用的特点。3. 阐述花卉应用的原则。4. 阐述花卉应用的设计原理。5. 比较花坛与花境的形式。6. 比较花丛花坛与模纹花坛的形式。7. 列举出本地区常用年宵花植物 10 种。

知识与技能

3.1.1　花卉应用方法

花卉应用是科学地选择具有观赏价值的花卉植物，通过艺术处理，进行美化环境的装饰。

1. 花卉应用的特点

与观赏树木的应用比较具有以下特点：

（1）花卉可选择的种类多，管理方便，更换容易，病虫害比较少。

（2）花卉布置形式多样化，很灵活。

（3）花卉繁殖效率高，色彩艳丽，装饰效果好。

（4）花卉应用中需要考虑季节性，每个季节都有属于它的多种花卉绽放。

2. 花卉应用的原则

花卉应用中为了最大限度地发挥观赏与卫生防护功能，需要注意以下原则：

（1）经济性原则 根据经济条件、技术条件、观赏效果综合规划，避免片面追求美观效果，投资过大、技术有限而观赏效果一般。

（2）符合植物生长习性的原则 避免引进的种类、品种不适合当地气候条件，或容易发生病虫害，观赏时间过短等问题。

（3）卫生、环保、低维护性原则 确保花卉应用卫生、环保的基本原则下，还要考虑维护方便，维护成本低。

3. 花卉应用的设计原理

（1）科学性原理

①根据植物生物学特性，掌握其生长发育规律。

②掌握环境因子对花卉的影响规律。

③根据具体环境的生态特点，充分利用光照、水分、空气、地形等条件。

（2）艺术性原理

①形式美原则 花卉应用形式上注重比例协调、动势均衡、节奏明快，给人优美的动感。

②色彩美原则 花卉色彩丰富，充分运用各种对比、互补等规律，给人强烈的色彩美感。

③意境美原则 花卉应用中运用花卉的色、形、香、韵，发掘花卉的文化内涵，创造含蓄的意境，使花卉美更深远。

3.1.2 各类花卉应用

1. 露地花卉

露地花卉是指在当地自然条件下，不加温床、温室等特殊保护措施，在露地栽植即能正常完成其生活周期的植物。又可分为一年生花卉、二年生花卉、多年生花卉、水生花卉和岩生花卉等。

露地花卉的栽培特点是：设备简单，生产程序简便，生产成本低，是花卉生产栽培中常用的方式。

露地花卉栽培方式大致分为地栽、露地盆栽两类。

一是地栽 直接将花卉栽植于露地，或布置花坛、点缀园景。多年生花卉以及抗性强、容易栽培的花卉种类更适于露地栽培。

二是露地盆栽 主要是供节日花坛用花及室内陈设之用。许多草本花卉，如一串红、雏菊、三色堇、石竹、大花马齿苋等经常采用露地盆栽的方式。

（1）花坛

花坛指在具有一定几何形轮廓的植床内，种植各种不同色彩的花卉，以构成色彩华丽或图案精美的花卉应用形式。它主要以色彩或图案来表现植物的群体美，极具装饰性，在园林造景中，常设置于建筑物的前方、交通干道中心、主要道路或出入口两侧、广场中心或四周、风景区视线的焦点及草坪等位置，构成主景或配景。灌木也可配置花坛。

根据表现主题不同划分

①花丛花坛 又称盛花花坛，以花卉群体色彩美为表现主题，多选择开花繁茂、色彩鲜艳、花期一致的一年生花卉、二年生花卉或球根花卉，含苞欲放时栽植。

②模纹花坛 又称图案式花坛，主要由低矮的观叶植物或花叶俱美的花卉组成，表现精美图案或装饰纹样，包括毛毡花坛、浮雕花坛和彩结花坛（也可以用灌木做图案式花坛）。

③混合花坛 是花丛花坛与模纹花坛的混合形式，兼有华丽的色彩和精美的图案。

根据规划方式不同划分

①**独立花坛** 常作为园林绿化局部构图的主体而独立存在，具有一定的几何形轮廓。其外形多为对称的几何图形，一般面积不宜太大，中间不设园路。独立花坛多布置在建筑广场的中心、公园出入口空旷处、道路交叉口等地。

②**组群花坛** 是由多个个体花坛组成的整体构图，个体花坛之间为草坪或铺装场地，允许游人入内游览。组群花坛的整体构图也为对称布局。组群花坛常布置在较大面积的建筑广场中心、大型公共建筑前面或规则式园林的构图中心。

③**带状花坛** 由长度为宽度 3 倍以上的长形花坛组成。在连续的园林景观构图中，常作为主体来布置，也可作为观赏花坛的镶边、道路两侧建筑物墙基的装饰等。

④**连续花坛** 许多独立花坛或带状花坛呈直线排列成一行，组成一个有节奏的不可分割的构图整体。常布置于道路或纵长广场的长轴线上，多用水池、喷泉、雕塑等来强调连续景观的起始与终结。在宽阔雄伟的石阶坡道的中央也可设置连续花坛。

⑤**立体花坛** 这类花坛除在平面上表现色彩、图案美之外，还在立面造型、空间组合上有所变化，即采用立体组合形式，拓宽了花坛观赏角度和范围，丰富了园林景观。

⑥**水上花坛**

⑦**灌木花坛**

（2）花境

花境是模拟自然界中林地、边缘地带多种野生花卉交错生长的自然美，又展示植物自然组合的群落美的种植形式，多用于林缘、墙基、草坪边缘、路边坡地、挡土墙等处。

花境的边缘依环境的不同可以是直线，也可以是流畅的自由曲线。花境内植物选择以当地露地越冬、不需特殊管理的宿根花卉为主；也可配植一些小灌木、球根花卉和一年生花卉、二年生花卉。配植的花卉要考虑到同一季节中彼此的色彩、姿态、形状及数量上的搭配得当，植株高低错落有致，花色层次分明，四季变化明显。理想的花境应四季有景可观，寒冷地区也应三季有景。

花境实际上是一种人工植物群落，需精心养护管理才能保持较好的自然景观。

（3）花台

花台又称高设花坛，是高出地面栽植花木的种植方式，通常面积较小。其配植形式一般分为：

①规则式　规则式花台的外形有圆形、椭圆形、正方形、矩形、正多边形、带形等，选材基本与花坛相似。

②自然式　又称盆景式花台，常以松、竹、梅、杜鹃、牡丹等为主，配饰以山石、小草，重姿态风韵，不在于色彩的华丽。这类花台多出现于自然式山水园中。

（4）活动花坛与花钵

活动花坛与花钵是一种较为新颖的花卉应用形式，一般在花圃内，依设计意图将花卉种植在各种预制的盛器内，花开时摆放到特定的位置。它具有施工便捷、形成迅速、便于移动和重新组合的优点，且造型美观，装饰性强，近年来应用十分广泛。

（5）篱、垣、棚架

篱、垣、棚架是蔓生植物材料应用的主要形式，设计形式多样，既可作园林一景，又有分隔空间的作用，同时还是颇受欢迎的垂直绿化形式。

（6）草坪及地被植物

草坪是由草坪草及其赖以生存的基质共同组成的一个有机体，是由密植于坪床上的多年生矮草经修剪、滚压或反复践踏后形成的平整的草地。草坪既包括草类植物，也包括其赖以生存的基质。其中，草类植物是草坪的核心，如狗牙根、结缕草、早熟禾等。

地被植物指株形低矮、能覆盖地面的植物群体，这个群体中既包括草本植物，又包括木本植物中的低矮灌木，阴湿的地方还有苔藓和蕨类植物等。

常见的草本植物还有麦冬、红花酢浆草、白三叶草、阔叶山麦冬等。

（7）其他植物装饰

花桥

绿色墙壁

不同叶色的水稻

主题花坛

景观式花坛

盆景式装饰（扶芳藤与石头造景）

装饰墙

墙面装饰

2. 温室花卉

温室花卉中有阳性花卉、阴性花卉和中性花卉。实际应用上将阳性花卉和中性花卉在适宜生长的季节安排在露地，如上所述，不再阐述。阴性花卉比较耐阴，主要应用于室内装饰。

阳光房植物装饰

应用于室内装饰的花卉称室内花卉，它主要是盆栽，布置时根据装饰的目的、装饰环境特点和具体植物生长特性，按照一定的艺术原则设计和布置。

室内花卉装饰场所有：会场、大门、会客厅、楼梯、墙角、过道、书房等。

室内大型装饰

（1）鲜切花

鲜切花指从栽培或野生观赏植物活的植株上切取的花枝、果枝、茎、叶等材料，主要用于瓶插水养，或制作花束、花篮、花环、插花、胸饰花、头饰、桌饰等。包括草本和木本的观花、观叶、观果、观茎植物。

鲜切花包括切花、切叶与切枝。鲜切花栽培指经保护地或露地栽培，运用现代化栽培技术，达到单位面积产量高，生产周期短，形成规模化生产，达到周年供应的栽培方式。

（2）年宵花

春节是我国民间最古老、最隆重的传统节日。人们习惯用各色花卉来装饰家庭、单位，增添节日喜庆气氛，这样的花卉又称为年宵花。人们把春节前后上市销售的花卉，称为年宵花卉。一般从每年 12 月至翌年情人节前后的这一段时间集中了一些盛大的节日，如元旦、春节、元宵节、情人节等，并且在这段时间里结婚的人相对较多，市场上花卉的消费量很大，所以被视为花卉销售的旺季，也是花卉种植者、经营者一年中最重要的供应市场、获得收益的季节。

年宵花卉上市时间又恰逢我国大部分地区处于冬季气温最低的时段，所以我国的年宵花卉主要集中在南方温暖地区，如深圳、广州、昆明等城市。以广州市为例，就有著名的广州花市、陈村等年宵花卉的主要供应基地。消费群体通常以大、中城市的机关单位或中上等经济、生活水平的家庭为主；单位通常用年宵花卉来装点节日喜庆气氛，一般用量较大，且以较高档植物为主；一般家庭只是用年宵花卉来点缀，取吉利、喜庆之意，用量较少。长江流域、北方越来越多的地区家庭有年宵花消费习惯。

年宵花既有当地花期正好的植物，如墨兰、蜡梅、水仙、迎春等，也有很多是通过人为控制花期技术而形成的其他季节开花的植物。这些植物如牡丹、玫瑰、香石竹、蝴蝶兰、仙客来、水仙、蟹爪兰、红掌、鹤望兰等。植物种类非常多，数量充足，大中小生产基地和销售市场信息畅通，每年都有一次红红火火新年大餐。

年宵花已经形成了一种文化，也是以植物为核心的经济活动，还是做“双创”的一个平台、一个每年都有的重要机会。

实训作业

学生利用课上课下实训，完成下列任务：

1. 按上面学到的知识，制作自己的花卉应用人为分类体系，并把你收集到的花卉图片按花卉应用人为分类法分类。

2. 调查本地区主要年宵花种类，并按销售数量进行分类。

微课

任务 3.2　露地一二年生花卉识别与应用

教学目标

教学课件

知识目标

1. 掌握常见露地一二年生花卉的典型特征。2. 掌握常见露地一二年生花卉的生长习性与主要繁殖方法。3. 掌握常见露地一二年生花卉的园林应用方法。4. 了解非常见露地一二年生花卉典型特征与应用方法。

技能目标

1. 能够正确识别常见露地一二年生花卉种类。2. 能够准确描述常见露地一二年生花卉的典型特征。3. 能够收集、整理常见露地一二年生花卉的典型特征、应用方式的图片。4. 能够根据园林用途、生长习性正确选择露地一二年生花卉。

教学建议

1. 课前，要求学生登录中国大学慕课“园艺植物识别与应用”（或其他同类在线课程）课程教学资源预习，并通过软件识别、讨论区讨论等方式，初步认识校园及附近绿地场所露地一二年生花卉种类，建立相关植物的感性认识。2. 课中，采用问题引导、分组回答、植物标本识别、现场识别等理实一体方式进行，有效提高教学效果。3. 课后，完成中国大学慕课“园艺植物识别与应用”（或其他同类在线课程）课程的单元测验题、教材的学习引导题及“实训操作”部分作业。4. 实训建议：安排带学生去一次植物种类比较多的地区性植物园，让学生了解植物园概况、本地区主要植物和更多的植物类型和种类。

学习引导

1. 阐述露地一二年生花卉的主要繁殖方法与主要用途。2. 列举本地区冬季、春季、夏季、秋季花坛常见露地一二年生花卉植物 3 ～ 5 种。3. 为什么有些多年生花卉做一二年生花卉使用？ 4. 二年生花卉为什么耐寒？一年生花卉不耐寒？ 5. 比较万寿菊与孔雀草的特征与应用。

知识与技能

一二年生花卉概述

一年生花卉是指在一个生长季内完成生命周期的花卉。即从播种到开花、结实、枯死均在一个生长季内完成。一般春天播种，夏、秋开花结实，然后枯死，故又称春播花卉。原产于热带或亚热带，不耐寒，一般不耐 0 ℃以下低温，夏秋观赏为主。如万寿菊、一串红、石竹、鸡冠花、矮牵牛、凤仙花、波斯菊、百日草、大花马齿苋、麦秆菊等。

二年生花卉是指在两个生长季内完成生命周期的花卉。当年只生长营养器官，第二年开花、结实、死亡。一般秋季播种，次年春夏开花。故又称为秋播花卉。原产于温带或寒冷地区，比较耐寒，不耐高温，次年春夏观赏，如羽衣甘蓝、三色堇、二月兰、须苞石竹、紫罗兰等。

一二年生花卉多用种子繁殖，具有繁殖系数高、自播种到开花所需时间短（繁殖速度快）、经营周转快、成本低等优点，但也有花期短、管理烦、用工多等缺点。

一二年生花卉为花坛“四季草花”选择的主要植物种类，在花境中依不同花色成群种植，也可植于窗台花池、门廊栽培箱、吊篮、旱墙、铺装岩石间以及岩石园，还适于盆栽和用作切花。

有些多年生花卉，因连续生长的商品性不佳，经常作一二年生栽培应用，故也在本任务介绍。

一二年生花卉识别与应用

接下来按观赏季节（或花期）从冬季至秋季顺序介绍常见一二年生花卉，同科尽量放在一起。主要在室内观赏的一二年生花卉安排在温室花卉部分介绍。

3.2.1 冬季和春季观赏花卉

1. 羽衣甘蓝 *Brassica oleracea* var.*acephala* DC. 十字花科芸薹属

【识别要点】二年生草本花卉。叶宽大，匙形，光滑无毛，被白粉，外部叶片呈粉蓝绿色，边缘呈细波状皱褶，叶柄粗而有翼，内叶叶色极为丰富。总状花序顶生，花期 4—5 月，虫媒花，果实为角果，扁圆形。园艺品种形态多样，按高度可分高型和矮型；按叶的形态分皱叶、不皱叶及深裂叶品种；按颜色，边缘叶有翠绿色、深绿色、灰绿色、黄绿色，中心叶则有纯白、淡黄、肉色、玫瑰红、紫红等品种。

【生长习性】原产于西欧。喜光照充足、凉爽，耐寒力强；宜疏松、肥沃、排水良好的土壤，极喜肥。

【观赏与应用】播种繁殖是主要繁殖方式。盆栽。主要观赏其色彩和形态变化丰富的叶，赏叶期在冬季。在长江流域及其以南地区，多用于布置冬季花坛。有可食用品种。

2. 莙荙菜（红叶甜菜、厚皮菜）*Beta vulgaris* var. *cicla* L. 苋科甜菜属

【识别要点】二年生草本。叶丛生，长椭圆状卵形，边缘常波状，肥厚而有光泽，深红或红褐色，叶柄较长而扁平。为本属植物甜菜（菾菜）的变种。另有可食用、叶用甜菜。

【生长习性】原产于南欧。喜光，也耐阴。宜温暖、凉爽的气候，极耐寒，喜肥。

【观赏与应用】一般用播种繁殖方式。用于花坛，花境布置，也可盆栽观叶。

3. 三色堇（蝴蝶花、鬼脸花）*Viola tricolor* L. 堇菜科堇菜属

【识别要点】多年生草本，常作二年生栽培。株丛低矮，多分枝。叶互生，基生叶具长柄，近圆心形，茎生叶矩圆状卵形或宽披针形，具圆钝齿；托叶大而宿存。花大，腋生，两侧对称，侧向开放，花有紫、白、黄三色，花瓣5枚，1枚有距，2枚有附属体，花期4—7月。

相似种角堇，堇菜科堇菜属多年生草本植物，常作二年生栽培。与三色堇相比，花朵小1/3左右；花色丰富，花瓣有红、白、黄、紫、蓝等颜色；三色堇花朵中间的黑点，以深色居多，而角堇的花色以浅色居多，有些品种有猫胡须一样的黑线。比三色堇耐高温。播种繁殖。角堇在5 ℃即开始生长，生长适温为10～15 ℃，耐寒性强，可耐轻度霜冻，长江流域及以南地区可露地越冬，忌高温。主要配植花坛。

【生长习性】原产于欧洲。喜冷爽气候，较耐寒，略耐半阴，喜富含腐殖质、湿润的沙质壤土，忌炎热和雨涝。

【观赏与应用】播种、扦插、分株繁殖。配植花坛，种于草坪、花境边缘，盆栽观赏。三色堇、角堇品种很多，开花时间长，适宜生长时间长，观赏效果较好。

角堇

4. 诸葛菜（二月兰）*Orychophragmus violaceus* (L.) O.E.Schulz 十字花科诸葛菜属

【识别要点】二年生草本，高10～50 cm。茎直立，光滑，有白色粉霜。基生叶近圆形，下部叶羽状深裂或全裂，顶生叶茎生叶基部耳状抱茎，锯齿不整齐。总状花序顶生，花深紫或淡紫色，具长爪，花期3—5月。

【生长习性】原产于中国东北及华北地区。耐寒性较强，喜冷凉、阳光充足，也耐阴。适应性强，少有病虫害。由于自播生长能力强，即使在荒坡及较干燥地方也有较好的景观绿化效果。

【观赏与应用】种子繁殖。嫩茎叶供食用，花供观赏。常用于疏林、郊野公园、道路两侧等绿地，自播生长。

5. 油菜 *Brassica rapa* var. *oleifera* DC. 十字花科芸薹属

【识别要点】二年生草本植物；茎直立。边缘具钝齿，下部叶羽状分裂，侧裂片约2对，卵形；叶柄基部有裂片；中上部茎生叶由长圆椭圆形渐变成披针形，抱茎。总状花序伞房状，花黄色，花瓣4，为典型的十字形。雄蕊6枚，为4强雄蕊。花

期 3—4 月，果期 4—5 月。

江苏兴化油菜花旅游区

【生长习性】喜光照充足、凉爽，要求生长在土层深厚、肥沃、水分适宜的土壤中。土壤 pH 在 5 ~ 8，以弱酸或中性土壤最为适宜。

【观赏与应用】种子繁殖。各地栽培。我国的四大油料作物之一，是优良蜜源植物。也可观赏，全国各地兴起了很多油菜花旅游项目，是农业生产加旅游的经典模式，效果很好，著名的油菜花观赏地如江苏兴化、江西婺源、浙江瑞安、上海奉贤等。

6. 虞美人 *Papaver rhoeas* L. 罂粟科罂粟属

【识别要点】一二年生草本。株高 40 ~ 80 cm，全株被茸毛，茎直立。叶长椭圆形，不整齐羽裂，互生。花单生，有长梗，含苞时下垂，开花后花朵向上，萼片 2 枚，具刺毛，花瓣 4 枚，圆形，有纯白、紫红、粉红、红、玫红等色，有时具斑点，花期 3—6 月。

相似种：罂粟，一年生或二年生草本，全株无毛而被白粉。叶具不规则波状齿。花大，美丽。果大，径约 4 cm。原产南欧。未熟果实富含乳液，制干后为鸦片，含可卡因、罂粟碱等多种生物碱，入药可止咳、止痛及安眠，也是一种极有毒害的麻醉品。《中华人民共和国治安管理处罚法》第七十一条规定，非法种植罂粟不满五百株或者其他少量毒品原植物的，处十日以上十五日以下拘留，并处三千元以下罚款；情节较轻的，处五日以下拘留或者五百元以下罚款。其他涉毒植物的规定类同，抵制毒品、人人有责！

罂粟

【生长习性】原产欧洲及亚洲。喜凉爽、阳光充足、高燥通风；宜排水良好的土壤，忌湿热过肥之地。

【观赏与应用】种子繁殖方式。虞美人的花多彩丰富，花瓣质薄如绫，光洁似绸，风吹时飘然欲飞，花期长，适于作花坛、花境，也可以盆栽和切花用，尤以成片种植为佳，有花海的意境。

7. 羽扇豆 *Lupinus micranthus* 豆科羽扇豆属

【识别要点】一年生草本，全株被棕色或锈色硬毛，高 20 ~ 70 cm。掌状复叶具小叶 5 ~ 8。总状花序 40 cm 左右，花序轴纤细，花梗甚短，萼二唇形，被硬毛，花冠蓝色，旗瓣和龙骨瓣具白色斑纹。花期 3—5 月。

【生长习性】原产于地中海地区。我国引种栽培供观赏。喜冷爽、忌炎热；喜阳光充足，耐半阴。华北地区需保护越冬。喜沙质土壤。

【观赏与应用】多用种子繁殖，也可扦插繁殖。

宜配植花境、花坛，林缘丛植，或作切花用。开花时，植株高达 50 cm 以上，容易提升层次。

3.2.2 夏季观赏花卉

8. 石竹（洛阳花）*Dianthus chinensis* L. 石竹科石竹属

【识别要点】多年生草本，作一二年生栽培。株高 30 ~ 50 cm，茎细弱铺散。叶较窄，条状。花单生或成聚伞花序，花瓣先端浅裂呈牙齿状，苞片与萼筒近等长，萼筒上有枝，花有粉、粉红、红、淡紫等色，微香，花期 5—9 月。相似种比较：

①香石竹（康乃馨）　常绿亚灌木，作多年生草本栽培。株高 30 ~ 60 cm。茎基部常木质化。叶对生，基部抱茎，线状披针形，灰绿色。花单生或数朵簇生，花瓣多数，广倒卵形，具爪，有白、黄、粉、红、紫红及复色，苞片 2 ~ 3 层，紧贴萼筒。喜空气流通、干燥和阳光充足，喜凉爽，不耐炎热，忌湿涝与连作。常见切花，是世界四大切花之一，产量很高。

②须苞石竹（美国石竹、五彩石竹）　多年生草本，常作一二年生栽培。株高 40 ~ 50 cm。叶较宽，具平行脉，叶中脉明显。花小而多，集成头状聚伞花序，下面具端部细长如须的叶状苞片，花色丰富，花瓣上常有异色环纹或镶边而形成复色，花期 5—6 月。喜冷爽、通风良好、光照充足，耐寒，喜肥，也耐干旱，耐瘠薄。

【生长习性】原产中国。喜凉爽、阳光充足、

高燥，耐寒，喜肥，也耐瘠薄。

【观赏与应用】常用播种、扦插和分株繁殖方式。配植花坛、花境，丛植于路边及草坪边缘。

9. 圆锥石头花（满天星、霞草、丝石竹）*Gypsophila paniculata* L. 石竹科石头花属

【识别要点】一年生草本，株高 30 ~ 50 cm。茎叶光滑被白粉，呈灰绿色。茎直立，上部枝条纤细，叉状分枝。叶对生，上部披针形，下部叶矩圆状匙形。聚伞花序顶生，稀疏而扩展，花小，花瓣先端微凹缺，花梗细长，花白或粉红、玫红色，花期 5—8 月。有重瓣和大花品种。

【生长习性】原产于小亚细亚、高加索。喜阳光充足、凉爽，耐寒，不耐酷热，宜肥沃及排水好的石灰质土壤，耐干旱、瘠薄，也耐碱土。

【观赏与应用】满天星是商品化切花生产的常见植物，种苗繁殖以组培为主，也可以扦插。采用扦插繁殖比较多，也可播种繁殖。宜与春季开花的球根花卉混用配植于花境、岩石园中，是常用切花。

10. 一串红 *Salvia splendens* Ker Gawl. 唇形科鼠尾草属

【识别要点】多年生草本，或亚灌木，常作一二年生栽培。株高 50 ~ 90 cm。茎光滑，四棱形。叶卵形或三角状卵形，两面无毛，下面有腺点，具锯齿。总状花序顶生，被红色柔毛，小花 2 ~ 6 朵轮生，花冠鲜红、淡黄、白或紫色；花萼钟状，与花瓣同色，宿存，花冠唇形，花期 5—7 月或 7—10 月。常见变种：

①一串白　花及花萼均为白色。

②一串紫　花及花萼均为紫色。

③丛生一串红　株形较矮，花序密。

④矮一串红　株高仅 20 cm，花亮红色，花朵密集于总梗上。

【生长习性】原产巴西。喜阳，也耐半阴，宜肥沃疏松土壤，耐寒性差。

【观赏与应用】采用播种和扦插繁殖方式。配

一串红

一串橙

一串白

植花坛、花境、花丛、花群，盆栽。为五一及国庆节前后最常见的花坛花卉。

11. 蓝花鼠尾草（粉萼鼠尾草）*Salvia farinacea* Benth 唇形科鼠尾草属

【识别要点】多年生草本，常作一二年生栽培。全株被短柔毛，茎基部木质化。叶长圆形，全缘或具波状浅齿。总状花序顶生，密被白色或青蓝色绵毛，花色为蓝色、淡蓝色、淡紫色、淡红色，花期4—10月。

【生长习性】原产北美南部。喜温暖，不耐寒，喜阳光充足，耐半阴，宜疏松、肥沃、排水良好的土壤。怕炎热、干燥。

【观赏与应用】播种或扦插繁殖。春、秋季播种，秋季播种需在温室内越冬。配植花坛、花境、花丛、花群，盆栽。

12. 锦绣苋（红莲子草、五色草）*Alternanthera bettzickiana* (Regel) G.Nicholson 苋科莲子草属

【识别要点】多年生草本，作一二年生栽培。茎直立斜生，多分枝，节膨大，高10～20 cm。单叶对生，叶小，椭圆状披针形，红色、黄色或紫褐色，或绿色中具彩色斑。叶柄极短。头状花序腋生或顶生，花小，白色。胞果，常不发育。

【生长习性】原产南美巴西，我国各地普遍栽培。喜光，略耐阴。喜温暖湿润环境。不耐热，不耐湿，也不耐旱。冬季宜在15 ℃温室中越冬。

【观赏与应用】扦插繁殖。五色苋植株低矮，耐修剪。可用于地被，或盆栽等，是模纹花坛的良好材料。

13. 茑萝 *Ipomoea quamoclit* L. 旋花科番薯属

【识别要点】为一年生缠绕草本植物。茎光滑，长可达4 m。叶互生，羽状细裂，叶羽状深裂至中脉，裂片10～18对，线形，叶柄基部具1对小型羽裂叶。聚伞花序腋生，梗长10～15 cm，花冠高脚碟状，深红色似五角星；雄蕊及柱头伸出，花期7—10月。蒴果卵圆形。

同属常见栽培的还有：

①圆叶茑萝（橙红茑萝）一年生缠绕草本。叶卵形，先端尖，基部心形，叶柄与叶片等长。萼端具长芒尖，花冠高脚碟状，猩红色，喉部带黄色，花较大。有重瓣品种。原产南美。其他同羽叶茑萝。

②槭叶茑萝（掌叶茑萝、大花茑萝）一年生缠绕草本。为羽叶茑萝及圆叶茑萝的杂交种，性状基本介于两者之间。叶广三角状卵形，掌状7～15裂，先端长、锐、尖。花梗粗壮，花冠漏斗状，深红色。种间杂种，性强健，幼苗期即生长迅速，开

花繁多，植株粗壮有力。其他同羽叶茑萝。

【生长习性】原产墨西哥及印度尼西亚，我国广泛栽培，性喜阳光充足而温暖的环境，不耐寒，抗逆性强，在排水良好、肥沃的沙质土壤中生长最好。

【观赏与应用】播种繁殖。茑萝叶细花密，花期长且花色艳丽，是良好的夏秋季垂直绿化材料，适于承重较小的支架。也可作为地被花卉，不设支架，任其爬覆地面。

14. 牵牛（大花牵牛、喇叭花、朝颜）*Ipomoea nil* (L.) Roth 旋花科番薯属

【识别要点】一年生缠绕藤本。全株具粗毛。叶阔卵状心形，常 3 裂，中裂片大，有时呈戟形。花 1 ～ 2 朵簇生叶腋，花冠喇叭状，端 5 浅裂，边缘呈波浪状皱褶，花多白、粉红、紫红、蓝等色，花期 7—9 月。有许多大花矮生或镶边品种。相似种比较：

矮牵牛 茄科碧冬茄属，常作一二年生栽培，茎匍地生长，被有黏质柔毛；叶卵形，全缘；花单生，漏斗状，白、紫等多种颜色，花期 4 月至降霜。喜温暖和阳光充足，不耐霜冻，怕雨涝，多用于花坛配置，也可盆栽布置。

【生长习性】原产亚洲热带、亚热带。喜温暖，不耐寒，喜光，耐半阴，能耐干旱及瘠薄土壤。

【观赏与应用】播种繁殖。可供垂直绿化。用来绿化竹篱、小棚架及阳台等。

15. 金鱼草（龙口花、龙头花）*Antirrhinum majus* L. 玄参科金鱼草属

【识别要点】多年生草本，作二年生栽培。茎基部木质化。叶披针形，全缘。总状花序顶生，苞片卵形，萼 5 裂；花冠筒状唇形，基部膨大成囊状，上唇直立，2 裂，下唇 3 裂，开展，花有粉、红、紫、黄、白色或复色，花期 6—10 月。园艺品种丰富，有露地栽培品种和温室栽培品种，有高型、中型和矮型品种，还有重瓣品种及四倍体品种等。

【生长习性】原产地中海沿岸及北非。喜凉爽，较耐寒，不耐酷热，喜光，耐半阴，喜疏松、肥沃、排水良好的土壤。

【观赏与应用】播种、扦插繁殖。配植花坛、花境、花丛，作切花。

16. 毛地黄（自由钟、洋地黄）*Digitalis purpurea* L. 玄参科毛地黄属

【识别要点】多年生草本，常作二年生栽培。株高 90 ～ 120 cm，茎直立，少分枝，全株密生短柔毛。叶粗糙，皱缩，基生叶，互生，具长柄，卵形，茎生叶叶柄短，长卵形。总状花序顶生，长 50 ～ 80 cm。花冠钟状，着生于花序一侧，下垂，紫色，筒部内侧浅白，并有暗紫色细斑点及长毛，花期 5—8 月。

【生长习性】原产欧洲西部。较耐寒，喜凉爽，忌炎热；喜光，耐半阴，喜湿润、通风良好，耐旱，喜排水良好的土壤。

【观赏与应用】播种繁殖。配植花境，作大型花坛的中心材料，丛植于庭院绿地，作切花。

17. 蓝猪耳（夏堇、蝴蝶草）*Torenia fournieri* 玄参科蝴蝶草属

【识别要点】一年生草本。株高 15 ～ 50 cm。茎光滑多分枝，四棱形，基部略倾卧。叶对生，端部短尾状，基部心形，花着生于上部叶腋或呈总状花序，花唇形，淡青色、桃红色、紫色等，下唇边缘堇蓝色，中央具黄斑；萼筒状膨大，有 5 宽翅，花期 7—10 月。

【生长习性】不耐寒，喜温暖气候，耐高温，喜半阴及温润环境，宜疏松、肥沃、排水良好的土壤。

【观赏与应用】播种、扦插繁殖。可以作夏秋花坛，半阴处作小面积地被植物更好。

18. 美女樱 *Glandularia × hybrida* (Groenland & Rümpler) G.L.Nesom & Pruski 马鞭草科美女樱属

【识别要点】多年生草本，常作一二年生栽培。株高 10 ～ 50 cm。茎四棱形，匍匐状，横展，全株有灰色柔毛。叶对生，长圆形或卵圆形，具缺刻状粗齿。穗状花序顶生，花小而密集，呈伞房状排列，花萼细长筒状，先端 5 裂，花冠筒状，长于花萼 2 倍，先端 5 裂；花有白、粉、红、紫等色，略有芳香，花期 5—11 月。为一种间杂交种。同属常见栽培的还有：

细叶美女樱多年生草本。基部木质化，株高 20 ～ 40 cm，茎枝丛生，倾卧铺散，叶二回羽状深裂，裂片狭线形。花蓝紫色，花期夏季。原产巴西。

【生长习性】原产美洲热带。喜温暖、湿润、阳光充足，有一定的耐寒性，不耐旱，在长江流域小气候好的条件下可露地越冬，不耐阴。

【观赏与应用】主要用播种和扦插两种方式繁殖。配植花坛、花境。

19. 紫罗兰（草桂兰）*Matthiola incana* (L.) W. T.Aiton 十字花科紫罗兰属

【识别要点】多年生草本，作二年生栽培。全株被灰色星状柔毛。茎直立，多分枝，基部稍木质化。叶互生，长圆形至倒披针形，基部叶翼状，先端钝圆，全缘。总状花序顶生，花瓣紫红色、淡红色或白色，花期 4—6 月。

【生长习性】原产地中海沿岸。喜凉爽、通风，稍耐寒，忌燥热，冬季能耐短暂 5 ℃低温，喜光，稍耐阴，宜疏松肥沃、土层深厚、排水良好的土壤。

【观赏与应用】播种繁殖为主。我国各大城市常栽培供观赏。可配植花坛、花境，或作切花。

20. 大花飞燕草 *Delphinium* × *cultorum* 毛茛科翠雀属

【识别要点】一二年生草本。株高 30 ～ 60 cm。茎直立，叶互生，数回掌状分裂至全裂，裂片线形。总状花序顶生，花不整齐，花萼 5 枚，后面 1 枚具距；花瓣 2 枚，合生，有钻形长距，呈飞鸟状，与萼同色；花有红、白、蓝、紫等色，并有重瓣种，花期 5—6 月。

【生长习性】原产于南欧。喜冷凉、阳光充足，较耐寒，耐半阴；喜高燥，忌积涝，喜肥沃、富含有机质的沙质土壤，要求通风良好。

【观赏与应用】播种、扦插繁殖。配植于庭园山石旁、花境，可作切花。

21. 醉蝶花（西洋白花菜、蜘蛛花、凤蝶草）*Tarenaya hassleriana* (Chodat) Iltis 白花菜科醉蝶花属

【识别要点】一年生草本。有强烈气味和黏质腺毛。掌状复叶，小叶 5 ～ 7 枚，矩圆状披针形，先端急尖，全缘，托叶变成小钩刺。总状花序顶生，雄蕊 6 枚，蓝紫色，自花中伸出，甚为醒目，花期 6—9 月。

【生长习性】原产南美。性强健，喜温暖通风，耐热不耐寒；喜阳光充足，稍耐半阴，宜富含腐殖质、排水良好的沙质土壤。

【观赏与应用】播种、扦插繁殖。配植花坛、花境，丛植于庭院；盆栽。

22. 福禄考（小天蓝绣球、草夹竹桃）*Phlox drummondii* Hook. 花荵科天蓝绣球属

【识别要点】一年生草本。茎多分枝，有腺毛。下部叶对生，上部叶互生，无柄，矩圆形至披针形。聚伞花序顶生，花冠高脚碟状，下部呈细筒状，上部 5 裂，裂片圆形，花色玫红，花期 5—6 月。现在栽培品种花色丰富，有单色即白色、鹅黄色、深浅不同的朱红色，也有复色及三色，此类花冠中间有五角星状斑或中心有斑点或条纹。常见栽培的变种：

①圆花福禄考　花瓣裂片大而圆，全花近圆形。

②星花福禄考　花瓣缘呈三齿裂，中齿较长。

③须花福禄考　花冠裂片边缘呈细齿裂。

④还有矮生种及大花种。

【生长习性】原产北美。喜凉爽、阳光充足，不耐寒，忌炎热。喜排水好、疏松的沙壤土，不喜肥力过强，不耐干旱，忌水涝及盐碱地。

【观赏与应用】有分株、播种、扦插和压条繁殖。盆栽配植花坛；有些品种可以作为地被植物。

3.2.3 秋季观赏花卉

23. 鸡冠花 *Celosia cristata* L. 苋科青葙属

【识别要点】一年生草本。株高 40 ～ 100 cm。茎粗壮直立，光滑具棱，少分枝。叶卵形至卵状披针形。花序顶生，肉质，扁平皱褶为鸡冠状，有红、紫红、玫红、橘红、橘黄、黄或白各色，具丝绒般光泽，中下部密生小花，花被及苞片膜质，花期 7—10 月。常见栽培品种：

①圆绒鸡冠　株高 40 ～ 60 cm。茎具分枝，不开展。花序卵圆形，表面流苏或绒羽状，有光泽，紫红或玫瑰红色。

②凤尾鸡冠　也称芦花鸡冠、扫帚鸡冠。株高

60 ～ 150 cm。茎多分枝而开展，各枝端着生疏松的火焰状大花序，表面似芦花状细穗，花色极丰富，高矮也有变化。

圆绒鸡冠花

火炬鸡冠花

【生长习性】原产印度。喜炎热和干燥空气，不耐寒，喜阳光充足，宜疏松而肥沃的土壤，不耐瘠薄。

【观赏与应用】播种繁殖。配植花境、花坛，切花或制干花。

24. 千日红（火球花）*Gomphrena globosa* L. 苋科千日红属

【识别要点】一年生草本。株高 60 cm，全株密被灰白色长毛。叶对生，矩圆状倒卵形，全缘。头状花序球形，随开放随伸长，呈圆柱形，花小而密生，每小花具 2 枚膜质发亮的小苞片紫红色，为主要观赏部分，经久不凋，花期 6—10 月。有小苞片为白、粉、橙色的品种，和近淡黄色及红色的变种。常见的栽培类型：

①红花千日红　膜质苞片亮红色。

②千日粉　苞片粉色。

③千日白　花苞片白色。

【生长习性】原产美洲热带。喜温暖干燥，不耐寒，喜阳光充足，宜肥沃及疏松土壤。

【观赏与应用】播种、扦插繁殖。配植花坛、花境；盆栽，作切花。还是理想的自然干花。

25. 地肤 *Bassia scoparia* (L.) A.J.Scott 藜科雾冰藜属

【识别要点】一年生草本。株高 50 ～ 150 cm。株丛紧密，呈长球形，主茎木质化，分枝多而纤细。叶稠密，较小，狭条形，草绿色，秋季全株成紫红色。常用栽培的变种：细叶扫帚草 var.*culta* 株形矮小，叶细软，嫩绿色，秋季转为红紫色。

扫帚菜

【生长习性】原产亚洲中南部及欧洲。喜光和温暖，不耐寒，耐旱，耐碱性土。

【观赏与应用】播种繁殖。丛植，孤植，作绿篱；作花坛中心材料，也可配置花境。老株可以用来作扫帚。

26. 雁来红（三色苋、老来少）*Amaranthus tricolor* ‘Splendens’ 苋科苋属

【识别要点】一年生草本。株高 60 ～ 100 cm。茎直立，少分枝。叶卵状椭圆形至披针形，基部常暗紫色，入秋后顶叶或连中下部叶变为黄色或艳红色，观叶期 8—10 月。常见栽培的变种：

①红叶三色苋　入秋顶叶全部变为鲜红色。

②雁来黄　茎、叶与苞片都为绿色，顶叶入秋变鲜艳红黄色。

③锦西凤　幼苗叶暗褐色，入秋顶叶变成三色，下半部红色，上中部黄色，先端绿色。

【生长习性】原产亚洲及美洲热带。喜阳光、湿润及通风良好，不耐寒，对土壤要求不严，耐旱，耐碱。

【观赏与应用】多播种繁殖，也可扦插繁殖。庭院丛植，配植花境、花坛，秋季观叶鲜艳；盆栽观叶，切叶。

27. 青葙 *Celosia argentea* L. 苋科青葙属

【识别要点】一年生草本。茎直立，有分枝，绿色或红色，具明显条纹。叶片矩圆披针形，顶端急尖或渐尖，具小芒尖。花多数，密生，在茎端或枝端成单一、无分枝的塔状或圆柱状穗状花序，花初为白色顶端带红，或者全部粉红，后白色；苞片白色，光亮，延长成细芒，具 1 中脉，在背部隆起；花期 5—8 月，果期 6—10 月。

【生长习性】分布几乎遍及全国。喜温暖湿润气候。对土壤要求不严，以肥沃、排水良好的沙质壤土栽培为宜。忌积水，低洼地不宜种植。

【观赏与应用】播种繁殖。配植花坛、花境；盆栽观赏，作切花。

28. 彩叶草（锦紫苏、洋紫苏）*Coleus seutellarioides* (L.) Benth 唇形科鞘蕊花属

【识别要点】多年生草本，常作一二年生栽培。株高 30 ～ 80 cm。茎四棱形，基部木质化。叶对生，卵形，具齿，两面有软毛，叶面绿色，具黄、红、紫等斑纹。总状花序顶生，小花上唇白色，下唇淡蓝色或带白色，花期 7—9 月。

【生长习性】原产于印度尼西亚的爪哇岛。喜温暖，耐寒力弱；喜阳光充足，通风良好；宜疏松、肥沃、排水良好的沙质土壤，忌积水。

【观赏与应用】播种、扦插繁殖。株形美观，色彩多样，易于造景，为重要的观叶植物。宜盆栽或可配植花坛、花境。

菊科是木兰纲植物的第一大科，约有 1 100 属，20 000 ～ 25 000 种。根据 Wiliis（1973），将菊科分为 2 亚科（筒状花亚科、舌状花亚科）12 族。菊科植物开花有春季、夏季和秋季。由于菊科植物种类很多，属的分类之上增加了“族”阶层。

菊科分族检索表

1. 头状花序全为舌状花；植株有乳汁（舌状花亚科）………………………………… 菊苣族
1. 头状花序有同型或异型的小花，中央花不为舌状；植株无乳汁（筒状花亚科）……………… 2
2. 花药基部急尖，箭形或尾形 …………………………………………………………… 8
2. 花药基部钝或微尖 ……………………………………………………………………… 3
3. 头状花序盘状，有同型的筒状花；花柱分枝上端有棒槌状或稍扁而钝的附器；
 叶常对生 …………………………………………………………………………… 泽兰族
3. 头状花序辐射状，边缘常具舌状花，或盘状而无舌状花；花柱分枝上端非棒
 槌状，或稍扁而钝 ……………………………………………………………………… 4
4. 花柱分枝通常一面平一面凸，上端有尖或三角形附器，有时上端钝，叶互生 ………… 紫菀族
4. 花柱分枝通常截形，无或有尖或三角形附器，有时分枝钻形 ……………………… 5
5. 冠毛常毛状；叶互生 ………………………………………………………………… 千里光族

5. 冠毛不存在，或鳞片状、芒状或冠状 …………………………………………………………… 6
6. 头状花序盘状或辐射状；总苞片全部或边缘干膜质 ……………………………………… 春黄菊族
6. 头状花序辐射状；总苞片叶质 …………………………………………………………………… 7
7. 叶通常对生；花序托通常具托片 …………………………………………………………… 向日葵族
7. 叶互生；花序托无托片 ……………………………………………………………………… 堆心菊族
8. 头状花盘状，有同型的筒状花；花柱分枝细长，圆柱状钻形，顶端渐尖，无附器 ………… 斑鸠菊族
8. 头状花序盘状，无舌状花，或辐射状而有舌状花；花柱分枝作细长钻形 ……………………… 9
9. 花柱上端有稍膨大而被毛的节，节以上分枝或不分枝；头状花序有同型的筒
状花，有时具不结果实的辐射状花 ………………………………………………………………… 菜蓟族
9. 花柱上端无被毛的节，分枝顶端截形，无附器或有三角形附器 ……………………………… 10
10. 头状花序具异型小花；花冠不规则深裂，或作二唇 ………………………………………… 帚菊木族
10. 头状花序筒状花浅裂，不作二唇状 ……………………………………………………………… 11
11. 头状花序盘状或辐射状而边缘有舌状花；冠毛通常毛状，有时无冠毛 ……………………… 旋覆花族
11. 头状花序辐射状；冠毛不存在 ………………………………………………………………… 金盏花族

紫菀族 Astereae

29. 雏菊（延命草、春菊）*Bellis perennis* L. 菊科雏菊属

【识别要点】多年生草本，常作二年生栽培。株高 10 ～ 15 cm，全株具毛。叶基生，长匙形或倒卵形，基部渐狭，先端钝。头状花序单生，花茎自叶丛抽出，舌状花，白色，深红色，淡红色等，管状花两性，均结实。瘦果扁平，有边脉；花期 4—5 月。

【生长习性】原产于西欧。性强健，较耐寒，喜冷凉，忌炎热，喜阳光充足，耐半阴，宜肥沃、富含腐殖质土壤。

【观赏与应用】有分株、扦插、播种等繁殖方式。常用于早春时节，配植花坛、花境；盆栽。

向日葵族 Heliantheae

30. 向日葵（向阳花）*Helianthus annuus* L. 菊科向日葵属

【识别要点】一年生草本植物。茎直立，粗壮，圆形多棱角，被白色粗硬毛。叶互生，心状卵形，先端锐突，有基出 3 脉，两面粗糙，有长柄。头状花序，极大；总苞片多层，叶质，覆瓦状排列，被长硬毛；夏季开花，花序边缘生黄色的舌状花，不结实；花序中部为两性的管状花，结实。瘦果，倒卵形俗称葵花籽。花期 7—9 月，果期 8—10 月。

【生长习性】原产北美洲，世界各地均有栽培。喜温暖，耐旱，不耐寒。耐盐碱。

【观赏与应用】种子繁殖方式。种子含油量极高，味香可口，可炒食，也可榨油，为重要的油料作物。有食用型、油用型和兼用型 3 类。也可配植花境；草坪边缘丛植，作背景材料。

31. 百日菊（百日草）*Zinnia elegans* Jacq. 菊科百日菊属

【识别要点】一年生草本。株高 50 ～ 90 cm。茎直立而粗壮，被粗毛。叶对生，全缘，卵形至长椭圆形，基部抱茎，基脉 3。头状花序单生枝端，梗甚长，中空，总苞钟状，全缘，基部联生成数轮，舌状花倒卵形，有白、黄、红、紫等色，筒状花橙黄色，边缘 5 裂，花期 6—9 月。

【生长习性】原产墨西哥。我国各地栽培。不耐寒，喜温暖，忌酷热，喜光，耐半阴，要求疏松、肥沃、排水良好的土壤，较耐干旱，忌连作。

【观赏与应用】扦插、种子繁殖方式。著名观赏植物，品种甚多。配植花坛、花丛、花境、花海，作切花。

32. 秋英（波斯菊、格桑花）*Cosmos bipinnatus* Cav. 菊科秋英属

【识别要点】一年生草本。株高 50 ～ 150 cm。茎细而直立，上部分枝，具勾纹。叶对生，二回羽状深裂至全裂，裂片稀疏，线形，全缘。头状花序单生于总梗上，总苞片外层近革质，淡绿色，具深紫色条纹，内层边缘膜质，苞片卵状披针形，舌状花单轮，花大，花有白、粉红、紫红色及深红等

色，顶端齿裂，筒状花黄色；花期 6—10 月。

【生长习性】原产于墨西哥。喜温暖、凉爽，不耐寒，忌暑热，喜光，稍耐阴，忌积水，耐干旱。短日照下开花。

【观赏与应用】扦插、种子繁殖方式。常用于郊野公园，道路两旁，配植花海、花丛、花群、花境，可做地被。

旋覆花族 Inuleae

33. 麦秆菊（蜡菊）*Xerochrysum bracteatum* (Vent.) Tzvelev 菊科蜡菊属

【识别要点】多年生草本，常作一二年生栽培。全株被微毛、茎粗硬直立，仅上部有分枝。叶互生，长椭圆状披针形，全缘。头状花序单生枝顶，径 3 ～ 6 cm；总苞片多层，膜质，覆瓦状排列，外层苞片短，内部各层苞片伸长酷似舌状花，有白、黄、橙等色，筒状花黄色，花期 7—9 月。

【生长习性】原产澳大利亚。不耐寒，忌酷热，喜阳光充足、空气干燥，宜湿润肥沃、排水良好的稍黏质土壤。

【观赏与应用】扦插、种子繁殖方式。配植花坛，作干花。

堆心菊族 Helenieae

34. 万寿菊（臭芙蓉）*Tagetes erecta* L. 菊科万寿菊属

【识别要点】一年生草本。株高 60 ～ 90 cm。茎光滑而粗壮，直立常具紫色纵纹及沟槽。叶对生，羽状全裂，裂片锯齿带芒状，全叶有油腺点，有强烈臭味。头状花序单生，具总梗，顶端棍棒状，长而中空，舌状花有细长的筒部，缘波状皱，花冠有长爪，花有乳白、黄、橙黄至橘红色，花期 6—10 月。同属相似种比较：

孔雀草（红黄草） 一年生草本。株高 20 ～ 40 cm。茎多分枝而铺散，较万寿菊矮小，细长而呈紫褐色。叶羽状全裂，裂片锯齿明显而细长。头状花序顶生，有长梗，舌状花黄色，基部具红褐

斑，有时很小，花期 6—10 月。有全为柠檬黄、橙黄色等重瓣品种。原产墨西哥。其他习性及繁殖、应用、栽培同万寿菊。

【生长习性】原产于墨西哥。稍耐寒，喜阳光充足、温暖，耐半阴，耐干旱，对土壤求不严，抗性强。

【观赏与应用】扦插、种子繁殖方式。配植春秋花坛、花境、花丛，作切花。

千里光族 Senecioneae

35. 瓜叶菊（千日莲）*Pericallis* × *hybrida* (Regel) B. Nord. 菊科瓜叶菊属

【识别要点】多年生草本，多作一二年生栽培。株高 20 ～ 90 cm，全株密被白色长柔毛。茎直立，草质。叶大，心脏状卵形，叶缘波状，掌状脉，形似黄瓜叶，茎生叶柄有长翼，基部呈耳状，基生叶无翼。头状花序多数簇生成伞房状，总苞 1 层；花除黄色外，还有蓝、紫、红、淡红及白色，具光泽，花期冬春季节。有复色及具花纹品种。

【生长习性】原产于北非加那列群岛。不耐寒，喜冬季温暖、夏季凉爽，可耐 0 ℃左右的低温，喜阳光充足、通风良好。

【观赏与应用】种子繁殖方式。盆栽，配植花坛。

金盏花族 Caleneuleae

36. 金盏花（金盏菊）*Calendula officinalis* L. 菊科金盏花属

【识别要点】一二年生草本。株高 30 ～ 60 cm，全株具毛。茎直立，有分枝、叶互生，基生叶长圆状倒卵形或匙形，具柄；全缘或有不明显锯齿，叶基部稍抱茎。头状花序单生，总苞 1 ～ 2 轮，苞片线状披针形，舌状花单轮至多轮，橘黄色或橙黄色，外围雌性，舌状，结实；花期 4—9 月。瘦果弯曲，果期 5—10 月。

【生长习性】原产地中海沿岸。较耐寒，喜冬季温暖，夏季凉爽，对土壤要求不严。

【观赏与应用】种子繁殖。配植花坛、花丛、花境，盆栽，作切花。

堆心菊族 Trib. Helenieae

37. 天人菊（美丽天人菊）*Gaillardia pulchella* Foug. 菊科天人菊属

【识别要点】一年生草本。株高 30 ～ 50 cm，全株具软毛。茎多分枝，叶近无柄，全缘或基部呈琴状裂。头状花序顶生，具长总梗，舌状花黄色，基部紫红色，先端 3 齿裂，筒状花先端成尖状，紫色，花期 6—10 月。

【生长习性】原产北美。不耐寒，耐热，耐干旱；喜阳光充足、温暖，也耐半阴，宜疏松肥沃、排水良好的土壤。

【观赏与应用】种子、扦插繁殖方式。配植花坛、花境，丛植于草坪或林缘。

38. 黑心菊 *Rudbeckia hirta* L. 菊科金光菊属

【识别要点】一年或二年生草本，高 30 ～ 100 cm。茎不分枝或上部分枝，全株被粗刺毛。下部叶长卵圆形，长圆形或匙形，上部叶长圆披针形。头状花序径 5 ～ 7 cm，有长花序梗。舌状花鲜黄色，管状花暗褐色或暗紫色。瘦果四棱形，黑褐色。花期 5—9 月。

【生长习性】喜向阳通风的环境。不耐寒，很耐旱，不择土壤，宜选择排水良好的沙壤土及向阳处栽植。

【观赏与应用】种子、扦插繁殖方式。

花朵繁盛，适合作为庭院、花境等布置材料，或布置草地边缘成自然式栽植。

39. 凤仙花（指甲花、胭脂花）*Impatiens balsamina* L. 凤仙花科凤仙花属

【识别要点】一年生草本。株高 30 ～ 80 cm。茎肉质，光滑，常与花色相关，节膨大。叶互生，阔披针形，具细齿，叶柄两侧有腺体。花单生或数朵簇生上部叶腋，花有距，花瓣 5 枚，左右对称，花期 7—9 月。栽培品种极多，花色、花形丰富。相似种比较：

①新几内亚凤仙　一年生或多年生草本，株高 15 ～ 50 cm，叶互生，披针形，叶面具各种鲜艳色彩。花腋生，有距，花色娇美可爱，观赏价值高。花期极长，几乎全年均能开花，但以春、秋、冬季较繁盛。原产新几内亚，喜温暖、半阴环境，不耐旱，强光下亦焦尖，不耐 5 ℃以下低温，华中地区需温室越冬。多不结实。盆栽或配植花坛。

新几内亚凤仙

②何氏凤仙（玻璃翠）　一年生常绿草本。株高 20 ～ 40 cm。茎叶肉质多汁，半透明，枝具红色条纹。叶具肉质短柄，下部叶互生，上部叶轮生，叶缘齿间具一刚毛。花扁平似碟，1 枚萼片延伸成细距，花期全年。有矮生品种。原产东非热带地区。喜冷爽、湿润，不耐寒，忌炎热，耐半阴，忌烈日暴晒，不耐旱，怕水涝，不择土壤。多盆栽。

何氏凤仙

【习性】原产中国、印度及马来西亚。性强健，喜温暖、炎热、阳光充足，畏寒冷，对土壤要求不严。栽培中注意防涝，保证良好的通风，极耐移植。

【观赏与应用】适宜配植花坛，或盆栽。

实训作业

学生利用课上课下实训，完成下列任务：

1. 按下列表格要求，完成常见一二年生花卉的典型特征与应用信息整理。

2. 完成常见一二年生花卉的典型特征、应用方式的图片收集与命名（图片命名要求：科序号 + 科名属名 + 种名……科序号见“被子植物纲、目和常见科一览”）。

序号	植物名称	科属	类型（人为分类）	典型特征 1	典型特征 2	生长习性（主要是温度、光照、水分要求）	应用方式（用途）	观赏特性（如观花：红色、春季）	其他
1									
2									

任务 3.3 露地宿根花卉识别与应用

微课

教学目标

教学课件

知识目标

1. 掌握常见露地宿根花卉的典型特征。2. 掌握常见露地宿根花卉的生长习性与主要繁殖方法。3. 掌握常见露地宿根花卉的园林应用方法。4. 了解非常见露地宿根花卉典型特征与应用方法。

技能目标

1. 能够正确识别常见露地宿根花卉种类。2. 能够准确描述常见露地宿根花卉的典型特征。3. 能够收集、整理常见露地宿根花卉的典型特征、应用方式的图片。4. 能够根据园林用途、生长习性正确选择露地宿根花卉。

教学建议

1. 课前，要求学生登录中国大学慕课“园艺植物识别与应用”（或其他同类在线课程）课程教学资源预习，并通过软件识别、讨论区讨论等方式，初步认识校园及附近绿地场所常见露地宿根花卉种类，建立相关植物的感性认识。2. 课中，采用问题引导、分组回答、植物标本识别、现场识别等理实一体方式进行，有效提高教学效果。3. 课后，完成中国大学慕课“园艺植物识别与应用”（或其他同类在线课程）课程的单元测验题、教材的学习引导题及“实训操作”部分作业。

学习引导

1. 某别墅户主想在自家庭院内设计一个花境，为了方便日常养护，不经常更换植物种类，想种植几种观赏价值高又容易养护的宿根花卉。对此，请你作为园艺植物爱好者，给户主推荐 10 种宿根花卉并说明推荐理由。2. 列举出常见露地宿根花卉 10 种，并说明其形态特征与应用方式。3. 比较芍药、牡丹与荷包牡丹的形态特征。4. 比较蜀葵与锦葵的形态特征。

知识与技能

宿根花卉概述

多年生花卉是指个体寿命超过两年，能多次开花结实的花卉。因其地下部分的形态发生变化与否，常分为二类：

宿根花卉指其地下部分形态正常，不发生变态的多年生草本植物。植株入冬后，根系在土壤中宿存越冬，第二年春天萌发开花，如菊花、芍药、萱草、玉簪、鸢尾等。

球根花卉指其地下的根或茎变态膨大，贮藏养分、水分，以适应度过休眠期的花卉，如水仙、百合等。

依据对环境的要求，多年生花卉分为露地多年生花卉和温室多年生花卉。

宿根花卉以分株繁殖为主。新芽少的种类可用扦插、嫁接等法繁殖。播种繁殖则多用于培育新品种。

宿根花卉一次种植可多年开花，比一二年生草花有着更强的生命力，而且节水、抗旱、省工、易管理、生产成本低，合理搭配种类、品种，完全可以达到“三季有花”的目标。

宿根花卉大多属寒冷地区生态型。可分较耐寒和较不耐寒两大类。前者可露地种植，后者需温室栽培。

宿根花卉是盛花花坛花卉的重要类型，如菊花、荷兰菊、落新妇、金鸡菊类、风铃草类等。也是花境、地被、岩石园、盆栽、基础栽植等的常用种类。

多年生花卉种类多，观赏特征丰富，用途各异，本教材按用途分开介绍。主要在室内观赏的多年生花卉在一般温室花卉、多浆多肉植物、兰科植物部分介绍；露地的水生草本植物、蕨类植物、草本地被植物和观赏草也做单独介绍。

宿根花卉识别与应用

接下来按花期从春季至秋季顺序介绍宿根花卉。

1. 芍药 *Paeonia lactiflora* Pall. 芍药科芍药属

【识别要点】多年生宿根草本，中部复叶二回三出，小叶矩形或披针形；花单生或数朵成聚伞状花序，花白、粉红等；心皮 3 ～ 5，无毛；花盘不发达；聚合蓇葖果。

【生长习性】芍药性耐寒，分布于我国西南至东北。朝鲜、日本、蒙古及俄罗斯西伯利亚和远东地区有分布。以土层深厚、湿润、排水良好的壤土最适宜，各地公园均有栽培，可供观赏。根入药。

【观赏与应用】播种繁殖，秋季播种；分株繁殖，秋季进行。芍药因其花形妩媚，花色艳丽，故占得形容美好容貌的“婥约”之谐音，名为“芍药”。有极高的观赏价值，更有相当重要的药用价值。芍药可做专类园、切花、花坛用花等，芍药花大色艳，观赏性佳，和牡丹搭配可在视觉效果上延长花期，因此，常和牡丹搭配种植。

2. 荷包牡丹（兔儿牡丹）*Lamprocapnos spectabilis* (L.) Fukuhara 罂粟科荷包牡丹属

【识别要点】多年生草本，株高 30 ～ 60 cm。具肉质根状茎。叶对生，3 出羽状复叶，多裂，被白粉。总状花序顶生，拱形，花向一边下垂，花瓣 4 枚，长约 2.5 cm，外侧 2 枚基部囊状，上部狭窄且反卷，形似荷包，玫瑰红色，里面 2 枚较瘦长突出于外，粉红色，距钝而短，花期 4—6 月。

【生长习性】原产中国北部。喜凉爽，耐寒，不耐高温，忌阳光直射，耐半阴，喜湿润，不耐干旱。

【观赏与应用】分株繁殖，早春进行；也可扦插繁殖，春、秋两季进行。配植花境、牡丹园（因其叶与牡丹叶相似），山石前丛植，盆栽。

3. 花毛茛（芹菜花、波斯毛茛）*Ranunculus asiaticus* L. 毛茛科毛茛属

【识别要点】多年生草本。株高 30 ～ 45 cm。地下具纺锤形小块根。基生叶 3 浅裂或 3 深裂，裂片倒卵形；茎生叶无叶柄，2 ～ 3 回羽状深裂。每一花葶着花 1 ～ 4 朵，花草绿色，花瓣质薄，富有光泽，有单瓣和重瓣，有黄、红、白、橙等花色，花期 4—5 月。

【生长习性】原产欧洲东南部及亚洲西南部。喜凉爽，不耐寒，冬季在 0 ℃下即受冻害，喜半阴；喜肥，喜湿润，忌积水和干旱。

【观赏与应用】球根分株繁殖、种子繁殖及组织培养繁殖。配植花坛、花带，可盆栽、切花。

4. 耧斗菜（西洋耧斗菜）*Aquilegia viridiflora* Pall. 毛茛科耧斗菜属

【识别要点】多年生草本。株高 40 ～ 80 cm。茎具细柔毛，多分枝。基生叶和茎生叶均为二回三出复叶，具长柄。数朵花生于茎端，花下垂，花瓣基部呈漏斗状，自萼片向后伸出呈距，与花瓣等长，花紫、蓝或白色，花期 5—7 月。有许多变种和品种，如大花、红花、斑叶、重瓣等。

【生长习性】原产于中欧、西伯利亚及北美。极耐寒，忌热。其他同加拿大耧斗菜。

【观赏与应用】播种、分株繁殖。配植花境、岩石园；丛植于林缘疏林下或湿润草地。

5. 紫茉莉（晚饭花、胭脂花）*Mirabilis jalapa* L. 紫茉莉科紫茉莉属

【识别要点】多年生草本。株高 60 ～ 100 cm。茎直立，多分枝。叶对生，卵状三角形，先端尖。花数朵簇生总苞上，生于枝顶，有红、橙、黄、白等色或有斑纹及二色相间等；花傍晚开放，清晨凋谢，具清香，花期夏、秋季节。果黑色，圆形，表面皱缩如核，形似地雷。

【生长习性】原产美洲热带。喜温暖、湿润，不耐寒，喜半阴，不择土壤。

【观赏与应用】播种繁殖，春季播种；分株繁殖，秋季进行。庭园丛植，暖地地被。

6. 虎耳草 *Saxlfraga stolonifera* Meerb. 虎耳草科虎耳草属

【识别要点】多年生草本。株高 15 cm，全株被疏毛。有细长匍匐茎，其稍着地可生根另成单株。叶成束基生，绿色，带白色条状脉，叶背及叶柄紫色，柄长，叶肾形，具浅齿。圆锥花序，花小，白色。有花叶变种，叶较小，边缘具粉红色斑纹。

【生长习性】原产中国及日本。喜凉爽湿润，不耐高温及干燥，不耐寒，喜半阴，宜排水好的土壤。宜栽于阴湿处。夏、秋炎热季节休眠，入秋后恢复生长。

【观赏与应用】分株繁殖，夏季分株。铺植阴湿处作为地被，配植于岩石园，植吊盆，室内观叶或作山石盆景的装饰材料。

锦葵科常见栽培供观赏 5 属检索表

1. 分果	2
1. 蒴果，花柱分枝与心皮同数	木槿属
2. 花柱分枝与心皮同数，分果非肉质	3
2. 花柱分枝为心皮 2 倍，小苞片 7 ～ 12；分果肉质，干后分裂	悬铃花属
3. 子房每室 2 ～ 9 胚珠，花无小苞片	苘麻属
3. 子房每室 1 胚珠，小苞片 3 ～ 9	4
4. 小苞片 3，分离	锦葵属
4. 小苞片 6 ～ 9，基部合生	蜀葵属

7. 锦 葵 *Malva cathayensis* (M. G. Gilbert), Y. Tang & Dorr 锦葵科锦葵属

【识别要点】二年生草本。茎被粗毛，少分枝。叶圆心形或肾形浅裂，裂片先端圆钝，掌状叶脉。花簇生叶腋；总苞片 3 枚，离生，花萼钟形，被柔毛，花瓣具淡色纵条纹，分果扁球形。花期 5—10

月，果期 8—11 月。

【生长习性】原产亚洲、欧洲及北美。耐寒，耐干旱，不择土壤，以沙质土壤最为适宜。生长势强，喜阳光充足。

【观赏与应用】播种或分株繁殖，均在秋末或初春进行。用于花坛、花境，或作为背景材料。可用来做香茶。

8. 蜀葵（蜀季花、熟季花）*Althaea rosea* (Linn.) Gavan. 锦葵科蜀葵属

【识别要点】多年生草本，常作二年生栽培。全株被柔毛。茎无分枝或少分枝。叶互生，具长柄，近圆心形，掌状浅裂或波状角裂，具齿，叶面粗糙多皱。花大，腋生，聚成顶生总状花序；副萼合生；花期 7—9 月。

【生长习性】喜冷爽、向阳环境，耐寒，也耐半阴；宜肥沃，排水好的土壤。

【观赏与应用】播种繁殖，春、秋均可；也可用扦插、分株繁殖，秋季进行。作园林背景材料，用于花境，墙边栽植。

9. 赤胫散（清饭藤）*Polygonum runcinatum* var. *sinense* (Hemsl.) BoLi 蓼科蓼属

【识别要点】多年生蔓性草本。全株有酸味。茎浅红色，具红色而膨大的节。叶椭圆形，叶面有人字形暗紫色纹，叶脉紫红色，叶柄浅红色。头状花序，花小，白色或粉红色，花期 8—9 月。果熟时浅蓝色，半透明，汁多，味酸可食，果期 10 月。

【生长习性】原产中国西南、华南地区，湖南和江西也有。喜光，忌暴晒，喜温暖湿润，不耐旱。

【观赏与应用】播种繁殖。用于地被植物、垂直绿化。

10. 何首乌 *Polygonum multiflora* (Thunb.) Nakai 蓼科何首乌属

【识别要点】多年生缠绕草本。茎基部木质化，多分枝，中空。叶卵形，基部心形。花序圆锥状，花小，白色，花期 8—9 月。

【生长习性】原产于中国，广布各省。喜光，耐半阴，耐寒，喜湿润，不耐涝。播种繁殖，也可扦插繁殖。适应性强，管理简便。

【观赏与应用】播种、扦插繁殖，春季进行；分株繁殖，秋季进行。宜做垂直绿化。

11. 皱叶椒草（皱叶豆瓣绿、皱纹椒草）*Peperomia caperata* Yunck. 胡椒科草胡椒属

【识别要点】多年生常绿草本。株高 20 cm。叶丛生，具红色或粉红色长柄，长椭圆形至心形，深暗绿色，柔软，表面皱褶，整个叶面呈细波浪状，有天鹅绒般的光泽，叶背灰绿色。夏、秋抽出长短不等的穗状花序，黄白色。常见种和栽培品种：

①绿波皱叶椒草　较矮小，竖直的叶子密集丛生，叶脉间叶肉突出，极皱，有光泽。

②三角皱叶椒草 叶子较小，中心部浓绿色，周围嵌入白色斑。

③花叶豆瓣绿（乳纹椒草、圆叶椒草） 多年生常绿蔓性草本。茎短，直立，褐绿色，肉质。叶丛生茎上，宽卵形，有黄白色花斑。菊翠椒草的变种，较原种耐寒，盆栽观赏。

【生长习性】原产巴西。喜温暖、半阴，宜排水好的土壤。耐干旱，浇水不宜过多，尤其秋、冬季要减少浇水。

【观赏与应用】扦插、分株繁殖。盆栽，室内观叶。

12. 冷水花 *Pilea notata* C.H. Wright 荨麻科冷水花属

【识别要点】多年生草本。茎肉质，无毛。叶对生，2 枚稍不等大；叶柄每对不等长；叶片膜质，狭卵形，先端渐尖或长渐尖，钟乳体条形，在叶两面明显而密，在脉上也有；基出脉 3 条。雌雄异株；雄花序聚伞状；雄花花被片 4，雄蕊 4，花药白色；雌花序较短而密，花被片 3，狭卵形，外面具钟乳体。

【生长习性】原产越南，多分布于热带地区。喜温暖湿润的气候条件，怕阳光暴晒，在疏荫环境下叶色白绿分明，节间短而紧凑，叶面透亮并有光泽。比较耐寒，冬季室温低于 6 ℃会受冻。

【观赏与应用】多用扦插方法，春、秋两季均可进行。耐阴，可作室内绿化材料，配植花坛、花境，或盆栽。具吸收有毒物质的能力，适于在新装修房间内栽培。

13. 旱金莲 *Tropaeolum majus* L. 旱金莲科旱金莲属

【识别要点】多年生草本，常作一二年生栽培。茎细长半蔓性或倾卧。叶互生，具长柄，似莲叶而小，叶面被蜡质层。花单生叶腋，梗细长，花瓣具爪，萼片中有 1 枚延伸成距，花有乳白、乳黄、紫红和橘红等色，花期 7—9 月，或 2—3 月。有重瓣、无距、具网纹及斑点等品种。

【生长习性】原产南美。喜温暖湿润、阳光充足，不耐寒，稍耐阴；在肥沃而排水好的土壤中生长良好。越冬温度 10 ℃以上。

【观赏与应用】播种繁殖，春、秋季进行；也可扦插繁殖，春季进行。铺植作为地被，或配植花坛、盆栽。

14. 菊花（秋菊、九花）*Chrysanthemum* × *morifolium* (Ramat.) Hemsl. 菊科茼蒿属

【识别要点】多年生草本。株高 60 ～ 150 cm。茎直立，基部半木质化。叶互生，有柄，卵形至披针形，深裂或浅裂，具锯齿。头状花序单生或数朵集生于枝顶端，微有香气，花的大小、颜色及形态极富变化，花期也因品种而异。常见分类有：

（1）依植株高矮分类 按菊株高矮分为：高（1 m 以上）、中（0.5 ～ 1 m）、矮（0.2 ～ 0.5 m）

3 类。

（2）**依花期分类** 按开花季节不同，分为春菊、夏菊、秋菊、冬菊及“五九”菊等。秋菊按花期又分为早、中、晚 3 类。

（3）**依瓣分类** 1982 年中国园艺学会在上海召开的全国菊花品种分类学术讨论会，将秋菊中的大菊分为 5 个瓣类，30 个花型和 13 个亚型。现列举如下：平瓣类、匙瓣类、管瓣类、桂瓣类、畸瓣类。

（4）**依种型分类** 根据品种演化次序和栽培、应用进行分类，具体分法如下：①小菊系（在正常栽培状况下花径小于 6 cm）；②中、大菊系（在自然栽培状况下花径大于 6 cm）：a. 瓣子花类（舌状花以平瓣为主）；b. 管子花类（舌状花为管瓣）；c. 桂瓣花类（筒状花呈托桂状）；d. 畸形花类（小花密生毛刺及先端开裂若龙爪等）。

（5）**依自然花期分类** 夏菊：花期 6—9 月；秋菊：10—11 月；寒菊：12 月至翌年 1 月。

（6）**依花直径分类** 大菊：花径 10 cm 以上；中菊：6—10 cm；小菊：6 cm 以下。

【生长习性】菊花为高度杂交种，为世界切花之王，品种极多。原种均产于中国及日本。喜凉爽、较耐寒，地下根茎耐旱，最忌积涝。

【观赏与应用】播种、扦插或嫁接繁殖，均在春季进行。配植花境、岩石园；丛植，地被栽植，室内盆栽，制盆景。“寒花已开尽，菊蕊独盈枝”，菊花是中国传统十大名花，也是著名的切花，品种很多，是我国 10 月后最重要的露地装饰植物，好品种可放室内观赏。全国各地每年都举办菊花品种展，包括菊花优异品种和菊花装饰两种形式。

15. 接骨草 *Sambucus javanica* Reinw. ex Blume
忍冬科接骨木属

【识别要点】高大草本或亚灌木；茎有棱条，羽状复叶的托叶状；小叶片互生或对生，狭卵形，先端长渐尖，基部钝圆，两侧不等，边缘具细锯齿。复伞形花序顶生，总花梗基部托以叶状总苞片，纤细，可孕性花小；萼筒杯状，萼齿三角形；花冠白色，花药黄色或紫色；果实红色，近圆形，表面有小疣状突起。4—5 月开花，8—9 月结果。

【生长习性】分布于中国陕西、甘肃、江苏、安徽、浙江、江西、福建等地区。生于海拔 300 ～ 2 600 m 的山坡、林下、沟边和草丛中，亦有栽种。适应性较强，对气候要求不严；喜向阳，但又能稍耐阴。以肥沃、疏松的土壤栽培为好。

【观赏与应用】分株、种子繁殖，露地穴栽，观花、观果。

16. 芭蕉 *Musa basjoo* Siebold & Zucc. ex Linuma
芭蕉科芭蕉属

【识别要点】多年生高大草本。株高 4 ～ 8 m。

假茎由叶螺旋状排列，叶鞘复叠成树干状而成。叶巨大，长椭圆形，中脉粗壮隆起，侧脉羽状平行于其长柄。肉穗状花序顶生，大苞片佛焰苞状，具槽，红褐色，花期夏季。果实肉质，种子多数长三棱形，有时 4 ～ 5 角棱，不可食。

【生长习性】原产于亚洲热带地区，较香蕉耐寒，长江流域可露地包裹过冬。芭蕉喜温暖、湿润的气候，生长温度 15 ～ 35 ℃，适温为 24 ～ 32 ℃，绝对最高温不宜超过 40 ℃，绝对最低温不宜低于 4 ℃。要求土层深厚，疏松肥沃，排水良好的土壤，而以沙壤土，pH 5.5 ～ 6.5 最为适宜。

【观赏与应用】分株繁殖，春季进行。庭院或室内栽植。

17. 玉簪 *Hosta plantaginea* (Lam.) Asch. 百合科玉簪属

【识别要点】多年生草本。株高 40 cm。叶基生成丛，具长柄，叶柄有沟槽，叶片卵形至心形，基部心形，弧形脉。顶生总状花序，高出叶丛，花被筒长，下部细小，形似簪，小花漏斗形，白色，具浓香，花期 6—10 月，傍晚开放，次日晚凋谢。常见种、变种比较：

银边玉簪

①重瓣玉簪　叶较玉簪肥厚。花重瓣，香气淡。

②花叶玉簪（皱叶玉簪、波叶玉簪）　多年生草本。叶基生成丛，与其他种的区别为，其叶卵形，叶缘波状，叶面有乳黄或白色纵纹。花葶高于叶面，花淡紫色，较小，花期 7—8 月。

花叶玉簪

③紫萼（紫花玉簪）　多年生草本。外形似玉簪，不同点为：本种叶较窄小，长卵形，质薄，叶基部常下延呈翼状，叶柄沟槽浅。花淡紫色，状小，无香味，白天开放。

紫萼

【生长习性】原产于中国。性强健，耐寒，喜阴湿；忌强光直射。对土壤要求不严。喜疏松、肥沃、排水好的沙质土壤。

【观赏与应用】分株繁殖，春季进行；也可播种繁殖，春秋进行。可作林下地被及阴处的基础种植，也可盆栽观赏，切叶用。

18. 万年青（九节莲、冬不凋草）*Rohdea japonica* (Thunb.) Roth 百合科万年青属

【识别要点】多年生常绿草本。株高 50 cm 左右。具短粗根茎。叶丛生，倒阔披针形，全缘，端急尖，基部渐狭，叶脉突出，叶缘波状，革质有光泽。花葶短于叶丛，顶生穗状花序，花小密集，球状钟形，淡绿白色，花期 6—7 月。浆果球形，鲜红色，经久不凋，果熟 9—10 月，有银边变种。

【生长习性】原产于中国及日本。喜温暖，较耐寒，喜半阴及湿润环境，忌强光照射；喜疏松、肥沃的微酸性土壤。

【观赏与应用】分株、播种繁殖，春季进行；也可扦插繁殖，春夏进行。是极好的疏林下地被，可盆栽或作切叶。

19. 射干 *Belamcanda chinensis* (L.) Redouté 鸢尾科射干属

【识别要点】多年生草本。株高 50 ～ 110 cm。具地下根茎和匍匐枝。叶基生，2 列互生排成一个平面，宽剑形，扁平，稍被白粉。二歧状伞房花序顶生，花被片 6 枚，基部合生成极短的筒，橙红至橘黄色、外轮被片有红色斑点而开展，内轮被片稍小，花谢后花被片旋转状，花期 6—8 月。

【生长习性】原产于中国及日本、朝鲜。性强健，适应性强；耐寒力强，喜阳光充足的干燥环境，不择土壤，在湿润、排水好，中等肥力的沙质壤土上生长良好。

【观赏与应用】种子繁殖，秋季进行。配植花坛、花境；可丛植、盆栽，可用于切花。

20. 其他宿根植物

菊科　雪叶菊

唇形科　墨西哥鼠尾草

茄科　观赏辣椒

茄科　五色椒

茄科　舞春花

旋花科　圆叶牵牛

马鞭草科　美女樱

菊科　一枝黄花

菊科　银叶菊

菊科　黄金菊

菊科　白晶菊

菊科 大花金鸡菊

菊科 吴风草

菊科 大吴风草

菊科 花环菊

菊科 南非万寿菊

菊科 千叶蓍草

菊科 勋章菊

菊科 亚菊

禾本科 薏苡

百合科 火炬花

山矾科 矾根

毛茛科 铁线莲

鸭跖草科 饭包草

鸭跖草科 鸭跖草

百合科 玉蝉花

唇形科 迷迭香

鸢尾科 雄黄兰

柳叶菜科　山桃草

菊科　大滨菊

菊科　松果菊

鸢尾科　蝴蝶花

马鞭草科　柳叶马鞭草

玄参科　钓钟柳

鸢尾科　唐菖蒲

唇形科　筋骨草

茄科　花烟草

实训作业

1. 按下列表格要求，完成常见宿根花卉的典型特征与应用信息整理。

2. 完成常见宿根花卉的典型特征、应用方式的图片收集与命名（图片命名要求：科序号 + 科名属名 + 种名……科序号见“被子植物纲、目和常见科一览”）。

序号	植物名称	科属	类型（人为分类）	典型特征 1	典型特征 2	生长习性（主要是温度、光照、水分要求）	应用方式（用途）	观赏特性（如观花：红色、春季）	其他
1									
2									

微课

任务 3.4　露地球根花卉识别与应用

教学目标

教学课件

知识目标

1. 掌握常见露地球根花卉的典型特征。2. 掌握常见露地球根花卉的生长习性与主要繁殖方法。3. 掌握常见露地球根花卉的园林应用方法。4. 了解非常见露地球根花卉典型特征与应用方法。

技能目标

1. 能够正确识别常见露地球根花卉种类。2. 能够准确描述常见露地球根花卉的典型特征。3. 能够收集、整理常见露地球根花卉的典型特征、应用方式的图片。4. 能够根据园林用途、生长习性正确选择露地球根花卉。

教学建议

1. 课前，要求学生登录中国大学慕课“园艺植物识别与应用”（或其他同类在线课程）课程教学资源预习，并通过软件识别、讨论区讨论等方式，初步认识校园及附近绿地场所常见露地球根花卉种类，建立相关植物的感性认识。2. 课中，采用问题引导、分组回答、植物标本识别、现场识别等理实一体方式进行，有效提高教学效果。3. 课后，完成中国大学慕课“园艺植物识别与应用”（或其他同类在线课程）课程的单元测验题、教材的学习引导题及“实训操作”部分作业。

学习引导

1. 某别墅户主想在自家庭院内设计一个花境，为了方便日常养护，不经常更换植物种类，因此想种植几种观赏价值高又容易养护的球根花卉。对此，请你作为园艺植物爱好者，给户主推荐 5 ～ 10 种球根花卉并说明推荐理由。2. 列举出常见球根花卉 10 种，并说明其形态特征与应用方式。

球根花卉概述

球根花卉是指地下的根或茎变态膨大，贮藏养分、水分，以渡过休眠期的花卉。按形态的不同分为 5 类：

①**鳞茎类** 如水仙、郁金香、百合等。
②**球茎类** 如唐菖蒲、香雪兰等。
③**块茎类** 如仙客来、马蹄莲等。
④**根茎类** 如美人蕉、鸢尾等。
⑤**块根类** 如大丽花、花毛茛等。

球根花卉有两个主要原产地区：一是以地中海沿岸为代表的冬雨地区（秋植型）。秋、冬、春降雨，是生长季，春季开花，而夏季干旱，是休眠季节。这类球根花卉较耐寒、喜凉爽气候而不耐炎热，如郁金香、水仙、百合、仙客来、风信子等。二是以中南非洲为代表的夏雨地区（春植型）。夏季雨量充沛，由春至秋为生长季，夏季开花，而冬季干旱或寒冷，是冬季休眠。此类球根花卉要求较高温度，不耐寒。如美人蕉、唐菖蒲、大丽花等。

球根花卉多要求日照充足、不耐水湿（水生和湿生者除外），喜疏松肥沃、排水良好的沙质壤土。

球根花卉种类丰富，花色艳丽，花期较长，栽培容易，适应性强，是园林布置中比较理想的一类植物材料。荷兰的郁金香、风信子，日本的麝香百合，中国的中国水仙和百合等，在世界广泛享有盛誉。球根花卉常用于花坛、花境、岩石园、基础栽植、地被、美化水面（水生球根花卉）和点缀草坪等，很多种类是室内观赏。又多是重要的切花花卉，每年有大量生产，如唐菖蒲、郁金香、百合、晚香玉等。宿根花卉还可盆栽，如仙客来、水仙、大丽花、朱顶红、球根秋海棠等。

球根花卉识别与应用

接下来按花期从春季至秋季、同科集中的顺序介绍露地栽培、布置的球根花卉。室内观赏的球根花卉在温室花卉中介绍。

百合科常见属检索表

1. 植株具鳞茎 …………	2
1. 植株具根状茎，无鳞茎 …………	3
2. 花药丁字着生；叶常多于 5 枚；花 1 至数朵 …………	百合属
2. 花药基着；叶常 2 ～ 5 枚；花常单朵顶生 …………	郁金香属
3. 叶鳞片状；叶 2 ～ 10 枚簇生 …………	天门冬属
3. 叶较大 …………	4
4. 蒴果 …………	5
4. 浆果 …………	9
5. 叶肉质，厚实坚挺，边缘常有硬齿，细齿或刺 …………	6
5. 叶质地较薄，常全缘 …………	7

6. 伞形或总状花序，花被筒状，外轮 3 枚合生至中部 …………………………… 芦荟属
6. 圆锥花序，花被钟状，离生 …………………………………………………… 丝兰属
7. 叶常宽大，有柄；总状花序顶生 ……………………………………………… 玉簪属
7. 叶带状或条形，常无叶柄；花序生叶丛间 ………………………………………… 8
8. 蒴果未熟时开裂；成熟种子核果状；子房半下位 ………………………… 沿阶草属
8. 蒴果三棱形，熟后开裂；种子扁平；子房上位 ……………………………… 吊兰属
9. 乔木或灌木状植物，茎多少木质化；叶常聚生茎上部或顶端，圆锥花序 ………… 10
9. 茎草质；叶基生或茎生；花单生，或为总状、稀圆锥花序 …………………………… 11
10. 叶柄长 1 ~ 6 cm 或不明显；子房每室 1 ~ 2 胚珠 …………………………… 龙血树属
10. 叶柄长 10 ~ 30 cm 或更长；子房每室多胚珠 ……………………………… 朱蕉属
11. 花单朵从根状茎生出，近地面 ………………………………………… 蜘蛛抱蛋属
11. 花组成花序，从叶丛中生出，高出地面 …………………………………………… 12
12. 叶质厚，坚挺，有深绿色横斑纹 …………………………………………… 虎尾兰属
12. 叶柔软，3 ~ 8 枚簇生，无横纹 …………………………………………… 吉祥草属

1. 郁金香（洋荷花）*Tulipa × gesneriana* L. 百合科郁金香属

【识别要点】多年生球根花卉。鳞茎圆锥形而一侧铺平。叶基生，3 ~ 5 枚，披针形全缘。花大，单生茎顶，直立，杯状，雄蕊 6，等长；柱头鸡冠状，无花柱，有红、黄、白、紫、褐等色，花期 3—5 月。现在栽培的郁金香是经过近百年人工杂交，由多亲本参加的杂种，品种达 8 000 个，花型、花色、花期、株形有很大变化。

【生长习性】原产地中海沿岸、中亚伊朗，中国新疆。喜夏季凉爽湿润，冬季温暖、干燥，耐寒，喜光，耐半阴，喜富含腐殖质、肥沃、而排水好的沙质壤土。

【观赏与应用】播种繁殖，秋季播种；分球繁殖，早春进行。郁金香是世界著名的球根花卉，还是优良的切花品种，种植面积很大。花卉刚劲挺拔，叶色素雅秀丽，荷花似的花朵端庄动人，惹人喜爱。在欧美被视为胜利和美好的象征。是荷兰、伊朗、土耳其等许多国家的国花。可用于花坛、花境、林缘及草坪边丛栽，盆栽室内观赏。

2. 风信子（洋水仙、五色水仙）*Hyacinthus orientalis* L. 百合科风信子属

【识别要点】多年生球根花卉。鳞茎近圆球形，外被皮膜，具光泽，其色常与花色相关，为紫、蓝、粉或白色。叶基生，肥厚带状。花茎中空，从叶丛中抽出，高 15 ~ 45 cm。总状花序密生小花，呈长圆柱状，小花钟状，斜向或下垂，花被基部膨大，上部 4 裂反卷，重瓣或单瓣，为白、粉、红、紫、蓝等色，花期 3—4 月。栽培品种极丰富。

【生长习性】原产南欧、地中海东部沿岸及小亚细亚。喜凉爽，不耐寒，宜湿润及阳光充足气候。

要求富含腐殖质、排水好的沙壤土，喜肥。秋季发根萌芽，早春抽叶开花，盛夏茎叶枯黄，鳞茎休眠并分化花芽。

【观赏与应用】播种繁殖，秋季播种；分球繁殖，早春进行。可用于花坛、花境、草坪及林缘栽植，也可盆栽或水养观赏，常用于切花。为世界著名球根花卉。

葡萄风信子

3. 百合 *Lilium brownii* var. *viridulum* Baker 百合科百合属

【识别要点】多年生球根花卉。株高 60 ～ 120 cm。鳞茎扁球形，黄白色。茎直立，被紫晕。叶着生茎中部以上，越向上越明显变小，上部叶苞片状，披针形。花平伸，喇叭形，1 ～ 4 朵，花药褐红色，花柱极长；花被乳白色，背面中脉带紫褐色纵条纹，味芳香，蜜腺两侧有小乳头状突起，花丝中部以下密被柔毛，花期 5—6 月。相似种比较：

麝香百合（铁炮百合、复活节百合）多年生球根花卉。鳞茎球形至扁球形，鳞片抱合紧密。茎绿色无斑点。叶散生，狭披针形。花单生或 2 ～ 3 朵生于短花梗上，平伸或稍下垂，蜡白色，基部有绿色晕，花被筒长，上部扩张呈喇叭状，味浓香，花

东方百合

丝无毛，花期 5—6 月。变种及品种很多。不耐寒，适应性差。主要作切花。

【生长习性】原产于我国南部沿海及西南地区，陕西、向南及向北有分布，喜凉爽、湿润，耐寒，不耐热；喜半阴，要求深厚、肥沃、排水好的沙质壤土。

【观赏与应用】以分球、株芽繁殖为主，均在秋季进行，也可播种繁殖。可用于花境、丛植林下及草坪边缘，是重要的切花种类，宜在花蕾初开时剪取，并除去花药，防止污染，延长切花寿命。百合花大而精美，品种多，每年产量很高，是最受人们喜欢的几种花之一。其鳞茎广泛食用。

4. 萱草（忘忧草）*Hemerocallis fulva* L. 百合科萱草属

【识别要点】多年生草本。块根白肉质肥大，根茎短。叶基生，排成 2 列状，长带形，稍内折。花葶自叶丛中抽出，状粗，高于叶面，可达 100 cm。圆锥花序顶生，着花 8 ～ 12 朵，小花冠漏斗形，橘红色，花瓣中部有褐红色“∧”形斑纹，花期 6—7 月，早上开放，晚上凋谢、味芳香，有许多变种。同属相似种、变种比较：

①大花萱草　花大。

②重瓣萱草　又名千叶萱草，花橘红色，半重瓣。花葶着花 6 ～ 14 朵，无香气。此外，还有长筒萱草、斑花萱草等。

③金针菜（黄花菜）多年生草本植物，高 30 ～ 65 cm。根簇生，肉质，根端膨大成纺锤形。叶基生，狭长带状，下端重叠，向上渐平展，全缘，中脉于叶下面凸出。花茎自叶腋抽出，茎顶分枝开花，有花数朵，大，黄色，漏斗形，花被 6 裂。蒴果，椭圆形。花期夏季。阳性植物，耐半阴，耐寒。幼蕾所含的胡萝卜素甚至超过西红柿的几

倍。因含有丰富的卵磷脂，有较好的健脑、抗衰老功效。

【生长习性】原产于中国南部。性强健，耐寒，耐干旱，不择土壤，喜光，耐半阴。在深厚、肥沃、湿润且排水好的沙质土壤上生长良好。

【观赏与应用】播种繁殖，秋季播种；分球繁殖，早春进行。萱草可用于花境、丛植，也可作疏林下地被。

5. 朱顶红 *Hippeastrum Striatum* Herb. 石蒜科朱顶红属

【识别要点】多年生球根花卉。具肥大鳞茎，外皮膜黄褐色或淡绿色，常与花色深浅有相关性。叶基生，两侧对生，6～8枚，略肉质，扁平带状。花葶自叶丛外侧抽出，粗壮中空，扁圆柱形，伞形花序，着花3～6朵，花大形，漏斗状，花被片具筒，花红色，中心及近缘处具白条纹，或花白色，具红紫色条纹，花期春夏季节。

【生长习性】原产于秘鲁。喜温暖湿润，光照适中，冬季休眠期要求冷凉、干燥，忌水涝，喜疏松、肥沃、富含腐殖质的沙质土。

【观赏与应用】播种、扦插和分球繁殖均可，在春秋两季进行。华南、西南地区、长江流域可庭园丛植或用于花境，北方盆栽。或作切花，花蕾将开放时连花梗切取。

6. 葱莲 *Zephyranthes candida* (Lindl.) Herb. 石蒜科葱莲属

【识别要点】多年生常绿球根花卉。株高10～20 cm。小鳞茎狭卵形，颈部细长。叶基生，线形，宽3～4 mm，具纵沟，稍肉质，暗绿色。花葶自叶丛一侧抽出，顶生一花，苞片白色膜质。或漏斗状，无筒部，白色或外侧略带紫红晕，花期7—10月。

【生长习性】喜温暖、湿润，稍耐寒，喜光照充足，耐半阴，要求排水好、肥沃的黏质土壤。

【观赏与应用】播种繁殖，秋季播种；分株繁殖，早春进行。配植花坛、花境，丛植草坪上或沿路边种植，花期长，或作为地被，盆栽观赏。

7. 大丽花（大丽菊）*Dahlia pinnata* Cav. 菊科大丽花属

【识别要点】多年生球根花卉。具粗大纺锤状肉质块根。茎光滑粗壮，直立而多分枝。叶对生，大形，1～2回羽状裂，具粗钝锯齿，总柄微带翅状。头状花序顶生，有长花序梗，常下垂，舌状花1层，管状花黄色，花期6—10月。花有白、黄、橙、红、紫等色，并有复色品种及矮生品种。

【生长习性】原产于墨西哥。不耐寒，忌暑热，喜高燥、凉爽，要求阳光充足、通风良好，忌积水。短日照下开花。

【观赏与应用】播种、分株繁殖，秋季进行；扦插繁殖，夏季进行。为世界栽培最广的观赏植物之一，约3 000个栽培品种。配植花坛、花境；庭院丛植，盆栽；切花。

8. 美人蕉（小花美人蕉、小芭蕉）*Canna indica* L. 美人蕉科美人蕉属

【识别要点】多年生球根花卉。株高1.5 m以上。具根茎。茎绿色。叶长椭圆形，两面绿色，光滑。总状花序着花疏散，花较小，常2朵聚生，雄蕊瓣化，瓣3枚狭窄直立，鲜红色，唇瓣橙黄色，具红色斑点，花期7—8月。同属种比较：

大花美人蕉 *Canna×generalis* Bailey 又名法美人蕉，是美人蕉的改良种，株高1.5 m，茎叶均被白粉，叶大，阔椭圆形，长40 cm左右，宽20 cm左右总花梗长，花大，色彩丰富，花萼、花瓣被白粉，瓣化瓣直立不弯曲。

紫叶美人蕉 *C.warscewiczii* A.Dietr. 株高1 m左右，茎叶均紫褐色，总苞褐色，花萼及花瓣均紫红色，瓣化瓣深紫红色，唇瓣鲜红色。美人蕉的果实为略似球形的蒴果，有瘤状突起，种子黑色，坚硬。

花叶美人蕉

紫叶美人蕉

【生长习性】喜温暖和充足的阳光，耐旱、耐湿，可以栽种在水中。对土壤要求不严，在疏松肥沃、排水良好的沙土壤中生长最佳。

【观赏与应用】播种繁殖，块茎繁殖，均在春季进行。可盆栽，也可旱地栽植，装饰花坛，也可作为水边、水中绿化。

9. 百子莲（百子兰、紫君子兰）*Agapanthus africanus* Hoffmgg. 石蒜科百子莲属

【识别要点】多年生草本。株高80～100 cm。叶基生，二列状排列，带状，光滑，浓绿色。花葶粗壮直立，高于叶丛，顶生伞形花序，小花多，钟状漏斗形，尖端弯曲下垂，鲜蓝色，花期7—8月。栽培品种及变种有不同大小的花、重瓣、花叶、白色及不同深浅蓝色的类型。

【生长习性】原产于南非。喜冬季温暖湿润，夏季凉爽环境，不耐寒，宜半阴，对土壤要求不严。

【观赏与应用】常用分株繁殖法、播种繁殖法。花型秀丽，花色鲜蓝，配植于花坛中心，盆栽，或作切花，小花将开放时剪切为宜。

10. 石蒜（红花石蒜、老鸦蒜）*Lycoris radiata* (L'Hér.) Herb. 石蒜科石蒜属

【识别要点】多年生球根花卉。鳞茎广椭圆形。叶丛生，线形，深绿色，叶两面中央色浅，于秋季花后抽出。花葶高30～60 cm，顶生伞形花序，着花5～12朵，花被片狭长倒披针形，边缘皱缩呈波状，显著反卷，雄蕊及花柱伸出花冠外，比花被长1倍，与花冠同为红色，花期7—9月，先花后叶。有多个品种。

相似种忽地笑多年生球根花卉。鳞茎卵形；叶

忽地笑

石蒜与忽地笑叶片比较

剑形，较石蒜宽、长很多；伞形花序，有花 4 ～ 8 朵，花黄色；花被裂片背面具淡绿色中肋，雄蕊略伸出于花被外，花丝黄色；蒴果具三棱，室背开裂；种子少数，近球形。

【生长习性】原产中国长江流域及西南地区。耐寒性强，喜阴，夏季休眠。能忍受的高温极限为日平均温度 24 ℃；喜湿润，也耐干旱。

【观赏与应用】播种繁殖，分球繁殖，春、秋两季均可。非常耐寒，是很适宜冬季生长的露地草本植物，配植于花坛中心，盆栽。

实训作业

学生利用课上课下实训，完成下列任务：

1. 按下列表格要求，完成常见球根花卉的典型特征与应用信息整理。

2. 完成常见球根花卉的典型特征、应用方式的图片收集与命名（图片命名要求：科序号 + 科名属名 + 种名……科序号见“被子植物纲、目和常见科一览”）。

序号	植物名称	科属	类型（人为分类）	典型特征 1	典型特征 2	生长习性（主要是温度、光照、水分要求）	应用方式（用途）	观赏特性（如观花：红色、春季）	其他
1									
2									

任务 3.5　露地水生花卉识别与应用

微课

教学目标

教学课件

知识目标

1. 掌握常见露地水生花卉的典型特征。2. 掌握常见露地水生花卉的生长习性与主要繁殖方法。3. 掌握常见露地水生花卉的园林应用方法。4. 了解非常见露地水生花卉典型特征与应用方法。

技能目标

1. 能够正确识别常见露地水生花卉种类。2. 能够准确描述常见露地水生花卉的典型特征。3. 能够收集、整理常见露地水生花卉的典型特征、应用方式的图片。4. 能够根据园林用途、生长习性正确选择露地水生花卉。

教学建议

1. 课前，要求学生登录中国大学慕课“园艺植物识别与应用”（或其他同类在线课程）课程教学资源预习，并通过软件识别、讨论区讨论等方式，初步认识校园及附近绿地场所常见露地水生花卉种类，建立相关植物的感性认识。2. 课中，采用问题引导、分组回答、植物标本识别、现场识别等理实一体方式进行，有效提高教学效果。3. 课后，完成中国大学慕课“园艺植物识别与应用”（或其他同类在线课程）课程的单元测验题、教材的学习引导题及“实训操作”部分作业。4. 检查学生拍摄的植物图片与命名整理状况。检查方法是要求学生把整理好的植物图片设置成中等图标大小，截图发班级群。老师做评讲，不符合要求的，提出来改正。表扬表现好的学生，鼓励大家不断提高。

学习引导

1. 列举常见挺水植物 8 种，并比较其特征与种植要点。2. 列举常见浮水植物 5 种，并比较其特征与种植要点。3. 比较再力花、梭鱼草的形态特征。

知识与技能

露地水生花卉概述

露地水生花卉是生长在水中且观赏价值较高的植物。依其与水的关系可将其分为 4 种类型：

（1）**挺水植物** 如荷花等。

（2）**沉水植物** 如金鱼藻等。

（3）**漂浮植物** 如凤眼莲等。

（4）**浮水植物** 如睡莲等。

水生花卉的形态和生理机能特点是植物体的通气组织发达，在水面以上的叶片大，在水中的叶片小，常呈带状或丝状，叶片薄，表皮不发达；根系不发达。

水生花卉大多数是多年生植物，在长三角地区，冬季露地的植株茎叶枯死，夏、秋季是观赏叶和花的主要季节。

水生花卉分露地配植和温室观赏，这里介绍露地配植的水生花卉。水生花卉主要配植在水中、水边。能够生长在水边的花卉还有许多。也可以种植在水缸中（缸底没有洞），水缸可以放置在很多环境中。少数树木可以正常生长在水中，如池杉、红树等。可以生长在水边的树木就多了，如水杉、落羽杉、墨西哥落羽杉、垂柳、枫杨等。这些树木也经常跟水生植物一起配植在水中、水边。

露地水生花卉识别与应用

1. 莲（荷花、荷）*Nelumbo nucifera* Gaertn. 睡莲科莲属

【识别要点】多年生挺水植物。根状茎（藕）肥厚多节，节间内有多数孔眼。叶盾状圆形，上被蜡质，蓝绿色，有带刺，长叶柄挺出水面。花大，单生于花梗顶端，高于叶面，粉红、红或白色，花清香，昼开夜合，花期 6—8 月。花托于果期膨大凸出于花中央，有多数蜂窝孔，内有小坚果（莲子），果熟期 8—9 月。品种较多，主要分为观赏及食用两大类。观赏类又有单瓣、重瓣以及各种花色、花型的品种。依应用不同可分为藕莲、子莲和花莲三大系统。

【生长习性】原产中国南方及亚洲南部和澳大利亚。喜温暖，阳光充足，耐寒，喜肥，宜富含腐殖质、微酸性的黏质壤土。非常喜光，极不耐阴，具有强烈的趋光性。冬天可在冰层下过冬，盆栽可于冷室越冬，气温保持 0 ℃以上，土壤湿润即可。

【观赏与应用】分藕、播种繁殖。中国十大名花之一，被喻为“花之君子者也”。园林水面布置，缸栽或碗栽。在园林水景和园林小品中经常出现，是夏秋观花的重要植物。藕微甜而脆，也可做菜。

2. 王莲（亚马逊王莲）*Victoria amazonica* (Poepp.) Sowerby 睡莲科王莲属

【识别要点】多年生大型浮水植物。茎短而直立，具刺。成熟叶大，径达 1.8 ~ 2.5 m。叶缘直立而皱褶，浮于水面，叶背面紫红色并有隆起的网状叶脉，脉上具长刺。花单生，大型，浮于水面，花色初开为白色，后变粉色至深红色，午后开放，次晨闭合，芳香，花期夏秋季节。

【生长习性】原产于南美亚马孙河流域。我国各大城市多有栽培。喜高温及阳光充足，不耐寒，早晚温差要小，水质清洁，喜肥。

【观赏与应用】分株繁殖。王莲是热带著名水

生庭园观赏植物，长三角地区有引种成功的案例，具有世界上水生植物中最大的叶片。中国多数地区在温室、无霜期于露天水池种植，供展览观赏。

3. 睡莲（子午莲、水浮黄）*Nymphaea teragona* Georgi 睡莲科睡莲属

【识别要点】多年生浮水植物。根茎直立，不分枝。叶较小，近圆形或卵状椭圆形，具长细叶柄，表面浓绿色，背面暗紫色，幼叶具表面褐色斑纹，浮于水面。花单生，小型，径 2 ～ 7.5 cm，多为白色，花药金黄色；午后开放，花期 7—8 月。相似种：

①白睡莲（欧洲白睡莲） 根状茎短粗横生。叶浮于水面，圆形，革质，基部深裂至叶柄着生处。花单生，浮于水面或挺出水面，花瓣 20 ～ 25 片，白色，白天开放，黄昏闭合，芳香。有黄、红色花，大花等品种。花期 6—8 月，果期 8—10 月。原产于欧洲及北非。喜阳光充足、温暖，不耐寒。

②黄睡莲 叶近圆形，具不明显的波状缘。上面深绿色，有褐色斑纹，下面红褐色，有黑色小斑点。花黄色，水面浮生萼片 4 枚，是极具观赏价值的莲花种类，常用作观赏植物。

【生长习性】原产于亚洲东部。较耐寒，栽培水深夏季为 60 ～ 80 cm。其他同白睡莲。

【观赏与应用】分株、播种繁殖。睡莲属种比较多，种间杂交种、栽培品种很多。盆栽和池栽相结合的布置手法，提高了盆荷的观赏价值，在园林水景和园林小品中经常出现。

4. 萍蓬草（萍蓬莲、黄金莲）*Nuphar pumila* (Timm.) DC. 睡莲科萍蓬草属

【识别要点】多年生浮水植物。根茎肥大，块状。叶浮于水面，广卵形或椭圆形，先端圆钝，基部深心形，开裂达全叶的 1/3。叶表面无毛，亮绿色，叶背紫红色，密生柔毛，沉水叶薄膜质无毛。花单生并伸出水面，径 2 ～ 3 cm，花瓣肥厚，细小长方形，黄色，花期 4—5 月及 7—8 月。

【生长习性】原产于北半球寒温带。喜温暖，较耐寒，喜阳光充足，稍耐阴，不择土壤。

【观赏与应用】主要采用分根茎的方法进行无性繁殖。浮叶马蹄形，表面油绿光亮，背面紫红色，密被茸毛，较为美丽。萍蓬草是一种良好的观叶、观花植物；夏季开花，花朵金黄鲜艳。

5. 芡（鸡头米、刺莲藕）*Euryale ferox* Salisb. ex K. D. Koenig & Sims 睡莲科芡属

【识别要点】一年生大型浮水草本，全株具刺。叶浮于水面，初生叶箭形，过渡叶盾状，成熟叶圆形，盘状，径达 1 ～ 1.2 m；叶面绿色，皱缩，有光泽，叶背紫红色，叶脉隆起有刺，似蜂巢。花单生叶腋，挺出水面，紫色，花托多刺，形如鸡头，昼开夜合，花期 7—8 月。

【生长习性】原产于中国，中国南北各地湖塘中有野生。喜阳光充足、温暖，宜肥沃土壤，但适应性极强，深水或浅水皆可生长。

【观赏与应用】播种繁殖。水面绿化，缸栽。

6. 黄菖蒲（黄鸢尾、菖蒲鸢尾）*Iris pseudacorus* L. 鸢尾科鸢尾属

【识别要点】多年生草本。植株高 60 ～ 100 cm，健壮。根茎短肥。叶阔带形，端尖，淡 绿色，中肋明显，具横向网状脉。花葶与叶近等高，具 1 ～ 3 分枝，着花 3 ～ 5 朵，花黄至乳白色，垂瓣上部为长椭圆形，淡黄色，花柱枝黄色，花期 5—6 月。

有大花形深黄色、白色、斑叶及重瓣等品种。相似种：

①溪荪　鸢尾科鸢尾属植物，多年生草本。根状茎粗壮，斜伸，须根绳索状。叶条形，中脉不明显。花茎实心，具1～2枚茎生叶；苞片3枚，绿色，披针形，内包含有2朵花；花天蓝色；外花被裂片倒卵形，基部有黑褐色的网纹及黄色的斑纹，爪部楔形，内花被裂片直立，狭倒卵形。花期5—6月，果期7—9月。花大色浓、端庄秀雅、抗寒能力强、观赏价值高。

②花菖蒲　鸢尾科鸢尾属植物，是玉蝉花的变种。多年生宿根挺水型水生花卉。根状茎短而粗，须根多并有纤维状枯叶梢，叶基生，线形，叶中脉凸起，两侧脉较平整。花葶直立并伴有退化叶1～3枚。花大，外轮三片花瓣呈椭圆形至倒卵形，中部有黄斑和紫纹，立瓣狭倒披针形。花柱分枝三条，花瓣状，顶端二裂。花期6—7月，果期8—9月。

【生长习性】原产于南欧、西亚及北非。极耐寒，适应性强，不择土壤，旱地、湿地均可生长良好。喜浅水及微酸性土壤。

【观赏与应用】分株繁殖。黄菖蒲适应范围广泛，可在水边或露地栽培，又可在水中挺水栽培，是少有的水生和陆生兼备的花卉，水生花卉中的骄子，观赏价值较高。配植花坛、水景园、沼泽园、专类园，观赏价值高，或作切花材料。

7. 千屈菜（水枝绵、水柳）*Lythrum salicaria* L. 千屈菜科千屈菜属

【识别要点】多年生水生草本，株高80～120 cm。茎4棱，直立多分枝。叶对生或三叶轮生，披针形。密集长穗状花序顶生，花萼筒长管状，有棱，上部4～6裂，裂片间具附属体，花瓣6枚，玫瑰紫色；花期7—9月，有大花、毛叶及深紫色变种。

【生长习性】原产于欧、亚两洲温带，中国各地有野生。千屈菜喜强光、水湿，耐寒性强，在浅水中生长最好，但也可露地栽培，开花时让盆中保持5～10 cm水深，置光照足、通风处。入冬前剪去地上部分，冷室越冬。

【观赏与应用】分株、播种、扦插繁殖。株丛整齐，耸立而清秀，花朵繁茂，花序长，花期长，是水景中优良的竖线条材料。最宜在浅水岸边丛植或池中栽植。也可作花境材料及切花，盆栽或沼泽园用。

8. 欧菱（菱角）*Trapa natans* L. 菱科菱属

【识别要点】一年生水生浮水植物。茎长可达1 m，具蔓性匍匐茎。叶二型，叶浮水面或沉于水中，沉水叶对生，根状，浮水叶聚生茎顶，呈莲座状着生，三角形；叶柄中部膨大为海绵质气囊，具毛。花单生叶腋，白色或粉红色，花期7月。坚果两侧各具一硬刺状角，紫红色。按角的有无和数目分为无角菱、三角菱和四角菱。

【生长习性】原产于中国南部热带及亚热带。喜温暖湿润、阳光充足、不耐霜冻；不择水深，喜静水。适应性强。栽培时水中泥土肥沃较好，宜深水栽培，管理简单。

【观赏与应用】播种繁殖。为著名的观赏和食用植物。水面绿化，净化水体。菱果肉中所含营养成分中蛋白质的含量为14.21%、淀粉为68.95%、灰分为3.96%。宜食用。

9. 风车草（旱伞草、伞草）*Cyperus involucratus* Rottb. 莎草科莎草属

【识别要点】多年生丛生草本植物。株高 60 ~ 120 cm。茎秆直立，三棱形，无分枝。地下具短根茎，粗壮。叶退化成鞘状，棕色，包裹在茎秆基部。总苞片叶状，数枚伞状着生秆顶，带状披针形；小花序穗状，扁平，多数聚成大型复伞形花序，花期 6—7 月。

【生长习性】原产于西印度群岛、马达加斯加。喜温暖、阴湿及通风良好；耐旱，耐水湿，稍耐寒。

【观赏与应用】有播种、扦插和分株繁殖。小型水景园及野趣园优良植物。室内盆栽，切叶。常依水而生，植株茂密，丛生，茎秆秀雅挺拔，叶伞状，奇特优美。种植于溪流岸边，与假山、礁石搭配，四季常绿，风姿绰约，尽显安然娴静的自然美，是园林水体造景常用的观叶植物。江南一带无霜期可作露地栽培。

10. 水葱（莞）*Schoenoplectus tabernaemontani* (C. C. Gmelin) Palla 莎草科水葱属

【识别要点】多年生草本。株高 60 ~ 120 cm。秆直立，中空，圆柱形，被白粉，灰绿色。具粗壮横走的地下根茎。叶退化为鞘状，褐色，生于基部。聚伞花序顶生，下垂，小穗卵圆形，花淡黄褐色，下部具稍短苞叶。花期 6—8 月。

主要变种花叶水葱 var.*zebrinnus* 秆面白、绿斑点相间。

【生长习性】原产于欧洲、亚洲、美洲及大洋洲。耐寒，喜凉爽、湿润及通风良好，喜光；喜生于浅水或沼泽地，宜富含腐殖质、疏松、肥沃的土壤。

【观赏与应用】播种、分株繁殖。夏季适当庇荫，冬季需保护越冬。宜配植于浅水、水边，也可盆栽、切叶。

11. 芦苇 *Phragmites australis* Trin.et Steud. 禾本科芦苇属

【识别要点】多年生草本。株高可达 2 ~ 5 m。具粗壮匍匐根茎。地上茎粗壮，簇生。叶线形，端渐尖，基部宽，长 30 cm 左右。圆锥花序稠密，微垂头，花期夏秋季节。

【生长习性】广布中国及全球温带及以南地区。耐寒，喜温暖、湿润及阳光充足，抗干旱。

【观赏与应用】分株繁殖。可用于池塘岩边、潮湿低洼地及沼泽地绿化，是秋季水上、水边观赏花序的植物。

花叶芦苇

12. 菰（茭瓜、茭笋）*Zizania latifolia* (Griseb.) Turcz. ex Stapf 禾本科菰属

【识别要点】多年生草本、水生宿根植物。地上茎是短缩状，部分埋入土中，其上发生多数分蘖；地下茎为匍匐茎，横生于土中越冬，其先端数芽次年春萌生新株。叶鞘肥厚，长于节间，自地面向上层层左右互相抱合，形成假茎；叶片扁平而宽广，表面粗糙，背面较光滑。圆锥花序大型，分枝多簇生，开花时上举。颖果圆柱形，花、果期秋季。

茭白植株体内感染上黑穗菌，到初夏或秋季抽薹时，主茎和早期分蘖的短缩茎上的花茎组织受菌丝体代谢产物吲哚乙酸的刺激，基部 2 ～ 7 节处分生组织细胞增生，膨大成肥嫩的肉质茎（菌瘿），即食用的茭白，阻止茭白开花结果，且植株毫无病象。

【生长习性】原产于中国大陆，亚细亚热带及亚热带栽培普遍 。性喜温湿的气候，宜生长在浅水中。地下部分都在土中越冬，耐寒；地上部生长以 10 ～ 30 ℃为宜。

【观赏与应用】分株繁殖。是我国特有的水生蔬菜。嫩茭白的有机氮素以氨基酸状态存在，并能提供硫元素，味道鲜美，营养价值较高，容易为人体所吸收。也可以配置于浅水、水边。

13. 香蒲 *Typha orientalis* C. Presl. 香蒲科香蒲属

【识别要点】多年生水生或沼生草本植物，根状茎乳白色，地上茎粗壮，向上渐细，叶片条形，叶鞘抱茎，雌雄花序紧密连接，果皮具长形褐色斑点。种子褐色，微弯。花果期 5—8 月。

【生长习性】原产于欧亚两洲及北美。耐寒、喜阳光充足、高温多湿气候，宜深厚肥沃的土壤。

【观赏与应用】采用分株法或播种繁殖。香蒲叶扁、绿、穗奇，常用于点缀园林水池、湖畔，构筑水景，宜做花境、水景背景材料，也可盆栽布置庭院，因为香蒲一般成丛、成片生长在潮湿多水环境，所以，通常以植物配景材料运用在水体景观设计中。另外，香蒲与其他一些野生水生植物还可用在模拟大自然的溪涧、喷泉、跌水、瀑布等园林水景造景中，使景观野趣横生，绿化水面别有风味，也适于盆栽。

14. 雨久花 *Pontederia korsakowii* (Regel & Maack) M.Pell. & C.N.Horn 雨久花科梭鱼草属

【识别要点】一年生挺水植物。株高 50 ～ 90 cm。地下茎短，匍匐状，地上茎直立。基生叶具长柄，茎生叶其柄渐短，基部扩大呈鞘状，抱茎，叶卵状心形，端短尖，质地较肥厚，深绿色有光泽。花茎高于叶丛端生，圆锥花序，花被蓝紫色或稍带白色，花期 7—9 月。蒴果长卵形。

【生长习性】原产于中国东部及北部，日本、朝鲜及东南亚也有。喜温暖、潮湿及阳光充足，不耐寒，耐半阴。播种繁殖，可自播繁衍。多盆栽，管理同一般水生花卉。

【观赏与应用】播种、分株繁殖。雨久花花大而美丽，淡蓝色，秋季开花，像只飞舞的蓝鸟，叶色翠绿、光亮、素雅，在园林水景布置中常与其他水生观赏植物搭配使用，单独成片种植效果也好，沿着池边、水体的边缘按照园林水景的要求可作带形或方形栽种。

15. 再力花（水竹芋）*Thalia dealbata* Fraser 竹芋科再力花属

【识别要点】多年生挺水草本植物。叶卵状披针形，浅灰蓝色，边缘紫色，长 50 cm，宽 25 cm。复总状花序，花小，紫堇色。全株附有白粉。花柄可高达 2 m 以上，细长的花茎可高达 3 m，茎端开出紫色花朵，像系在钓竿上的鱼饵，形状非常特殊。

【生长习性】原产于美国南部和墨西哥的热带植物。中国暖温带湿润地区、暖温带半湿润地区以南适应栽培。喜温暖水湿、阳光充足的气候环境，不耐寒，入冬后地上部分逐渐枯死。以根茎在泥中越冬。

【观赏与应用】分株、播种繁殖。它是由我国引入的一种观赏价值极高的挺水花卉，株形美观洒脱，是水景绿化中的上品花卉。除供观赏外，再力花还有净化水质的作用，常成片种植于水池或湿地，也可盆栽观赏或种植于庭院水体景观中。

16. 梭鱼草 *Pontederia cordata* L. 雨久花科梭鱼草属

【识别要点】多年生挺水或湿生草本植物，地茎叶丛生，圆筒形叶柄呈绿色，叶片较大，深绿色，表面光滑，叶形多变，但多为倒卵状披针形。花葶直立，通常高出叶面，穗状花序顶生，每条穗上密密地簇拥着几十至上百朵蓝紫色圆形小花，上方两花瓣各有两个黄绿色斑点，质地半透明，5—10 月开花结果。

【生长习性】美洲热带和温带均有分布，中国华北等地有引种栽培。喜温、喜阳、喜肥、喜湿、怕风不耐寒，静水及水流缓慢的水域中均可生长，适宜在 20 cm 以下的浅水中生长，适温 15 ～ 30 ℃。

【观赏与应用】分株、播种繁殖。梭鱼草可用于家庭盆栽、池栽，也可广泛用于园林美化，栽植于河道两侧、池塘四周、人工湿地，与千屈菜、花叶芦竹、水葱、再力花等相间种植，具有观赏价值。叶色翠绿，花色迷人，花期较长，串串紫花在翠绿叶片的映衬下，别有一番情趣，可用于园林湿地、水边、池塘绿化，也可盆栽观赏。

17. 其他水生植物

伞形科　水芹

莎草科　细叶莎草

莎草科　羽毛荸荠

莎草科　纸莎草

雨久花科　野慈姑

雨久花科 水葫芦

龙胆科 荇菜

小二仙草科 狐尾藻

泽泻科 东方泽泻

实训作业

学生利用课上课下实训，完成下列任务：

1. 按下列表格要求，完成常见水生花卉的典型特征与应用信息整理

2. 完成常见水生花卉的典型特征、应用方式的图片收集与命名（图片命名要求：科序号 + 科名属名 + 种名……科序号见“被子植物纲、目和常见科一览”）。

序号	植物名称	科属	类型（人为分类）	典型特征 1	典型特征 2	生长习性（主要是温度、光照、水分要求）	应用方式（用途）	观赏特性（如观花：红色、春季）	其他
1									
2									

任务 3.6 地被植物与观赏草识别与应用

微课

教学目标

教学课件

知识目标

1. 掌握常见地被植物及观赏草的典型特征。2. 掌握常见地被植物及观赏草的生长习性与主要繁殖方法。3. 掌握常见地被植物及观赏草的园林应用方法。4. 了解非常见地被植物及观赏草的典型特征与应用方法。

技能目标

1. 能够正确识别常见地被植物及观赏草种类。2. 能够准确描述常见地被植物及观赏草的典型特征。3. 能够收集、整理常见地被植物及观赏草的典型特征、应用方式的图片。4. 能够根据园林用途正确选择常见地被植物及观赏草种类。

教学建议

1. 课前，要求学生登录中国大学慕课“园艺植物识别与应用”（或其他同类在线课程）课程教学资源预习，并通过软件识别、讨论区讨论等方式，初步认识校园及附近绿地场所常见地被植物及观赏草种类，建立相关植物的感性认识。2. 课中，采用问题引导、分组回答、植物标本识别、现场识别等理实一体方式进行，有效提高教学效果。3. 课后，完成中国大学慕课“园艺植物识别与应用”（或其他同类在线课程）课程的单元测验题、教材的学习引导题及“实训操作”部分作业。4. 实训安排：建议带学生去一次当地的花鸟市场，识别常见温室花卉，统计本地区当时主要温室花卉种类。并要求学生课后自己按小组前往复习 2 次。

学习引导

1. 列举具有下列特性的地被植物：耐践踏的和不耐践踏的，可观花的、观果的、观叶的，耐寒的和耐高温的、耐阴的和喜光的、耐干旱的和耐潮湿的。2. 比较麦冬、沿阶草和阔叶山麦冬的形态特征。3. 列举出四季开花的地被植物，比较其应用特点。4. 描述 5 种观赏草的景观特色。

知识与技能

地被植物与观赏草概述

地被植物指株形低矮、株丛密集、能覆盖地面的植物群体；具有覆盖在地表、防止水土流失、吸附尘土、净化空气、减弱噪音、消除污染并具有一定观赏和生态价值的植物。它包括草本植物和木本植物中的低矮灌木、匍匐型灌木及藤本植物，阴湿的地方还会生长出苔藓植物和蕨类植物等。草坪草严格意义上也是属于地被植物范畴，因为草坪应用突出，习惯上把草坪草独立介绍。

地被植物有木本植物和草本植物，有耐践踏的和不耐践踏的，有观花的、观果的、观叶的，有耐寒的和耐高温的，有耐阴的和不耐阴的，有耐干旱的和耐潮湿的等。分类好地被植物对应用具有重要的意义。

草坪是地被植物的一类，是由草坪草及其赖以生存的基质共同组成的一个有机体。草坪草类植物是草坪的核心，如狗牙根、结缕草、早熟禾等。草坪植物观赏上只能表现单调的绿色或黄褐色。草坪是最重要的地被植物，经常单独以一门课程介绍，有时不把它归于地被植物。

观赏草是一类叶片细长，春夏观叶，秋冬观花序、赏色为特色的草本植物。它是禾本科、莎草科、灯芯草科、香蒲科以及天南星科菖蒲属一些具有相关观赏特性的植物的总称，近年来应用很多。常见有细叶芒、斑叶芒、花叶芒、矮蒲苇、血草、狼尾草、玉带草、拂子茅、粉黛乱子草等。是夏季，尤其是秋冬季最有特色的观赏植物之一。

地被植物识别与应用

1. 麦冬 *Ophiopogon Japonicus* (L.f.) Ker Gawl. 百合科沿阶草属

【识别要点】多年生常绿草本植物。地下具细长走茎，基生叶成丛，禾叶状，长 10 ～ 50 cm，宽 15 ～ 35 mm。花白或淡紫色，花葶远短于叶，花被片开花时几乎不展开；花柱粗短，基部宽，向上渐窄。花期 5—8 月，果期 8—9 月。

【生长习性】原产中国中南部。较耐寒，喜阴湿，忌阳光直射。对土壤要求不严，肥沃、湿润沙质土生长良好。

【观赏与应用】多采用分株繁殖。应用很普遍，是常绿、耐寒、耐阴、养护简单的地被植物。

2. 沿阶草 *Ophiopogon bodinieri* H.Lév. 百合科沿阶草属

【识别要点】多年生常绿草本植物。地下具细长走茎。叶基生成丛，禾叶状，先端渐尖，边缘具细锯齿，长 10 ～ 30 cm，宽 2 ～ 4 mm；线形，主脉不隆起。花葶有棱，较叶稍短或几乎等长，总状花序也短，花被片有时展开，长 2 ～ 4 cm；小花梗弯曲向下，花柱细长，圆柱形，花淡紫色或白色，花期 8—9 月。

【生长习性】原产于中国。喜阴湿环境，忌阳光暴晒，不耐盐碱或干旱，耐寒。

【观赏与应用】多采用分株繁殖。长江流域可用于花坛、花境边缘、岩石园，丛植在草坪边缘，也可作为地被。华北等地可盆栽观赏，是较好的室内观叶植物。

3. 短莛山麦冬 *Liriope muscari* (Decne.) L. H. Bailey 百合科山麦冬属

【识别要点】多年生常绿草本植物。根细长，

分枝多，有时局部膨大成纺锤形的小块根；根状茎短，木质。叶密集成丛，革质，长 25 ～ 65 cm，宽 1 ～ 3.5 cm。花葶通常长于叶，长 45 ～ 100 cm。种子球形，直径 6 ～ 7 mm，初期绿色，成熟时变黑紫色。花期 7—8 月，果期 9—11 月。

【生长习性】分布于日本和中国，南方常有栽培。喜温暖气候和较潮湿的环境，以土层深厚，肥沃疏松的沙质土壤为佳，阔叶山麦冬怕涝，低洼积水和过黏的土壤不易生长。

【观赏与应用】多采用分株繁殖。可用于花坛、花境边缘、岩石园，丛植在草坪边缘，也可作为地被。

4. 吉祥草（观音草）*Reineckea carnea* (Andr.) Kunth 百合科吉祥草属

【识别要点】多年生常绿草本。地下部分具匍匐状根茎，地上具匍枝。叶簇生，广线形至线状披针形，基部渐狭成柄，具叶鞘，深绿色。花葶约高 15 cm，低于叶丛，顶生疏松穗状花序，小花无柄。紫红色，芳香，花期 9—10 月。浆果球形，鲜红色，经久不落，果期 10 月。

【生长习性】原产于中国、日本。喜温暖，稍耐寒；喜半阴湿润环境，耐阴，忌阳光直射，对土壤要求不严。

【观赏与应用】多采用分株繁殖。做林下地被植物，也可盆栽观赏。

5. 红花酢浆草 *Oxalis corymbosa* DC. 酢浆草科酢浆草属

【识别要点】多年生直立草本植物。地上部无

茎，叶基生，具长柄，3 枚小叶掌状着生，小叶倒心形，先端微凹，花茎从基部抽出，伞形花序，稍高出叶面，花粉红色，带纵条纹，花期 3—10 月。花、叶白天开放，阴天及傍晚闭合。

同属常见种有：紫叶酢浆草，叶片比红花酢浆草大，终年紫红色，主要用于观叶。三角叶紫叶酢浆草，叶顶端着生 3 小复叶，紫红色，倒三角形。

【生长习性】原产南美巴西，中国各地均有栽培。喜温暖，不耐寒，忌炎热，盛夏生长慢或休眠，喜阴，耐阴性极强，宜栽培在富含腐殖质、排水好的沙壤土上。

【观赏与应用】采用球茎繁殖和分株繁殖。配植花坛，做地被植物，夏季和冬季生长受阻；也可盆栽观赏。

6. 白车轴草（白三叶、白花三叶草）*Trifolium repens* L. 蝶形花科车轴草属

【识别要点】多年生草本，株高 20 ～ 30 cm。茎匍匐蔓生，无毛。叶从根颈或匍匐茎上长出，具细叶柄，小叶倒卵形至近圆形，掌状三出复叶，三

小叶中有弧形白纹，相连，叶背有毛。花序球形，顶生，小花白色或淡粉红色，花果期 4—10 月。同属常见种有红花三叶草，花暗红或紫色。

【生长习性】原产于欧洲和北非。喜温暖、湿润，稍耐寒，耐阴湿，宜排水好的中性或微酸性土壤，耐干旱。

【观赏与应用】采用播种繁殖。铺植地被，适应性极强，有侵略性，养护简单。

7. 大花马齿苋（死不了、太阳花、半支莲）*Portulaca grandiflora* Hook. 马齿苋科马齿苋属

【识别要点】一年生肉质草本，植株低矮。茎细圆，平卧或斜生，节上有毛。叶互生或散生，短圆柱形。花单生或数朵簇生顶端，有红、紫、粉红、粉、橘黄、黄、白等色，极丰富，花期 7—8 月，花在阳光下开放，单花期 1 d。有全日开花、重瓣、半重瓣园艺品种。

【生长习性】原产于南美巴西。喜温暖、光照充足、干燥，不耐寒，不择土壤，极耐干旱瘠薄。

【观赏与应用】采用播种、扦插繁殖。配植花坛、岩石园，草坪边缘、路旁丛植，最适宜夏季露地种植。

8. 马齿苋 *Portulaca oleraceal* L. 马齿苋科马齿苋属

【识别要点】一年生草本，匍匐性垫状草本，株高达 45 cm。叶肉质，匙形至倒卵形，长约 3 cm，互生。原种花鲜黄色，径 1 cm。栽培变种，花大，直径 5 cm，重瓣，花色有红、淡紫、黄色红心、橙色及白色等变化。花朵在阳光下开放，阴天及早晚温度低时闭合。花期 6—9 月。

【生长习性】原产于南美、巴西、阿根廷、乌拉圭等地。不耐寒，性喜阳光充足、温热、潮湿，排水良好的肥沃土壤，耐高温干旱、极耐瘠薄，适应性强。

【观赏与应用】采用播种、扦插、分株繁殖。野生原种的嫩茎叶可食用与药用，是我国南北各地民间著名的野菜。各种色彩的大花栽培变种是园林中优良的配植花坛、花境的花卉，适宜作镶边，常在模纹花坛、岩石园、石阶旁栽培，最适宜夏季露地种植。

9. 金叶过路黄（金钱草）*Lysimachia nummularia* ‘Aurea’ 报春花科珍珠菜属

【识别要点】多年生蔓性草本，常绿，枝条匍匐生长，单叶对生，圆形，基部心形，早春至秋季金黄色，冬季霜后略带暗红色；夏季 6—7 月开花，单花，黄色尖端向上翻成杯形，亮黄色。

【生长习性】喜光，耐寒，耐干旱。适宜于种植在肥沃、湿润、排水良好的壤土中。

【观赏与应用】采用播种、扦插、压条繁殖。是极有发展前途的地被植物，可作为色块（金黄色），可与宿根花卉、小灌木等搭配，亦可盆栽。

10. 月见草 *Oenothera biennis* L. 柳叶菜科月见草属

【识别要点】二年生直立草本。株高 1 ~ 1.2 m，全株具毛，分枝开展，茎绿色。基生叶狭倒披针形，茎生叶卵圆形，叶缘具不整齐疏齿。花大，穗状花序，2 朵簇生叶腋，下部花稀疏，向上渐紧密，花瓣 4 枚，倒卵形，黄色，具香味，傍晚开放，花期 6—9 月。种子有角棱。

【生长习性】原产于北美，喜光，不耐热，适宜种植于肥沃、排水好的土壤。

【观赏与应用】采用播种、扦插繁殖。作花境背景材料，也可丛植，或做基础栽植，为布置夜花园的良好材料。

11. 马蹄金 *Dichondra micrantha* Urban 旋花科马蹄金属

【识别要点】多年生匍匐小草本。茎细长，节上生根。叶圆形或肾形，先端圆或微凹，基部心形。花小，单生叶腋，花冠黄色，5 裂至中部。蒴果近球形。

【生长习性】产于我国长江以南各省；广布于热带与亚热带地区。生长于半阴湿、土质肥沃的田间或山地。耐阴、耐湿，稍耐旱，只耐轻微践踏。

【观赏与应用】采用播种、分株繁殖。常见栽培作为地被植物，不能踩踏。

12. 狗牙根（爬根草、绊根草）*Cynodon dactylon* (L.) Persoon 禾本科狗牙根属

【识别要点】多年生草本。株高 10 ～ 40 cm。茎细圆而矮，匍匐地面，可长达 1 m，节上生根可长出分枝。叶线形，扁平。穗状花序，3 ～ 6 个排列秆顶，呈指状，小穗排列于穗轴一侧，花果期 5—10 月。

【生长习性】原产于世界温暖地区。喜温暖，不耐阴，喜光，耐旱，耐践踏，耐修剪。

【观赏与应用】采用播种、分株繁殖。是温暖地区优良、常用的草坪植物，品种比较多。‘百慕大’是狗牙根的常用草坪品种。‘矮生百慕大’是非洲狗牙根与普通狗牙根杂交分离选出来的品种，被广泛应用在江、浙、沪地区及以南的大部分地区的高尔夫球场的果岭区域。常把‘矮生百慕大’草叫作果岭草坪；它具有深绿色，叶丛密集，叶片纤细，节间短，质地细腻，植株低矮，极耐寒、耐旱、病虫害少，生长缓慢，耐盐碱，耐低矮修剪（3 ～ 5 mm），耐频繁刈割，践踏后易于复苏，耐阴，适应性广、生长势强、成坪快等诸多优点。

13. 草地早熟禾 *Poa pratensis* L. 禾亚科早熟禾属

【识别要点】多年生草本。具发达横走根状茎，细而匍匐。叶鞘平滑或粗涩，长于其节间和叶片；叶片扁平或内卷，长约 30 cm，宽 3 ～ 5 mm。圆锥花序金字塔形，长 10 ～ 20 cm，分枝开展；小穗含 3 ～ 4 小花，外稃与脊在中部以下密生柔毛。花期 5—6 月，果期 7—9 月。

【生长习性】广泛分布于欧亚大陆温带和北美。耐寒力强，喜凉爽，喜湿润、阳光充足，夏季炎热时生长停滞，春秋生长繁茂；稍耐阴，喜疏松、肥沃及微酸性土壤，耐践踏。

【繁殖方式】采用播种繁殖。

【观赏与应用】播种繁殖，优良的冷凉型草坪植物，为重要牧草和草坪资源。

14. 多花黑麦草 *Lolium multiflorum* Lam k. 禾亚科黑麦草属

【识别要点】多年生草本，常作一二年生栽培。株高 50 ～ 70 cm。秆丛生，生长快，分聚力强。叶浓绿色，窄细，宽 3 ～ 8 mm，幼叶呈包旋状，叶片无毛，上面微粗糙，叶舌长达 4 mm。穗状花序、总状花序，长 15 ～ 30 cm，穗轴柔软无毛；外稃长 6 ～ 12 mm，先端有芒。花果期 7—8 月。

【生长习性】原产于欧洲南部、非洲北部及小亚细亚及我国新疆、陕西、河北、湖南、贵州、江西等地。不耐寒，易受霜害，不耐炎热气候，喜肥沃、湿润而深厚的土壤。

【观赏与应用】采用播种繁殖。作牧草或观赏用，是南方冬季草坪植物。

15. 鸢尾（蓝蝴蝶）*Iris tectorum* Maxim. 鸢尾科鸢尾属

【识别要点】多年生草本。株高 30 ～ 40 cm，植株较矮。叶剑形，基生，淡绿色，革质。花葶 35 ～ 50 cm，高于叶面，单一或有 1 ～ 2 分枝，着花 3 ～ 4 朵，花蓝紫色，垂瓣倒垂形，具蓝紫色条纹，瓣基具褐色纹，瓣中央有鸡冠状突起，旗瓣较小，拱形直立，基部收缢，色稍浅，花期 5—6 月。品种、同属相似种比较：

①白花鸢尾　该变型花白，色外花被裂片，爪部带有浅黄色斑纹，其他性状与原变型相同。产浙江杭州下天竺。各地庭园中常见栽培。

②德国鸢尾　多年生草本。根茎粗壮。叶剑形叶无中脉，绿色略带白粉。花葶高 60 ～ 100 cm，有分枝，着花 3 ～ 8 朵；花大，紫色或淡紫色，垂瓣倒卵形，中央具黄色须毛及斑纹，旗瓣较垂瓣色浅，拱状直立。花期 5—6 月。栽培园艺品种极多，花形、花色也十分丰富。耐寒性强。喜阳光充足，要求排水好、适度湿润、含石灰质的土壤。

【生长习性】原产于我国中部、性强健，喜半阴，耐干燥。根系较浅，生长迅速。其他同德国鸢尾。

【观赏与应用】采用分株繁殖。鸢尾叶片碧绿青翠，其花色丰富，花型奇特，花形大而奇，宛若翩翩彩蝶，是庭园中的重要花卉之一，适于丛植，林下地被，也是优美的盆花、切花和花坛用花。

16. 马蔺 *Iris lactea* Pall. 鸢尾科鸢尾属

【识别要点】多年生草本，根茎粗短，须根细而坚硬，叶丛生，狭线形，基部具纤维状老叶鞘，叶下部带紫色，质地较硬。花葶与叶等高，着花 1 ～ 3 朵，花被片 6 枚，蓝色，外轮垂瓣稍大，中部有黄色条纹，内轮，旗瓣直立，花柱 3 歧呈花瓣状，端 2 裂，花期 5—6 月。

【生长习性】原产于中国、朝鲜及中亚细亚。耐寒性强。喜阳光充足，耐半阴；喜生于湿润土壤至浅水中，也极耐干旱，不择土壤，耐践踏。

【观赏与应用】采用播种、分株、根茎繁殖。丛植，配植花境，作为地被植物。叶为绑扎材料，也可切叶。

观赏草识别与应用

17. 芒 *Miscanthus sinensis* Andersson 禾本科芒属

【识别要点】多年生苇状草本。秆高 1 ～ 2.5 m。叶鞘长于节间；叶舌厚膜质，长 1 ～ 2 mm；叶片长 20 ～ 70 cm，宽 3 ～ 15 mm。圆锥花序直立，长 15 ～ 40 cm，基部通常被鞘包被；小穗通常孪生，披针形；两颖背部均无毛，第一颖具 2 条脊，3 条脉。第二颖舟形，外稃透明膜质，先端 2 个细齿，齿间伸出 1 个芒，芒的基部螺旋扭曲。常见变种、品种：

①花叶芒　多年生草本。株高 1 ～ 2 m。秆丛生，直立，绿色，圆筒形。叶较高，条形，具纵向条纹或镶边，具细锯齿，中肋白色而突出。圆锥花序扇形，花穗较大，小穗上的芒为淡紫色，花期 8—10 月。喜温暖、湿润，耐寒，喜光，对土壤要求不严。

适宜庭园丛植，也可作切花。

②细叶芒　多年生草本，冬季休眠，株高 0.8 ～ 1.5 m。叶直立、纤细，顶端呈弓形。顶生圆锥花序，花色由最初的粉红色渐变为红色，秋季转为银白色。花期 9—11 月，挂穗期可至翌年 1 月。喜光，耐半阴、耐水湿、耐寒、耐旱。适于应用在专类园、岩石园、花坛花境、盆栽、护坡、边界或者屏障。

③斑叶芒　多年生草本，冬季休眠，株高 1.5 ～ 2.5 m，冠幅 0.9 ～ 1.0 m。叶直立，带白斑。顶生的圆锥花序，花期 8—10 月，挂穗期可至次年 1 月。花色由最初的紫红色渐变为红色，秋季转为银白色。习性、用途同‘细叶’芒。

斑叶芒

【生长习性】原产于我国南北各地。日本有分布。生山坡草地或河边湿地。

【观赏与应用】采用分株繁殖。可用于水边绿化，也是做花镜的好材料，秋冬季观赏效果比较好。

18. 粉黛乱子草 *Muhlenbergia capillaris* Trin. 禾本科乱子草属

【识别要点】多年生暖季型草本丛生植物，灌木状的“毛细管”状分枝模式。株高可达 0.5 ～ 1 m，冠幅 0.4 ～ 0.5 m。绿色叶片纤细，绿色叶子覆盖下层。粉紫红色的花朵长出叶子，花穗云雾状，顶端呈拱形，花期 8—11 月。

【生长习性】喜光照，耐半阴，不耐寒，耐水

湿，耐旱，耐盐碱，冬季休眠。

【观赏与应用】采用播种繁殖。顶生云雾状粉紫色花序，成片种植可呈现出粉色云雾海洋的壮观景色。景观可从 9 月一直持续至 11 月中旬，观赏效果极佳。可用于城市公园、开放空间。适于种植在花海、专类园、花坛、花境等地。

19. 蒲苇 *Cortaderia selloana* (Schult. & Schult. f.) Asch. & Graebn. 禾本科蒲苇属

【识别要点】多年生丛生草本。植株高大。叶聚生于基部，长而狭，具细齿，被短毛。雌雄异株，圆锥花序大，呈羽毛状，银白色，花期秋季。

矮蒲苇　多年生草本，常绿，株高 1.2 ～ 1.6 m，冠幅 1.0 ～ 1.3 m。叶缘具细齿，较为锋利；圆锥花序银白色，呈羽毛状。花期 8—10 月，可挂穗至次年 3 月。

【生长习性】喜阳光充足的环境，耐寒；耐盐碱，耐短期水湿。

【观赏与应用】采用分株繁殖。银白色花序比较突出，观赏时间长。适于专类园，或种植于林缘、水边、山石边、草坪、花坛花境。

20. 狼尾草 *Pennisetum alopecuroides* (L.) Spreng. 禾本科狼尾草属

【识别要点】多年生草本。秆直立，丛生，高

0.3 ～ 1.2 m。叶鞘光滑，两侧压扁，秆上部者长于节间；叶舌具长约 2.5 mm 纤毛；叶片线形，先端长渐尖，基部生疣毛。圆锥花序直立，淡绿色或紫色。花果期 7—11 月。

‘小兔子’狼尾草　多年生草本，冬季休眠，株高 0.3 ～ 0.5 m，冠幅 0.6 ～ 0.8 m。穗白色，花期 7—11 月。喜光，不耐水湿。

紫狗尾草

【生长习性】喜光，耐半阴，耐旱、耐湿，耐寒。

【观赏与应用】采用播种繁殖。花序很好看，极具自然野趣。适于专类园、边界、护坡、花镜等。

21. 蓝羊茅 *Festuca glauca* Vill. 禾本科羊茅属

【识别要点】常绿草本，冷季型。丛生，株高约 0.4 m。叶片强内卷几成针状或毛发状，直立平滑，叶片蓝绿色，具银白霜。春、秋季节为蓝色。圆锥花序，长 0.1 m，花期 5 月。

【生长习性】喜光，耐寒，耐旱，耐贫瘠，稍耐盐碱。

【观赏与应用】采用播种繁殖。叶色独特，适于花坛花境、道路两边，可以成片种植或镶边种植。

22. 丝带草（玉带草）*Phalaris arundinacea* var. *picta* 禾本科虉草属

【识别要点】多年生草本，株高 0.8 ～ 1.4 m，冠幅 0.5 ～ 1 m。因其叶扁平、线形、绿色且具白边及条纹，质地柔软，形似玉带，故得名。叶片宽条形，抱茎。圆锥花序形似毛帚，花期 5—8 月。

【生长习性】喜光，耐阴，耐旱，耐水湿，耐盐碱。

【观赏与应用】一般采用分株繁殖。适于专类园、花坛花境、滨水、地被等。

23. 日本血草 *Imperata cylindrica* ‘Rubra’ 禾本科白茅属

【识别要点】多年生草本，株高 0.3 ～ 0.8 m。叶丛生，剑形，常年红色；圆锥花序稠密，小穗银白色，花果期 4—6 月。

【生长习性】喜光或有斑驳光照处，耐热。

【观赏与应用】一般采用分株繁殖。优良的彩叶观赏草，叶色鲜亮，适于与山石搭配，或用于花境、岩石园等。

24. 花叶芦竹 *Arundo donax* ‘Versicolor’ 禾本科芦竹属

【识别要点】多年生挺水草本、宿根观叶植物，具发达根状茎。株高 1 ～ 2.5 m，冠幅 1 ～ 2 m。叶片扁平，叶鞘长于节间，具白色纵长条纹。圆锥花序浅紫色，极大型，花果期 7—11 月。

【生长习性】喜光、喜温、耐水湿，耐盐碱。

【观赏与应用】一般采用分株繁殖。适于种植在滨水空间，可点缀于桥、亭、榭四周。

25. 其他地被植物

夹竹桃科　蔓长春

夹竹桃科　花叶蔓长春

天南星科　金叶石菖蒲

石蒜科　紫露草

禾本科　观赏谷子

禾本科　细茎针茅

禾本科　一年生黑麦草

石竹科　地被石竹

忍冬科　芝樱

石蒜科　洋水仙

石蒜科　紫娇花

唇形科　多花筋骨草

禾本科　结缕草

禾本科　白茅

蓼科　千叶吊兰

石蒜科　韭莲

伞形科　铜钱草

实训作业

学生利用课上课下实训，完成下列任务：

1. 按下列表格要求，完成常见地被植物及观赏草的典型特征与应用信息整理。

2. 完成常见被植物及观赏草的典型特征、应用方式的图片收集与命名（图片命名要求：科序号＋科名属名＋种名……科序号见“被子植物纲、目和常见科一览”）。

序号	植物名称	科属	类型（人为分类）	典型特征 1	典型特征 2	生长习性（主要是温度、光照、水分要求）	应用方式（用途）	观赏特性（如观花：红色、春季）	其他
1									
2									

任务 3.7　一般温室花卉识别与应用

微课

教学目标

教学课件

知识目标

1. 掌握常见一般温室花卉的典型特征。2. 掌握常见一般温室花卉的生长习性与主要繁殖方法。3. 掌握常见一般温室花卉的园林应用方法。4. 了解常见一般温室花卉的典型特征与应用方法。

技能目标

1. 能够正确识别常见一般温室花卉种类。2. 能够准确描述常见一般温室花卉的典型特征。3. 能够收集、整理常见一般温室花卉的典型特征、应用方式的图片。4. 能够根据观赏用途、生长习性正确选择常见一般温室花卉品种。

教学建议

1. 课前，要求学生登录中国大学慕课“园艺植物识别与应用”（或其他同类在线课程）课程教学资源预习，并通过软件识别、讨论区讨论等方式，初步认识常见一般温室花卉种类，建立相关植物的感性认识。2. 课中，采用问题引导、分组回答、植物标本识别、现场识别等理实一体方式进行，有效提高教学效果。3. 课后，完成中国大学慕课“园艺植物识别与应用”（或其他同类在线课程）课程的单元测验题、教材的学习引导题及“实训操作”部分作业。

学习引导

1. 列举出常见温室花卉 10 种，并说明其显著观赏特点。2. 列举出常见彩色叶类温室花卉 5 种，并说明其叶色特点。3. 列举出常见春花温室花卉 5 种，并说明其花形、花色特点。4. 列举出常见夏花温室花卉 5 种，并说明其花形、花色特点。5. 列举出常见秋花温室花卉 5 种，并说明其花形、花色特点。6. 列举出常见冬花温室花卉 5 种，并说明其花形、花色特点。7. 比较旅人蕉、天堂鸟的形态特征。8. 比较四季秋海棠、蟆叶秋海棠、竹节秋海棠、丽格秋海棠、铁十字秋海棠的形态特征。

知识与技能

温室花卉概述

温室花卉是指当地常年或在某段时间内，须在温室中栽培的观赏植物。它包括一般温室花卉、温室木本和亚灌木植物、兰科花卉、蕨类植物、多浆多肉类植物几类。一般温室花卉指习性比较接近、器官变态比较少的观叶、观花草本植物，以区别于接下来介绍的木本和亚灌木室内观赏植物、多浆多肉植物、蕨类植物和兰科植物。一般温室花卉中有一年生、二年生和多年生植物之分，有些多年生植物常作一年生、二年生栽培。此类花卉亚热带及其以北地区多盆栽，室内布置；部分也可以在春末夏初、秋季室外布置；而在南方多数可四季室外布置。

一般温室花卉识别与应用

接下来按花期从冬季至秋季、同科集中的顺序介绍一般温室花卉。

1. 仙客来（兔子花）*Cyclamen persicum* Mill. 报春花科仙客来属

【识别要点】多年生球根花卉。球茎扁圆形，表皮木栓质。叶丛生，心形，叶面具白色斑纹，叶背带紫红色。叶柄长，褐红色。花大，单生，花瓣基部成短筒，花蕾时花瓣先端下垂，开花时向上反卷，瓣基常有深色斑。花期 11 月至翌年 3 月。

【生长习性】原产于南欧及地中海一带。喜凉爽、湿润及阳光充足，不耐寒，忌高温炎热，喜肥沃、疏松的微酸性土壤。抗二氧化硫。也可切割球茎繁殖。

【观赏与应用】常用播种繁殖法、切割块茎繁殖法、组织培养法。花期长，观赏价值高，为重要的温室冬春盆花之一。可用于岩石园布置。

2. 香雪兰（小菖兰、小苍兰）*Freesia refracta* (Jacq.) Klatt 鸢尾科香雪兰属

【识别要点】多年生球根花卉。株高 40 cm。具圆锥形小球茎。茎柔弱，少分枝。叶二列互生，狭剑形，较短而稍硬。花茎细长，稍扭曲，着花部分横弯，单歧聚伞花序，花朵偏生一侧，直立，花狭漏斗形；苞片膜质，白色；小花黄绿至鲜黄色；花期正值缺花季节，在元旦、春节开放。有许多品种，花色丰富。

【生长习性】原产于南非。喜凉爽、湿润环境，不耐寒，喜阳光充足，肥沃而疏松的土壤。

【观赏与应用】常用播种繁殖法、分球繁殖法。花似百合叶如兰，暖地可自然丛植。重要的冬春盆花，也是著名的切花。

3. 蒲包花 *Calceolaria crenatiflora* Cav. 玄参科蒲包花属

【识别要点】多年生草本，常作温室一二年生栽培。株高 30 ～ 60 cm，全株被细茸毛。茎上部分枝。叶卵形，对生，黄绿色不规则聚伞花序，顶生，花冠二唇形，上唇小，前伸，下唇大并膨胀呈荷包状；花多黄色或具橙褐色斑点，花期 12 月至翌年 5 月。

【生长习性】原产于墨西哥、智利。喜冬季温暖，夏季凉爽，不耐寒，怕炎热，喜光及通风良好，喜温润，忌干，怕涝，宜排水良好，富含腐殖质的土壤。

【观赏与应用】一般用播种繁殖方式。室内观赏盆花。

4. 鹤望兰（天堂鸟、极乐鸟之花）*Strelitzia reginae* Aiton 鹤望兰科鹤望兰属

【识别要点】多年生常绿草本。株高可达 1 m。具粗壮肉质根，茎不显。叶基生，两侧排列，长椭圆形，革质，具特长叶柄，有沟槽。总花梗与叶丛近等长，顶生或腋生，花苞横向斜伸，着花 6 ～ 8 朵，总苞片绿色，边缘晕红，花形奇特，小花的外 3 枚花被片橙黄色，内 3 枚花被片舌状，蓝色，形若仙鹤翘首远望。花期春夏至秋，温室冬季也有花，花期可长达 3 ～ 4 个月。相似种比较：

旅人蕉　旅人蕉科旅人蕉属，常绿乔木状多年生草本植物。株高约 10 m。干直立，不分枝。叶成两纵列排于茎顶，呈窄扇状，叶片长椭圆形。蝎尾状聚伞花序腋生，总苞船形，白色。高大挺拔，娉婷而立，貌似树木，实为草本，叶片硕大奇异，状如芭蕉，左右排列，对称均匀，犹如一把摊开的绿纸折扇，又像正在尽力炫耀自我的开屏孔雀，极富热带自然风光情趣。

旅人蕉

【生长习性】原产于南非。喜温暖湿润，不耐寒，喜光照充足，要求肥沃、排水好的稍黏质土壤，耐旱，不耐湿涝。

【观赏与应用】春季分株繁殖或播种繁殖。可盆栽室内观赏，花期长，花朵极美丽，可调整到春季期间开花，也是珍贵的切花，也可切叶。

5. 地涌金莲 *Musella lasiocarpa* (Franch.) C. Y. Wu ex H.W.Li 芭蕉科地涌金莲属

【识别要点】多年生草本。株高 60 cm。植株丛生。地上部分为假茎，另具水平生长的匍匐茎。植株基部宿存前一年叶鞘。叶长椭圆形，端尖，基部楔形，状如芭蕉，但短小，开花时叶枯萎。花序从假鳞茎中抽出，黄色大苞片在花序上呈莲座状着生，苞片内小花二列状簇生，花被稍带淡紫色，味清香。在南方，花期可从三春开至隆冬，长达 8 个月，有“百日开花花不败”的美称。

【生长习性】原产于我国云南，为我国特有植物。喜温暖，不耐寒，喜阳光充足。要求肥沃、疏松、排水好的土壤。

【观赏与应用】以分株繁殖为主。早春或秋季将母株周围的小假茎连同匍匐茎一同切离母株，另行栽植即可。是佛教寺院中的“五树六花”之一。[“五树六花”即佛经中规定寺院里必须种植的五种树，六种花。五树是指菩提树、高榕、贝叶棕、槟榔和糖棕；六花是指荷花（莲花）、文殊兰、黄姜花、鸡蛋花、缅桂花和地涌金莲。] 花坛中心、假山石及墙隅配植，金黄色大苞片特别明显。

6. 报春花（景花、樱草）*Primula malacoides* Franch. 报春花科报春花属

【识别要点】多年生草本，常作温室一二年生栽培。叶基生，具长柄，卵圆形，具锯齿，叶背有白粉。伞形花序，花期 2—5 月。相似种比较：

①欧洲报春（欧洲樱草）　多年生草本。丛生植株。叶基生，长椭圆形，叶面皱，叶脉深凹，叶柄

有翼。伞状花序，单花顶生，芳香，花淡红色，花期全年。栽培品种多，花色极丰富，喉部一般为黄色，还有花冠上有斑纹及重瓣品种。

②四季报春（鄂报春） 多年生草本，作温室一二年生栽培。全株具腺毛。叶基生，具浅波状齿。伞形花序，花萼倒圆锥形，四季开花，以冬春季为盛。

③西洋报春（西洋樱草、多花报春） 多年生草本，常作温室一二年生栽培。叶基生，倒卵圆形，叶柄有翼。伞形花序多数丛生，高于叶面。花较大，花期春季。有复色及具香味的品种。为种间杂交成的园艺杂种，欧洲育成。性强健，耐寒。北方冬季在冷床或冷室内可越冬，夜间温度不低于 10 ℃可正常开花。

【生长习性】原产于我国。喜温暖、湿润、夏季凉爽通风，不耐寒，忌炎热及干旱，要求土壤含适量钙质。花色受酸碱度影响而有明显变化。一般 pH 偏低花呈红、粉红色，pH 偏高则花色呈偏蓝草色。

【观赏与应用】常用播种、分株繁殖方式。可盆栽，是重要的温室冬春盆花。

7. 大岩桐 *Sinningia speciosa* Hiern 苦苣苔科大岩桐属

【识别要点】多年生球根花卉。株高 12 ～ 25 cm，全株有粗毛，地下具扁球形块茎。叶基生，肥厚，长椭圆形，密被绒毛，具钝锯齿，叶背稍带红色。花顶生或腋生，花梗长，花冠呈阔钟状，径 6 ～ 7 cm，

萼五角形，裂片 5 枚，裂片卵状披针形，比萼筒长，花有白、粉紫、红色等，也常见镶白边的品种，花期 3—8 月，夏季盛花。

【生长习性】原产于巴西。不耐寒，喜温暖、湿润及半阴，忌高温和强光直射，喜疏松、肥沃、排水。

8. 艳山姜（月桃）*Alpinla zerumbet* (Pers.) B. L. Burtt & R. M. Sm. 姜科山姜属

【识别要点】多年生常绿草本。株高 2 ～ 3 m。具根茎。叶具短柄，二列状，长圆状披针形，平行叶脉，叶缘有短柔毛，表面深绿色，背面浅绿色。穗状总状花序顶生，下垂，主花轴有毛，花形似兰花，苞片白色，顶端和基部粉红色，花冠白色，唇瓣长而皱，有红及黄色斑点，极香，花期华南地区 5—6 月，华东地区春夏季。常见栽培品种花叶艳山姜，株高 1 ～ 2 m。叶面上有黄色条纹。

花叶艳山姜

【生长习性】原产于印度。喜高温高湿环境，不耐寒，喜半阴，要求土质肥沃、排水好的土壤。

【观赏与应用】分株繁殖。春、夏间挖出带根茎的幼株，剪去地上茎的叶及 2/3 的茎种植。优良的室内观叶植物，暖地庭院片植；也可切叶。喜良好的腐殖质土壤。

【观赏与应用】常用分株繁殖法、扦插繁殖法。花大色艳，花期长，是节日点缀装饰的理想盆花。

9. 四季秋海棠（玻璃翠）*Begonia cucullata* Willd. 秋海棠科秋海棠属

【识别要点】多年生多浆草本。全株光滑。宿根类，须根性。茎直立。叶卵形至广椭圆形，具细锯齿及缘毛。花序腋生，花红色至白色，花期全年，夏季略少。相似种：

①紫叶秋海棠 多年生肉质草本。根状茎圆柱形，呈结节状。叶大，基生，单叶互生，卵状长披针形，叶缘波浪状，上面深绿色，下面紫红色；托叶膜质，褐色，早落。花多数，呈二回二歧聚伞状。

四季秋海棠

丽格秋海棠

竹节秋海棠

蒴果 3 翅。花期 5 月，果期 8 月。

②竹节秋海棠　须根性。茎直立光滑，茎节肥厚，红褐色。叶为长椭圆形，有许多白色小斑点。花色粉红，花形由许多小花组成一个大聚伞形花序，从茎节处的叶腋中抽生而出。盆栽室内观赏。

③丽格秋海棠　丽格秋海棠是球根海棠与野生秋海棠的杂交品种，花型花色丰富，花朵硕大，花品华贵瑰丽。盆栽室内观赏。

④铁十字秋海棠（刺毛秋海棠）　多年生草本。根茎类，根茎肉质，横卧。叶基生，具柄，上有茸毛，叶近心形，具锯齿，叶面皱，有刺毛，在黄绿色叶面中部，沿叶脉中心有一不规则的近“十”字形紫褐斑纹。花小，黄绿色，不显著。盆栽室内观赏。

⑤蟆叶秋海棠　多年生草本。根茎类。叶簇生，卵圆形，一侧偏斜，具波状齿，叶深绿色，具银白色环纹，叶背红色，叶脉与叶柄有毛。花粉红色。盆栽室内观赏。

铁十字秋海棠

蟆叶秋海棠

（6）球根秋海棠　多年生草本球根类。具块茎，为不规则的扁球形，地上茎稍肉质，直立或铺散，有分枝，具毛。叶斜卵形，先端锐尖，具齿牙及缘毛。花腋生，具花梗，花大，花期夏秋季，单花期半个月。由原产秘鲁和玻利维亚的几种秋海棠杂交而成的种间杂种。

【生长习性】原产于南美巴西。喜温暖、湿润、半阴，不耐寒，忌干燥和积水。

银星秋海棠

【观赏与应用】常用播种繁殖法、扦插繁殖法、分株繁殖法，繁殖以春、秋季为佳。可配植花坛，也可盆栽观赏。秋海棠类种类多，是很好的盆栽、室内观叶、观花植物。

10. 吊竹梅（吊竹兰、白花吊竹草）*Tradescantia Zebrina* Bosse 鸭跖草科紫露草属

【识别要点】多年生常绿草本。全株稍肉质。茎多分枝，匍匐，疏生粗毛，接触地面后节处易生根。叶互生，基部鞘状抱茎，狭卵圆形，端尖；叶面银白色，其中部及边缘为紫色，叶背紫色。花小，紫红色，数朵聚生于 2 片紫色叶状苞片内，花期 5—9 月。

常见栽培的品种：红花吊竹草，较上种叶片大，椭圆形，端尾尖，叶缘及叶面中央为紫色，其余部分为银白色纵纹，叶背暗紫色。

【生长习性】原产于墨西哥。耐寒力强，短期低温不会冻死。喜半阴，光线过暗易徒长，叶无光泽，耐干燥。其他同紫叶鸭跖草。

【观赏与应用】常用扦插繁殖法。叶紫、绿相间，匍匐悬垂覆盖满盆，暖地可供花坛、基础种植用，也可盆栽，吊盆观赏。

11. 非洲菊（扶郎花）*Gerbera jamesonii* Bolus 菊科大丁草属

【识别要点】多年生常绿草本。叶基生，莲座状，丛生，具长柄。羽状浅裂，叶背被白茸毛，叶矩圆状匙形。头状花序自基部抽出，具长总梗，花梗中空，外围雌花 2 层，花冠舌状，舌片淡红、紫红、白色及黄色；内层雌花管状二唇形；中央两性花多数，二唇形。花四季常开。有重瓣及多倍体品种。

【生长习性】原产于南非。半耐寒，能耐短期 0 ℃低温，不耐高温高湿，喜温暖、阳光充足、空

气干燥、通风良好，宜疏松肥沃、微呈酸性的沙质土壤，不耐积水，不宜连作。

【观赏与应用】常用播种繁殖法、扦插繁殖法、分株繁殖法。花色艳丽，设施栽培周年开花，是世界性主要切花品种。现广泛用于盆花或切花栽培，品种甚多。

天南星科常见属检索表

1. 花两性；肉穗花序无附属体	2
1. 花单性，雌雄同株或异株；无花被或至多为环状	3
2. 花有花被，茎直立	花烛属
2. 无花被，攀缘植物，浆果互相黏合，胚珠 2	龟背竹属
3. 肉穗花序有顶生不育附属器；成株具地上茎，叶盾状着生	海芋属
3. 肉穗花序无不育附属器	4
4. 攀缘植物	喜林芋属
4. 直立或上升草本，稀亚灌木	5
5. 雄蕊合生成一体	7
5. 雄蕊分离	6
6. 胚珠 1；佛焰苞直立，果期凋落，果外露	广东万年青属
6. 胚珠 4；佛焰苞后仰，色艳丽，果藏于佛焰苞内	马蹄莲属
7. 亚灌木；雌花具假雄蕊 4～5，每室 1 胚珠，直立	花叶万年青属
7. 草本；雌花无假雄蕊，每室胚珠多数，倒生	五彩芋属

12. 花烛（红掌、安祖花）*Anthurium andraeanum* Linden 天南星科花烛属

【识别要点】多年生附生常绿草本。具肉质气生根。茎长达 1 m 左右，节间短。叶鲜绿色，革质，长椭圆状心形，全缘。花梗长，超出叶上，佛焰苞阔心脏形，直立开展，革质，表面波状，鲜朱红色，有光泽，肉穗花序无柄，圆柱形，黄色；花期全年。

【生长习性】原产于哥伦比亚。不耐寒，喜温暖、阴湿，要求空气湿度高。夏季生长适温 20～25 ℃，冬季温度不可低于 15 ℃。多用水苔、木屑或轻腐殖土栽培，生长期间保持空气湿润，多向叶面喷水。适当追施有机肥。

【观赏与应用】常用分株繁殖法、扦插繁殖法、组织培养法。盆栽室内观赏，也为优良的切花，水养持久。

13. 龟背竹（蓬莱蕉）*Monstera deliciosa* Liebm. 天南星科龟背竹属

【识别要点】多年生常绿大藤本。茎粗壮。叶大，互生，厚革质；幼叶心形，全缘，无孔；后为矩圆形，不规则羽状深裂，侧脉间有长椭圆形或菱形穿孔，暗绿色。佛焰苞花序厚革质，无梗，淡黄色，花穗乳白色，开花时芳香，花期 8—9 月。浆果球形，淡黄色，成熟后可食，果期 10 月。有斑叶变种。

【生长习性】原产于墨西哥。喜温暖、湿润，不耐寒，喜光，也很耐阴；忌直射光照，忌干旱。

【观赏与应用】常用茎节扦插、气生根分株繁殖法，播种繁殖法要求很高。是优良的室内盆栽观叶植物。也可作为室内大型垂直绿化材料。

14. 广东万年青（亮丝草）*Aglaonema modestum* Schott ex Engl. 天南星科广东万年青属

【识别要点】多年生常绿草本。株高 60 ～ 70 cm，高可达 1 m，粗 15 cm。茎直立，绿色，不分枝，下部节间长约 2 cm。叶椭圆状卵形，端渐尖，叶柄长达 25 cm，近中部以下具鞘，基部圆形或宽楔形。

总花梗短，佛焰苞长 5 ～ 7 cm，肉穗花序，花期 7—8 月。浆果鲜红色。

【生长习性】原产于中国南部的广东、广西至云南东南部及菲律宾。比较耐寒，喜高温、多湿，生长适温 25 ～ 30 ℃，冬季室温应保持在 13 ℃以上。极耐阴，忌强光直射；喜疏松肥沃、排水良好的微酸性土壤。

【观赏与应用】常用扦插繁殖法、分株繁殖法、播种繁殖法。叶常绿，常盆栽供室内赏叶。

15. 马蹄莲（慈姑花、水芋）*Zantedeschia aethiopica* (L.) Spreng. 天南星科马蹄莲属

【识别要点】多年生球根花卉。具肥大的肉质块茎。叶基生，叶近心形，光滑，具长柄，叶柄长于叶片 2 倍以上，中央为凹槽，叶片卵状箭形。花梗与叶柄等长，佛焰苞白色，质厚；展开呈短漏斗状，喉部开张，先端长尖，稍反卷；肉穗花序短于佛焰苞，鲜黄色；花期 12 月至翌年 5 月，盛花 2—3 月。

【生长习性】原产于非洲南部。喜温暖，稍耐寒；喜光，耐半阴，喜肥水，忌干旱。

【观赏与应用】常用分株繁殖法，播种繁殖法培育需 3 ～ 4 年才开花。为世界性栽培的切花及盆花。性喜温，可水生。暖地可露地丛植。

16. 花叶万年青（白黛粉叶）*Dieffenbachia seguine* (Jacp.) Schott 天南星科花叶万年青属

【识别要点】多年生常绿灌木状草本，亚灌木。株高可达 1 m。茎粗壮直立，少分枝。叶大，常集生茎顶部，上部叶柄 1/2 成鞘状，下部叶柄较其短，叶矩圆形至矩圆状披针形，端锐尖，叶面深绿色，发亮，有多数白色或淡黄色不规则斑块，中脉明显，有光泽。下部叶的叶柄具长鞘，中部的叶柄达中部具鞘，上部叶柄长，鞘几达顶端。花期一般在 5—8 月。

【生长习性】原产于巴西。喜高温、高湿及半阴，不耐寒，忌强光直射，要求肥沃，疏松而排水良好的土壤。

【观赏与应用】常用分株繁殖法、扦插繁殖法，也可播种繁殖、组培繁殖。叶常绿，颜色鲜艳而发亮，是优良的室内盆栽观叶植物。

17. 春羽（羽裂喜林芋）*Thaumatophyllum bipinnatifidum* (Schott ex Endl.) Sakur., Calazans & Mayo 天南星科喜林芋属

【识别要点】多年生常绿草本。茎粗壮直立而短缩，密生气根，叶聚生茎顶，大型，幼叶三角形，不裂或浅裂，后变为心形，基部楔形，羽状深裂，裂片有不规则缺刻，基部羽片较大，缺刻也多，厚革质，叶面光亮，深绿色。花期一般在春季。同属常见栽培种类还有：

①红苞喜林芋　攀缘植物，节间淡红色。叶片三角状箭形，长 15 ～ 25 cm，宽 12 ～ 18 cm，基部心形，浓绿色。佛焰苞外面深紫色，内面胭脂红色。原产哥伦比亚。

②绿宝石喜林芋　多年生常绿草本。与红翠喜林芋极相似，区别点为：此品种叶片为绿色，没有晕紫色光泽，茎、叶柄、嫩梢及叶鞘全为绿色。为园艺杂交品种，其他同红翠喜林芋。

③姬喜林芋（圆叶蔓绿绒、心叶树藤、心叶喜林芋）多年生常绿草质藤本。茎蔓性，细长可达数米，节间有气生根。叶卵状心形，全缘，绿色，质地较厚。

④琴叶喜林芋（琴叶树藤、琴叶蔓、仙人蔓绿绒）多年生常绿草本。茎蔓性，木质，具气生根。叶互生，提琴形，革质，暗绿色，有光泽。绿色的嫩芽细长直立而尖。

⑤红翠喜林芋（大叶蔓绿绒、红宝石喜林芋）多年生常绿攀缘草本。茎蔓性，节上具气生根。叶片戟形，盾状着生，革质，暗绿色。嫩梢及嫩叶的叶鞘玫红色，叶柄紫红色。

【生长习性】原产于巴西。喜高温高湿，稍耐寒；喜光，极耐阴。生长缓慢。

【观赏与应用】常利用其气生根分株繁殖，也可用健壮茎秆扦插繁殖，播种繁殖要求高。叶绿而光亮，羽状深裂，是优良的室内盆栽观叶植物，也可水养瓶中观叶。

18. 绿萝 *Epipremnum aureum* (Linden & André) Bunting 天南星科麒麟叶属

【识别要点】高大藤本；茎攀缘，节间具纵槽；多分枝，枝悬垂。幼枝鞭状，细长，两侧具鞘达顶部；鞘革质，宿存，下部每侧宽近 1 cm，向上渐狭；下部叶片大；上部叶革质，宽卵形，基部心形。成熟枝上叶柄粗壮，腹面具宽槽，叶鞘长，叶面有多数不规则的纯黄色斑块，全缘，不等侧的卵形或卵状长圆形。

【生长习性】绿萝原产于印度尼西亚群岛，在热带地区常攀缘生长在岩石和树干上。它性喜高温、多湿、半阴的环境，不耐寒冷。

【观赏与应用】通常用扦插繁殖法，简单快捷，成活率高。观叶为主，盆栽，是重要的室内观叶植物。

19. 海芋 *Alocasia odora* (Roxb.) K. Koch. 天南星科海芋属

【识别要点】多年生草本。植株高 3 m。地下有肉质根茎。茎粗短。叶柄长，有宽叶鞘，叶大型，盾状阔箭形，聚生茎顶，端尖，缘微波状，主脉宽而显著，叶面绿色。佛焰苞黄绿色，肉穗花序，粗而直立，雌花具数枚基生胚珠。假种皮红色，非常美丽。花期四季。

【生长习性】原产于中国南部及西南地区、印度和东南亚。不耐寒，喜高温、高湿，喜半阴，忌强光直射，宜疏松、肥沃、排水良好的土壤。冬季室温不得低于 15 ℃。栽培容易，管理粗放。

【观赏与应用】常用扦插、分株、播种繁殖法，也可球根繁殖、组培繁殖。室内大型盆栽观叶植物。

20. 雪铁芋（金钱树）*Zamioculcas zamiifolia* Engl. 天南星科雪铁芋属

【识别要点】多年生常绿草本植物。株高 50 ～ 80 cm，地上部无主茎，地下有肥大的块状茎，直径 5 ～ 8 cm。不定芽从块茎萌发形成大型复叶，小叶肉质具短小叶柄，坚挺浓绿；地下部分为肥大的块茎。

羽状复叶自块茎顶端抽生，叶轴面壮，小叶在叶轴上呈对生或近对生。佛焰花苞绿色，船形，肉穗花序较短。一般花期在夏季至秋季。

【生长习性】原产于非洲东部雨量偏少的热带草原气候区。性喜暖热略干、半阴及年均温度变化小的环境，适宜在 20 ～ 32 ℃生长。较耐干旱，但畏寒冷，忌强光暴晒，怕土壤黏重和盆土内积水，如果盆土内通透不良易导致其块茎腐烂。

【观赏与应用】常用分株繁殖法、扦插繁殖法，可叶插。在白天的时候，雪铁芋可以吸收房间的二氧化碳，同时放出氧气，让室内的空气中负离子浓度增加，甚至可以吸纳连吸尘器也难以吸到的灰尘。有蓬勃向上的生机、葱翠欲滴的活力，观赏价值高。可盆栽观赏。

21. 美叶光萼荷（蜻蜓凤梨、斑粉菠萝）*Aechmea fasciata* (Lindl.) Baker 凤梨科光萼荷属

【识别要点】多年生附生常绿草本。叶丛莲座状，中央卷呈长筒形，叶革质，叶端钝圆或短尖，叶绿色，被灰色鳞片，有数条银白色横斑，叶背粉绿色，叶缘密生黑束；总花梗从叶筒中抽出，淡红色，穗状花序塔状，苞片革质，端尖，桃红色，小花初开蓝紫色，后变桃红色，花期夏季，可连续开花几个月。

【生长习性】原产于巴西东南部。喜高温，不耐寒，喜光，耐阴，忌强光直射，宜疏松、富含腐殖质的培养土，耐旱。

【观赏与应用】常用播种、分蘖繁殖法。莲座状叶片甚是特别，颜色艳丽，可供盆栽观赏。

22. 果子蔓（鸿运当头、姑氏凤梨）*Guzmania lingulata* var. *cardinalis* (André) André ex Mez. 凤梨科果子蔓属

【识别要点】多年生附生常绿草本。株高 30 cm。叶莲座状，着生呈筒状，叶片带状，外曲，叶基部内折成槽，翠绿色，有光泽。伞房花序，外围有许多大形阔披针形苞片组成总苞，苞片鲜红色或桃红色，小花白色；单株花期 50 ～ 70 d，全年均有花开。

【生长习性】原产于哥伦比亚、厄瓜多尔。喜温暖湿润，不耐寒，喜充足散射光照，要求排水好，疏松而富含腐殖质的基质。

【观赏与应用】常用分株繁殖法，播种实生苗需培育 3～4 年才可开花。可供盆栽观赏，暖地可用于花坛，或作切花。

23. 紫花凤梨（艳花钱兰、铁兰）*Tillandsia cyanea* Liden ex K.Koch 凤梨科铁兰属

【识别要点】多年生附生常绿草本、株高 15 cm。叶放射状基生，斜伸而外拱，条形，硬革质；浓绿色，基部具紫褐色条纹。花葶高出叶丛，穗状花序椭圆形，扁平，苞片 2 裂，套叠，玫红色，端带黄绿色，小花雪青色，花期全年。

【生长习性】原产于厄瓜多尔、危地马拉。喜温暖、湿润，不耐寒，喜充足散射光，忌强光直射，要求疏松、排水好的基质。

【观赏与应用】常用分株繁殖法，播种繁殖需培育 5～7 年才可开花。叶放射状，全年可观花，小型盆栽观赏。

24. 莺歌凤梨（鹦哥凤梨）*Vriesea carinata* Wawra 凤梨科丽穗凤梨属

【识别要点】多年生常绿附生草本。株高 20 cm。叶莲座状着生，呈杯状，质薄，柔软具光泽；浅绿色，外拱。花葶细长，高于叶面，穗状花序肉质，扁平，苞片 2 列互叠；基部红色，端黄色，每小苞片顶端常为弯钩状，似鹦嘴，小花黄色，端绿；花期冬春季节。观赏期可达半年。

【生长习性】原产于巴西。喜温暖，较耐寒，喜

半阴，要求疏松、通气及排水好的基质，不耐旱。

【观赏与应用】常用扦插繁殖法。叶莲座状，穗状花序造型独特，可盆栽观赏及作切花。

25. 紫背竹芋 *Stromanthe sanguinea* Sond. 竹芋科紫背芋属

【识别要点】多年生常绿草本。株高 30～100 cm。叶丛生，有柄，狭披针形，长 10～50 cm 及以上，表面淡黄绿色，与侧脉平行分布着大小交替的深绿色斑纹，叶背暗紫红色，叶缘稍波状。短总状花序，不分枝，瓣化状退化雄蕊 1 枚，子房 3 室。本属各种均具此特征。

【生长习性】喜高温高湿，不耐寒，喜半阴，喜疏松、多孔的微酸性基质。

【观赏与应用】初夏分株繁殖。叶具斑纹，背面暗紫红色，盆栽室内观叶。

26. 孔雀竹芋 *Goeppertia makoyana* (É.Morren) Borchs. & S.Suárez 竹芋科肖竹芋属

【识别要点】多年生常绿草本。株高 50 cm。株形挺拔，密集丛生。叶簇生，卵形至长椭圆形，

叶面乳白或橄榄绿色，在主脉两侧和深绿色叶缘间有大小相对、交互排列的浓绿色长圆形斑块及条纹。形似孔雀尾羽，叶背紫色，具同样斑纹，叶柄细长，深紫红色。

【生长习性】原产于巴西。耐阴性强；需肥不多，喜湿，叶面要常喷水。其他同紫背竹芋。

【观赏与应用】常用分株繁殖法、扦插繁殖法。叶背紫色，形似孔雀尾羽，形状独特，用水苔作为无土栽培基质效果好，是优良的室内观叶植物。

27. 文竹（云片竹）*Asparagus setaceus* (Kunth) Jessop 百合科天门冬属

【识别要点】多年生常绿藤本攀缘植物。茎细弱，丛生而多分枝。叶状枝纤细，正三角形，水平排列，云片状平展，形似羽毛、叶小，鳞片状，主茎上的鳞片叶白色膜质或呈刺状。花小，白色。花期 9—10 月。浆果黑紫色。

【生长习性】原产于南非。喜温暖，不耐寒，喜湿润及半阴，不耐旱，忌水涝，要求土壤富含腐殖质且排水良好。栽培中需设支架绑缚牵引，可适当修剪，以保持良好株形。空气湿度太小及盆土过干过湿皆易落叶。

【观赏与应用】常用播种繁殖法、分株繁殖法。播种时间是春天 3—4 月。叶云片状平展，水平排列，是优良的室内观叶植物、垂直绿化材料或切叶材料。

28. 天门冬 *Asparagus cochinchinensis* (Lour) Merr. 百合科天门冬属

【识别要点】多年生攀缘草本。茎长 1 ～ 2 m。具分枝，茎有棱或狭翅。叶状枝扁平，镰刀状，

3 枚一簇着生，叶退化为鳞片状，基部具硬刺。浆果红色。

【生长习性】分布于中国华东、中南、西南地区及河北、山西、陕西、甘肃。性强健，耐寒，喜强光，不耐水涝及干旱。

【观赏与应用】常用播种繁殖法、分株繁殖法。攀缘植物，可做垂直绿化，适用较低矮的棚架，或吊盆观赏。

29. 吊　兰 *Chlorophytum comosum* (Thunb.) Jacques 百合科吊兰属

【识别要点】多年生常绿草本。具根茎。叶基生，宽线形，宽 1.5 ～ 2.5 cm，基部折合成鞘状，叶丛中间抽出长匍匐状走茎，弯垂，其上生细长花茎高出叶面之上。总状花序，花小，白色，花后花茎有时变成走茎，走茎顶端生有幼小植株，落地即成新株。花期 5 月，果期 8 月。常见变种：

①金心吊兰　形态似宽叶吊兰，但叶中部有黄白色纵条纹。

②金边吊兰　叶缘黄白色，叶片较宽，且长。变种耐寒性稍差，但耐旱性强。

③银边吊兰　叶缘绿白色。

【生长习性】原产于南非。喜温暖但不耐寒，喜半阴、湿润，要求疏松、肥沃、排水好的土壤。

【观赏与应用】常用播种繁殖法、分株繁殖法、播种繁殖法。叶丛中间抽出长匍匐状走茎，弯垂而下，是优良的室内观叶植物，吊盆观赏。

30. 蜘蛛抱蛋（一叶兰）*Aspidistra elatior* Blume 百合科蜘蛛抱蛋属

【识别要点】多年生常绿草本。地下具匍匐状根茎。叶基生、单生，各叶之间有明显间距，具长而直立、坚硬的叶柄，叶革质，长椭圆形，端尖。基部狭窄，叶缘稍波状，深绿色。花单生，花梗极短，贴地开放，花被裂片三角形，内侧具4条肥厚、宽而光滑的脊状隆起，花钟状，紫草色。花期春季。

【生长习性】原产中国南方各地。喜温暖、阴湿、较耐寒，极耐阴，耐贫瘠土壤。可分株繁殖，春季结合换盆进行。生长适温 15 ℃，可耐短时 0 ℃低温。喜肥沃、排水好的沙质土，栽培中施追肥有利于生长。忌强光直射。

【观赏与应用】常用分株繁殖法。江南地区以南可用于花坛、林下地被或丛植，是优良的室内盆栽观叶植物，还可切叶。

31. 虎尾兰 *Sansevieria trifasciata* Prain 百合科虎尾兰属

【识别要点】多年生常绿草本。具匍匐状根茎。叶 2 ～ 6 片，成束基生，直立，厚硬，剑形，基部渐狭成有槽的短柄；叶两面具白绿色与深绿色相间的横带纹。主花葶高 80 cm，小花数朵成束，1 ～ 3 束簇生花葶轴上，绿白色。花期 11—12 月。常见栽培的变种：

金边虎尾兰　叶边缘金黄色；观赏价值高，繁殖只能用分株法，叶插会失去金边。

【生长习性】原产于非洲西部。喜温暖，耐寒，喜光，耐半阴，喜湿润而排水好的土壤。

金边虎尾兰

【观赏与应用】常用分株繁殖法、扦插繁殖法。叶坚挺直立，具虎尾状横带斑纹，是很好的室内观叶植物，供盆栽观赏，也可切叶。暖地常作宅园刺篱。

32. 水仙 *Narcissus tazetta* subsp. *chinensis* (M. Roem.) Masam. & Yanagih. 石蒜科水仙属

【识别要点】多年生球根花卉。鳞茎肥大，卵状或广卵状球形。叶 4 ～ 6 枚丛生，线形，扁平，背面粉绿色。伞形花序，着花 4 ～ 8 朵，小花梗不等长，花被筒三棱状，白色，芳香，副冠碗状，明显短于花被片，黄色，花期 1—4 月。

【生长习性】原产于中国。不耐寒，华北地区覆盖可露地过冬，其他同橙黄水仙。

【观赏与应用】分球繁殖，秋季进行，亦可组培。中国传统十大名花之一。水培，常常雕刻造型，盆栽春节前后室内观赏。

33. 文殊兰 *Crinum asiaticum* var. *sinicum* (Roxb ex Herb.) Baker 石蒜科文殊兰属

【识别要点】多年生球根花卉。具叶基形成的假鳞茎，长圆柱状。叶基生，阔带形或剑 形，肥厚，长达 1 m，宽 7 ～ 12 cm。顶生伞形花序，下具 2 枚大形苞片，开花时下垂，小花纯白色，花茎与叶等长，有花 10～24 朵，花被裂片线形，宽 6～9 mm，花被筒直伸，有香气，花期夏季。

【生长习性】原产于亚洲热带。喜温暖湿润，不耐寒，喜光线充足，耐盐碱土。

【观赏与应用】播种繁殖，春季播种；分株繁殖，春秋两季均可。暖地可庭院丛植，基础种植，盆栽。

34. 君子兰（大花君子兰）*Clivia miniata* Regel Gartenfl. 石蒜科君子兰属

【识别要点】多年生常绿草本。根系粗大肉质。叶基部形成假鳞茎，二列状叠生，宽带形，全缘，革质，深绿色。花葶自叶腋抽出，直立，扁平，顶生伞形花序，外被数枚覆瓦状苞片，小花有柄，漏斗形，橙红色至橙黄色；花期以春夏季为主，可全年开花。有许多栽培品种。

【生长习性】原产于南非。喜冬季温暖、夏季凉爽的半阴环境，不耐寒，喜肥沃、疏松、通气良好的微酸性土壤，不耐水湿，稍耐旱。

【观赏与应用】播种繁殖，分球繁殖，春秋两季均可，可以处理成春节期间开花上市。盆栽，优良的室内观叶、观花植物。观赏效果突出，栽培技术要求高，是单独栽培、经营的花卉种类，适宜作为单独经营项目。

35. 其他温室花卉

猪笼草科　猪笼草

唇形科 绵毛水苏

爵床科　白网纹草

爵床科　红网纹草

爵床科　银脉单药

瓶子草科　瓶子草

天南星科　花叶芋

天南星科　绿帝王合果芋

天南星科
白斑凹叶黛粉叶

天南星科
白蝶合果芋

天南星科　白掌

天南星科　合果芋

天南星科　合果芋

天南星科　红粉佳人
粉蝶合果芋

天南星科　观叶莲

凤梨科　菠萝凤梨

凤梨科　帝王凤梨

凤梨科　火炬凤梨

凤梨科　老人须

竹芋科　箭羽芋竹

鸭跖草科　紫竹梅

百合科　海葱（虎眼万年青）

竹芋科　箭羽竹芋

竹芋科　圆叶竹芋

葡萄科　锦屏藤

鸭跖草科　西番莲紫

胡椒科　乳边圆叶椒草

胡椒科　圆叶椒草

实训作业

学生利用课上课下实训，完成下列任务：

1. 按下列表格要求，完成常见一般温室花卉的典型特征与应用信息整理。

2. 完成常见一般温室花卉的典型特征、应用方式的图片收集与命名（图片命名要求：科序号 + 科名属名 + 种名……科序号见“被子植物纲、目和常见科一览”）。

序号	植物名称	科属	类型（人为分类）	典型特征 1	典型特征 2	生长习性（主要是温度、光照、水分要求）	应用方式（用途）	观赏特性（如观花：红色、春季）	其他
1									
2									

微课

任务 3.8 温室木本及亚灌木花卉识别与应用

教学目标

教学课件

知识目标

1. 掌握常见温室木本及亚灌木花卉的典型特征。2. 掌握常见温室木本及亚灌木花卉的生长习性与主要繁殖方法。3. 掌握常见温室木本及亚灌木花卉的园林应用方法。4. 了解非常见温室木本及亚灌木花卉典型特征与应用方法。

技能目标

1. 能够正确识别常见温室木本及亚灌木花卉种类。2. 能够准确描述常见温室木本及亚灌木花卉的典型特征。3. 能够收集、整理常见温室木本及亚灌木花卉的典型特征、应用方式的图片。4. 能够根据观赏用途、生长习性正确选择温室木本及亚灌木花卉。

教学建议

1. 课前，要求学生登录中国大学慕课“园艺植物识别与应用”（或其他同类在线课程）课程教学资源预习，并通过软件识别、讨论区讨论等方式，初步认识温室木本及亚灌木花卉种类，建立相关植物的感性认识。2. 课中，采用问题引导、分组回答、植物标本识别、现场识别等理实一体方式进行，有效提高教学效果。3. 课后，完成中国大学慕课“园艺植物识别与应用”（或其他同类在线课程）课程的单元测验题、教材的学习引导题及“实训操作”部分作业。4. 建议最近安排一次园林植物标本识别：采集各类植物的枝条、叶片、花、果实等典型植物器官 80 种左右，先让学生识别、讨论，再了解学生学习情况。预告下次课考查。

学习引导

1. 列举出常见温室木本植物 5 种，并说明其典型观赏特点。2. 列举出常见温室亚灌木花卉 10 种，并说明其观赏特点。3. 列举出常见彩色叶温室木本植物 5 种，并说明其叶色特点。4. 列举出常见观花温室木本植物 5 种，并说明其花形、花色特点。5. 列举出常见观叶温室木本植物 5 种，并说明其叶形特点。

知识与技能

温室木本及亚灌木植物概述

温室木本及亚灌木植物是一类不耐寒，在亚热带以北地区适宜室内观赏的植物。在北半球亚热带以北地区，大多数时间宜在室内放置，常常与温室草本植物一起布置，因此它们宜放在温室花卉中一起介绍。它们在我国南方都可以露地种植。比较常见的有幸福树、发财树、三角梅、倒挂金钟等。

亚灌木植物是一个园艺学名词，不是正式的植物分类学术语，多指比一般灌木植物矮、枝条匍匐生长的木本多年生植物，寿命较短（几年）、半木质化（其越冬时的本质化部分一般不超过 10 ～ 20 cm，仅基部的茎是木质的，而茎的上部草质，在开花后枯萎）。如倒挂金钟、一品红、熏衣草、米兰等。它们是介于典型的木本植物与草本植物之间的植物。

此类花卉亚热带及其以北地区多盆栽，室内布置；部分也可以在春末夏初、秋季室外布置；而在南方多可以四季室外配置。

温室木本及亚灌木植物识别与应用

1. 龙血树 *Dracaena draco* L. 龙舌兰科龙血树属

【识别要点】常绿乔木。树干短粗，茎木质，有髓和次生形成层，表面为浅褐色，较粗糙，能抽出很多短小粗壮的树枝。树液深红色。蓝绿色叶子聚生于枝的顶端，每片叶子长 60 cm，宽 5 cm，剑形。花小，颜色为白绿色，圆锥花序。浆果，橙色。

【生长习性】原产于佛得角、摩洛哥、葡萄牙（马德拉群岛）、西班牙（加那利群岛）。喜阳光充足，也很耐阴。喜高温多湿环境，休眠温度为 13 ℃，冬季温度最低不得低于 5 ℃，宜室内栽培。

【观赏与应用】常用扦插繁殖法，也可用播种法，但种子不易得。龙血树植株挺拔、素雅、朴实、

雄伟，富有热带风情，大型植株可布置于庭院、大堂、客厅，小型植株和水养植株适于室内装饰。

2. 马拉巴栗（发财树、光瓜树）*Pachira glabra* Pasq. 木棉科瓜栗属

【识别要点】常绿或半落叶乔木，树皮光滑绿色。掌状复叶互生，具 5 ～ 7 枚小叶，小叶长椭圆形，顶端渐尖，全缘；两侧小叶较小，中间小叶较长，小叶无柄。花单生于枝顶叶腋，种子多数。

【生长习性】性喜高温和半阴环境，茎能贮存水分和养分，具有抗逆、耐旱特性，容易栽培，喜肥沃、排水良好的沙质壤土。

【观赏与应用】常用播种繁殖法、扦插繁殖法。马拉巴栗属于热带观叶植物，为世界十大室内观赏花木之一。从小 3 ～ 5 株编扎在一起盆栽。用于美化厅堂、宅院，有“发财”之寓意，给人们美好的祝愿。

3. 橡皮树（印度橡胶榕）*Ficus elastica* Roxb.ex Hornem 桑科榕属

【识别要点】常绿乔木。树主干明显，少分枝，长有气生根。单叶互生，叶片长椭圆形，较大，厚革质，暗绿色，侧脉多而平行，幼嫩叶红色，叶柄粗壮；新叶伸展后托叶脱落，并在枝条上留下托叶痕；其花叶品种在绿色叶片上有黄白色的斑块，更为美丽悦目，但它的叶子有毒。

【生长习性】原产于印度及马来西亚，故又名印度橡皮树、印度榕。中国各地多有栽培。其性喜高温湿润、阳光充足的环境，也能耐阴但不耐寒。

【观赏与应用】常用扦插繁殖法、压条繁殖法。南方室外园林绿化、孤植观赏，亚热带以北室内盆栽观赏。橡皮树观赏价值较高，是著名的盆栽观叶植物，极适合室内美化布置。中小型植株常用来美化客厅、书房；中大型植株适合布置在大型建筑物的门厅两侧及大堂中央，显得雄伟壮观，可体现热带风光。

4. 琴叶榕 *Ficus pandurata* Hance 桑科榕属

【识别要点】常绿小灌木，高 1 ～ 2 m，叶纸质，提琴形或倒卵形，长 4 ～ 8 cm，先端急尖有短尖，基部圆形至宽楔形，中部缢缩，表面无毛，背面叶脉有疏毛和小瘤点，基生侧脉 2，侧脉

3～5 对；厚革质，深绿色，具光泽，全缘常呈波状起伏，叶脉凹陷，节间较短，叶柄疏被糙毛，长 3～5 mm；托叶披针形，迟落。

【生长习性】琴叶榕原产于美洲热带地区、越南和中国。喜温暖、湿润和阳光充足环境，生长适温为 25～35 ℃，15 ℃左右休眠，5 ℃以上可安全越冬。喜湿润，不耐旱。

【观赏与应用】常用扦插繁殖法。琴叶榕因叶先端膨大呈提琴形而得名，叶片密集生长，蓬勃向上，具较高的观赏价值，盆栽观赏，是理想的大厅内观叶珍品。

5. 竹节蓼（百足草）*Muehlenbeckia platyclada* (F. Muell. ex Hook.) Meisn. 蓼科千叶兰属

【识别要点】常绿灌木。株高可达 3 m。茎多分枝，老枝圆柱形，暗褐色，具棱，幼枝扁平且多节，似叶，绿色。叶退化成小披针形或缺。花小，簇生节上，淡红或绿白色，浆果红色，果期 9—10 月。

【生长习性】原产于所罗门群岛。喜温暖、湿润及半阴，不耐寒，要求土壤排水好，不耐水湿。栽培中及时剪除过密及枯黄枝条，以保持株形优美。需要较高的空气湿度，并注意通风。冬季室温不低于 8 ℃。

【观赏与应用】常用扦插繁殖法、压条繁殖法。茎节生小花，形态独特，盆栽观赏，暖地庭院栽植。

6. 变叶木（洒金榕）*Codiaeum variegatum* (L.) Blume 大戟科变叶木属

【识别要点】常绿灌木或乔木。叶互生，叶形多变，质厚，绿色杂以白色、黄色或红色等斑纹，质感如油画。花单性同株，腋生总状花序。根据叶片的形状分类有宽叶类，叶片椭圆至长卵形；细叶类，叶片细长如条状；扭叶类，叶片细长扭曲；角叶类，叶具角棱；单身复叶类等。叶片的颜色变化丰富。

【生长习性】原产于马来西亚及太平洋群岛，中国华南地区露地栽培。喜强光、温暖、湿润，不耐寒，10 ℃以下即落叶。

【观赏与应用】常用播种繁殖法、扦插繁殖法、压条繁殖法。变叶木叶形多变，美丽奇特，叶上的斑点色彩如点漆，十分美丽。常孤植或丛植点缀在草坪上、道路边，亦可修剪成球形绿篱。

7. 一品红（圣诞花、猩猩木）*Euphorbia Pulcherrima* Willd.ex.Klotzsch 大戟科大戟属

【识别要点】常绿灌木，枝叶含乳汁。单叶互生，卵状椭圆形，全缘或波状浅裂，叶质较薄，脉纹明显；顶部苞片状，开花时由上而下逐渐变成红色，为主要观赏部位。顶生花序聚伞状排列，黄绿色，不明显。花期 12 月至翌年 2 月。栽培品种的顶生叶有白色、黄色、粉色等颜色。

【生长习性】原产于墨西哥及中美洲，中国除华南地区外多作温室灌木栽培。喜温暖及阳光充足，不耐寒，喜肥沃、湿润而排水好的土壤。属典型短日照植物。

【观赏与应用】常用扦插繁殖法、压条繁殖法。华南地区可庭院种植；亦可盆栽和作切花花材，是欧美国家圣诞节的主要用花，应用很普遍。

8. 天竺葵 *Pelargonium hortorum* L.H.Bailey 牻牛儿苗科天竺葵属

【识别要点】亚灌木，株高 30 ～ 60 cm。全株被细毛及腺毛，有鱼腥气味。叶互生，圆形至肾形，基部心形，具钝齿，表面通常有暗红色马蹄形环纹。伞形花序顶生，有长总花梗及总苞，小花多，现蕾时下垂，下面 3 枚花瓣较大，花有深红、粉、白、洋红、玫红、桃红等色，花期 10 月至翌年 6 月。有重瓣品种及花叶和各种花色的园艺品种。同属常见种或品种有：大花天竺葵，伞形花序腋生，花瓣 5 枚，上两枚较大且各有一深色斑块；芳香天竺葵，茎细弱匍匐状，叶有苹果香味。

【生长习性】原产于南非。喜凉爽、高燥，不耐寒，忌炎热，喜阳光充足，宜排水好的肥沃土壤，忌水湿。较耐寒，不耐水湿。温度适合可全年开花。

【观赏与应用】常用扦插繁殖法、播种繁殖法、组织培养法。花期长，花色艳丽，适用于盆栽室内观赏或花坛布置。

9. 含羞草 *Mimosa pudica* L. 豆科含羞草属

【识别要点】落叶亚灌木，常作一年生栽培。株高 40 ～ 60 cm。羽状复叶 2 ～ 4 片，掌状着生于总柄端，每羽片由羽状密生的小叶片组成，触及小

叶片，则小叶闭合，叶柄下垂，夜间也闭合下垂。球形头状花序 2 ～ 3 朵腋生，径约 2 cm，花淡红色，花期 7—10 月。

【生长习性】原产于美洲热带，在中国华南地区已成逸生。含羞草喜温暖气候，不耐寒，宜湿润、肥沃土壤。适应性强。春季播种繁殖，管理粗放。

【观赏与应用】常用播种繁殖法，早春播种。盆栽，室内观赏，具有趣味性，有药用价值。

10. 鹅掌柴 *Heptapleurum heptaphyllum* (L.) Y. F. Deng 五加科鹅掌柴属

【识别要点】常绿小乔木或灌木。掌状复叶，革质、光滑、浓绿，小叶 5 ～ 7 枚，具柄、椭圆形至倒卵形，在阳光充足处生长的植株叶片上有黄色不规则斑块，长期置于阴暗处则斑块消失，叶片均绿。经常修剪的鹅掌柴极少开花，花生于枝顶，为圆锥花序，花朵小，米黄色至白色，花期冬春。

【生长习性】产于热带地区，我国南方广泛栽培。喜温暖、湿润、半阴的环境，亦耐水湿，不耐寒，病虫害少，易于修剪，分枝多，生长迅速，管理粗放。

【观赏与应用】常用扦插繁殖法、播种繁殖法。鹅掌柴叶片浓绿，耐阴，管理简便，适宜用于热带道路的隔离带，亦可用于林下、阴坡的绿化。其他地区可盆栽室内观叶欣赏。

11. 澳洲鸭脚木 *Schefflera macrostachya* (Benth.) Harms 五加科鸭脚木属

【识别要点】常绿乔木，茎杆光滑，少分枝。掌状复叶，幼年时小叶 3 ～ 5 片，长大时 9 ～ 12 片，多达 16 片；小叶长椭圆形，先端钝，革质，浓绿有光泽；叶柄长红褐色。圆锥状花序，花小型，浆果，圆球形，熟时紫红色。

【生长习性】原产于澳大利亚及太平洋中的一

些岛屿。喜温暖气候，不耐寒，喜阳但不耐强烈阳光暴晒。对土壤水分也比较敏感，既怕干旱，也不耐水湿和积水。

【观赏与应用】播种与扦插繁殖。华南一带广泛栽培，在四川峨眉山一带亦有分布，在园林中多应用在建筑物的北面或大树边上。适于客厅的墙隅与沙发旁边置放，是室内理想的观叶植物。

12. 长春花（五瓣莲、日日草）*Catharanthus roseus* G.Don 夹竹桃科长春花属

【识别要点】常绿亚灌木状或多年生草本。株高 30 ～ 50 cm。叶对生，倒卵状矩圆形，基部渐狭，有光泽，主脉白色明显。花单生或数朵腋生，花冠高脚碟状，具5枚平展的裂片，花玫红、白或黄色，喉部色深、被长毛，花期 8—10 月。有许多园艺品种，花色丰富。

【生长习性】原产于南亚、非洲东部及美洲热带。喜温暖，不耐寒，喜阳光充足，耐半阴，喜高

燥，不择土壤，忌水涝。华南、西南以外地区多作温室多年生盆栽，越冬温度 5 ℃以上。

【观赏与应用】常用扦插繁殖法、播种繁殖法。多作一年生栽培，花色丰富，夏秋季丛植庭园，配植花坛；也可盆栽室内观赏。

13. 鸡蛋花 *Plumeria rubra* L. 夹竹桃科鸡蛋花属

【识别要点】落叶小乔木。枝粗壮肉质，具乳汁，三叉状分枝。单叶互生，常集生于枝端，长圆状倒披针形，先端短渐尖，基部狭楔形，全缘。顶生聚伞花序，花冠外面白色带红色斑纹，里面黄色芳香。蓇葖果双生。花期 5—10 月。

【生长习性】原产于墨西哥。我国长江流域以南广为栽植，北方盆栽。喜光，喜湿热气候，不耐寒，耐旱力强。萌芽性强，生命力强。

【观赏与用途】常用扦插繁殖法、嫁接繁殖法，压条、播种繁殖法少用。树形美丽，叶大色绿，花素雅具芳香，作庭园观赏。

14. 倒挂金钟 *Fuchsia hybrida* Hort. ex Sieber & Voss. 柳叶菜科倒挂金钟属

【识别要点】亚灌木或小灌木。株高 60 ～ 150 cm。茎纤弱光滑，褐色。叶对生或轮生，光滑，椭圆形至阔卵形。花生于枝上部叶腋，具长梗而下垂，萼筒长，深红色，花瓣紫色、白色或红色，花期

1—6 月。有单瓣品种、重瓣品种及矮生变种，还有花小而繁的、花大而稀疏的及一些观叶品种。

【生长习性】原产于中南美洲。喜凉爽、半阴，喜肥沃而排水好的沙质土壤。中国大部分地区作温室栽培，低于 5 ℃即受害，夏季要给予凉爽环境。生长期加强水肥供给，炎夏休眠要少浇水。

【观赏与应用】常用扦插繁殖法。多盆栽观赏，温暖地区可庭院露地栽培。

15. 金苞花（黄花狐尾木、金苞虾衣花）*Pachystachys lutea* Ness 爵床科金苞花属

【识别要点】常绿小灌木。盆栽株高 40 ～ 60 cm。茎直立，多分枝。叶对生，长椭圆形，向基部渐狭，端尖，草绿色，叶脉明显。穗状花序顶生，塔形，由大而呈金黄色的心形苞片组成，紧密排成四纵列，花冠白色，筒状，端 2 裂呈二唇状，形似鸭嘴，开花时伸出苞片，花期自春至秋。

【生长习性】原产于秘鲁。喜温暖、潮湿，不耐寒；喜阳光充足，要求富含腐殖质的土壤。

【观赏与应用】常用扦插繁殖法。金苞花花型别致，颜色素雅，花期长，盆栽观赏价值高。

16. 米兰（米仔兰）*Aglaia odorata* Lour. 楝科米仔兰属

【识别要点】常绿灌木或小乔木，高 2 ～ 7 m，树冠圆球形，多分枝，小枝顶端被星状锈色鳞片。羽状复叶，小叶 3 ～ 5，倒卵形至椭圆形，叶轴与小叶柄具狭翅。圆锥花序腋生，花小而密，黄色，极香。花期自夏至秋。

【生长习性】分布于我国广东、广西、福建、四川等地。喜光，略耐阴，喜温暖湿润气候，不耐寒，不耐旱，喜深厚肥沃土壤。

【观赏与应用】常用扦插繁殖法、压条繁殖。米兰枝繁叶茂，姿态秀丽，四季常青，花香似兰，花期长，是南方香花树种，香飘比较远。可植于庭

前、建筑物周边，或盆栽置于室内。

17. 幸福树（菜豆树）*Radermachera sinica* (Hance) Hemsl 紫葳科菜豆树属

【识别要点】中等落叶乔木。树皮浅灰色，深纵裂。二回至三回羽状复叶，叶轴长约 30 cm，无毛。中叶对生，呈卵形或卵状披针形，先端尾尖，全缘。花夜开性。花序直立，顶生。萼齿卵状披针形。花冠钟状漏斗形，白色或淡黄色，裂片圆形，具皱纹。蒴果革质，呈圆柱状长条形似菜豆，稍弯曲、多沟纹。

【生长习性】原产于台湾、广东、海南、广西、贵州、云南等地，印度、菲律宾、不丹等国也有分布。它性喜高温多湿、阳光充足的环境。耐高温，畏寒冷，宜湿润，忌干燥。当环境温度降至 10 ℃左右时，应及时将其搬放到棚室内。喜光植物，也稍能耐阴，全日照，半阴环境均可。其幼苗比较耐阴，夏季要搭棚遮光。

【观赏与应用】常用扦插繁殖法、压条繁殖法、播种繁殖法。树形优美，叶亮绿色，是室内理想的大型布置树木。在室内陈列期间应将其搁放于光照充足的窗前或室内，确保室温不低于 8 ℃，使其能

平安过冬。南方室外配置。

18. 象腿丝兰（巨丝兰）*Yucca elephantipes* Lem. 天门冬科丝兰属

【识别要点】常绿乔木。茎直立，粗壮，基部膨大，株高达 10 m。叶窄披针形，叶螺旋状聚生茎顶，无柄，厚革质，剑状披针形，先端长渐尖，具刺状尖头，下部渐狭，基部稍扩大成鞘状，无中脉，长可达 100 cm，宽约 10 cm。革质，全缘，灰绿色，无柄。茎干直立，有明显的叶痕。

【生长习性】原产于墨西哥、危地马拉。生长在光线充足、温暖、潮湿的地方。一种非常强壮的喜光植物，也较耐阴。适生温度为 15 ～ 25 ℃，冬天可放在冷的无霜冻的地方，最低温度 4 ℃，但要保持干燥一些。

【观赏与应用】常用扦插繁殖法，室内可全年进行。树形挺拔，叶革质披针形，给人以力量感。盆栽的幼小植株，可放于书架、办公桌上，而且对多种有毒气体具有吸收能力，故极受欢迎。

19. 富贵竹 *Dracaena sanderiana* 天门冬科龙血树属

【识别要点】常绿直立灌木，高 1 ～ 2 m，少有分枝。根状茎横走，结节状，茎干粗壮直立，叶长披针形，互生或近对生，浓绿色。常见品种有；

①金边富贵竹　叶边缘有黄色宽条纹。

②银边富贵竹　叶边缘有白色宽条纹。

金边富贵竹

银边富贵竹

【生长习性】原产于非洲西部喀麦隆及刚果。性喜阴湿高温，耐阴、耐涝，耐肥力强，抗寒力强；喜半荫的环境。适宜生长于排水良好的沙质土或半泥沙及冲积层黏土中，适宜生长温度为 20 ～ 28 ℃，可耐 2 ～ 3 ℃低温，但冬季要防霜冻。

【观赏与应用】常用扦插繁殖法。我国各地常见栽培，作室内观叶植物，也可截成不同高度，排列成宝塔形，观其层层高升之态；起到净化空气的作用。

20. 朱蕉（铁树、红叶铁树）*Cordyline fruticosa* (L.) A. Chev. 天门冬科朱蕉属

【识别要点】常绿直立灌木。株高可达 3 m。茎单生或叉状分枝，直立细长。叶密生于茎端，叶长圆形或长圆状披针形，长 25 ～ 50 cm，宽 5 ～ 10 cm，绿或带紫红色，叶柄具沟槽，斜上伸展，具长柄，长 10 ～ 30 cm，端尖，革质，绿色或带紫红、粉红色条斑，幼叶在开花时变深红色。圆锥花序，下具 3 枚总苞片，小花白至青紫色，花期春夏季节。

红叶朱蕉

常见品种有；七彩朱蕉，叶边缘红色，中央有数条鲜黄绿色纵条纹。

【生长习性】原产于大洋洲北部和中国热带地区。喜高温、高湿，不耐寒，喜光，但忌强光直射，不耐阴。

【观赏与应用】常用扦插繁殖法、压条繁殖法、播种繁殖法。株形美观，叶色绿或紫红色，暖地庭院栽植，是优良的室内观叶植物，可作切叶。

21. 冬珊瑚（珊珊樱、吉庆果）*Solanum pseudo-capsicum* L. 茄科茄属

【识别要点】常绿小灌木，常作一二年生栽培。株高 60 ～ 100 cm。叶互生，狭矩形至倒披针形。花单生或成蝎尾状花序，腋生，小花 2，白色，花冠 5 深裂，花期为夏秋季。浆果球形，深橙红色，稀有黄毛，留枝经久不落，观果期为秋冬季。

【生长习性】原产于欧亚热带，中国华东、华南地区有野生分布。喜温暖，半耐寒，喜光；宜排水良好的土壤。

【观赏与应用】播种、扦插繁殖。盆栽室内观果。

22. 其他温室木本及亚灌木花卉

锦葵科　扶桑

夹竹桃科　软枝黄蝉

夹竹桃科　夜来香

夹竹桃科　非洲霸王

茄科　乳茄

爵床科　黄脉爵床

茜草科　龙船花

茜草科　繁星花

马鞭草科　龙吐珠

爵床科　鸟尾花

天门冬科　酒瓶兰

天门冬科　五彩千年木

茄科　双色茉莉

实训作业

学生利用课上课下实训，完成下列任务：

1. 按下列表格要求，完成常见温室木本及亚灌木植物的典型特征与应用信息整理。

2. 完成常见温室木本及亚灌木植物的典型特征、应用方式的图片收集与命名（图片命名要求：科序号＋科名属名＋种名……科序号见“被子植物纲、目和常见科一览”）。

序号	植物名称	科属	类型（人为分类）	典型特征 1	典型特征 2	生长习性（主要是温度、光照、水分要求）	应用方式（用途）	观赏特性（如观花：红色、春季）	其他
1									
2									

任务 3.9　蕨类植物识别与应用

微课

教学目标

教学课件

1. 掌握常见蕨类观赏植物的典型特征。2. 掌握常见蕨类观赏植物的生长习性与主要繁殖方法。3. 掌握常见蕨类观赏植物的园林应用方法。4. 了解非常见蕨类观赏植物的典型特征与应用方法。

技能目标

1. 能够正确识别常见蕨类观赏植物种类。2. 能够准确描述常见蕨类观赏植物的典型特征。3. 能够收集、整理常见蕨类观赏植物的典型特征、应用方式的图片。4. 能够根据观赏用途、生长习性正确选择常见蕨类观赏植物。

教学建议

1. 课前，要求学生登录中国大学慕课“园艺植物识别与应用”（或其他同类在线课程）课程教学资源预习，并通过软件识别、讨论区讨论等方式，初步认识常见蕨类植物种类，建立相关植物的感性认识。2. 课中，采用问题引导、分组回答、植物标本识别、现场识别等理实一体方式进行，有效提高教学效果。3. 课后，完成中国大学慕课“园艺植物识别与应用”（或其他同类在线课程）课程的单元测验题、教材的学习引导题及“实训操作”部分作业。

学习引导

1. 列举出常见蕨类观赏植物 8 种，并说明其叶形特点和应用特色。2. 比较桫椤与笔筒树的形态特征。

知识与技能

蕨类观赏植物概述

蕨类植物门（Pteridophyta）是高等植物中较低级的一类，没有花，不形成种子，原来多为高大木本植物，可长成为大森林，繁盛于晚古生代，现存的多为草本。蕨类植物的主要特征是：

（1）有真正的根、茎、叶的分化，有维管系统。现有的种类为多年生草本，少数种类为高大的乔木。根通常为须状不定根。茎多为地下横卧的根状茎，茎内木质部只有管胞，韧皮部只有筛管或筛胞，没有伴胞。叶有单叶和复叶之分，叶形变化很大。

（2）主要靠孢子进行繁殖。没有花、不产生种子。配子体形体远较孢子体小，颈卵器退化，以孢子进行繁殖，受精仍离不开水。

（3）孢子体远比配子体发达，两者都能独立生活。与孢子体退化寄生在配子体上的苔藓植物和配子体退化寄生在孢子体上的种子植物不同，所以进化水平间于其间。

1978 年，我国蕨类植物学家秦仁昌将蕨类植物门分为五个亚门，即松叶蕨亚门、石松亚门、楔叶亚门、水韭亚门和真蕨亚门。本门植物又称羊齿植物。约有 71 科 381 属 12 000 种。中国有 63 科 224 属约 2 400 种。蕨类植物绝大部分集中在最进化的真蕨亚门薄囊蕨纲水龙骨目。

现代蕨类植物广泛分布于世界各地，尤以热带和亚热带最为丰富。它们大都喜生于温暖阴湿的森林环境，成为森林植被中草本层的重要组成部分，还作为敏感地反映环境条件的指示植物。

蕨类观赏植物的枝叶青翠，姿态奇特，可供美化庭园，主要用于室内盆栽观赏，有不少比较耐寒的种类可以在长江以南地区室外布置或者自然生长，其他地区多数属于室内观赏植物。

蕨类观赏植物识别与应用

1. 翠云草 *Selaginella uncinata* (Desv.) Spring 石松亚门卷柏目卷柏科卷柏属

【识别要点】多年生草本，为中型伏地蔓生蕨。茎伏地蔓生，长约 1 m，极细软，分枝处常生不定根，多分枝。营养叶二型，背腹各二列，腹叶长卵形，背叶矩圆形，全缘，向两侧平展。孢子囊穗四棱形，孢子叶卵状三角形，四列呈覆瓦状排列。其羽叶细密，并会发出蓝宝石般的光泽。

【生长习性】产于中国中部、西南和南部地区。多生于海拔 40 ～ 1 000 m 处的林下阴湿岩石上，山坡或溪谷丛林中。喜温暖湿润的半阴环境。

【观赏与应用】常用扦插繁殖法。翠云草姿态秀丽，蓝绿色的荧光使人悦目赏心，在南方是极好的地被植物，也适于北方盆栽观赏，于种植槽中成片栽植效果更佳，也是理想的兰花盆面覆盖材料。

2. 肾蕨（蜈蚣草）*Nephrolepis cordifolia* (L.) C.Presl. 真蕨亚门薄囊蕨纲水龙骨目肾蕨科肾蕨属

【识别要点】多年生草本。根状茎短，被线状披针形、黄棕色鳞片，具网状中柱。叶丛生，直立，

叶柄、叶轴及羽轴均被线形鳞片；叶矩圆，一回羽状复叶；羽片无柄，线形，先端渐尖，先端边缘有锐锯齿，基部截形、心形；叶亚革质。孢子囊群线形，囊群盖狭线形，膜质，黄褐色。

【生长习性】常附生于溪边林下的石缝中和树干上。喜温暖潮润和半阴环境。肾蕨喜明亮的散射光，但也能耐较低的光照，切忌阳光直射。

【观赏与应用】常用分株繁殖法，也可人工播种孢子。叶羽状复叶丛生，翠绿色，适于盆栽及垂吊栽培，是室内装饰极理想的材料，流行于世界各地。

3. 井栏边草 *Pteris multifida* Poir. 真蕨亚门薄囊蕨纲水龙骨目凤尾蕨科凤尾蕨属

【识别要点】多年生草本。细弱，株高 30 ～ 70 cm。根状茎直立。叶二形，簇生，革质，1 回羽状复叶；可育羽片条形，叶轴上部有狭翅，下部羽片常 2 ～ 3 叉；不育叶羽片较宽，具不整齐的尖锯齿。孢子囊群沿叶边连续分布。

【生长习性】分布于中国除东北、西北以外的地区。喜温暖湿润和半阴环境，为钙质土指示植物。常生于阴湿墙脚、井边和石灰岩石上，在有阴蔽、无日光直晒和土壤湿润、肥沃、排水良好的处所生长最盛。

【观赏与应用】常用播种繁殖法。井栏边草叶丛细柔，秀丽多姿，是室内垂吊盆栽观叶佳品，在园林中可露地栽种于阴湿的林缘岩下、石缝或墙根、屋角等处，野趣横生。也可吊盆观赏。

4. 贯众（两色鳞毛蕨）*Cyrtomium fortunei* J.Sm. 真蕨亚门薄囊蕨纲水龙骨目鳞毛蕨科贯众属

【识别要点】多年生草本，为陆生蕨。根状茎粗壮直立。叶丛生，革质，单数一回羽状复叶，小羽片呈镰刀状披针形，边缘有细锯齿，叶柄细长密被褐色细毛。孢子叶与营养叶同形，孢子囊群着生于叶中部以上的羽片上，着生于叶背小脉中部以下，囊群盖肾形。

【生长习性】分布广东、广西、湖南、江西、

福建和浙江等地。常生林下沟溪边、较阴的山边洞穴口周围以及林下，是酸性土指示植物之一。

【观赏与应用】常用分株繁殖法、孢子繁殖法。贯众粗犷中不失雅致，颇具粗中有细的风韵，盆栽欣赏。

5. 巢蕨（鸟巢蕨）*Asplenium nidus* L. 真蕨亚门薄囊蕨纲水龙骨目铁角蕨科铁角蕨属

【识别要点】多年生草本。植株高 100 ～ 120 cm。其叶辐射状环生于根状短茎周围，中空如鸟巢，故名。叶阔披针形，革质，两面滑润，锐尖头或渐尖头，向基部渐狭而长下延，全缘。有软骨质的边，干后略反卷，叶脉两面稍隆起。

【生长习性】原产于热带、亚热带地区，我国海南岛、云南南部和台湾热带雨林中均有分布。喜温暖湿润和半阴环境；不耐寒，怕干旱和强光暴晒。在高温多湿条件下，全年都可生长，冬季温度不低于 5 ℃。

【观赏与应用】常用分株繁殖法，也可人工播种孢子。巢蕨叶片密集，碧绿光亮，为著名的附生性观叶植物，常用以制作吊盆（篮）。在热带园林中，常栽于附生林下或岩石上，以增加野趣。

6. 桫椤 *Alsophila spinulosa* (Wall. ex Hook.) R. M. Tryon 真蕨亚门薄囊蕨纲水龙骨目桫椤科桫椤属

【识别要点】树状蕨类。茎直立，高 1 ～ 6 m。胸径 10 ～ 20 cm，上部有残存的叶柄，向下密被交织的不定根。叶螺旋状排列于茎顶端；茎端和拳卷叶以及叶柄的基部密被鳞片和糠秕状鳞毛。孢子囊群着生侧脉分叉处，靠近中脉，有隔丝，囊托突起，囊群盖球形，膜质。

相似植物笔筒树，是桫椤科白桫椤属的植物，二者外形相似，区别是笔筒树的老叶枯萎后会立即脱落，在树干上留下一个个的圆形叶痕（如蛇皮上的纹样，又被称为“蛇木”）；而桫椤枯萎的老叶并不马上脱落，如同披了件蓑衣，最后叶子落掉但叶柄依然残留。此外笔筒树叶柄的基部及新芽覆盖着棕色的鳞片，而桫椤的树干及新芽都是黑色，同时叶柄上长有小刺。

【生长习性】主要生长在热带和亚热带地区，东南亚和日本南部也有分布。喜温暖湿润的气候，为半阴性树种，常生长在林下或河边、溪谷两旁的阴湿之地。

桫椤科　笔筒树

【观赏与应用】常用人工播种孢子繁殖。现存唯一的木本蕨类植物，是古老蕨类植物，极其珍贵，堪称国宝，被众多国家列为一级保护的濒危植物，有“活化石”之称。桫椤树形美观，树冠犹如巨伞，园艺观赏价值极高。

7. 铁线蕨 *Adiantum capillus-veneris* L. 真蕨亚门薄囊蕨纲水龙骨目铁线蕨科铁线蕨属

【识别要点】多年生常绿草本。根茎黄褐色，密被淡褐色鳞片。叶 1 ~ 3 回羽状复叶，羽片多为倒卵形，顶端几乎截形而中间凹入；叶柄细劲，紫黑色有光泽，与叶片约等长。孢子囊群盖由小叶顶端的叶缘向下面反折而成，每个小叶的孢子囊群通常长方形，折边稍向内，呈弧形弯曲，褐色，边白色，膜质。

【生长习性】分布于非洲、美洲、欧洲、大洋洲及亚洲温暖地区。中国普遍栽培。原野生于溪边山谷湿石上，喜温暖、湿润和半阴环境，耐寒，忌阳光直射。

【观赏与应用】常用分株繁殖法、孢子播种繁殖法。适合室内常年盆栽观赏。作为小型盆栽喜阴观叶植物，在许多方面优于文竹。铁线蕨叶片还是良好的切叶材料及干花材料。

8. 槐叶蘋 *Salvinia natans* (L.) All. 真蕨亚门薄囊蕨纲槐叶蘋目槐叶蘋科槐叶蘋属

【识别要点】多年生根退化型的浮水性蕨类植物。茎细长横走，被褐色茸毛，无根；三叶轮生，呈 3 列，2 列叶漂浮水面，在茎的两侧排成羽状，脉上簇生短粗毛，侧脉间有排列整齐的乳头状突起；另 1 列叶悬垂于水中，裂成须根状。孢子果近球形，不开裂，簇生于沉水叶的基部，内生数个大孢子囊，每囊内有 1 大孢子。

【生长习性】长江以南、华北、东北、秦岭等地区均有分布。喜温暖、光照充足的环境。

【观赏与应用】常用断体繁殖法、孢子播种繁殖法。植株小而精致，漂浮水面，适宜用作水面景观配置。

9. 鹿角蕨 *Platycerium wallichii* Hook. 真蕨亚门薄囊蕨纲水龙骨目鹿角蕨科鹿角蕨属

【识别要点】多年生附生植物。根状茎肉质，短而横卧，密被鳞片；鳞片淡棕色或灰白色，中间深褐色，坚硬、线形，长 10 mm，宽 4 mm。叶 2 列，二型；基生不育叶（腐殖叶）宿存，厚革质，下部肉质，厚达 1 cm；上部叶薄，直立无柄，贴生于树干上，长达 40 cm，长宽近相等，先端截形，不整齐，3 ~ 5 次叉裂，裂片近等长，圆钝或尖头，全缘，主脉两面隆起，叶脉不明显，两面疏被星状毛，初时绿色，不久枯萎，褐色。

【生长习性】原产于非洲、亚洲、大洋洲和南美的热带、亚热带雨林中，中国云南、缅甸、印度东北部和泰国也有分布。喜温暖阴湿环境，怕强光直射，以散射光为好，冬季温度不低于 5 ℃，土壤以疏松的腐叶土为宜，具世代交替现象，孢子体和配子体均行独立生活。常附生在以毛麻楝、榲树、垂枝榕等为主体的季雨林树干和枝条上，也可附生在林缘、疏林的树干或枯立木上。

【观赏与应用】常用分株繁殖法。该种已列入国家二级保护植物。鹿角蕨株形奇特，大叶下垂，姿态优美，是珍奇的观赏蕨类，可作为室内及温室的悬挂植物；适用于点缀客厅、窗台、书房等处。悬吊于厅堂，别具热带情趣，是少数适于室内悬挂的热带附生蕨。

10. 其他蕨类植物

凤尾蕨科　凤尾蕨

水龙骨科　崖姜

骨碎补科　狼尾蕨

海金沙科　海金沙

实训作业

学生利用课上课下实训，完成下列任务：

1. 按下列表格要求，完成常见蕨类观赏植物的典型特征与应用信息整理。

2. 完成常见蕨类观赏植物的典型特征、应用方式的图片收集与命名（图片命名要求：科序号 + 科名属名 + 种名……科序号见“被子植物纲、目和常见科一览”）。

序号	植物名称	科属	类型（人为分类）	典型特征 1	典型特征 2	生长习性（主要是温度、光照、水分要求）	应用方式（用途）	观赏特性（如观花：红色、春季）	其他
1									
2									

微课

任务 3.10　多浆多肉类植物识别与应用

教学目标

教学课件

知识目标

1. 掌握常见多浆多肉类植物的典型特征。2. 掌握常见多浆多肉类植物的生长习性与主要繁殖方法。3. 掌握常见多浆多肉类植物的园林应用方法。4. 了解非常见多浆多肉类植物的典型特征与应用方法。

技能目标

1. 能够正确识别多浆多肉类植物种类。2. 能够准确描述常见多浆多肉类植物的典型特征。3. 能够收集、整理常见多浆多肉类植物的典型特征、应用方式的图片。4. 能够根据园林用途、植物习性正确选择多浆多肉类植物。

教学建议

1. 课前，要求学生登录中国大学慕课“园艺植物识别与应用”（或其他同类在线课程）课程教学资源预习，并通过软件识别、讨论区讨论等方式，初步认识常见多浆多肉类植物种类，建立相关植物的感性认识。2. 课中，采用问题引导、分组回答、植物标本识别、现场识别等理实一体方式进行，有效提高教学效果。3. 课后，完成中国大学慕课“园艺植物识别与应用”（或其他同类在线课程）课程的单元测验题、教材的学习引导题及“实训操作”部分作业。4. 检查学生拍摄的植物图片与命名整理状况，计入平时成绩。检查方法是要求学生把整理好的植物图片拷贝给老师。老师做评讲，不符合要求的，提出来改正。表扬表现好的学生，鼓励大家不断提高。

学习引导

1. 按季节列举出 3 ~ 5 个开花的多浆多肉类植物。2. 举例说明多浆多肉类植物的观赏特点。3. 举例说明多浆多肉类植物分布的主要科。

知识与技能

多浆多肉类植物概述

多浆多肉类植物是指植物的根、茎、叶三种营养器官中至少有一种是肥厚多汁，并且具备储藏大量水分、在干旱环境下有长期生存能力的植物。由于长期适应干旱环境的结果，它们的叶片在大多数仙人掌类植物中已退化为针状叶，在大戟科多肉植物中也常仅存痕迹或早落；但在其他大多数科的多肉植物中仍存在，只是已程度不同的肉质化了。

多浆多肉类植物其表皮角质或被蜡质、毛、刺，表皮气孔少且经常关闭，减少水分散失，以适应干旱环境。

常见人工栽培的多肉植物大多来自仙人掌科、番杏科、大戟科、景天科、夹竹桃科、龙舌兰科、马齿苋科、天门冬科、萝藦科和菊科等科，尤其是全科为多肉植物的番杏科和仙人掌科植物。

多浆多肉类植物多原产沙漠、半沙漠、草原等干热地区，耐高温、耐干旱、耐强光照，不耐寒，忌涝。生长旺盛时，需要阳光、水分充足，高温。冬季低温是休眠期，干旱和低光照下易安全越冬。多数种类适宜生长温度在 25 ～ 35 ℃。喜酸性、通气强、排水好的土壤，耐脊薄的土壤。

多肉植物种类繁多，形态奇特，在园林造景上能够展示出浓郁的异国情调，多在室内装饰观赏。有少数本类植物在其他任务内介绍。

多浆多肉类植物识别与应用

常见仙人掌属植物检索表

1. 茎上小窝内有倒刺毛；叶小，早落；花辐射状 …………………… 仙人掌属
1. 茎上小窝内不具倒刺毛；常无叶；花有显著的管部 …………………… 2
2. 茎节多数，扁平，小窝内多无刺 …………………… 3
2. 茎节数较少，棱状，小窝内多具刺 …………………… 5
3. 茎节短，每节长 5 cm 或更短 …………………… 蟹爪兰属
3. 茎节长，每节长 15 ～ 40 cm 或更长 …………………… 4
4. 花被管较花被裂片长，花白色，夜间开放 …………………… 昙花属
4. 花被管较花被裂片短，花红色，日间开放 …………………… 令箭荷花属
5. 茎直立或攀缘，具 3 棱 …………………… 量天尺属
5. 茎有 10 ～ 13 条棱 …………………… 鼠尾掌属

1. 仙人掌 *Opuntia dillenii* (Ker Gawl.) Haw. 仙人掌科仙人掌属

【识别要点】株高可达 2 m 以上。植株丛生成大灌木状，干木质，圆柱形。茎节扁平，椭圆形，

肥厚多肉，刺座内密生黄色刺，幼茎鲜绿色，老茎灰绿色。花单生茎节上部，短漏斗形，鲜黄色，花期夏季。

【生长习性】原产美洲热带。性强健，喜温暖，不耐寒，喜阳光充足，不择土壤，耐旱，忌涝。

【观赏与应用】采用分株法、扦插法和嫁接的繁殖。可以盆栽，室内装饰观赏。

2. 昙花 *Epiphyllum oxypetalum* (DC.) Hwa. 仙人掌科昙花属

【识别要点】附生肉质灌木，老茎圆柱状，茎叉状分枝，木质化。新枝扁平叶状，长椭圆形，其面上有 2 棱，边缘波状，具圆齿，刺锥生圆齿缺刻

处，幼枝有刺，老枝无刺。花大形，漏斗状，生于叶状枝边缘，花无梗，萼筒状，红色，花重瓣，花被片披针形，纯白色，夜里开放数小时后凋谢，花期夏秋季。有浅黄、玫红、橙红等花色。

【生长习性】原产墨西哥至巴西热带雨林。喜温暖，不耐寒，喜湿润、半阴，宜富含腐殖质、排水好的微酸性沙壤土。

【观赏与应用】采用扦插法繁殖。其奇妙的开花习性，常博得花卉爱好者的浓厚兴趣。可以盆栽，室内装饰观赏。

3. 令箭荷花 *Nopalxochia ackermannii* BR. et Rose. 仙人掌科令箭荷花属

【识别要点】多年生常青附生类植物，因其茎扁平呈披针形，形似令箭，花似睡莲，故名令箭荷花。茎多分枝，灌木状，外形与昙花相似，区别为其全株鲜绿色叶状茎扁平，较窄，披针形，基部细圆呈柄状，具波状粗齿，齿凹处有刺，嫩枝边缘为紫红色，基部疏生毛。花生刺丛间，漏斗形，玫瑰红色，白天开放，花期4月。有白、粉、红、紫、黄等不同花色的品种。

【生长习性】原产墨西哥及玻利维亚。喜温暖、湿润，耐干燥，不耐寒，喜阳光充足，宜含有机质丰富的肥沃、疏松、排水好的微酸性土。

【观赏与应用】采用扦插法和嫁接繁殖。以盆栽观赏为主，在温室中多采用品种搭配，可提高观赏效果。可用来点缀客厅、书房的窗前、阳台、门廊，为色彩、姿态、香气俱佳的室内优良盆花。

4. 蟹爪兰（蟹爪、蟹爪莲）*Schlumbergera truncata* (Haw.) Moran 仙人掌科仙人指属

【识别要点】附生肉质植物，灌木状，茎悬垂，多分枝无刺，老茎木质化，幼茎扁平；茎倒卵形，先端截形，边缘具 2 ～ 4 对尖锯齿，如蟹钳。花生茎节顶端，着花密集，花冠漏斗形，紫红色，花瓣数轮，愈向内侧，管部愈长，上部反卷，花期 11 月至翌年 2 月。有许多园艺品种。

【生长习性】原产巴西。喜温暖、湿润，不耐寒，喜半阴，宜疏松、透气、富含腐殖质的土壤。

【观赏与应用】采用扦插法和嫁接繁殖。温室冬春盆栽，吊盆观赏。蟹爪兰节茎常因过长，而呈悬垂状，故又常被制作成吊篮。蟹爪兰开花正逢圣诞节、元旦节，株形垂挂，适合于窗台、门庭入口处和展览大厅装饰，成为冬季室内的重要盆花之一。常嫁接于量天尺或其他砧木上，以获得长势茂盛的植株。

5. 量天尺（三棱箭、三角柱）*Selenicereus undatus* (Haw.) D.R.Hunt 仙人掌科蛇鞭柱属

【识别要点】附生性多浆肉质植物。茎长，多节，有气生根，可附着在支持物上，三棱柱形，粗

壮，边缘波状，角质，棱上具刺，深绿色，有光泽。花大形，花冠漏斗形，白色，芳香，萼片基部连合呈长管状，基部具鳞片，雄蕊多数，夜间开放，花期 5—9 月。

【生长习性】原产美洲热带及亚热带雨林，中国华南地区也有。性强健，喜温暖，不耐寒，喜湿润、半阴，宜肥沃的沙壤土。

【观赏与应用】采用扦插法繁殖。地栽于展览温室的墙角、边地，可展示出热带雨林风光，也可作为篱笆植物，盆栽则可作为嫁接其他珍贵仙人掌科植物的砧木。

6. 金琥（象牙球）*Kroenleinia grusonii* (Hildm.) Lodé 仙人掌科金琥属

【识别要点】多年生草本多浆植物。茎圆球形，肉质，茎径可达 50 cm，单生或成丛，具 20 条棱，沟宽而深，峰较狭，球顶密被黄色绵毛，刺座大，被 7 ～ 9 枚金黄色硬刺呈放射状。花生于茎顶，外瓣内侧带褐色，内瓣亮黄色，花期 6—10 月。

仙人球 多年生肉质多浆草本植物。茎呈球形或椭圆形，绿色。球体有纵棱若干条，棱上密生针刺，黄绿色，长短不一，辐射状。花着生于纵棱刺丛中，银白色或粉红色，长喇叭形。仙人球开花一般在清晨或傍晚，持续时间几小时到一天。

【生长习性】原产于墨西哥中部干旱沙漠及半沙漠地带。性强健，喜温暖，不耐寒，喜冬季阳光充足，夏季半阴；喜含石灰质及石砾的沙质壤土。

【观赏与应用】采用播种、嫁接繁殖。金琥寿命长，栽培容易，成年大金琥花繁球壮，观赏价值很高，是一种十分理想的室内观赏植物。

景天科常见属检索表

1\. 花通常 5 基数；雄蕊 1 ～ 2 轮；花瓣分离或稍合生；叶互生、对生或莲座状 …………………… 3
1\. 花 4 基数；雄蕊 2 轮，为花瓣的 2 倍；花瓣多少合生；叶对生……………………………………… 2
2\. 花丝着生于花冠筒的基部；花常下垂；叶缘常有芽 ………………………………… 落地生根属
2\. 花丝着生于花冠筒的中部或中上部；花直立；叶缘无芽 …………………………… 伽蓝菜属
3\. 雄蕊与花瓣同数 ……………………………………………………………………………………… 4
3\. 雄蕊为花瓣的 2 倍 …………………………………………………………………………………… 5
4\. 基生的茎生叶在花茎上不呈莲座状 ……………………………………………………… 青锁龙属
4\. 基生的茎生叶在花茎上呈莲座状 ……………………………………………………………… 石莲属
5\. 叶丛不呈莲座状 ………………………………………………………………………………… 景天属
5\. 叶丛生，呈莲座状 ……………………………………………………………………………… 拟石莲属

7. 落地生根 *Bryophyllum pinnatum* (L.f.) Oken 景天科落地生根属

【识别要点】多年生草本植物。株高 40 ～ 150 cm，全株蓝绿色。茎直立，圆柱状。单叶对生，肉质，叶缘具圆齿，圆齿处生芽，芽长大后落地即成一新植物。花序圆锥状，花冠钟形，稍向外卷，粉红色，下垂，花期秋冬季节。

【生长习性】原产于印度东部至中国南部。喜温暖，不耐寒，喜光，亦稍耐阴；宜疏松肥沃、排水好的土壤，性强健，易栽。

【观赏与应用】常用扦插、不定芽和播种繁殖。用于盆栽，是窗台绿化的好材料，点缀书房和客厅也具雅趣。

8. 长寿花（伽蓝菜）*Kalanchoe blossfeldiana* Peolln 景天科伽蓝属

【识别要点】多年生肉质草本。叶对生，茎下部叶倒卵形，茎中部叶片羽状分裂。聚伞状圆锥花序，有黄色、红色、白色花的品种，花冠高脚碟状，花后及时修剪，可全年开花。

【生长习性】原产于热带地区。性强健，喜温暖，不耐寒，喜光，稍耐阴，宜排水良好的土壤，耐干旱，耐高温，夏季可露地栽培。

【观赏与应用】常用播种、扦插繁殖。盆栽观赏，或配植花坛、花境等。

9. 玉树（景天树）*Crassula arborescens* (Mill.) Willd. 景天科青锁龙属

【识别要点】常绿多肉小灌木。茎圆柱形，灰绿色，有节。叶肉质，厚 0.3 ~ 0.5 cm，对生，倒卵形或匙形，全缘。花径 2 mm，白色或淡粉色。

【生长习性】原产于南非。喜温暖、阳光充足，不耐寒，5 ℃以下则落叶，宜疏松的沙质土壤，过湿则易烂根。性强健，管理粗放，易栽。

【观赏与应用】扦插繁殖。盆栽室内观赏。

10. 石莲花（宝石花）*Echeveria secunda* Booth ex Lindl. 景天科石莲花属

【识别要点】常绿多肉植物，茎匍匐。叶片匙形，长 3 ~ 7 cm，厚达 0.5 ~ 0.8 cm，粉蓝色，被蜡纸白粉，叶丛紧密，直立成莲座状。聚伞花序腋生，花期 7—10 月，粉红色。石莲花的品种繁多，叶色、叶形多变。

【生长习性】原产于墨西哥，常野生于石岩上，十分耐旱，1 ~ 2 个月不浇水也无事，冬季温度要求在 5 ℃以上；喜充足的阳光，怕烈日，忌水，不耐寒。

【观赏与应用】叶插、穗插、分株繁殖。石莲花是常见的多浆植物，叶片莲座状排列，肥厚如翠玉，姿态秀丽，形如池中莲花，观赏价值较高。盆栽是室内绿色装饰的佳品，也可地栽用于花境点缀。

11. 垂盆草（三叶佛甲草）*Sedum sarmentosum* Bunge 景天科景天属

【识别要点】多年生肉质草本。株高 10 ~ 20 cm。茎纤细，匍匐或倾斜，植株光滑无毛，近地面茎节容易生根。3 叶轮生，倒披针形至长圆形，先端尖。花小，黄色，无花梗，排列在顶端呈二歧聚伞花序，花期 7—9 月。

【生长习性】原产于中国长江流域，分布于中国东北、华北地区及朝鲜和日本。较耐寒，喜稍润湿，宜肥沃的沙质主壤，耐旱，耐瘠薄。寒冷地区需保护越冬。

【观赏与应用】播种、扦插、分株繁殖。铺植地被，给花坛镶边，配植于毛毡花坛中，盆栽吊挂欣赏。

12. 虎刺梅（铁海棠）*Euphorbia milii* var. *splendens* (Bojer ex Hook.) Ursch et Leandri 大戟科大戟属

【识别要点】攀缘状灌木。茎直立具纵棱，其上生硬刺，排成 5 行。嫩枝粗，有韧性。叶仅生于嫩枝上，倒卵形，先端圆而具小凸尖，基部渐狭，黄绿色。2 ~ 4 个聚伞花序生于枝顶，花绿色，苞片 2 枚，对生，鲜红色，扁肾形，长期不落，花期

6—7月。

【生长习性】原产于马达加斯加。喜高温，不耐寒；喜强光，不耐干旱及水涝。土壤水分要适中，过湿生长不良，干旱会落叶。

【观赏与应用】扦插繁殖。盆栽观赏，或作刺篱。

13. 光棍树（绿玉树）*Euphorbia tirucalli* L. 大戟科大戟属

【识别要点】常绿灌木，小枝光滑圆柱状、绿色、肉质；全株具乳汁；仅顶部新梢带有线状小叶，长约1 cm，叶早落。

【生长习性】原产于非洲。喜温暖湿润气候，耐旱不耐寒，喜排水良好的沙壤土。

【观赏与应用】扦插繁殖。乳汁有毒，需谨慎。多盆栽观赏，乳汁可提炼人造石油，亦是能源植物。

14. 霸王鞭 *Enphorbia royleana* Boiss. 大戟科大戟属

【识别要点】常绿肉质灌木，茎粗壮，有五个棱，棱边有乳头状硬刺。仅顶部新枝有叶片，叶片厚，倒卵形。托叶刺状，成对着生于叶迹两侧，宿存。花序二歧聚伞状，生于枝的顶部；总苞杯状，黄色。

玉麒麟　霸王鞭植物的变种，属多肉多浆类植物，全株肉质，有白色乳汁；变态茎不规则形，绿色，底部茎褐色，有数列突起刺窝，顶部枝条多数成扇形；仅顶部新枝有叶片，叶片厚，倒卵形。

【生长习性】原产于印度，性喜高温，亦稍耐寒，耐旱，喜排水良好的沙质土壤，积水易烂根。

【观赏与应用】扦插繁殖。盆栽观赏为主。

15. 彩云阁 *Euphorbia trigona* Mill. 大戟科大戟属

【识别要点】植株呈多分枝的灌木状，主枝极少分枝。茎具3～4棱，粗3～6 cm，棱缘波形，突出处有坚硬的短齿，茎表皮绿色。叶绿色，长4～5 cm，长卵圆形或钥匙形，着生于分枝上部的每条棱上，每个刺窝位置长一片。花呈杯状聚伞花序，三裂蒴果。

【生长习性】原产于纳米比亚，性喜高温，耐旱，不耐寒。喜排水良好的沙质土壤，积水易烂根。

【观赏与应用】扦插繁殖。盆栽观赏。

16. 非洲霸王树 *Pachypodium lamerei* Drake 夹竹桃科棒锤树属

【识别要点】多肉植物，褐绿色圆柱形茎干肥

大挺拔，密生 3 枚一簇的硬刺，较粗稍短。茎顶丛生翠绿色长广线形叶，尖头，叶柄及叶脉淡绿色。花白色。

【生长习性】喜温暖及阳光充足、高温多湿的环境，耐干旱。霸王树适应于热带干湿季气候。

【观赏与应用】播种、扦插繁殖。外观奇特，盆栽观赏，为多肉植物中的珍稀品种。

17. 美国库拉索芦荟 *Aloe barbadensis* Mill 芦荟科芦荟属

【识别要点】多年生草本植物，茎较短，叶簇生于茎顶，直立或近于直立，每片重可达 0.5 ~ 1.5 kg，肥厚多汁；呈狭披针形，先端长渐尖，基部宽阔，粉绿色，边缘有刺状小齿。花茎单生或稍分枝，高 60 ~ 90 cm；总状花序疏散；小花长约 2.5 cm，黄色或有赤色斑点；管状小花 6 裂；雄蕊 6。三角形蒴果，室背开裂。花期 2—3 月。同属变种比较：

木立芦荟 *Aloe arborescens* Mill.var.*arborescens* 多年生草本植物，茎高可达 1 ~ 2 m，茎上长侧芽，其形像树。叶轮生。秋冬开橙红色花。

【生长习性】原产于美洲西印度群岛的库拉索群岛和巴巴多斯岛。喜温暖，怕涝耐旱，不耐寒；喜春夏湿润，秋冬干燥，喜阳光充足，不耐阴，耐盐碱。越冬温度 5 ℃以上。

【观赏与应用】分株、扦插繁殖。盆栽观赏。芦荟产品中仅有库拉索芦荟凝胶可用于食品生产加工。

18. 龙舌兰（番麻、世纪树）*Agave americana* L. 龙舌兰科龙舌兰属

【识别要点】多年生常绿大型植物。茎极短。叶倒披针形，长 1 ~ 2 m，宽 15 ~ 20 cm，灰绿色，肥厚多肉，基生呈莲座状，叶缘具疏粗齿，硬刺状。十几年生植株自叶丛中抽出大型圆锥花序顶生，花淡黄绿色，一生只开一次花。异花授粉才结实。

常见栽培的变种有：

①金边龙舌兰　叶缘为黄色。

②金心龙舌兰　叶中心具淡黄色纵带。

③白边龙舌兰　叶缘为白色。

【生长习性】原产于墨西哥。喜温暖，稍耐寒，喜光，不耐阴，喜排水好、肥沃而湿润的沙壤土，耐干旱和贫瘠土壤。

【观赏与应用】分株、扦插繁殖。暖地可庭院栽培，作花坛中心，盆栽。

19. 其他多浆多肉植物

仙人掌科　白毛掌

仙人掌科　菲牡丹

仙人掌科　黄玉翁

仙人掌科　金纽

仙人掌科　龙骨花骨柱

景天科　观音莲

仙人掌科　鸾凤玉

景天科　宝石花

夹竹桃科　沙漠玫瑰

景天科　佛甲草

景天科　扇贝石莲花

菊科　大弦月城

百合科　条纹十二卷

实训作业

学生利用课上课下实训，完成下列任务：

1. 按下列表格要求，完成常见多浆多肉植物的典型特征与应用信息整理。

2. 完成常见多浆多肉植物的典型特征、应用方式的图片收集与命名（图片命名要求：科序号 + 科名属名 + 种名……科序号见“被子植物纲、目和常见科一览”）。

序号	植物名称	科属	类型（人为分类）	典型特征 1	典型特征 2	生长习性（主要是温度、光照、水分要求）	应用方式（用途）	观赏特性（如观花：红色、春季）	其他
1									
2									

微课

任务 3.11　兰类植物识别与应用

教学目标

教学课件

知识目标

1. 掌握常见兰类植物的典型特征。2. 掌握常见兰类植物的生长习性与主要繁殖方法。3. 掌握常见兰类植物的园林应用方法。4. 了解非常见兰类植物的典型特征与应用方法。

技能目标

1. 能够正确识别常见兰类植物种类。2. 能够准确描述常见兰类植物的典型特征。3. 能够收集、整理常见兰类植物的典型特征、应用方式的图片。4. 能够根据园林用途、植物习性正确选择常见兰类植物。

教学建议

1. 课前，要求学生登录中国大学慕课“园艺植物识别与应用”（或其他同类在线课程）课程教学资源预习，并通过软件识别、讨论区讨论等方式，初步认识常见兰科花卉种类，建立相关植物的感性认识。2. 课中，采用问题引导、分组回答、植物标本识别、现场识别等理实一体方式进行，有效提高教学效果。3. 课后，完成中国大学慕课“园艺植物识别与应用”（或其他同类在线课程）课程的单元测验题、教材的学习引导题及“实训操作”部分作业。4. 建议最近安排一次园林植物标本考查：采集各类植物的枝条、叶片、花、果实等典型植物器官

50 种左右，先考查学生，再让学生复习。

学习引导

1. 你知道目前当地花卉市场上兰科植物有哪些种类吗？主要产地、销售价格如何？（要开展花卉市场调查或者去兰花交易网了解）2. 比较春兰、惠兰、建兰、墨兰和寒兰的区别（说明其形态特征）。3. 比较洋兰与国兰的特点。

知识与技能

兰科花卉植物概述

兰花，即兰科植物，兰花分国兰和洋兰（或热带兰）。

国兰，原产地多在中国亚热带，主要为春兰、莲瓣兰、蕙兰、建兰、寒兰、墨兰、春剑七大类，有上千个园艺品种。

国兰为多年生草本植物。根肉质肥大，无根毛，有共生菌。具有假鳞茎，外包有叶鞘，常多个假鳞茎连在一起，成排同时存在。叶线形或剑形，革质，直立或下垂，花单生或成总状花序，花梗上着生多数苞片。花两性，具芳香。花冠由 3 枚萼片与 3 枚花瓣及蕊柱组成。萼片中间 1 枚称主瓣，下 2 枚为副瓣，副瓣伸展情况称户。上 2 枚花瓣直立，左右排列，肉质较厚，先端向内卷曲，俗称捧；下面 1 枚为唇瓣，较大。

国兰与花大色艳的热带兰花大不相同，没有醒目的艳态，没有硕大的花、叶，却具有质朴文静、淡雅高洁的气质，很符合东方人的审美标准。在中国有一千余年的栽培历史。中国人历来把兰花看作是高洁典雅的象征，并与“梅、竹、菊”并列，合称“四君子”。通常以“兰章”喻诗文之美，以“兰交”喻友谊之真。也有借兰来表达纯洁的爱情，“气如兰兮长不改，心若兰兮终不移”“寻得幽兰报知己，一枝聊赠梦潇湘”。1987 年 5 月兰花被评为中国十大名花，位列第四。养兰花是中国传统的、比较高雅的活动之一。

野生国兰生长在背阴、通风、不积水的山地，因此栽培基质要求通气、松软、漏水性好，呈微酸性。人工栽培后，盆栽室内观赏。

全国各地都有兰花爱好者，涉及的植物都是国兰，各地爱好者偏好的品种不一样。长江中下游地区是国兰的主要原产地，也是生产、经营的主要地区。有些地区形成了有相当规模的产业。

洋兰是相对于国兰而言的，原产地多在热带地区，又称热带兰，兴起于西方，是受西洋人喜爱的兰科植物。它的种类很多，如蝴蝶兰、大花蕙兰、卡特兰、石斛兰、文心兰、兜兰等。洋兰花朵硕大、花形奇特多姿、绚丽；花期长，可达 3 个月左右；栽培介质不是土壤而是树皮、苔藓等，很少发生病虫害，能够保持家庭的卫生整洁，因此成为近年来最深受市民喜爱的年宵盆栽花卉之一。

兰科植物识别与应用

接下来按国兰、洋兰的顺序介绍常见兰科植物种类。

1. 春兰（山兰、草兰）*Cymbidium goeringii* (Rchb.F.) Rchb.F. 兰科兰属

【识别要点】多年生常绿草本，地生性，具假鳞茎球形。叶 4～6 枚丛生，狭带形，宽 1～1.5 cm，叶脉明显，叶下部对折成“V”形，叶缘有细锯齿。花葶直立，花单生，少数2朵，淡黄绿色，有香气，花期 1—3 月。依花被片的形状不同，可分为几类花型，如梅瓣型、水仙瓣型、荷瓣型以及蝴蝶瓣型。有许多名贵品种。

宋梅（品种）

大富贵（品种）

素心（品种）

汪字（品种）

黑虎（品种）

余蝴蝶（品种）

【生长习性】原产于中国中南部。喜凉爽湿润，较耐寒，忌酷热和干燥，要求生长期半阴，冬季有充足的光照，喜富含腐殖质、疏松、通气的微酸性土壤。

【观赏与应用】分株、组培繁殖。盆栽，为名贵的盆花。春兰名贵品种很多，欣赏文化丰富，深受百姓欢迎。

2. 蕙兰 *Cymbidium faberi* Rolfe 兰科兰属

【识别要点】多年生常绿草本。地生性、假鳞茎不显著。叶 5 ～ 7 片丛生，较春兰叶宽、长，直立性强，基部常对褶，横切面呈“V”形，叶缘具粗齿。花葶直立而长，着花 6 ～ 12 朵，浅黄绿色，具紫红斑点，香气较春兰淡，花期 3—4 月。名贵品种很多。

【生长习性】原产于中国中部及南部。其他同春兰。

老朵云品种

【观赏与应用】分株、组培繁殖。盆栽室内观赏。

3. 墨兰（山兰、草兰）*Cymbidium sinense* (Jack ex Andr) Willd 兰科兰属

【识别要点】多年生常绿草本，假鳞茎呈卵球形，包藏于叶基之内，叶 3 ～ 5 枚，带形，宽 1.5 ～ 2.5 cm，比较宽，近薄革质，暗绿色，有光泽。花葶从假鳞茎基部发出，直立，较粗壮。总状花序具 10 ～ 20 朵或更多的花，较常为暗紫色或紫褐色而具浅色唇瓣。其萼片狭长圆形或狭椭圆形，花瓣近狭卵形，侧裂片直立，具乳突状短柔毛，花期 10 月至翌年 3 月，蒴果狭椭圆形。有许多名贵品种。

【生长习性】喜阴，忌强光，喜温暖，忌严寒，喜湿，忌燥。要求生长期半阴，冬季有充足的光照，喜富含腐殖质、疏松、通气的微酸性土壤。

【观赏与应用】分株、组培繁殖。盆栽，为名贵的盆花。

4. 大花蕙兰 *Cymbidium hybrid* 兰科兰属

【识别要点】附生草本植物。叶长 35 ～ 80 cm，关节距基部 6 ～ 10 cm。花葶有花 7 ～ 14，花序下弯，花有香气，萼片、花瓣绿或黄绿色，基部疏生深红色斑点，唇瓣白色，侧裂片与中裂片具栗褐色斑点与斑纹，后紫红。花期 1—4 月。由兰属中的一些附生性较强的大花种和主要以这些原种为亲本经过一百多年的多代人工杂交育成的品种群。

【生长习性】原产于印度、缅甸、泰国、越南和中国南部等地区。喜冬季温暖和夏季凉爽气候，喜高湿强光。

【观赏与应用】分株、组培繁殖。盆栽观赏。具有国兰的幽香典雅，又有洋兰的丰富多彩，在国际花卉市场十分畅销，是年宵花的重要类型，深受花卉爱好者的喜爱。大花蕙兰的生产地主要是日本、韩国、中国、澳大利亚及美国等。

5. 兜兰 *Paphiopedilum* spp. 兰科兜兰属

【识别要点】多年生常绿草本。地生性。无假鳞茎。叶基生，表面有沟，幼叶绿色，老叶蓝绿色，革质。花葶从叶腋抽生，花单生，蜡状，黄绿色，具褐色斑纹，兜大，紫褐色，花期 9 月至翌年 2 月。

【生长习性】原产于印度北部。喜凉爽湿润，较耐寒，喜半阴，要求环境通风好。北方宜低温温室栽培。其他同带叶兜兰。

【观赏与应用】分株、组培繁殖。盆栽。

6. 蝴蝶兰 *Phalaenopsis aphrodite* Rchb. f. 兰科蝴蝶兰属

【识别要点】多年生附生常绿草本。根扁平如带，有疣状突起，茎极短。叶近二列状丛生，广披针形至矩圆形，顶端浑圆，基部具短鞘，关节明显。花茎 1 至数枚，拱形，长达 70 ～ 80 cm，花大，

白色，蜡状，形似蝴蝶，花期冬春季。栽培品种很多。本种是现代蝴蝶兰花卉产业的重要亲本源，野生种已濒临绝灭。

【生长习性】原产于亚洲热带及中国台湾。喜高温高湿，不耐寒。喜通风及半阴，要求富含腐殖质、排水好、疏松的基质。

【观赏与应用】分株、组培繁殖。为珍贵的盆花，是年宵花的重要植物，每年产量很高，吊盆观赏。也是优良的切花材料。

7. 白及（凉姜、双肾草、白芨）*Bletilla striata* (Thunb.ex A.Murray) Rchb.f. 兰科白及属

【识别要点】多年生球根花卉。株高 30 ～ 60 cm。具扁球形假鳞茎。茎粗壮，直立。叶互生，3 ～ 6 枚阔披针形，基部下延成鞘状而抱茎，平行叶脉明显而突出使叶面皱褶。总状花序顶生，花淡紫红色，花被片 6 枚，不整齐，其中 1 枚较大，呈唇形，3 深裂，中裂片波状具齿，花期 3—5 月。

【生长习性】原产于中国中南及西南地区，日本、朝鲜也有。喜温暖而凉爽湿润的气候，稍耐寒，喜半阴，要求富含腐殖质的沙质壤土。

【观赏与应用】分株、组培繁殖。在岩石园与山石配植，丛植于林下、林缘，盆栽。

8. 铁皮石斛（黑节草、铁皮斗）*Dendrobium officinale* Kimura et Migo 兰科石斛属

【识别要点】多年生草本。茎直立，圆柱形，不分枝，具多节；中部以上互生 3 ～ 5 枚叶；叶二列，长圆状披针形，先端钝并且多少钩转，基部下延为抱茎的鞘，边缘和中肋常带淡紫色；叶鞘常具紫斑。总状花序，具 2 ～ 3 朵花；花序轴回折状弯曲；苞片干膜质，浅白色，卵形；萼片和花瓣黄绿色，近相似；唇瓣白色，卵状披针形，中部反折，中部以下两侧具紫红色条纹；唇盘密布细乳突状的毛，并且在中部以上具 1 个紫红色斑块；蕊柱黄绿色；花期 3—6 月。

【生长习性】原产于中国中南部及西南地区，日本、朝鲜也有。喜温暖而凉爽湿润的气候，稍耐寒，喜半阴，要求富含腐殖质的沙质壤土。

【观赏与应用】以组织培养繁殖为主。是名贵的药材，可盆栽观赏。

9. 金线兰 ***Anoectochilus roxburghii*** **(Wall.) Lindl.**
兰科开唇兰属

【识别要点】多年生草本。植株高 8 ～ 18 cm，根状茎匍匐，伸长，肉质，具节，节上生根。茎直立，肉质，圆柱形，具 2 ～ 4 枚叶，叶片卵圆形或卵形，上面暗紫色或黑紫色，具金红色带有绢丝光泽的美丽网脉，背面淡紫红色。总状花序具 2 ～ 6 朵花，长 3 ～ 5 cm；花白色或淡红色，不倒置（唇瓣位于上方）；萼片背面被柔毛，中萼片卵形，凹陷呈舟状；花瓣质地薄，近镰刀状。花期 8—11 月。

【生长习性】生长于海拔 50 ～ 1 600 m 的常绿阔叶林下或沟谷阴湿处。喜肥沃潮湿的腐殖土壤，喜空气清新、荫蔽的森林生态环境。

【观赏与应用】以组织培养繁殖为主。是名贵的药材，可盆栽观赏。

10. 其他兰科植物

石斛

寒兰

建兰

剑兰

实训作业

学生利用课上课下实训，完成下列任务：

1. 按下列表格要求，完成常见兰科花卉的典型特征与应用信息整理。

2. 完成常见兰科花卉的典型特征、应用方式的图片收集与命名（图片命名要求：科序号＋科名属名＋种名……科序号见“被子植物纲、目和常见科一览”）。

序号	植物名称	科属	类型（人为分类）	典型特征 1	典型特征 2	生长习性（主要是温度、光照、水分要求）	应用方式（用途）	观赏特性（如观花：红色、春季）	其他
1									
2									

项目 4　常见果树及蔬菜识别与应用

任务 4.1　常见果树识别与应用

微课

教学目标

教学课件

知识目标

1. 掌握常见果树类园林树木的典型特征。2. 掌握常见果树类园林树木的生长习性与主要繁殖方法。3. 掌握常见果树类园林树木的园林应用方法。4. 了解非常见果树类园林树木的典型特征与应用方法。

技能目标

1. 能够正确识别常见果树类园林树木种类。2. 能够准确描述常见果树类园林树木的典型特征。3. 能够收集、整理常见果树类园林树木的典型特征、应用方式的图片。4. 能够根据园林用途、树木习性正确选择果树类常见园林树木应用。

教学建议

1. 课前，要求学生登录中国大学慕课“园艺植物识别与应用”（或其他同类在线课程）课程教学资源预习，并通过软件识别、讨论区讨论等方式，初步认识常见果树植物种类，建立相关植物的感性认识。2. 课中，采用问题引导、分组回答、植物标本识别、现场识别等理实一体方式进行，有效提高教学效果。3. 课后，完成中国大学慕课“园艺植物识别与应用”（或其他同类在线课程）课程的单元测验题、教材的学习引导题及“实训操作”部分作业。

学习引导

1. 列举出常见的北方果树 10 种。2. 列举出常见的南方果树 10 种。3. 比较李、杏的区别。4. 按下列分类列举常见果树：

落叶果树　①仁果类果树；②核果类果树；③坚果类果树；④浆果类果树；⑤柿枣类果树。

常绿果树　①柑果类果树；②浆果类果树；③荔枝类果树；④核果类果树；⑤荚果类果树；⑥聚复果类果树；⑦草本类果树；⑧藤本（蔓生）类果树。

5. 若你们家有 200 m^2 的庭院，可以选择种植哪些果树？

知识与技能

果树概述

果树是可直接食用果实、种子的多年生植物及其砧木的总称，绝大多数是树木。果树具有营养保健功能、生态环境调节功能、经济效益、观赏功能和医疗功能。

果品的营养保健功能是首要的，它含有优质营养物质，最重要的是含有多种维生素、矿物质，也含有糖、淀粉、蛋白质、脂肪、有机酸、芳香物质等，这些是人体生长发育必需的物质。

中国有南方果树与北方果树之分，主要产地种类多、产量高；其生态环境调节功能和观赏价值也比较突出。园林绿地果树应用比较多，尤其在农业休闲观光园、采摘园、各种生态餐厅中的应用优势很明显。

果树识别与应用

枇杷、石榴、柿、无花果、杨梅、枣 6 种常见果树也可以做观赏树，前面已经介绍过了，本任务中不再重复介绍。

1. 苹果 *Malus pumila* Mill. 蔷薇科苹果属

【识别要点】落叶乔木，老皮有不规则的纵裂或片状剥落，小枝幼时密生茸毛，后变光滑，紫褐色。叶椭圆形到卵形，单叶互生，先端尖，缘有圆钝锯齿。伞房花序，花瓣白色，含苞时粉红色，萼

叶宿存。果略扁球形，径 5 cm 以上，两端均凹陷。花期 4—5 月；果 7—11 月成熟。

【生长习性】原产于欧洲，1870 年传入我国烟台。现我国华北、东北、华中等地广为栽培。喜光照充足，要求比较冷凉和干燥的气候，耐寒，不耐湿热，不耐瘠薄。对有害气体有一定的抗性。

【观赏与应用】以嫁接繁殖为主，也有种子繁殖。是我国重要水果，品种繁多。苹果中的维生素 C 是心血管的保护神。有科学家和医师把苹果称为“全方位的健康水果”或“全科医生”。

2. 梨（梨子、梨果）*Pyrus* spp L. 蔷薇科梨属

【识别要点】落叶乔木或灌木，枝头有时具针刺。冬芽具有覆瓦状鳞片。单叶互生，有托叶。花先于叶开放或与叶同时开放，伞形总状花序；萼片开展或反折；花瓣白色有短爪；药囊常为紫红色，花柱离生，子房下位。果实为梨果，果肉中有石细胞。

【生长习性】亚洲梨属的梨大都源于亚洲东部，我国是梨属植物中心发源地之一；国内栽培的白梨、砂梨、秋子梨都原产我国。对土壤的适应能力很强，喜温，生育需要较高温度，休眠期则需一定的低温；梨树生育生长期，需水量较多，也喜光。耐寒、耐旱、耐涝、耐盐碱。

【观赏与应用】以嫁接繁殖为主，也有种子繁殖。梨果是常见的水果之一，也具有生津、润燥、清热、化痰等治疗功效。

3. 李 *Prunus salicina* Lindl. 蔷薇科李属

【识别要点】落叶乔木，树冠圆形。小枝褐色，有光泽，叶倒卵状椭圆形，先端突尖，边缘有重锯齿；顶芽缺，侧芽单生。花白色，径 1.5 ～ 2 cm，常 3 朵簇生；萼筒钟状，裂片有细齿。花期 3—4 月，果期 7—8 月。果卵球形，光滑，黄绿色至紫色，外被蜡粉。

【生长习性】喜光，耐半阴，耐寒，能耐 -35 ℃低温，不耐干旱瘠薄，不耐积水，喜肥沃、湿润的沙壤土。浅根性，根系较广。

【观赏与应用】以嫁接繁殖为主。李树开花繁茂，果实累累，是园林、生产相结合的优良树种。常作果树栽培，也可植于庭园、宅旁、村旁、风景区。

4. 杏（杏花、杏树）Prunus *Armeniaca* L. 蔷薇科杏属

【识别要点】落叶乔木，树冠圆整。小枝红褐色。叶宽卵状椭圆形，先端突渐尖，基部近圆形或

微心形，钝锯齿，叶柄带红色。花单生，白色至淡粉红色，先叶开放，花期3—4月；果熟期6—7月，果球形，杏黄色，一侧有红晕，有沟槽及细柔毛。常见变种有：**山杏**，花2朵并生；垂枝杏，枝下垂，叶、果较小。

【生长习性】我国长江流域以北各地均有栽培，是北方常见的果树。喜光，光照不足时枝叶徒长，耐寒，也耐高温，喜干燥气候，忌水湿，对土壤要求不严，稍耐盐碱，耐旱。成枝力较差，不耐修剪。

【观赏与应用】以嫁接繁殖为主，也有种子繁殖。杏树早春开花宛若烟霞，是我国北方主要的早春花木，又称“北梅”。宜群植或片植于山坡，则漫山遍野红霞尽染；于水畔、湖边则“万树江边杏，照在碧波中”。

5. 桃（果树）*Prunus persica* (L.) Batsch 蔷薇科桃属

【识别要点】落叶小乔木，小枝红褐色或褐绿色。叶片披针形，叶缘有细密锯齿。花单生，先叶开放，粉红色。冬芽圆锥形，顶端钝，外被短柔毛，常2～3个簇生，中间为叶芽，两侧为花芽。果卵球形，密生茸毛，肉质多汁。花期3—4月，果熟期6—8月。桃树栽培历史悠久，品种多达3 000种以上，我国约有1 000个品种。按用途可分食用桃和观赏桃两大类。

桃有5个品种群：北方桃品种群、南方桃品种群、黄肉桃品种群、蟠桃品种群、油桃品种群。

【生长习性】原产我国，主要经济栽培地区在华北、华东各省。世界各地均有栽植。阳性树，耐旱，耐高温，较耐寒，不耐湿，忌涝，喜排水良好的肥沃沙质壤土，不耐黏土和碱土。

紫桃

【观赏与应用】以嫁接为主，也可用播种、扦插和压条法繁殖。食用桃南方、北方都有产地，品种多。观赏桃应用普遍；桃花开时，垂柳绿了，桃红柳绿成为经典配置。

6. 樱桃 *Prunus pseudocerasus* Lindl. 蔷薇科樱属

【识别要点】落叶小乔木，高达6 m。具顶芽，侧芽单生，苞片小而脱落。叶卵形至卵状椭圆形，叶缘具细锯齿；叶柄顶端有2腺体。花白色，萼筒有毛，先叶开放，伞房花序具花3～6朵。果近球形，无沟，红色，径1～1.5 cm。花期3—4月，果熟期5—6月。

【生长习性】广泛分布于我国华中地区，喜光，较耐寒，耐干旱瘠薄，喜温暖湿润气候及肥沃、排水良好的沙壤土，生长快。

【观赏与应用】以嫁接为主，也可用播种、扦插和压条法繁殖。樱桃被古人视为“初春第一果”。宋代词人蒋捷用“红了樱桃，绿了芭蕉”形容流光易逝的春愁。樱桃新叶妖艳，花繁果艳。多用作果树栽培，也可观赏栽培，宜植于山坡、建筑物前、庭园等。

7. 板栗（栗）*Castanea mollissima* Blume 壳斗科栗属

【识别要点】落叶乔木。树皮灰褐色，不规则深纵裂。幼枝密生灰褐色茸毛。叶长椭圆形，先端渐尖或短尖，缘齿尖芒状，背面有灰白色短柔毛，在枝上排列为2列。雄花，柔荑花序有茸毛，雌花单个着生在雄花基部；坚果 1 ～ 3。花期 4—6 月，果熟期 9—10 月。

中国的板栗品种大体可分北方栗和南方栗两大类：北方栗坚果较小，果肉糯性，适于炒食。南方栗坚果较大，果肉偏粳性，适宜于菜用。

【生长习性】产于我国辽宁以南各地，华北和长江流域各地栽培最多；多生于低山、丘陵、缓坡及河滩地带。喜光，南方品种耐温热，北方品种耐寒、耐旱。对有害气体抗性强。忌积水，忌土壤黏重。根系发达，萌芽力强，耐修剪。

【观赏与应用】嫁接、播种繁殖，嫁接为主。与枣、桃、杏、李同为我国古代五大名果之一，也是世界著名的干果树种。板栗树冠开展，枝叶茂密，浓荫奇果都很可爱。板栗花有桂花之香，板栗的花还有驱蚊作用。适宜在公园、庭园的草坪、山坡、建筑物旁孤植或丛植 2 ～ 3 株作庭荫树，风景区作点缀树种，可以取得园林结合生产的效果。

8. 葡萄 *Vitis vinifera* L. 葡萄科葡萄属

【识别要点】落叶藤本植物，树皮长片状剥落。叶互生，近圆形，掌状，3 ～ 5 缺裂，基部心形，缺凹成圆形，两侧靠拢，边缘粗齿。复总状花序，通常呈圆锥形，花小，黄绿色。浆果多为圆形或椭圆，色泽随品种而异。

【生长习性】原产于欧洲、西亚和北非一带。世界各地的葡萄约 95% 集中分布在北半球。一般在 pH 为 6 ～ 6.5 的微酸性环境中，生长结果较好。喜光，较抗盐；降水的多寡和季节分配，强烈地影响着葡

萄的生长和发育，影响着葡萄的产量和品质。

【观赏与应用】以扦插、压条、嫁接繁殖。葡萄是世界上最古老的植物之一，葡萄在全世界水果类生产量中占 1/4，是当今世界上人们喜食的第二大果品；在全世界的果品生产中，葡萄的产量及栽培面积一直居于首位。其果实除作为鲜食用外，主要用于酿酒，还可制成葡萄汁、葡萄干和罐头等食品。葡萄树也具有观赏价值。

9. 桑（桑树）*Morus alba* L. 桑科桑属

【识别要点】落叶乔木或灌木。树体富含乳浆，树皮黄褐色。叶卵形叶端尖，叶基圆形，边缘有粗锯齿。叶面无毛，有光泽，叶背脉上有疏毛。雌雄异株，柔荑花序。果熟期 6—7 月，聚花果卵圆形或圆柱形，黑紫色或白色。

【生长习性】原产于中国中部，现南北各地广泛栽培，尤以长江中下游各地为多。喜光，幼时稍耐阴。喜温暖湿润气候，耐寒。耐干旱，但畏积水。能耐瘠薄和轻碱性。根系发达，抗风力强。有较强的抗烟尘、抗有毒气体能力。

【观赏与应用】种子繁殖、压条繁殖。我国古代有在房前屋后栽种桑树和梓树的传统，因此常用“桑梓”代表故土、家乡。古诗“乡村四月闲人少，

才了蚕桑又插田”，描绘了一幅江南农村初夏的农耕画卷。

10. 核桃（胡桃）*Juglans regia* L. 胡桃科胡桃属

【识别要点】落叶乔木。树皮灰色，老时纵裂，枝条髓部片状。小叶 5 ～ 9，椭圆状卵形，顶生小叶通常较大，背面脉腋簇生淡褐色毛。雄花柔荑花序，雌花 1 ～ 3 朵集生枝顶。核果球形，径 4 ～ 5 cm，外果皮薄，中果皮肉质，内果皮骨质。花期 4—5 月，果熟期 9—11 月。

【生长习性】原产于亚洲西南部。喜光，耐寒，不耐湿热，抗病能力强。不耐干旱瘠薄，不耐盐碱。深根性，萌芽力强。落叶后至发芽前不宜剪枝，易产生伤流。

【观赏与应用】嫁接、播种、根插繁殖，嫁接为主。世界著名的“四大干果”，营养价值很高，被誉为“万岁子”“长寿果”。核桃树冠开展，浓荫覆地，干皮灰白色，姿态魁伟美观，是优良的园林结合生产树种。孤植或丛植庭院、公园、草坪、池畔、建筑旁；核桃秋叶金黄色，宜在风景区装点秋色。

11. 猕猴桃（中华猕猴桃）*Actinidia chinensis* Planch. 猕猴桃科猕猴桃属

【识别要点】落叶藤本；枝褐色，有柔毛。叶近圆形，顶端钝圆或微凹，边缘有芒状小齿，背面密生灰白色星状茸毛。花开时乳白色，后变黄色。花瓣 5 ～ 6，有短爪；浆果卵形，密被黄棕色有分枝的长柔毛。花期 5—6 月，果熟期 8—10 月。

【生长习性】原产于中国南方，现广布于长江流域各地，北到河南、山西、陕西、甘肃，现我国很多地区作为果树栽培。喜光照，耐阴，喜温暖、湿润的气候。

【观赏与应用】播种、扦插繁殖。猕猴桃富含维生素 C，被誉为“维 C 之王”，还含有良好的可溶性膳食纤维；质地柔软，味道被描述为草莓、香蕉、凤梨三者的混合。因为果皮覆毛，貌似猕猴而得名。适于花架、绿廊、绿门配植，也可任其攀附于树上或山石陡壁之上，为花果并茂的优良棚架材料。是园林结合生产的树种。

芸香科常见属检索表

1. 花单性，蓇葖果或核果	2
1. 花两性，心皮合生，柑果	3
2. 枝有皮刺，复叶互生，蓇葖果	花椒属
2. 枝无皮刺，复叶对生，核果	黄檗属
3.3 小叶复叶，落叶性，茎有枝刺，果密被短柔毛	枸橘属
3. 单身复叶或单叶，果无毛	4
4. 子房 8 ～ 15 室，每室 4 ～ 12 胚珠，果较大	柑橘属
4. 子房 2 ～ 6 室，每室 2 胚珠，果较小	金橘属

12. 柑橘类水果

是芸香科柑橘属、枳属和金橘属水果的统称。主要种类有橘子、柑、甜橙、酸橙、柚、葡萄柚、柠檬、枸橼、佛手柑和金橘等。柑橘类水果是世界上产量最大的水果之一。

【常见种识别要点】

①柑橘（橘子、柑橘） 柑橘属，常绿小乔木，树分枝较多，枝扩展或略下垂，刺较少。单身复叶，翼叶通常狭窄，或仅有痕迹，叶片披针形、椭圆形或阔卵形，大小变异较大，顶端常有凹口。花

单生或 2 ～ 3 朵簇生，果皮甚薄而光滑，或厚而粗糙，甚易或稍易剥离，橘络呈网状，易分离，瓤瓣 7 ～ 14 瓣。世界柑橘产量，居百果之首。园林上普遍应用。

②香橼（枸橼） 柑橘属，常绿乔木，分枝不规则，茎枝多刺。单叶兼有单身复叶，比较大，叶柄短，叶缘有浅钝裂齿。总状花序有花达 12 朵，花瓣 5 片。果皮淡黄色，粗糙，瓤瓣 10 ～ 15 瓣，味酸或略甜，有香气。

③佛手 柑橘属，是香橼的一个变种，与原种性能相似，形态不同之点为叶先端尖，有时有凹缺；果实长形，分裂如拳或张开如指，其裂数即代表心皮之数。裂纹如拳者称拳佛手，张开如指者叫作开佛手。

④柚子 柑橘属，常绿乔木。每片叶子由一大一小两片叶片组成，形似葫芦；花期 2—5 月，洁白清香；果实硕大，扁球形，果光滑，绿色或淡黄色。

⑤橙 柑橘属，常绿乔木。是柚子与橘子的杂交品种，是最具有代表性的柑橘类果树。枝条具刺。叶长椭圆形，叶柄长，翼叶发达。果圆形至长圆形，橙黄色，油胞凸起，果皮不易剥离。无苦味。中心柱充实；汁味甜而香。包括甜橙和酸橙两个基本种。

⑥柠檬 柑橘属，常绿小乔木。小枝针刺多，嫩梢常呈紫红色。叶柄短，翼叶不明显。花白色带紫，略有香味。柑果黄色有光泽，椭圆形，顶部有乳头状突起，油胞大而明显凹入，皮不易剥离，味酸，瓤瓣 8 ～ 12 瓣，不易分离。柠檬是世界上有药用价值的水果之一，对人体十分有益。

⑦金橘 金橘属，常绿灌木。枝密生，节间短，无刺。叶为单身复叶，叶较小，卵状椭圆形，叶柄具极狭翅。花生叶腋，白色。果实球形，前圆后狭，果皮光滑，初时为青绿色，成熟时为金黄色，有许多腺点，有香味，汁多味美，可连皮生食，夏季开

花，秋冬果熟。四季常青，果实金黄，是观果花木中独具风格的上品。

⑧枳（铁篱寨、臭橘、枸橘） 枳属，落叶灌木。小枝呈扁压状；茎枝具腋生粗大的棘刺，长 1 ~ 5 cm，刺基部扁平。叶三出复叶；花白色，常先叶开放，有香气。柑果球形，熟时橙黄色，密被短柔毛，具很多油腺，芳香。花期 4—5 月，果期 7—10 月。多用作绿篱和分隔带。

【生长习性】多原产中国。喜温暖湿润气候，耐寒性相差比较大。

【观赏与应用】除作果树栽培外，可植于庭园、园林绿地及风景区供观赏，或盆栽观赏。

13. 枳椇（拐枣）*Hovenia acerba* Lindl. 鼠李科枳椇属

【识别要点】落叶乔木，高达 25 m。单叶互生，叶宽卵形，浅钝细锯齿，枝顶的叶锯齿不明显或近全缘。花小，二歧式聚伞圆锥花序，顶生和腋生，淡黄绿色，花柱半裂至深裂。果期 8—10 月，果实圆球形，约 0.5 cm，果梗肥大，涩味浓重，经霜后

涩味消失，味甜可食。

【生长习性】产于长江流域以南各地，喜光，有一定的耐寒能力；对土壤要求不高，在土层深厚、湿润而排水良好处生长快，能长成大树，深根性，萌芽力强。

【观赏与应用】播种繁殖。肉质果序可食，泡酒服用治风湿。种子入药，为利尿剂。也可栽培观赏。

14. 波罗蜜（木波罗、树波罗）*Artocarpus heterophyllus* Lam. 桑科波罗蜜木属

【识别要点】高大乔木。树干自根以上周围生着小枝叶。叶子大而硬，有光泽。雌雄异花同株，雄花序生在小枝的末端，棒状；雌花序生在树干上或粗枝上，椭圆形，也密生着很多雌花。波罗蜜的果实是聚花果，周身有隆起的软刺，长 25 ~ 60 cm，重可达 20 kg。味道香甜浓郁，肉可以吃。

【生长习性】原产印度和马来西亚，为热带树种。中国海南、湛江等地产量较多。极喜光，不耐寒，生长快，寿命长。

【观赏与应用】种子繁殖、芽接繁殖、高空压条繁殖均可，各地以种子繁殖为主。树姿端正，冠大荫浓，花有芳香，老茎开花结果，富有特色，为庭园优美的观赏树。在广西、海南等地作为行道树栽培。果实可食用。是园林结合生产的树种。

15. 龙眼（桂圆）*Dimocarpus longan* Lour. 无患子科龙眼属

【识别要点】常绿乔木。树皮粗糙，薄片状剥落。枝条灰褐色，密被褐色毛。多为偶数羽状复叶，革质，椭圆形。圆锥花序，有锈色星状柔毛；花黄白色。果球形，种子黑色，有光泽。花期 3—4 月，果期 7—8 月。

【生长习性】桂圆产于中国南部，是亚热带果树。喜温暖而畏寒，耐旱，土壤适应性强。

【观赏与应用】播种、嫁接、压条繁殖。为中国南方水果，多产于两广地区。与荔枝、香蕉、菠

萝同为华南四大珍果。龙眼除鲜食外，还可加工制干、制罐、煎膏等。它是我国南亚热带名贵特产，有南“桂圆”北“人参”之称。

16. 荔枝（丹荔、勒荔、荔支）*Litchi chinensis* Sonm. 无患子科荔枝属

【识别要点】常绿乔木。茎上多分枝，灰色；小枝圆柱形，有白色小斑点和微柔毛。偶数羽状复叶互生；小叶 2～4 对，对生，叶片披针形。春季开绿白色或淡黄色小花，圆锥花序，花杂性。核果球形或卵形，果皮暗红色，有小瘤状突起。种子外被白色、肉质、多汁、甘甜的假种皮，易与核分离。花期 3—4 月，果 5—8 月成熟。

【生长习性】荔枝原产于中国南部，是亚热带果树。需要较高的温度、湿度，土壤水分充足，光照良好；冬天需要一段相对的低温阶段，结果才好。

【观赏与应用】播种、嫁接、高枝压条繁殖。荔枝所含丰富的糖分，具有补充能量，增加营养的作用，荔枝与香蕉、菠萝、龙眼一同号称“南国四大果品”。花多，富含蜜腺，是重要的蜜源植物。因树冠广阔，枝叶茂密，也常用于庭园种植。

17. 西番莲（鸡蛋果、受难果）*Passionfora edulis* f. *flavicarpa* Deg 西番莲科西番莲属

【识别要点】常绿攀缘木质藤本植物。有卷须，单叶互生，具叶柄，其上通常具 2 枚腺体，聚伞花序。花两性，花大，淡红色，微香；萼片 5，常呈花瓣状，其背顶端常具 1 角状附属器；花瓣 5。蒴果，室背开裂或为肉质浆果。鲜果形似鸡蛋，果汁色泽类似鸡蛋蛋黄，故得别称“鸡蛋果”。

【生长习性】西番莲是原产于美洲热带地区的一种芳香水果。喜温暖至高温湿润的气候，不耐寒。生长快，开花期长，开花量大，适宜于北纬 24°以南的地区种植。

【观赏与应用】扦插、播种繁殖。西番莲果实甜酸可口，有“果汁之王”的美誉。西番莲花大而奇特，可作庭园观赏植物。常在江南、北方地区温室内种植观赏。

18. 番木瓜（番瓜、万寿果）*Carica papaya* L. 番木瓜科番木瓜属

【识别要点】多年生常绿草本果树，常绿软木质小乔木状。叶大，簇生于茎的顶端，有 5～7 掌状深裂。有雄株、雌株及两性株。浆果大，肉质，成熟时橙黄色或黄色，长圆形，果肉柔软多汁，味香甜。花果期全年。果实长于树上，外形像瓜，故名木瓜。花果期全年。

【生长习性】原产于墨西哥南部以及邻近的美洲中部地区。最适于年均温度 22～25 ℃、年降雨量 1 500～2 000 mm 的温暖地区种植。性喜高温多湿热带气候，不耐寒，遇霜即凋，因根系较浅，忌大风，忌积水。土壤适应性较强，但以为酸性至中性为宜。要求土质疏松、透气性好，地下水位低。

【观赏与应用】播种繁殖。番木瓜应用广，既是果树，又是原料作物（在未成熟果内流出的乳汁里可提取木瓜素，有消化蛋白质的功能，供药用）。

番木瓜的乳汁是制作松肉粉的主要成分。成熟的果实，营养丰富，维生素 C 含量高，可助消化、治胃病。

19. 蒲桃（葡桃）*Syzygium jambos* (L.) Alston 桃金娘科蒲桃属

【识别要点】常绿小乔木，高可达 10 m。主干短，分枝较多，树皮褐色且光滑，小枝圆形。叶多而长，披针形，长约 12 cm，革质。聚伞花序顶生，小花为完全花，受精、结果率不高。核果状浆果，成熟果实水分较少，有特殊的玫瑰香味，故称为“香果”。一般盛花期 3—4 月，果实于 5—7 月成熟。

【生长习性】性喜暖热气候，属于热带树种。喜光，稍耐阴，耐水湿，耐旱瘠和高温干旱，不耐寒。喜深厚肥沃土壤的水湿酸性土，多生于水边及河谷湿地，但也能生长于沙地。

【观赏与应用】采用种子繁殖、扦插繁殖和嫁接繁殖。蒲桃树冠丰满浓郁，花叶果均可观赏，可作为庭荫树和固堤、防风树。果味酸甜多汁，具有特殊的玫瑰香气，颇受人们欢迎。果实除鲜食外，还可利用其独特的香气，与其他原料制成果膏、蜜饯或果酱。

20. 番石榴（芭乐、番桃）*Psidium guajava* L. 桃金娘科番石榴属

【识别要点】热带常绿小乔木或灌木，无直立主干。树皮薄，老干树皮片状剥离。分枝矮，嫩梢四棱形，老枝变圆。叶对生，长椭圆形，叶脉隆起。花萼绿色，钟形或梨形不规则 4 ～ 5 裂，宿存；花瓣 4 ～ 5 枚，覆瓦状排列，白色。浆果球形，果肉由花托及子房壁发育而成。

【生长习性】热带果树，原产热带美洲。番石榴怕霜冻，一般温度 -2 ～ -1 ℃时，幼树即会冻死。生长适应性强，不择土壤，栽培容易。番石榴是番石榴属中分布最广、栽培最多的一个种。

【观赏与应用】可用播种、扦插、分株、圈枝

（空中压条）和嫁接法繁殖。是亚热带名优水果品种之一。肉质非常柔软，肉汁丰富，味道甜美，几乎无籽，风味接近于梨和台湾大青枣之间。它的果实椭圆形，颜色乳青至乳白，极其漂亮。

21. 杧果（檬果、芒果）*Mangifera indica* L. 漆树科杧果属

【识别要点】常绿乔木。叶聚生枝顶，长披针形，革质，互生花小，黄色或淡红色，呈顶生的圆锥花序。核果，果大，歪卵形，成熟果黄色。

杧果果实呈肾脏形，主要品种有**土杧果与外来的杧果**。未成熟前土杧果的果皮呈绿色，外来种呈暗紫色；土杧果成熟时果皮颜色不变，外来种则变成橘黄色或红色。

【生长习性】原产于印度，性喜温暖，不耐寒霜，喜光。最适宜的年降雨量范围为 800 ～ 2 500 mm。对土壤要求不严，以土层深厚、地下水位低、有机质丰富、排水良好、质地疏松的壤土和沙质壤土为理想，在微酸性至中性的土壤生长良好。

【观赏与应用】播种、嫁接、扦插、高枝压条繁殖。杧果为著名热带水果之一，因其果肉细腻，果肉多汁，味道香甜，风味独特，深受人们喜爱，所以素有“热带果王”之誉称。杧果所含有的维生素 A 的前体胡萝卜素成分特别高，是所有水果中少见的。土杧果种子大、纤维多，外来种不带纤维。

22. 阳桃（五敛子、杨桃）*Averrhoa carambola* L. 酢浆草科阳桃属

【识别要点】常绿小乔木或灌木。小枝多而密生，柔软下垂，1 年抽生 4 ～ 5 次。每个花序有花 10 余朵至数十朵，花小，紫红色，果实为肉质浆果，浆果一年四季交替互生。种子白色。阳桃又分为酸阳桃和甜阳桃两大类。

【生长习性】阳桃喜高温多湿气候，忌寒冷、干旱，喜深厚、疏松、湿润、肥沃的江湖冲积土或塘边、房前屋后肥土种植。

【观赏与应用】常用播种、嫁接繁殖。是久负盛名的岭南佳果之一。阳桃的营养价值高，含有对人体健康有益的多种成分。甜阳桃多作为水果生吃，酸阳桃除用来煮鲜鱼汤，使其味道更加鲜美外，一般多用来做蜜饯。

23. 草莓（红莓、洋莓、地莓）*Fragaia×ananassa* (Weston) Duchesne ex Rozier 蔷薇科草莓属

【识别要点】多年生草本果树。植株矮小，呈半丛生状态生长，有根状短缩茎和匍匐茎之分。匍匐茎是草莓的营养繁殖器官，其茎节部位向下形成不定根，向上长出正常叶片、叶芽、花芽，形成新草莓苗。三出复叶，簇生于根状茎上部，小叶椭圆形。聚伞花序，多两性花；浆果，深红或浅红，果面有芝麻似的种子。

【生长习性】原产欧洲，20 世纪初传入我国而风靡华夏。喜温暖湿润和较好阳光，不耐严寒、干旱和高温。

【观赏与应用】播种、分株繁殖。草莓外观呈心形，其色鲜艳粉红，果肉多汁，酸甜适口，芳香宜人，营养丰富，故有“水果皇后”之美誉。

24. 香蕉 *Musa*‘Hybrids’芭蕉科芭蕉属

【识别要点】多年生常绿大型草本果树，假茎高 1.5 ～ 3.5 m。叶巨大，聚生假茎顶部，长椭圆形，中脉明显，侧脉为平行的羽状脉；叶柄短粗，张开。顶生穗状花序下垂，花序轴被褐毛，大苞片佛焰状，紫红色，花序下垂后苞片展开至脱落。果实成熟后黄色，肉质，内无种子，可食。

【生长习性】原产亚洲东南部热带及中国华南地区及云南、四川。喜温暖湿润气候，不耐寒；喜深厚、肥沃、排水好的微酸性沙壤土。

【观赏与应用】常用吸芽、块茎、分株繁殖。香蕉属高热量水果，在一些热带地区香蕉还是主要粮食。香蕉果肉含多种微量元素和维生素。庭园或室内栽植。

25. 菠萝（凤梨、黄梨）*Ananas comosus* (L.) Merr. 凤梨科凤梨属

【识别要点】多年生常绿草本果树。矮生，高 0.5 ～ 1 m，无主根，具纤维质须根系；肉质茎为螺旋着生的叶片所包裹，叶剑形；花序顶生，着生许多小花；肉质复果由许多子房聚合在花轴上而成。果实肉质，似松果状复果，多呈圆筒形，果肉黄

色。栽培品种约有 70 个，可分为卡因类、皇后类、西班牙类三大类。

【生长习性】原产巴西，16 世纪时传入中国，有 70 多个品种，岭南四大名果之一。喜温暖，耐旱，较耐阴，但充足的阳光生长良好、糖含量高、品质佳。

【观赏与应用】播种、吸芽、分株繁殖。菠萝含用大量的果糖、葡萄糖、维生素 A、B 族维生素、维生素 C、磷、柠檬酸和蛋白酶等物。

26. 其他果树植物

禾本科 甘蔗

仙人掌科 火龙果

实训作业

学生利用课上课下实训，完成下列任务：

1. 按下列表格要求，完成常见果树植物的典型特征与应用信息整理。

2. 完成常见果树植物的典型特征、应用方式的图片收集与命名（图片命名要求：科序号 + 科名属名 + 种名……科序号见“被子植物纲、目和常见科一览”）。

序号	植物名称	科属	类型（人为分类）	典型特征 1	典型特征 2	生长习性（主要是温度、光照、水分要求）	应用方式（用途）	观赏特性（如观花：红色、春季）	其他
1									
2									

任务 4.2 常见蔬菜识别与应用

微课

教学目标

教学课件

知识目标

1. 掌握常见蔬菜的典型形态特征。2. 掌握常见蔬菜的生长习性与主要繁殖方法。3. 了解常见蔬菜的应用。

技能目标

1. 能够正确识别常见蔬菜的植物学种类和农业生物学分类。2. 能够准确描述常见蔬菜的典型特征。3. 能够收集、整理常见蔬菜的典型特征、应用方式的图片。4. 能够根据当地气候和消费习惯正确选择种植的蔬菜种类。

教学建议

1. 建议开展本任务内容教学前，首先带学生通过校园蔬菜生产基地和校外蔬菜实训基地，初步认识蔬菜种类和基本形态，初步建立相关植物的感性认识。2. 课中，采用问题引导、分组回答、植物标本识别、现场识别等理实一体方式进行，有效提高教学效果。3. 课后，完成中国大学慕课“园艺植物识别与应用”（或其他同类在线课程）课程的单元测验题、教材的学习引导题及“实训操作”部分作业。4. 建议开展本任务内容教学时，分组（4～5人）进行蔬菜种植观察，每人种植管理2种蔬菜，组内成员种植的蔬菜种类不能重复；采用盆栽方式，小型植株可以放在学生宿舍自己管理，稍大植株放到蔬菜实训温室分小组管理；学生从播种开始，每个操作环节都要拍照记录（自己操作时，其他小组成员帮助拍摄），生长期每5天拍照一次，所有照片及时上传（云端）班课作业保存；学期末制作 PPT 进行汇报，教师与同学参与评分作为实训成绩。

小组协作安排人员及时到实训温室进行浇水管理和拍照记录；管理自己蔬菜作物的同时，鼓励同学观察记录其他同学种植的蔬菜生长情况。

学习引导

1. 列举瓜类蔬菜7种，并说明其开花特点及果实特点。2. 列举白菜类蔬菜作物5种，并说明其开花和叶片特点。3. 列举茄果类蔬菜作物3种，并说明其种子和果实特点。4. 列举豆类蔬菜作物6种，并说明其开花和果实特点。5. 列举薯芋类蔬菜作物4种，并说明其繁殖和食用器官特点。6. 列举叶类蔬菜作物8种，并说明其叶片特点。7. 列举水生蔬菜作物2种，并说明其叶片和食用器官特点。

知识与技能

蔬菜概述

蔬菜是指可以做菜、烹饪成为食品的一类植物，绝大多数是草本植物。蔬菜是人们日常饮食中必不可少的食物之一。蔬菜可提供人体所必需的多种维生素、矿物质和膳食纤维等营养物质，人体必需的维生素C的90%、维生素A的60%来自蔬菜。蔬菜植物除豆类种子外，其他蔬菜植物食用器官含水量很高（大多数食用器官含水量90%以上），蛋白质和碳水化合物也比较少。此外，蔬菜中还有多种多样的植物化学物质，是人们公认的对健康有效的成分。目前果蔬中含有可以有效预防慢性、退行性疾病的多种物质，正在被人们研究发现。

水果和蔬菜的消费水平是经济发达程度与健康水平高低的标志。中国是世界上蔬菜产量最高的国家。

蔬菜也具有绿化、美化的作用，在庭院、生态园、休闲观光园等环境中逐渐被人们重视起来。其应用原理和方法与观赏树木、花卉相似，增加了即时采摘、兼赏玩与美食的情趣。

蔬菜植物识别与应用

接下来按蔬菜栽培学分类法——农业生物学分类法顺序介绍常见蔬菜，该分类法是根据蔬菜作物所要求的农业栽培技术以及蔬菜本身的生物学特性（即形态特征和生长发育特性）进行分类的，即将栽培方法和生物学特性相同或相近的蔬菜作物归为一类。从蔬菜栽培学的角度讲，该方法结合了上述两种分类法的优点，比较适用，是目前我国园艺界普遍采用的一种方法。根据此分类法，可将所有蔬菜分为以下14类。常见蔬菜茭白、菱、莲藕也可以作为水生观赏植物，前面已经介绍过了，本任务中不再重复介绍。

4.2.1 白菜类蔬菜

白菜类蔬菜是由十字花科芸薹属芸薹种中的白菜亚种、大白菜亚种、芜菁亚种和芥菜种组成。白菜亚种的叶片开张，株形矮小，具有明显的叶柄，一般无叶翼，以嫩叶为产品器官，5个变种是普通白菜、菜薹、紫菜薹及薹菜变种，普通白菜和乌塌菜（塌菜）习惯上称为青菜（北方叫油菜）。大白菜亚种无明显的叶柄，叶翼明显，大部分品种形成松散或紧实的叶球的产品器官，四个变种是散叶、半结球、花心及结球变种。芜菁亚种有明显的叶柄，叶片深裂或全裂，具有膨大的肉质根为产品器官。芥菜种可分为叶用芥菜、茎用芥菜（榨菜）、分蘖芥菜、根用芥菜等多个变种，其中前两个变种主要在南方栽培，根用芥菜属于根菜类，分蘖芥菜俗称雪里蕻，属于这一类。白菜类蔬菜以其柔嫩的叶丛或叶球为产品，生长期间均需要凉爽湿润的气候条件，生产上多在秋冬季节栽培，为二年生植物；多采用种子繁殖，播种生产。

十字花科常见属检索表

1. 长角果 …………………………………………………… 2
1. 短角果；叶全缘；花淡紫或白色；子叶缘倚 ………………… 香雪球属
2. 花瓣黄色、橘黄色，稀白、红、紫色 ……………………………… 3
2. 花瓣紫、红或白色，稀黄色 ………………………………………… 4
3. 长角果线形、圆柱形，具长喙；子叶对折 ………………………… 芸薹属
3. 长角果具四棱，无喙或不明显；子叶背倚 ………………………… 糖芥属
4. 长角果具四棱，喙长，果瓣具棱脊；子叶对折 …………………… 诸葛菜属
4. 长角果扁，喙短，果瓣有中脉；子叶缘倚 ………………………… 紫罗兰属

1. 白菜（大白菜）*Brassica rapa* var. *glabra* Regel 十字花科芸薹属

【识别要点】一二年生草本植物。莲座叶为板状叶柄，有叶翼，宽大，皱褶，边缘波状；外层球叶呈绿色，内层球叶呈白色或淡黄色。球叶多褶皱，抱合，储藏大量同化物质。顶生叶较小，基部阔，呈三角形，叶片抱茎而生，平展。花为复总状花序，完全花。十字花冠。果实为长角果，喙先端呈圆锥形，形状细而长。分结球及不结球两大类群。

【生长习性】大白菜原产于我国北方，是半耐寒性植物，其生长要求温和冷凉的气候。需要中等强度的光照，其光合作用光的补偿点较低，适于密植。叶面积大，蒸腾耗水多，但根系较浅，生育期应供应充足的水分。

【观赏与应用】种子繁殖，立秋播种；良种繁育需春季播种或栽植休眠后的大白菜。大白菜是人们生活中不可缺少的一种重要蔬菜，味道鲜美可口，营养丰富，素有“菜中之王”的美称，耐贮存，为广大群众所喜爱。

2. 青菜（不结球白菜、小白菜、油菜）*Brassica rapa* var. *chinensis* (L.) Kitam. 十字花科芸薹属芸薹种白菜亚种

【识别要点】一二年生草本植物。植株较矮小，浅根系，须根发达。叶色淡绿至墨绿，叶片倒卵形或椭圆形，叶片光滑或皱缩，少数有茸毛。叶柄肥厚，白色或绿色。不结球。花黄色，种子近圆形。

根据生物学特性及栽培特点，不结球可分为秋冬白菜、春白菜和夏白菜，各包括不同类型品种。如苏州青、上海青、五月蔓等。

五月蔓（品种）

【生长习性】原产于我国，性喜冷凉，几乎一年到头都可种植上市。

【观赏与应用】种子繁殖，四季均可播种。小白菜是最常见的一种蔬菜，常作一年生栽培，据测定，小白菜是蔬菜中含矿物质和维生素最丰富的菜。

3. 塌棵菜（塌菜、乌塌菜）*Brassica rapa* L. ssp. *chinensis* (L.) Makino var. *rosularis* Tsen et Lee 十字花科芸薹属芸薹种白菜亚种的一个变种

【识别要点】二年生草本植物。茎短缩。植株开展度大，莲座叶塌地或半塌地生长。叶圆形，厚而皱缩，叶柄短而扁平，叶片肥厚而有泡皱和刺毛；叶浓绿色至墨绿色。叶腋间抽生总状花序，花黄色。果实长角形，成熟时易开裂。

乌塌菜一般分为两种类型：一是塌地类型，其株形扁平。二是半塌地型，叶丛半直立。另外，有

塌菜

的品种半结球、叶尖外翻、翻卷部分黄色，故有菊花心塌菜之称。

【生长习性】原产我国，主要分布在我国长江流域，安徽、上海、南京一带栽培较多。是冬季的主要蔬菜之一。喜冷凉，耐寒，可露地越冬。乌塌菜对光照要求较强，阴雨弱光易引起徒长，茎节伸长，品质下降。

乌塌菜

【观赏与应用】种子繁殖，四季均可播种。冬、春两季均可供应市场；霜降雪盖后，香味浓厚，柔软多汁，糖分增多，品质尤佳，故有“雪下塌菜赛羊肉”的农谚。具有分布广、产量高、风味好、供应期长等优点。乌塌菜株形适合景观绿化，常用于蔬菜景观造型的背景。

4. 芥菜 *Brassica juncea* (L.) Czern. 十字花科芸薹属

【识别要点】一二年生草本。叶片着生短缩茎上，有椭圆等形状。叶色绿、绿色间紫色或紫红。叶面平滑或皱缩。叶缘锯齿或波状，全缘或有深浅不同、大小不等的裂片。花冠十字形，黄色，四强雄蕊，异花传粉，但自交也能结实。

中国的芥菜主要有 6 个类型：芥子菜、叶用芥菜（如雪里蕻）、茎用芥菜（如榨菜）、薹用芥菜、

雪里蕻

榨菜

芽用芥菜、根用芥菜（如大头菜）。

【生长习性】种子繁殖，秋播为主。起源于亚洲。芥菜喜冷凉润湿，忌炎热、干旱，稍耐霜冻。适于食用器官生长的温度为 8～15 ℃。孕蕾、抽薹、开花结实需要经过低温春化和长日照条件。

【观赏与应用】播种繁殖。中国著名的特产蔬菜，欧美各国极少栽培。芥菜含有硫代葡萄糖苷，经水解后产生挥发性的异硫氰酸化合物、硫氰酸化合物及其衍生物，具有特殊的风味和辛辣味。都可鲜食或加工。腌制后有特殊的鲜味和香味。种子有辣味，可榨油或制芥末。芥子菜的种子可磨研成末，供调味用。

5. 荠菜 *Capsella bursa-pastoris* (L.) Medik 十字花科荠菜属

【识别要点】一二年生草本植物。茎直立，单一或基部分枝。基生叶丛生，莲座叶羽状分裂，顶片特大。茎生叶狭披针形或披针形，基部箭形，抱茎。总状花序顶生和腋生。花小，白色，两性。萼片 4 个，十字花冠。短角果扁平，呈倒三角形。

【生长习性】耐寒性蔬菜，要求冷凉和晴朗的气候。高于 22 ℃则生长缓慢，生长周期延长，品质较差。荠菜的耐寒性较强，-5 ℃时植株不受损害。

【观赏与应用】种子繁殖；人工栽培以板叶荠菜和散叶荠菜为主，春、夏、秋三季均可。是一种人们喜爱的可食用野菜，遍布全世界。其营养价值很高，食用方法多种多样。

4.2.2 甘蓝类蔬菜

甘蓝类蔬菜是十字花科芸薹属的一二年生草本植物，包括甘蓝及其变种芥蓝，常见的有结球甘蓝、球茎甘蓝（苤蓝）、花椰菜（菜花）、绿菜花（青花菜、西蓝花）等。甘蓝的野生种原为不结球植物，经过自然与人工的选择逐级形成了多种多样的品种和变种。甘蓝的变种有观赏和食用兼用羽衣甘蓝；有供食用叶球的结球甘蓝；有供观赏和食用兼用的赤球甘

蓝、皱叶甘蓝、抱子甘蓝；有供食用肥大肉质茎的球茎甘蓝；有供食用肥大花球的花椰菜和青花菜。另外有以食用菜薹为主的芥蓝。它们适宜于温和湿润气候，多为育苗移植栽培，种子十分相似，均为芸薹属甘蓝栽培种。

6. 结球甘蓝（卷心菜、包菜、包心菜）*Brassica oleracea* var.*capitata* L. 十字花科芸薹属甘蓝的变种

【识别要点】二年生草本植物，被粉霜。分内、外短缩茎，外短缩茎着生莲座叶，内短缩茎着生球叶。甘蓝的叶片包括子叶、基生叶、幼苗叶、莲座叶和球叶，叶片深绿至绿色，叶面光滑，叶肉肥厚，叶面有粉状蜡质，有减少水分蒸腾的作用，因而甘蓝比大白菜抗旱能力强。

【生长习性】起源于地中海沿岸，16 世纪开始传入中国。甘蓝适应性强，具有耐寒、易贮耐运、产量高等特点。

【观赏与应用】种子繁殖，春、夏、秋均可栽培。在中国各地普遍栽培，是中国东北、西北、华北等地区春、夏、秋季的主要蔬菜之一。各种卷心菜都是钾的良好来源。日本科学家认为，卷心菜具有防衰老、抗氧化的效果。

7. 花椰菜（花菜）*Brassica oleracea* var. *botrytis* L. 十字花科芸薹属甘蓝变种

【识别要点】一二年生草本。茎直立，粗壮。基生叶及下部叶长圆形，顶端圆形，开展，不卷心；茎中上部叶较小且无柄，长圆形，抱茎。茎顶端由1个由总花梗、花梗和未发育的花芽密集成的乳白色肉质头状体；总状花序顶生及腋生，花淡黄色，后变成白色。

花椰菜

青花椰菜

青花菜（青花椰菜、绿花菜）*Brassica oleracea* var.*italica* Plenck 以主茎及侧枝顶端形成的绿色花球为产品，一种食用其小花蕾和嫩花茎的蔬菜。

【生长习性】原产于地中海东部海岸，约在 19 世纪初清光绪年间引进中国。0 ℃以下易受冻害，适温 20 ～ 25 ℃，25 ℃以上形成花球困难。对水分要求比较严格，既不耐涝，又不耐旱。耐盐性强。

【观赏与应用】种子繁殖，育苗生产。花椰菜肉质细嫩，味甘鲜美，食用后很容易消化吸收。青花椰菜营养丰富，色、香、味俱佳，是国际市场十分畅销的一种名特蔬菜；从外观看比白花椰菜粗糙，但营养价值与风味皆比白花椰菜高，蛋白质、氨基酸及维生素的含量均高于白花椰菜。

4.2.3 根菜类蔬菜

根菜类蔬菜包括萝卜、胡萝卜、根芥菜、芜菁等，以其肥大的肉质直根为食用部分。根菜类生长期间喜好凉爽湿润，又为二年生植物，多为秋冬季节生产，适宜于直播栽培，喜欢土壤疏松、沙性大、透气性好。通常第一年秋、冬季形成肥大的肉质根后第二年春季抽薹开花结籽，但若品种选用不当很易出现先期抽薹，造成损失。

8. 萝卜 *Raphanus sativus* L. 十字花科萝卜属

【识别要点】二年生草本。萝卜直根系，肉质根长圆形等，皮色有白、粉红等；肉色有白、青绿、紫红等色。萝卜营养生长期叶丛生于短缩茎上；叶形上有板叶（枇杷叶）与花叶（羽状全裂叶）之分。萝卜植株通过阶段发育后，由顶芽抽生的花茎为主茎，白萝卜花多为白色或淡紫红色。萝卜果实为角果，成熟后不开裂。

【生长习性】肉质根最适生长的温度为 15 ～ 18 ℃，高于 25 ℃植株生长弱，产品质量差。在阳光充足的环境中，植株生长健壮，产品质量好。只有在土壤最大持水量 65% ～ 80%，空气湿度 80% ～ 90% 的条件下，才易获得优质高产的产品。

【观赏与应用】种子繁殖，直播生产。萝卜味辛、甘，性凉；熟者甘平。能清热生津，凉血止血，化痰止咳，利小便，解毒；熟者偏于益脾和胃，消食下气。

9. 胡萝卜（野胡萝卜种的变种）*Daucus carota* var. *sativa* Hoffm. 伞形科胡萝卜属

【识别要点】二年生草本植物。胡萝卜根粗壮，肉质，红色或黄色。茎直立，多分枝。叶具长柄，为 2～3 回羽状复叶，裂片狭披针形；叶柄基部扩大。花小，白色或淡黄色，为复伞形花序，生于长枝的顶端；小伞形花序多数，球形，其外缘的花有较大而相等的花瓣。果矩圆形，长约 3 mm，多少背向压扁，沿脊棱上有刺。

胡萝卜的品种很多，按色泽分为红、黄、白、紫等数种，我国栽培最多的是红、黄两种。

【生长习性】原产亚洲西南部，阿富汗为最早演化中心，栽培历史在 2 000 年以上。耐寒，喜光，喜土壤疏松，耐盐碱。生长适宜温度为昼温 18～23 ℃，夜温 13～18 ℃。

【观赏与应用】种子繁殖，直播生产，多夏季播种。以肉质根作蔬菜食用为主，肉质细密，质地脆嫩，有特殊的甜味，并含有丰富的胡萝卜素、维生素 C 和 B 族维生素。品质要求：以质细味甜，脆嫩多汁，表皮光滑，形状整齐，心柱小，肉厚，不糠，无裂口和病虫伤害的为佳。叶子腌制后有特殊的鲜味。

4.2.4 绿叶菜类蔬菜

绿叶菜类蔬菜是以其幼嫩绿叶或叶柄、嫩茎为产品，包括菠菜、芹菜、莴笋、莴苣、芫荽、茴香、茼蒿以及苋菜、蕹菜、落葵等十几种。这类蔬菜其共同特点是生长速度快、栽培周期短和产品采收标准不严格。宜与高秆作物间作、套作或抢茬栽培。其中苋菜、蕹菜（也叫空心菜）和落葵（俗称木耳菜）这几种蔬菜不同于其他蔬菜，性喜温暖，主要在南方栽培。近几年引进北方后，作为稀特蔬菜在部分地区少量栽培，宜在夏、秋季节生产。

10. 香菜（芫荽）*Coriandrum sativum* L. 伞形科芫荽属

【识别要点】一年生或二年生草本。全株有强烈香气。茎直立，多分枝，有条纹。基生叶一至二回羽状全裂；羽片边缘有钝锯齿、缺刻或深裂；上部茎生叶三回至多回羽状分裂，末回裂片狭线形，先端钝，全缘。伞形花序顶生或与叶对生；花果期 4—11 月，花白色或带淡紫色；果实为双悬果，近球形。

【生长习性】原产地为地中海沿岸及中亚地区，汉代由张骞引入，分布我国各地，四季均有栽培。属于耐寒性蔬菜，要求较冷凉湿润的环境条件，在高温干旱条件下生长不良。香菜属于低温、长日照植物。香菜为浅根系蔬菜，吸收能力弱，所以对土壤水分和养分要求均较严格。

【观赏与应用】种子繁殖，播种生产时需要搓破果皮露出种子，便于发芽出苗。味浓郁，是汤、饮中人们最熟悉不过的提味蔬菜。其品质以色泽青绿，香气浓郁，质地脆嫩，无黄叶、烂叶者为佳。

11. 旱芹 *Apium graveolens* L. 伞形科芹菜属

【识别要点】一二年生草本植物。茎一般都在

手指粗细，中间为空心。叶为奇数二回羽状复叶，叶柄长；芹菜叶柄发达，挺立，多有棱线，其横切面多为肾形，叶柄基都变为鞘状。全株叶柄重占总株重的 70% ~ 80%。复伞形花序。花小，白色虫媒花。果实为双悬果，椭圆形。

变种：**西芹**（西洋芹菜、洋芹、美芹）是从欧洲引进的芹菜品种，植株紧凑粗大，叶柄宽厚，实心。质地脆嫩，有芳香气味。可以分为黄色种、绿色种和杂色种群 3 种。

【生长习性】芹菜性喜冷凉、湿润的气候，属半耐寒性蔬菜，不耐高温。根系的吸收能力差，抗旱能力较弱，喜欢充足的水分和养分条件。

【观赏与应用】播种育苗进行生产，弱光促进种子发芽。芹菜叶中营养成分远远高于芹菜茎。

12. 菠菜 *Spinacia oleracea* L. 藜科菠菜属

【识别要点】一年生或二年生草本。幼根带红色。叶互生，基部叶和茎下部叶较大；茎上部叶渐次变小，戟形或三角状卵形；具长柄。花单性，雌雄异株；雄花排列成穗状花序，顶生或腋生，花被 4，黄绿色，雄蕊 4；雌花簇生于叶腋，花柱 4，线形，细长，下部结合。蒴果，尖叶菠菜种子带刺，硬，通常有 2 个角刺；圆叶菠菜种子常无刺；花期夏季。

【生长习性】原产于伊朗，属耐寒性蔬菜，长日照植物。生长过程中需水较多，土壤有效含水量为 70% ~ 80%，空气相对湿度为 80% ~ 90% 时生长旺盛。对氮肥需求较多，磷肥、钾肥次之。

【观赏与应用】播种繁殖，露地多春秋季播种，播种生产时搓破种皮，可以促使种子发芽快而整齐。以叶片及嫩茎供食用。菠菜主根发达，肉质根红色，味甜可食。

13. 苋菜 *Amaranthus tricolor* L. 苋科苋属

【识别要点】一年生草本植物。根较发达。茎高 80 ~ 150 cm，有分枝。叶互生，全缘，卵状椭圆形至披针形，有绿、黄绿、紫红或杂色。花单性或杂性，穗状花序；花小，花被片膜质，3 片；雄蕊 3 枚，雌蕊柱头 2 ~ 3 个，胞果矩圆形，盖裂。种子圆形，紫黑色有光泽。

苋菜按其叶片颜色的不同，可以分为 3 个类型：①绿苋：叶片绿色，耐热性强，质地较硬。②红苋：叶片紫红色，耐热性中等，质地较软。③彩苋：叶片边缘绿色，叶脉附近紫红色，耐热性较差，质地软。

【生长习性】苋菜喜温暖，较耐热，生长适温 23 ~ 27 ℃。要求土壤湿润，不耐涝，对空气湿度要求不严。属短日性蔬菜，在高温短日照条件下，易抽薹开花。

【观赏与应用】种子繁殖，春、夏播种为主。苋菜中铁的含量是菠菜的 1 倍，钙的含量则是 3 倍，为鲜蔬菜中的佼佼者。更重要的是，苋菜中不含草酸，所含钙、铁进入人体后很容易被吸收利用。夏季生长良好，病虫害比较少。

14. 蕹菜（空心菜）*Ipomoea aquatica* Forssk. 旋花科番薯属

【识别要点】一年生或多年生草本。蕹菜须根系，根浅，再生力强。旱生类型茎节短，茎扁圆或近圆，中空，浓绿至浅绿。水生类型节间长，节上易生不定根，适于扦插繁殖。聚伞花序，1 至数花，

花冠漏斗状，完全花，白色或浅紫色。

【生长习性】原产中国热带地区，广泛分布于东南亚。性喜温暖温润，耐光，耐肥，耐连作，生长势强。最大特点是耐涝抗高温。对土壤要求不严。高温地区可终年栽培，但不耐寒。属高温短日照作物。

【观赏与应用】种子繁殖或扦插繁殖。以绿叶和嫩茎供食用。它的粗纤维素的含量较丰富，这种食用纤维由纤维素、半纤维素、木质素、胶浆及果胶等组成，具有促进肠蠕动、通便解毒作用。

15. 落葵（木耳菜、胭脂菜、紫角叶）*Basella alba* L. 落葵科落葵属

【识别要点】一年生缠绕草本植物。全株肉质，光滑无毛。叶片宽卵形，先端急尖，全缘。穗状花序腋生或顶生；萼片 5，淡紫色或淡红色；雄蕊 5 个；花柱 3，基部合生，柱头具多数小颗粒突起。果实球形，暗紫色，多汁液。种子近球形。花期 6—9 月，果期 7—10 月。

【生长习性】原产于亚洲热带地区（中国南方、印度等地）。在非洲、美洲栽培较多。高温短日照作物，喜温暖和半阴环境，耐高温多湿，不耐寒。生长发育适温为 25 ～ 30 ℃。

【观赏与应用】常用扦插繁殖，也可播种繁殖。落葵为蔓性草本，紫红色茎叶，淡红色花朵和紫黑色果实，颇为可爱，适用于庭院、窗台、阳台和小型篱栅装饰美化。幼苗或肥大的叶片和嫩梢可以食用。该菜鲜嫩软滑，营养丰富，有清热解毒、利尿通便、健脑、降低胆固醇等作用。

16. 菊花脑 *Dendranthema indicum* 'Nankingense' 菊科菊属

【识别要点】多年生草本植物。茎秆纤细，半木质化，直立或半匍匐生长，分枝性极强，无毛或近上部有细毛。叶片互生，长卵形，叶面绿色，叶缘具粗大的复锯齿或二回羽状深裂，叶基稍收缩成叶柄，具窄翼，绿色或带紫色。

【生长习性】菊花脑野生性状极强，对环境条件要求不严，它对光照比较敏感，在阴处开花较少。不耐潮湿，尤其不耐阴湿的环境。

【观赏与应用】常用种子繁殖，也可采用分株繁殖或扦插繁殖。菊花脑是一种良好的观花地被，它适宜于在林缘和光照较好、不积水的封闭性树坛内成片栽植。菊花脑的嫩叶可作为蔬菜食用，能清热解毒。

17. 茼蒿 *Glebionis coronaria* (L.) Cass. ex Spach 菊科茼蒿属

【识别要点】一年生或二年生草本植物，茼蒿属浅根性蔬菜，茎圆形，直立，绿色，有蒿味。叶长形，羽状分裂，互生，叶缘波状或深裂，叶肉厚。头状花序，花黄色，瘦果，瘦果棱，褐色。

【生长习性】茼蒿性喜冷凉，不耐高温，生长适温 20 ℃左右。茼蒿对光照要求不严，一般以较弱光照为好。属长日照蔬菜。

【观赏与应用】种子繁殖，栽培上宜安排在日照较短的春秋季节。茼蒿具特殊香味，幼苗或嫩茎叶供生炒、凉拌、做汤食用。欧洲将茼蒿用作花坛花卉。茎和叶嫩时可以同食，有蒿之清气、菊之甘香。

18. 莴苣 *Lactuca sativa* L. 菊科莴苣属

【识别要点】一二年生草本植物。根系浅而密。苗期叶片互生于短缩茎上，叶用莴苣叶片数量多而大，以叶片或叶球供食；茎用莴苣随着植株旺盛生长，短缩茎逐渐伸长和膨大，花芽分化后，茎叶继续扩展，形成粗壮的肉质茎。莴苣头状花序，花黄色，每一花序有花 20 朵左右。

莴苣可分为叶用和茎用两类。叶用莴苣又称生菜、茎用莴苣又称莴笋。生菜按叶片的色泽区分有绿生菜、紫生菜两种。如按叶的生长状态区分，则有散叶生菜、结球生菜两种。

生菜

生菜

【生长习性】原产于地中海沿岸，生菜属半耐寒性蔬菜，喜冷凉湿润的气候条件，不耐炎热；散叶生菜相对比较耐热。

【观赏与应用】播种繁殖。我国各地栽培莴笋比生菜面积大。莴笋的肉质嫩，茎可生食、凉拌、炒食、干制或腌渍。生菜主要食用叶片或叶球。生菜含热量低，生菜的主要食用方法是生食，为西餐蔬菜沙拉的当家菜。莴苣茎叶中含有莴苣素，味苦，高温干旱苦味浓，能增强胃液，刺激消化，增进食欲，并具有镇痛和催眠的作用。

19. 薄荷（银丹草）*Mentha canadensis* L. 唇形科薄荷属

【识别要点】多年生宿根性草本植物。全株含油质，具香气。薄荷地上茎分两种：一种叫直立茎，方形，颜色因品种而异；另一种叫匍匐茎，它是由地上部直立茎基部节上的芽萌发后横向生长而

成。叶矩圆状披针形，是贮藏精油的主要场所，边缘在基部以上疏生粗大的牙齿状锯齿，叶面皱褶。聚伞花序腋生，花朵较小，雄蕊 4 枚，着生在花冠壁上。

【生长习性】原产于亚洲东北部，分布于中国各地，耐寒性强，喜阳光充足、湿润，对土壤要求不严，适应性强。

【观赏与应用】播种繁殖或扦插繁殖。是一种有特种经济价值的芳香作物，可以泡茶饮用。具有特殊的芳香（薄荷脑和薄荷素油）、辛辣感和凉感，主要用于牙膏、食品、烟草、酒、清凉饮料、化妆品、香皂的加香。

20. 草头（南苜蓿）*Medicago polymorpha* L. 豆科苜蓿属

【识别要点】多年生植物，一二年生栽培。茎平卧、上升或直立，近四棱形。羽状三出复叶；托叶大，卵状长圆形，先端渐尖；小叶倒卵形或三角状倒卵形，几等大，先端钝。总状花序腋生。荚果螺旋形，无刺，顶端有尖喙嘴。

【生长习性】产自长江流域以南各地。喜冷凉

气候条件，耐寒性较强。对土壤的适应性较强，但以富含有机质、保水保肥力强的黏土或冲击土最适宜。

【观赏与应用】播种繁殖。摘取新鲜草头靠头部约一寸长的一段嫩梢，油炒即成。也可腌制。

4.2.5 葱蒜类蔬菜

葱蒜类蔬菜包括韭菜、大葱、大蒜、洋葱、韭葱等，其中韭菜、大葱是以其叶片或由叶鞘包合形成的假茎为产品。大蒜和洋葱则是叶鞘基部膨大形成的鳞茎（蒜头和葱头）为产品。葱蒜类蔬菜性多耐寒喜凉，韭菜可宿根生长，为多年生。大葱可周年生产，为 2～3 年生。大蒜和洋葱鳞茎的膨大形成，需要的温度、日照等条件严格，所以通常只能在春夏特定的季节栽培。

21. 蒜 *Allium sativum* L. 百合科葱属

【识别要点】多年生草本，具强烈蒜臭气。鳞茎大形，具 6～10 瓣，外包灰白色或淡棕色膜质鳞被。叶基生，实心，扁平，线状披针形，基部呈鞘状。花茎直立；佛焰苞有长喙；伞形花序，膜质，浅绿色；蒴果，1 室开裂。花期夏季，种子黑色。

【生长习性】大蒜耐低温，适温 20 ℃左右，蒜头形成适温 15～20 ℃，不耐高温。喜光照，特别是越冬后更需较强光照。

【观赏与应用】常用蒜瓣进行无性繁殖，也可种子播种繁殖。可食用或供调味，也可入药。大蒜的蒜苗、蒜头、幼苗都可以食用（一菜三吃）。大蒜中保健作用很强的大蒜精油是蒜中所有含硫化合物的总称，大蒜精油大多具有广泛的药理、药效作用，也是构成大蒜特有辛辣气味的主要风味物质。

22. 葱 *Allium fistulosum* L. 百合科葱属

【识别要点】多年生草本，高可达 50 cm。通常簇生、全体具辛味，折断后有辛味之黏液。鳞茎圆柱形，先端稍肥大。叶基生，圆柱形，中空，具纵纹。花茎自叶丛抽出，通常单一，中央部膨大，中空，绿色；伞形花序圆球状。蒴果三棱形。种子黑色，三角状半圆形。

葱可分为普通大葱、分葱、胡葱和楼葱 4 个栽培类型。

①普通大葱　品种多，品质佳，栽培面积大。叶片管状，中空，绿色，先端尖，叶鞘圆筒状，抱合成为假茎，色白，通称葱白。茎短缩为盘状，茎盘周围密生弦线状根。伞形花序球状，位于总苞中。花白色。性极耐寒，-10 ℃可不受冻害。大葱可以烹饪做菜，山东人喜好煎饼卷大葱、蘸酱的食用方法。

②分葱　株高 20～30 cm，叶绿色，圆筒形，中空，先端渐尖；小花白绿色，聚生成团，鳞茎基部易连生，群生状，成熟时外被红色薄膜。叶色浓，葱白为纯白色，辣味淡，品质佳。为重要的调味圣品。

普通大葱

分葱

③楼葱　洁白而味甜，葱叶短小，品质欠佳。楼子葱的假茎和嫩叶可以作为菜肴调料，花茎上较肥大的气生鳞茎也可供食用。楼葱的葱香味极浓郁。

④胡葱　多在南方栽培，质柔味淡，以食葱叶为主。多年生宿根草本。鳞茎细长，纺锤形，外被赤色小鳞膜。冬季生叶，夏季枯萎。叶圆筒形，绿色，先端尖。伞形花序。顶生，花茎中空，花黄白色。极少结果，果为蒴果。种子黑色，圆三角形。花期 3—4 月。

【生长习性】生长适温 20～25 ℃。根系弱，极少根毛。宜肥沃的沙质壤土。

【观赏与应用】常用种子繁殖，种子储存期间生活力下降较快，生产中要用新种子播种。以叶鞘和叶片供食用，也作为调味。葱含有挥发性硫化物，具特殊辛辣味，是重要的解腥、调味品。葱白甘甜脆嫩。葱常作为一种很普遍的香料调味品或蔬菜食用，在东方烹调中占有重要的角色。中医学上葱有杀菌、通乳、利尿、发汗和安眠等药效。

23. 韭菜 *Allium tuberosum* Rottler ex Spreng. 百合科葱属

【识别要点】多年生宿根草本蔬菜，根为弦线状须根，在生育期间进行新老根交替，有逐年上移的特性。茎分为营养茎和花茎，其顶端花序呈伞状，成株有叶 5 ～ 11 片，一般狭长而扁平。果实为蒴果 3 室，呈三角形或半圆形。

【生长习性】原产于我国。耐低温不耐高温，耐阴，喜水不耐涝，对土壤适应性强。

【观赏与应用】播种繁殖为主，也可采用分株繁殖。一次播种后，可以生长多年，第二年为盛产年，除采收青韭外，还可采收韭花薹，或软化栽培后生产韭黄，即青韭菜、韭薹、韭黄（一菜三吃）。它含有挥发性的硫化丙烯，因此具有辛辣味，有促进食欲的作用。

24. 洋葱 *Allium cepa* L. 百合科葱属

【识别要点】二年生草本植物。根为弦状须根，着生于短缩茎盘的下部，无主根，无根毛。叶由叶身和叶鞘两部分组成，由叶鞘部分形成假茎和鳞茎，叶身暗绿色，呈圆筒状，中空，腹部有凹沟。洋葱的管状叶直立生长，具有较小的叶面积，叶表面被有较厚的蜡粉，是一种抗旱的生态特征。

根据其皮色可分为白皮、黄皮和红皮 3 种，白皮种鳞茎小，外表白色或略带绿色，肉质柔嫩，汁多，辣味淡，品质佳，适于生食。

【生长习性】多数认为洋葱产于亚洲西南部地区，在我国分布很广，是目前我国主栽蔬菜之一。在营养生长期，要求凉爽的气温，中等强度的光照，较低的空气湿度，较高的土壤湿度，具耐寒、

喜湿、喜肥的特点，不耐高温、强光、干旱和贫瘠。北方洋葱多为长日照品种，南方栽培的短日照洋葱品种在高温长日照时进入休眠期。

【观赏与应用】播种育苗进行栽培生产，繁种需栽植洋葱头。洋葱供食用的部位为地下的肥大、肉质鳞茎（即葱头），葱头营养丰富，且气味辛辣。能增进食欲，促进消化，且不含脂肪。洋葱是目前所知唯一含前列腺素 A 的植物。

4.2.6 茄果类蔬菜

茄果类蔬菜包括番茄、茄子和辣椒 3 种。这 3 种蔬菜的基本特性和栽培技术非常相近。都明显不同于上述 5 类。茄果类蔬菜都是以果实为食用器官，喜温怕寒，忌霜冻。生产上多是播种育苗，露地只能在无霜期内栽培。为夏季的主要蔬菜之一，是产量很高的大宗类蔬菜之一，周年供应市场。

25. 番茄（西红柿）*Solanum lycopersicum* L. 茄科番茄属

【识别要点】一年生或多年生草本植物。茎为半直立性或半蔓性，分枝能力强，触地则生根，易扦插成活。奇数羽状复叶或羽状深裂，互生。花为两性花，黄色，自花授粉，复总状花序，花 3 朵。果实为浆果，扁球状或近球状，肉质而多汁，橘黄色或鲜红色，光滑。种子扁平、肾形。

变种：

樱桃番茄 番茄变种，一年生或多年生草质藤

蔓植物。根系发达，再生能力强。植株生长强健，有茎蔓自封顶的，品种较少；有无限生长的，株高 2 m 以上。叶为奇数羽状复叶，小叶多而细。果实鲜艳，有红、黄等果色，单果重一般为 10 ～ 30 g，果实小、以圆球形为主，由于形似樱桃，故得名樱桃番茄。也可归为水果类植物。

樱桃番茄

【生长习性】原产于中美洲和南美洲，现在是全世界栽培最为普遍的果菜之一。属于喜温性蔬菜。白天适宜的温度为 25 ～ 28 ℃，夜间 16 ～ 18 ℃。需要充足的光照。除定植前和开花期以及转熟期要适当控水外，其他各期都应保证充足的水分供应。

【观赏与应用】种子繁殖，播种育苗生产。番茄属于大宗蔬菜，果实营养丰富，具特殊风味。生食、熟食均可，还可加工成番茄酱、番茄汁。番茄用于庭院栽培，观赏性佳；番茄树常见于观光景点；小型盆栽番茄适合家庭阳台种植观赏。

26. 茄子 *Solanum melongena* L. 茄科茄属

【识别要点】一年生草本植物，热带为多年生。茎直立、粗壮、木质化，在热带是灌木状直立多年生草本植物。分枝为假二叉分枝。单叶互生，叶椭圆形或长椭圆形。两性花，一般单生，花瓣 5 ～ 6 片，基部合成筒状，白色或紫色。果实形状、颜色因品种而异。果实可食用，颜色多为紫色或紫黑色，也有淡绿色或白色品种，形状上也有圆形、椭圆形、梨形等各种。

茄子可分为 3 个变种：

（1）**圆茄**　植株高大、果实大，圆球、扁球或椭圆球形，中国北方栽培较多。

（2）**长茄**　植株长势中等，果实细长棒状，中国南方普遍栽培。

（3）**矮茄**　植株较矮，果实小，卵或长卵。

【生长习性】茄子原产于热带，喜较高温度，是果菜类中特别耐高温的蔬菜。生长发育适温

为 22 ～ 30 ℃。茄子对光照条件要求较高。根系发达，较耐旱，但因枝叶繁茂，开花结果多，故需水量大。

【观赏与应用】种子繁殖，播种育苗生产。茄子属于大宗蔬菜，每年产量很高。

蛋茄

27. 辣椒 *Capsicum annuum* L. 茄科辣椒属

【识别要点】一年或多年生草本植物。茎直立，具深绿色纵纹。一般为双叉状分枝，也有三叉分枝。单叶互生，叶子卵状披针形。完全花，较小，花冠白。花萼基部连成萼筒呈钟形，先端 5 齿，宿存。花冠基部合生，先端 5 裂。浆果，果皮肉质；果实大多像毛笔的笔尖，也有灯笼形、心形等，青色，成熟后变成红色或者黄色，一般都有辣味。

林奈（Linnaeus, 1773）所记载的两个种，即一年生椒及木本辣椒，下分为 5 个变种。

①**樱桃椒类**　叶中等大小，圆形、卵圆或椭圆形，果小如樱桃，圆形或扁圆形。呈红、黄或微紫色，辣味甚强。制干辣椒或供观赏。如五色椒等。

②**圆锥椒类**　与樱桃椒类似，植株矮；但果实为圆锥形或圆筒形，多向上生长，味辣；又称朝天椒。

③**簇生椒类**　叶狭长，果实簇生、向上生长。

果色深红，果肉薄，辣味甚强，油分高，多用于制作干辣椒。晚熟，耐热，抗病力强。

④**长椒类** 分枝性强，果实一般下垂，为长角形，先端尖，微弯曲。果肉薄、辛辣味浓的供干制、腌渍或制辣椒酱；肉厚，辛辣味适中的供鲜食。

⑤**甜柿椒类** 枝性较弱，叶片和果实均较大，灯笼形，果肉厚，稍辣，有甜味。如菜椒（灯笼椒或柿子椒），原产中南美洲热带地区的辣椒在北美演化而来，经长期栽培驯化和人工选择而成。菜椒果肉厚而脆嫩，维生素C含量丰富。

辣椒

菜椒

干辣椒

干辣椒

【生长习性】原产中南美洲热带地区。喜温，喜光，较耐旱、低温，适应性强。可分为无限生长类型、有限生长类型和部分有限生长类型。

【观赏与应用】种子繁殖，播种育苗生产。菜椒可凉拌、炒食、煮食、作馅、腌渍和加工制罐，制蜜饯。制干辣椒主要是作为调味料食用，有促进食欲、改善消化的作用。辛辣物质（生姜、胡椒，特别是辣椒）可刺激人舌的味觉感受器。中国很多地区喜欢吃辣味很重的辣椒，因此干辣椒及其相关产业比较可观。

4.2.7 瓜类蔬菜

瓜类蔬菜都是葫芦科植物，包括黄瓜、西葫芦、南瓜、笋瓜、冬瓜、丝瓜、瓠瓜、苦瓜、佛手瓜等。它们是蔬菜中的重要一大类，周年供应市场，其共同点是茎为蔓性，需搭架引蔓或爬地压蔓栽培，需利用施肥浇水和整枝压蔓技术调节好茎叶生长和开花结瓜的关系。

28. 黄瓜 *Cucumis sativus* L. 葫芦科黄瓜属

【识别要点】一年生蔓生或攀缘草本，茎细长，有纵棱，被短刚毛，茎上生有分枝的卷须，借此缘架攀爬。叶掌状，大而薄，叶缘有细锯齿，具3～5枚裂片；花通常为单性，雌雄同株。瓠果。嫩果颜色由乳白至深绿。果面光滑或具白、褐或黑色的瘤刺。

【生长习性】起源于印度北部，现广泛栽培食用其果。黄瓜属喜温作物。生长适温为18～32 ℃。生长期间需要供给充足的水分，但根系不耐缺氧，也不耐土壤营养的高浓度。

【观赏与应用】种子繁殖，护根育苗进行生产。嫩果作蔬菜食用。果肉可生食。所含蛋白酶有助于人体对蛋白质的消化吸收，果实可酸渍或酱渍。

29. 甜瓜 *Cucumis melo* L. 葫芦科黄瓜属

【识别要点】一年生攀缘草本。茎圆形，有棱，被短刺毛，分枝性强，蔓生。单叶互生，叶片近圆形或肾形，被毛。花腋生，虫媒花，黄色。果实有圆球形、纺锤形、长筒形等，成熟的果皮有白、绿、黄、褐色或附有各色条纹和斑点。果表光滑或具网纹、裂纹、棱沟。果肉有白、橘红、绿黄等色，

香瓜（薄皮甜瓜）

厚皮甜瓜

具香气。

按生态学特性，中国通常又把甜瓜分为厚皮甜瓜与薄皮甜瓜两种；著名的厚皮甜瓜有哈密瓜和白兰瓜；薄皮甜瓜又称香瓜。

厚皮甜瓜

【生长习性】原产于印度、非洲热带沙漠地区。喜光照，每天需 10 ～ 12 h 充足的光照来维持正常的生长发育。多数种类要求低的空气湿度。喜温耐热，极不抗寒。光照强，昼夜温差大，有利于糖分的积累和果实品质的提高，对甜瓜的品质影响很大。

【观赏与应用】种子繁殖，宜直播或护根育苗。甜瓜含大量碳水化合物及柠檬酸等，且水分充沛，可消暑清热、生津解渴、除烦。

30. 西瓜 *Citrullus lanatus* (Thunb.) Matsum. & Nakai 葫芦科西瓜属

【识别要点】一年生蔓生或攀缘草本。叶互生，有深裂、浅裂和全缘。雌雄异花同株，主茎第 3 ～ 5 节现雄花，5 ～ 7 节有雌花，开花盛期可出现少数两性花。花冠黄色。子房下位，侧膜胎座。雌雄花均具蜜腺，虫媒花，花清晨开放下午闭合。果面平滑，表皮绿色，间有细网纹。种子扁平、卵圆或长卵圆形，平滑或具裂纹。

【生长习性】原产于非洲。喜高温、干燥、光照充足、日夜温差大的环境。

【观赏与应用】种子繁殖，宜直播或护根育苗。西瓜果实为夏季主要水果，可消暑清热。成熟果实除含有大量水分外，瓤肉含糖量一般为 5% ～ 12%，包括葡萄糖、果糖和蔗糖。瓜子可作茶食，瓜皮可加工制成西瓜酱。

31. 苦瓜（凉瓜）*Momordica charantia* L. 葫芦科苦瓜属

【识别要点】为一年生攀缘草本。茎、枝、叶柄及花梗披有柔毛，腋生卷须。茎为蔓性，五棱，浓绿色，分枝力强，易发生侧蔓。真叶互生，掌状深裂，5 条放射叶脉，柄上有沟。雌雄同株，黄色。果实长椭圆形，表面具有多数不整齐瘤状突起，皮色有绿色，成熟时为橘黄色。成熟时有红色的囊状果肉。

【生长习性】原产于热带地区。在南亚、东南亚、中国和加勒比海群岛均有广泛的种植。苦瓜性喜温暖，耐热不耐寒，植株生长适温为 20 ～ 30 ℃。喜光不耐阴，开花结果期需要较强光照。苦瓜喜湿而不耐涝。

【观赏与应用】种子繁殖，宜直播或护根育苗。苦瓜具有特殊的苦味，具有清热祛暑、明目解毒、降压降糖、利尿凉血、解劳清心、益气壮阳之功效。

32. 冬瓜 *Benincasa hispida* (Thunb.) Cogn. 葫芦科冬瓜属

【识别要点】一年生蔓生草本。茎密被黄褐色硬毛及长柔毛，卷须常为 2 ～ 3 分枝。叶片肾状圆形，5 ～ 7 浅裂至中裂。花单生，雌、雄同株；雄花花梗长，花冠黄色，雄蕊 3；雌花：花梗较短。果实长圆柱形或扁球形，有硬毛和白霜。花期 6—8 月；果期 7—10 月。

【生长习性】原产我国南部及印度，我国南北各地均有栽培。喜温耐热蔬菜，在较高温度下生长发育良好。吸收土壤水分的能力强，但蔓叶繁茂，蒸腾面积大，果实大，消耗水分多，因此不耐旱。

【观赏与应用】种子繁殖，宜直播或护根育苗。果实可炒吃或做汤。一般可以贮存 12 个月之久。

33. 南瓜 *Cucurbita moschata* Duch.ex Lam. 葫芦科南瓜属

【识别要点】一年生蔓生草本。茎长达数米，粗壮，有棱沟，被短硬毛，卷须分 3 ~ 4 叉。单叶互生，5 浅裂，沿边缘及叶面上常有白斑。花单生，雌雄同株异花；花冠钟状，黄色，裂片外展，具皱纹。雄蕊 3 枚。瓠果，扁球形、壶形、圆柱形等，表面有纵沟和隆起，光滑。种子卵形，边缘薄。花期 5—7 月，果期 7—9 月。

观赏南瓜

观赏南瓜　可植于棚架、花门旁，攀缘而上，果实垂吊，十分美观。果形、果色奇特，采后可置室内观赏。

【生长习性】原产于亚洲南部，世界各地均有栽培。喜肥沃、排水良好的土壤，不耐寒，忌炎热。

【观赏与应用】种子繁殖，宜直播或短期护根育苗栽培。嫩果味甘适口，是夏、秋季节的瓜菜之一。果实作蔬菜；种子含油可食用。也可用于观赏。

34. 西葫芦 *Cucurbita pepo* L. 葫芦科南瓜属

【识别要点】一年生草质藤本，有矮生、半蔓生、蔓生三大品系。多数品种主蔓优势明显，侧蔓少而弱。单叶，大型，掌状深裂，互生，叶面粗糙多刺；叶柄长而中空。花单性，雌雄同株；花单生于叶腋，鲜黄或橙黄色；雄花花冠钟形，花萼基部形成花被筒。瓠果，形状有圆筒形等多种。

【生长习性】原产北美洲南部，今广泛栽培。瓜类蔬菜中较耐寒而不耐高温的种类，生长期最适宜温度为 20 ~ 25 ℃，光照强度要求适中，较能耐弱光，喜湿润，不耐干旱。

【观赏与应用】种子繁殖，宜直播或短期护根育苗栽培。优质蔬菜，可做成多种菜品。西葫芦含有较多维生素 C、葡萄糖等营养物质，尤其是钙的含量极高。

35. 丝瓜 *Luffa aegyptiaca* Miller 葫芦科丝瓜属

【识别要点】一年生攀缘草本。枝具棱，有卷须。茎须粗壮。单叶互生，有长柄，叶片掌状心形，边缘有波状浅齿，两面均光滑无毛。夏季叶腋开单性花，雌雄同株，雄花为总状花序，先开，雌花单生，有长柄，花冠浅黄色。瓠果长圆柱形。种子扁形，黑色。

【生长习性】广泛栽培于世界温带、热带地区，国内外均有分布和栽培。喜温暖气候，耐高温、高湿，忌低温。不宜瘠薄的土壤。

【观赏与应用】种子繁殖，宜直播或护根育苗。果为夏季蔬菜，所含各类营养在瓜类食物中属较高的。

4.2.8 豆类蔬菜

豆类蔬菜都是豆科植物，以种子和嫩荚为主要产品，包括菜豆、豇豆、豌豆、蚕豆、毛豆、刀豆、扁豆、四棱豆等。菜豆栽培面积最大，豇豆、豌豆等次之。毛豆即为大豆（黄豆）的嫩荚时采收食用的产品。豆类蔬菜除豌豆和蚕豆要求凉爽气候以外，均要求温暖的环境，忌霜冻，为夏季主要蔬菜之一。生产上豆类多以直播栽培，不适宜育苗。豆类植物根系有根瘤菌，可以利用空气中的氮素。生豆类食用器官有毒，必须煮熟煮透。种子含蛋白质比例是蔬菜植物中最高的，干物质比例也是最高的。

36. 菜豆（四季豆）*Phaseolus vulgaris* L. 豆科菜豆属

【识别要点】一生草本植物。茎蔓生、半蔓生或矮生。初生真叶为单叶，对生，以后的真叶为三出复叶，近心形。总状花序腋生，蝶形花。花冠白、黄、淡紫或紫等色。荚果长 10 ～ 20 cm，形状直或稍弯曲，横断面圆形或扁圆形。

【生长习性】原产于美洲的墨西哥和阿根廷，我国在 16 世纪末才开始引种栽培。适宜在温带和热带高海拔地区种植，比较耐冷，忌高温。属异花授粉、短日照作物，喜阳光充足。

【观赏与应用】种子繁殖，直播栽培。食用必须煮熟煮透，才能避免食物中毒，更好地发挥其营养效益。随着豆荚的发育，其背、腹面缝线处的维管束逐渐发达，中、内果皮的厚壁组织层数逐渐增多，鲜食品质因而降低，故嫩荚采收要力求适时。

37. 豌豆 *Pisum sativum* Linn. 豆科豌豆属

【识别要点】一年生缠绕草本。根上有根瘤。偶数羽状复叶，顶端卷须，托叶呈卵形。花白色或紫红色，单生或 1 ～ 3 朵排列成总状腋生，花瓣蝴蝶形。花果期 4—5 月。荚果长椭圆形。种子圆形。因其性状多样且为闭花授粉，孟德尔将其作为遗传因子实验的作物。

豌豆依应用分为两大类：

①粮用豌豆　花紫色，托叶、叶腋间、豆秆及叶柄上均带紫红色，种子暗灰色或有斑纹，作为粮食与制淀粉用，常作为大田作物栽培。

②菜用豌豆　花常为白色，托叶、叶腋间无紫红色，种子为白色、黄色等颜色。果荚有软荚及硬荚两种，软荚种的果实幼嫩时可食用，硬荚种的果皮坚韧，以幼嫩种子供食用，而嫩荚不供食用。

【生长习性】起源亚洲西部、地中海地区和埃塞俄比亚、小亚细亚西部，因其适应性很强，在全世界的地理分布很广。豌豆在我国已有 2 000 多年的栽培历史，现在各地均有栽培。

【观赏与应用】种子繁殖，直播栽培。在豌豆荚和豆苗的嫩叶中富含维生素 C 和能分解体内亚硝胺的酶，具有抗癌防癌的作用。其嫩种子、嫩荚和嫩分枝均可食用（一菜三吃）。

38. 豇豆 *Vigna unguiculata* (L.) Walp. 豆科豇豆属

【识别要点】一年生缠绕草本，无毛。叶为三出复叶，顶生小叶菱状卵形，顶端急尖，托叶卵形，长约 1 cm，着生处下延成一短距。总状花序腋生，萼钟状，无毛；花冠淡紫色，花柱上部里面有淡黄色须毛。荚果线形，下垂，长可达 40 cm，一般只结两荚，荚果细长，因品种而异。花果期 6—9 月。茎有矮性、半蔓性和蔓性 3 种。

【生长习性】豇豆要求高温，耐热性强，生长适温为 20 ～ 25 ℃，但不耐霜冻。属于短日照作物，但作为栽培品种的长豇豆多属于中光性，对日照要

求不甚严格，各地均可栽培。

【观赏与应用】种子繁殖，直播栽培。秋季采收成熟的荚果，除去荚壳，收集种子备用；或于夏、秋季采摘未成熟的嫩荚果鲜用。

39. 扁豆 *Lablab purpureus* (L.) Sweet 豆科扁豆属

【识别要点】一年生缠绕草本。羽状复叶具3小叶，顶生小叶菱状广卵形，侧生小叶斜菱状广卵形，基部宽楔形或近截形。总状花序腋生；花2～4朵丛生于花序轴的节上；花冠白色或紫红色，旗瓣基部两侧有2附属体。荚果长椭圆形，扁平，微弯。种子白色或紫黑色。花果期7—9月。

【生长习性】植株能耐35 ℃左右高温，根系发达强大、耐旱力强，对土壤适应性广。

【观赏与应用】种子繁殖，直播栽培。产品器官是食用嫩荚或成熟豆粒。扁豆含有蛋白质、碳水化合物，还含有毒蛋白、凝集素以及能引发溶血症的皂素。所以加热时一定要煮熟以后才能食用，否则可能会出现食物中毒现象。

40. 刀豆 *Canavalia gladiatae* (Jacq.) DC. 豆科刀豆属的栽培亚种

【识别要点】一年生缠绕性草本植物。茎长可达数米。三出复叶，顶生小叶通常宽卵形，顶端渐尖，基部宽楔形或近圆形，全缘。总状花序腋生；花冠蝶形，淡红色或淡紫色，旗瓣宽椭圆形，顶端凹入，翼瓣较短，约与龙骨瓣等长，具向下的耳；荚果线形，扁而略弯曲，先端弯曲或钩状，种皮革质，内表面棕绿色而光亮。

【生长习性】喜温暖，不耐寒霜。对土壤要求不严，但以排水良好而疏松的沙壤土栽培为好。

【观赏与应用】种子繁殖，直播栽培。秋、冬季采收成熟荚果，晒干，剥取种子备用；或秋季采摘嫩荚果鲜用。

41. 大豆（毛豆、黄豆）*Glycine max* (L.)Merr. 豆科大豆属

【识别要点】一年生草本植物，土中根部生有根瘤。主茎高60～100 cm，豆荚着生于节上。分无限结荚习性、有限结荚习性和亚有限结荚习性的则介乎于二者之间。大豆叶为三出复叶。花蝶形；荚果，种子呈黄、黑、褐色，弯镰形或直葫芦形。

毛豆，又叫菜用大豆，是大豆作物中专门鲜食嫩荚的蔬菜用大豆品种，是蔬菜中蛋白质含量最高的蔬菜之一。

【生长习性】中国学者大多认为原产地是云贵高原一带。大豆为短日照作物，品种间对短日照的敏感性差别大。需充足阳光，要求氮、磷、钾养分较多。

【观赏与应用】种子繁殖，直播栽培。以东北大豆质量最优。由于它的营养价值很高，被称为“豆中之王”“田中之肉”“绿色的牛乳”等，是数百种天然食物中最受营养学家推崇的。大豆常用来做各种豆制品、压豆油、炼酱油和提炼蛋白质。鲜嫩豆荚可以作为蔬菜食用。

42. 蚕豆 *Vicia faba* L. 豆科野豌豆属

【识别要点】二年生草本，根系较发达，可入土层60～100 cm，根瘤形成较早。茎方形、中空、直立，从基部生长分枝。叶互生，为偶数羽状复叶，小叶在基部互生、先端对生。花腋生，总状花序；花冠蝶形，紫白色或纯白色。荚果扁圆筒形，内有种子，坚硬，呈绿褐色或淡绿色，扁圆形。

蚕豆按种皮颜色不同可分为青皮蚕豆、白皮蚕豆和红皮蚕豆等。

【生长习性】具有较强的耐寒性，种子在5～6 ℃时即能开始发芽，但最适发芽温度为16 ℃。幼苗能忍耐-5 ℃左右的低温。生长的适温为20～25 ℃。

蚕豆对土壤水分要求较高，适宜于冷凉而较湿润的气候。

【观赏与应用】种子繁殖，直播栽培。蚕豆中含有大量蛋白质，在日常食用的豆类中仅次于大豆，还含有大量钙、钾、镁、维生素 C 等，并且氨基酸种类较为齐全，特别是赖氨酸含量丰富。是蝶形花科蔬菜中重要的食用豆之一，尤其嫩豆属于蔬菜，吃法很多。

4.2.9 薯芋类

薯芋类包括马铃薯、山药、芋头、生姜、甘薯等多种。薯芋类蔬菜均以变态的地下器官（块茎、块根、根茎、球茎）供食用。繁殖时，也都以无性繁殖为主，用种量大，繁殖系数低。栽培上，要求土壤疏松、透气、肥沃。按对气候的要求和茎叶的耐霜程度可分为两类：一类是喜温和凉爽气候，可耐轻微霜冻，如马铃薯等；另一类是喜温暖气候，比较耐热，但不耐霜冻，如山药、芋头、生姜、甘薯等。

43. 马铃薯（土豆、洋芋）*Solanum tuberosum* L. 茄科茄属

【识别要点】多年生草本，但作一年生或一年两季栽培。地下茎块状，扁球状。地上茎呈棱形，有毛。初生叶为单叶，全缘，随植株的生长，逐渐形成奇数羽状复叶。聚伞花序顶生，花白、红或紫色，花冠辐状，5 浅裂，雄蕊 5。浆果。

【生长习性】原产于南美洲安第斯山一带，现广植于全世界温带地区。喜光，喜冷凉气候，不耐高温也不耐寒。喜土层深厚，富含有机质，疏松，排水良好的土壤。

【观赏与应用】无性繁殖为主，块茎发芽切块作为种薯播种，或组培脱毒苗繁殖。马铃薯是世界性的蔬菜，在中国粮、菜兼用，营养成分非常全面，营养结构也较合理，只是蛋白质、钙和维生素 A 的含量稍低。马铃薯储存时如果暴露在光线下，会变绿，同时有毒物质会增加。发芽马铃薯芽眼部分也会积累有毒物质，容易发生中毒事件，烹饪时要注意。

44. 山药（薯蓣、淮山）*Dioscorea polystachya* Turcz. 薯蓣科薯蓣属

【识别要点】多年生缠绕草本。茎蔓生，常带紫色，块根圆柱形；叶互生，至中部以上对生，三角状卵形至三角状广卵形，常 3 浅裂至深裂，叶腋间常生珠芽（零余子）；花乳白色，雌雄异株，均呈穗状，雄花序直立，雌花序下生；花被片 6，2 轮，基部合生；雄蕊 6，有时 3 枚发育，3 枚退化；雌花和雄花相似，雄蕊退化或缺；子房下位；蒴果或浆果；种子具翅。

【生长习性】原产于山西平遥、介休，现分布于中国华北、西北及长江流域的江西、湖南等地区。喜光，耐寒性差。宜在排水良好、疏松肥沃的壤土中生长。忌水涝。

【观赏与应用】零余子繁殖，或块茎繁殖。块根含淀粉和蛋白质，可以食用。因其营养丰富，自古以来就被视为物美价廉的补虚佳品，既可作主粮，又可作蔬菜，还可以制成糖葫芦之类的小吃。

45. 番薯（地瓜、甘薯）*Ipomoea bata-tas* Lam. 旋花科甘薯属

【识别要点】一年生植物蔓生草本，长 2 m 以上，平卧地面斜上。具地下块根，块根纺锤形，外皮土黄色或紫红色。叶互生，宽卵形，3 ～ 5 掌裂。聚伞花序腋生，萼片长圆形，不等长，花冠钟状，漏斗形，白色至紫红色。蒴果卵形或扁圆形，种子 1 ～ 4。

紫叶山芋

【生长习性】起源于美洲的热带地区，全国广为栽培。喜温、喜光，宜生长于质地疏松的沙壤土。

【观赏与应用】无性繁殖为主，块根繁殖或组培脱毒苗繁殖。块根为淀粉原料，可食用、酿酒或作饲料。被营养学家们称为营养最均衡的保健食品。列为日本国家癌症研究中心公布的 20 种抗癌蔬菜“排行榜”之首。

46. 芋（芋艿、芋头）*Colocasia esculenta* (L.) Schott. 天南星科芋属

【识别要点】多年生草本湿生植物，作一年生植物栽培。茎缩短成地下球茎，是食用部分及繁殖材料，有圆形、椭圆形、卵圆形或圆筒形。球茎上有鳞片，是叶鞘的残迹。球茎节上有腋芽，能形成球茎。叶互生，盾状，先端渐尖。花为佛焰花序，温带很少开花、结实。

依生态条件不同，分为水芋和旱芋。依食用部位不同，分为叶用变种及球茎变种。江淮流域水芋、旱芋都有。叶用变种只有云南、四川、浙江等少数地方栽培。江淮流域多数属干球茎变种，球茎变种又可分为下列 3 类。

（1）芋类　植株高大，食母芋为主，子芋少而小，仅供繁殖用。母芋重可达 1.5 ～ 2.0 kg，占球茎产量的一半以上。品质优于子芋，淀粉含量高、质细软、香味浓、品质好。这类芋头性喜高温、生长期长，在我国南方较多。如江苏宜兴的龙头芋、浙江的奉化芋、广西的荔浦芋等。

（2）子芋类　子芋大而多，无柄，易分离，质地黏，品质优于母芋。这类芋头在我国长江流域较多，如宜昌白荷芋、红芋，长沙姜荷芋、狗头芋，上海、杭州的白梗芋、红梗芋等。

（3）头芋类　球茎分蘖丛生，母芋、子芋及孙芋难分，互相密接，重叠成块。如浙江金华的切芋，广东的狗爪芋等。

荔浦芋头

【生长习性】起源于印度和马来西亚、中国南部等亚洲热带地区。喜高温多湿，27 ～ 30 ℃发育良好。除水芋外，旱芋也应在潮湿地方栽培；芋在低温干旱的情况下不能充分成长。芋较耐阴，短日照能促进球茎形成。

【观赏与应用】无性繁殖，球茎繁殖。球茎富含淀粉及蛋白质，供菜用或粮用，也是淀粉和酒精的原料。芋耐运输贮藏，能解决蔬菜周年均衡供应，并可作为外贸出口商品。

47. 姜 *Zingiber officinale* Roscoe 姜科姜属

【识别要点】多年生宿根草本。根茎肉质，肥厚，扁平，有芳香和辛辣味。叶子披针形，先端渐尖，基部渐狭，有抱茎的叶鞘。花茎直立，被以覆瓦状疏离的鳞片；穗状花序卵形；花稠密，先端锐尖；花冠 3 裂，裂片披针形，黄色；雄蕊 1 枚，挺出；花柱丝状，淡紫色，柱头放射状。蒴果长圆形。

【生长习性】起源于热带地区，系统发育的结果，使其成为喜温性的植物，不耐寒、不耐霜、不耐干旱。在根茎旺盛生长期，为积累大量养分，以白天 25 ℃左右、夜间 17 ～ 18 ℃为宜。耐阴，不耐强光，需土质疏松。

【观赏与应用】无性繁殖，根茎繁殖。其特有的"姜辣素"能刺激胃肠黏膜，使胃肠道出血，消化能力增强，能有效地治疗吃寒凉食物过多而引起的腹胀、腹痛、腹泻、呕吐等。吃过生姜后，人会有身体发热的感觉，同时还把体内的病菌、寒气一同带出。

48. 蘘荷 *Zingiber mioga* (Thunb.) Roscoe. 姜科姜属

【识别要点】多年生草本。根茎肥厚，淡黄色，根粗壮。叶 2 列互生，狭椭圆形；具叶鞘，抱茎，叶舌 2 裂。穗状花序自根茎生出，鳞片覆瓦状排列；花大，淡黄色或白色。蒴果卵形，成熟时开裂，果皮内面鲜红色。花期夏季。

【生长习性】我国长江流域及陕西、甘肃、贵州、四川等地均有野生或栽培。喜温暖、阴湿的环境和微酸性、肥沃的沙质壤土。较耐寒，冬季能耐 0 ℃低温。

【观赏与应用】无性繁殖为主，分蔸繁殖；也可进行种子繁殖、组织培养。根茎宜于夏、秋季采收，洗净，刮去粗皮，鲜食用或晒干食用。配植花境，丛植。

4.2.10 多年生蔬菜

多年生蔬菜主要包括黄花菜、石刁柏（芦笋）、百合、菊芋、草石蚕以及木本植物香椿、竹笋等。这类蔬菜均是一次播种或栽植，可多年收获，多年生草本蔬菜地上部每年冬季枯死，地下部的根、根状茎或鳞茎等器官宿存于土壤中，以休眠状态渡过不利于生长的寒冬，待来年气候环境适宜时重新萌芽，生长并形成产品，如此多年生长。这一类蔬菜的根系或地下茎、鳞茎等比较发达而生命力强，生产上要求选择土层深厚的地块种植，生长发育期间也需施肥浇水进行管理，对某些易退化的种类应在种植两三年后换茬一次或另选地种植。这类蔬菜一般多采用分株繁殖、无性繁殖，但有些种类也可采用种子繁殖，如石刁柏、香椿等。

49. 菊芋 *Helianthus tuberosus* L. 菊科向日葵属

【识别要点】多年生根性草本植物。具块状地下茎。茎直立，被短糙毛或刚毛。基部叶对生，上部叶互生；叶柄上部有狭翅；叶片卵形，边缘有锯齿，上面粗糙，下面被柔毛，具 3 脉。头状花序数个，生于枝端；舌状花，淡黄色，特别显著；花期 8—10 月。依块茎皮色可分为**红皮**和**白皮**两个品种。

【生长习性】原产北美洲，17 世纪传入欧洲，后传入中国。菊芋具有耐寒、耐旱、耐瘠薄、抗逆性强、再生性极强和无病虫害的特点。块茎在

18 ～ 22 ℃和 12 h 日照有利于块茎形成。

【观赏与应用】无性繁殖为主，常用块茎繁殖，也可种子繁殖。菊芋块茎质地白细脆嫩，无异味，可生食、炒食、煮食或切片油炸，若腌制成酱菜或制成洋姜脯，更具独特风味。菊芋是一种无病虫害和无农药污染、适于制作绿色食品的上乘原料。宅舍附近种植兼有美化作用。

50. 金针菜（黄花菜）*Hemerocallis citrina* Baroni 百合科萱草属

【识别要点】多年生草本植物，高 30 ～ 65 cm。根簇生，肉质，根端膨大成纺锤形。叶基生，狭长带状，下端重叠，向上渐平展，全缘，中脉于叶下面凸出。花茎自叶腋抽出，茎顶分枝开花，有花数朵，大，黄色，漏斗形，花被 6 裂。蒴果，椭圆形。花期夏季。

【生长习性】金针菜耐瘠，对土壤要求不严，沙壤、地缘或山坡均可种植。

【观赏与应用】无性繁殖为主，常用分株繁殖或花茎扦插繁殖。金针菜所含的胡萝卜素甚至超过西红柿的几倍。因含有丰富的卵磷脂，有较好的健脑、抗衰老功效。

51. 石刁柏（芦笋）*Asparagus officinalis* L. 天门冬科天门冬属

【识别要点】多年生直立草本，高可达 1 m。茎平滑，上部在后期常俯垂，分枝较柔弱。叶状枝每 3 ～ 6 枚成簇，近扁的圆柱形，略有钝棱，纤细，常稍弧曲；鳞片状叶基部有刺状短距或近无距。花每 1 ～ 4 朵腋生，绿黄色；花梗长 8 ～ 12（14）mm，关节位于上部或近中部；雄花：花被长 5 ～ 6 mm；雌花较小，花被长约 3 mm。浆果直径 7 ～ 8 mm，熟时红色，有 2 ～ 3 颗种子。花期 5—6 月，果期 9—10 月。

【生长习性】对温度的适应性很强，既耐寒又耐热，从亚寒带至亚热带均能栽培，最适于四季分明的温带栽培。

【观赏与应用】无性繁殖为主，可以扦插繁殖、分株繁殖或种子繁殖。食用部位是其幼嫩茎。富含多种氨基酸、蛋白质和维生素，富含天冬酰胺和微量元素，具有调节机体代谢、提高身体免疫力的功效。

4.2.11 水生蔬菜

包括莲藕、茭白、慈姑、荸荠、芡、菱、豆瓣菜、水芹等。水生蔬菜必须种植在水田或沼泽地、池塘、水滩地等，对水分要求很严格。这类蔬菜除菱和芡以种子供食用外，多以变态茎或嫩茎叶为食用器官，对人体有滋补及保健功效。这类蔬菜虽能开花结果，但实生苗生长缓慢且易出现后代分离不整齐，故多以无性器官为繁殖材料。除水芹、豆瓣菜外，其余蔬菜均喜温暖、潮湿、阳光充足及土壤肥沃，多在春夏栽培，秋冬采收。

52. 慈姑 *Sagittaria trifolia* subsp. *leucopetala* (Miq.) Q.F.Wang 泽泻科慈姑属

【识别要点】多年生草本水生植物，作一年生栽培。根状茎横生，较粗壮，顶端膨大成球茎，长 2 ～ 4 mm，径约 1 mm。基生叶簇生，叶形变化极大，多数为狭箭形；叶柄粗壮，基部扩大成鞘状，边缘膜质。花梗直立，粗壮，总状花序或圆锥形花序；花白色。

【生长习性】产于东北、华北、西北、华东、华南、西南等地，有很强的适应性，在陆地上各种水面的浅水区均能生长，但要求光照充足，气候温和、较背风的环境下生长，要求土壤肥沃，但土层不太深的黏土上生长。

【观赏与应用】无性繁殖为主，球茎扦插繁殖，也可播种繁殖。慈姑叶形奇特，适应能力较强，可作为水边、岸边的绿化材料，也可作为盆栽观赏。球茎的含丰富的淀粉质，适于长期贮存。稍有苦味，风味独特。

53. 水芹 *Oenanthe javanica* (Blume) DC. 伞形科水芹属

【识别要点】水生宿根植物。根茎于秋季自倒伏的地上茎节部萌芽，形成新株，节间短。二回羽状复叶，叶细长，互生，茎具棱，上部白绿色，下部白色；伞形花序，花小，白色；不结实或种子空瘪。

【生长习性】原产亚洲东部。性喜凉爽，忌炎热干旱，能耐 -10 ℃低温；生活在河沟、水田旁，以土质松软、土层深厚肥沃、富含有机质保肥保水力强的黏质土壤为宜；长日照有利于匍匐茎生长和开花结实，短日照有利于根出叶生长。

【观赏与应用】无性繁殖，常用分株繁殖。水芹还含有芸香叶苷、水芹素和槲皮素等。其嫩茎及叶柄质鲜嫩，清香爽口，可生拌或炒食。

4.2.12 芽菜类蔬菜

蔬菜主要是指由种子遮光发芽，培育成 10～12 cm 高，仅具两枚嫩绿子叶（或真叶）的芽苗供食用的一类蔬菜。可用于生产芽菜的作物有很多，目前销量大、受欢迎的主要有萝卜芽、香椿芽、豌豆芽、苜蓿芽、荞麦芽等。芽菜生产周期短，仅需 10 多天；茎叶鲜嫩，只展开两片子叶（豌豆、蚕豆为基生叶）；风味独特，具有本种蔬菜特有的品味；生产设备简易，不受季节限制，可随时生产、周年供应，是近几年发展迅速、很有前途的一类蔬菜。

4.2.13 食用菌类

指平菇、香菇、金针菇、蘑菇等可食用的菌类植物。

菌类植物分为细菌门、黏菌门和真菌门，作为园艺植物广泛应用的菌类植物主要是真菌门中子囊菌亚门盘菌纲（含块菌目、盘菌目）、担子菌亚门（含层菌纲、腹菌纲）的食用菌。全世界已知有食用菌有 2 000 多种，我国已知达 600 多种。本教材只介绍食用菌部分。食用菌的形态结构如下。

（1）菌丝体

丝体的来源：孢子是微小的繁殖单位，在适宜条件下萌发形成管状的丝状体，每根丝状体叫菌丝。菌丝通常是无色或有色，由顶端生长，在基质中蔓延伸展，反复分枝，组成菌丝群，通称菌丝体。

菌丝体的双核化和子实体的形成：单核孢子萌发时产生一根菌丝，即初生菌丝，这种菌丝开始时是多核的，但很快产生隔膜，使每个细胞各具一个细胞核，又称单核菌丝。单核菌丝双核化后由双核菌丝发育而成子实体。

（2）休眠体 在环境不良期间停止活动或停止同化作用的一种菌体，通常以休眠孢子、菌丝体团或菌核方式来实现。休眠体的类型包括休眠孢子、菌核、菌索等。

（3）子实体 子实体由菌盖、菌褶、菌柄、菌环、菌托等几部分组成。

菌盖 为食用菌的主要食用部分。

菌柄 具有植物茎干功能，可输送养分和水分。

菌褶 为孢子产生的场所。

菌环 部分食用菌具有，是内菌幕残留在菌柄上的环状物。

菌托 部分食用菌具有，是外菌幕遗留在菌柄基部的袋状物或环状物。

54. 平菇 *Pleurotus ostreatus* (jacques: ex Fr.) Quel 担子菌亚门伞菌目侧耳科侧耳属

【识别要点】人工栽培的各种菌丝体均白色，在琼脂培养基上洁白、浓密、气生菌丝多寡不等。子实体菌褶延生，菌柄侧生。从分类学上鉴别不同种的主要依据是寄主、菌盖色泽、发生季节、子实层内的结构和孢子等。

按子实体的色泽，平菇可分为深色种（黑色种）、浅色种、乳白色种和白色种四大品种类型。

【生长习性】能利用木质类的植物残体和纤维

质的植物残体。多数品种菌丝在 5 ~ 35 ℃下都能生长，子实体多数种在 10 ～ 20 ℃内都可出菇。菌丝体生长的基质含水量以 60%～ 65%为最适，大气相对湿度在 85%～ 95%时子实体生长迅速、茁壮。平菇是好气性真菌，二氧化碳对其生长发育是有害的。平菇菌丝体生长不需要光，光反而抑制菌丝的生长。子实体的发生或生长需要光；较强的光照条件下，子实体色泽较深，柄短，肉厚，品质好。

【观赏与应用】生产上采用无性繁殖，菌丝接种繁殖。平菇含丰富的营养物质，矿物质含量十分丰富，氨基酸种类齐全。实验证明，平菇对人体具有延年益寿功能，优于动植物食品。

55. 香菇 *Lentinula edodes* (Berk.) Sing. 担子菌亚门伞菌目侧耳科香菇属

【识别要点】香菇子实体中等大至稍大。菌盖直径 5 ～ 12 cm；幼时半球形，后呈扁平至稍扁平，表面浅褐色、深褐色至深肉桂色，中部往往有深色鳞片。菌肉白色，稍厚，细密，具香味。菌盖下面有菌幕，后破裂，形成不完整的菌环。老熟后盖缘反卷，开裂。菌褶白色、密、弯生、不等长。菌柄常偏生，白色，弯曲。孢子白色。

【生长习性】属于菌藻地衣类。喜潮湿的环境，低温和变温结实性的菇类。香菇原基在 8 ～ 21 ℃分化；子实体在 5 ～ 24 ℃范围内发育。

【观赏与应用】生产上采用无性繁殖，菌丝接种繁殖。是世界第二大食用菌，也是我国特产之一，香味成分主要是香菇酸分解生成的香菇精。味道鲜美，香气沁人，营养丰富，素有“植物皇后”美誉。

56. 金针菇 *Flammulina velutiper* (Curt. ex Fr.) Sing. 担子菌亚门伞菌目白蘑科金针菇属

【识别要点】在人工培养条件下，菌丝通常呈白色茸毛状，很多菌丝聚集在一起便成菌丝体。子实体主要功能是产生孢子，繁殖后代。金针菇的子实体由菌盖、菌褶、菌柄三部分组成，多数成束生长，肉质柔软有弹性。菌盖呈球形，过分成熟时边缘皱折向上翻卷。因其菌柄细长，似金针菜，得名金针菇。

【生长习性】腐生真菌，只能通过菌丝从现成的培养料中吸收营养物质。氮素营养是金针菇合成蛋白质和核酸的原料。属低温结实性真菌，菌丝体在 5 ～ 32 ℃范围内均能生长；子实体分化在 3 ～ 18 ℃的范围内进行；金针菇在昼夜温差大时可刺激子实体原基发生。金针菇为好气性真菌；菌丝和子实体在完全黑暗的条件下均能生长。

【观赏与应用】生产上采用无性繁殖，菌丝接种繁殖。金针菇含有人体必需氨基酸成分较全，其中赖氨酸和精氨酸含量尤其丰富，且含锌量比较高，对增强智力尤其是对儿童的身高和智力发育有良好的作用，人称“增智菇”；还含有一种叫朴菇素的物质，可增强机体对癌细胞的抗御能力。

57. 蘑菇（双孢蘑菇、白蘑菇）*Agaricus campestris* 担子菌亚门担子菌纲伞菌目伞菌科蘑菇属

【识别要点】菌丝体白色丝状。子实体中等至稍大。菌盖好像一顶帽子，直径 3 ～ 15 cm 不等，初半球形，后近平展，白色，光滑。菌肉白色，厚。菌褶粉红色呈褐色，较密，离生，不等长。菌柄粗短，圆柱形，近光滑或略有纤毛，白色，内实。菌环单层，白色，膜质，生于菌柄中部，易脱落。担子上有两个担孢子，所以称为双孢蘑菇。

【生长习性】阴暗潮湿的土地，当气温降到 20 ℃以下，保持 13 ℃以上，上满料的菌丝很快就

会出菇，此时关键在于保持土层的水分。

【观赏与应用】生产上采用无性繁殖，菌种播种繁殖。富含18种氨基酸、多种维生素和丰富的钙、铁等矿物质，热量低。是理想的天然食品或多功能食品。具有提高机体免疫力，可增强淋巴细胞功能，从而提高机体抵御各种疾病的免疫功能等。

58. 灵芝（灵芝草、仙草）*Ganoderma lucidum* (Curtis. ex Fr.) P.Karst 担子菌纲多孔菌科灵芝属真菌赤芝和紫芝的总称

【识别要点】菌盖肾形、半圆形或近圆形，直径 10 ～ 18 cm，厚 1 ～ 2 cm。皮壳坚硬，黄褐色到红褐色，有光泽，具环状棱纹和辐射状皱纹，边缘薄而平截，常稍内卷；菌肉白色至淡棕色；孢子细小，黄褐色。菌柄圆柱形，侧生。紫芝特征：皮壳紫黑色，有漆样光泽；菌肉锈褐色。菌柄长 17 ～ 23 cm。

【生长习性】灵芝原产于亚洲东部，我国地跨热带至寒温带，灵芝科种类多而分布广。

【观赏与应用】生产上采用无性繁殖，菌丝接种繁殖。以紫灵芝药效为最好，药理实验表明：灵芝对神经系统有抑制作用，对循环系统有降压和加强心脏收缩力的作用，对呼吸系统有祛痰作用，此外，还有护肝、提高免疫、抗菌等作用。

59. 黑木耳 *Auricularia auricular* (L. ex Hook.) nderw. 担子菌门木耳目木耳科木耳属

【识别要点】子实体胶质，丛生，常覆瓦状叠生，耳状，不规则形。叶状或近鳞状，边缘波状，薄，宽 2 ～ 6 cm，厚 2 mm 左右，以侧生短柄或狭细的基部固着于基质上。菌肉由有锁状联合菌丝组成。子实层生于里面，由担子、担孢子及侧丝组成。新鲜时软，干后成角质。

【生长习性】木耳生长于栎、杨、榕、槐等 120 多种阔叶树的腐木上。属于腐生性中温型真菌。菌丝在 6 ～ 36 ℃均可生长，以 22 ～ 32 ℃最适宜；15 ～ 27 ℃都可分化出子实体，但以 20 ～ 24 ℃最适宜，菌丝在含水量 60% ～ 70% 的栽培料及段木中均可生长，子实体形成时要求 15 ～ 27 ℃、含水量达 70% 及以上，空气相对湿度 90% ～ 95%。菌丝在黑暗中能正常生长。为好气性真菌，pH 5 ～ 5.6 最适宜。

【观赏与应用】生产上采用无性繁殖，菌丝接种繁殖。黑木耳是著名的山珍，可食、可药、可补，中国老百姓餐桌上久食不厌，有“素中之荤”之美誉，世界上被称为“中餐中的黑色瑰宝”。口感最好的光木耳主产区位于东北的大小兴安岭和长白山一带。

4.2.14 其他蔬菜类

有些蔬菜，如甜玉米、黄秋葵、朝鲜蓟等似乎归入上述任何一类都不大合适，所以，有人认为在这一分类体系中应该增加一个“其他蔬菜类”（或杂类），以解决有些蔬菜按这一体系难以分类之难。但归入“其他蔬菜类”（或杂类）的蔬菜可能在栽培技术、生活条件，甚至食用器官上，有时相距甚远。也有人将刚刚从国外引进的、种植很少的或很特别的蔬菜归入“特种蔬菜”。

60. 玉米（玉蜀黍、棒子）*Zea mays* L. 禾本科玉蜀黍属

【识别要点】一年生草本植物，植株高大，茎强壮，挺直；有支持根或气生根，秆呈圆筒形。叶窄而大，边缘波状，于茎的两侧互生。雌、雄异花同株，雄花花序为圆锥花序，顶生；雌花花穗腋生，肉穗花序；成熟后成谷穗，具粗大中轴，小穗成对纵列后发育成两排籽粒，籽粒可食。

甜玉米（*Zea mays* var. *rugosa* Bonaf.）是玉米的一个变种，又称蔬菜玉米。甜玉米是欧美、韩国和日本等发达国家的主要蔬菜之一。因其具有丰富的营养、甜、鲜、脆、嫩的特色而深受各阶层消费者青睐。甜玉米由于含糖量高、适宜采收期长而得到广泛种植。甜玉米被消费的植株部分是未成熟的籽粒，主要由胚乳和子房壁（未成熟的颖果皮）组成。其食用品质由胚乳的味道、结构以及果皮的柔软度等所决定，都受基因的影响。

玉米分为马齿种、硬质种、粉质种、爆裂种及糯玉米、甜玉米等。硬粒玉米含软淀粉少，干燥后顶不凹陷。粉质玉米主要含软淀粉，粉质，易碾碎。甜玉米发皱、透明，糖分不转化为淀粉。爆裂玉米是硬玉米的极端型，籽粒小而硬，不含软淀粉，加热时细胞内水分膨胀，籽粒爆裂。

【生长习性】起源于北、中、南美洲。喜温，短日照作物。

【观赏与应用】是全世界总产量最高的粮食作物。玉米用作饲料、食物和工业原料，也是工业酒精和烧酒的主要原料。嫩玉米棒子属于蔬菜。

61. 秋葵（咖啡黄葵）*Abelmoschus esculentus* (L.) Moench 锦葵科秋葵属

【识别要点】一年生草本。主茎直立，疏生散刺，赤绿色，圆柱形，基部节间较短，有侧枝；叶掌状裂，互生，叶身有茸毛或刚毛，叶柄细长，中空，托叶线形；花大而黄，着生于叶腋，花梗疏被糙硬毛，花萼钟形，花期 5—9 月；果为蒴果，先端细尖，略有弯曲，形似羊角，果面覆有细密白色绒毛；种子球形，绿豆大小，淡黑色，外皮粗，被细毛。

【生长习性】黄葵性喜温暖，原产地印度，广泛栽培于热带和亚热带地区。中国湖南、湖北、广东等地栽培面积也极广。

【观赏与应用】多采用直播生产，春季播种为佳。素有蔬菜王之称，具有极高的经济用途和食用价值。秋葵花观赏性佳，常作观花植物种植庭院。

62. 朝鲜蓟（菜蓟）*Cynara scolymus* L. 菊科菜蓟属

【识别要点】直根系，肉质，主根入土深，侧根长，多分布在 20 ~ 40 cm 土层。茎直立，一年生为短缩茎，第二年现蕾后茎节伸长。成株高 1 ~ 2.5 m。有灰白色蛛丝状茸毛。植株的地上部分，每年自蘖芽自行更新。基部叶呈莲座状生长，披针形大而肥厚，6 叶前为全缘，6 叶后为羽状深裂，9 叶后羽状深裂并有粗锯齿。抽薹后叶互生，中上部叶渐小。无叶柄，叶背被稠密茸毛。头状花序，果为瘦果。

【生长习性】朝鲜蓟耐轻霜，忌干热。要求疏松、肥沃、排水良好的壤土和黏壤土。花蕾发育时期忌干旱，要求阳光充足。

【观赏与应用】一般都是采用种子繁殖，也可采用分株繁殖或根茎繁殖。中国主要在上海、浙江、湖南、云南等地有少量栽培。美国及西欧等发达国家对朝鲜蓟的消费和进口量不断增加，罐头制品在国际市场供不应求，为适应国际市场的需要，中国台湾有较大面积种植，产品供出口创汇。朝鲜蓟以花蕾供食，叶柄经软化栽培后可煮食。

63. 茶 *Camellia sinensis* (L.) Kuntze 山茶科山茶属

【识别要点】常绿灌木或乔木。常呈丛生灌木状。叶革质，长椭圆形，叶端渐尖或微凹，叶缘浅锯齿，侧脉明显，背面幼时有毛。花白色，腋生；子房有长毛，花柱顶端 3 裂。蒴果扁球形，萼宿存；种子棕褐色。花期 10 月，果翌年 10 月成熟。

【生长习性】喜温暖湿润气候，适宜年均温 15 ～ 25 ℃，能忍受短期低温；喜光，稍耐阴；喜深厚肥沃、排水良好的酸性土壤。原产我国，现长江流域以南各地均有栽培。

【观赏与应用】分株繁殖为主。可结合茶叶生产，在园林中可作绿篱栽培。

64. 其他饮品植物

唇形科　花叶藿香

唇形科　藿香

藿香

茜草科　咖啡

茜草科　大粒咖啡

梧桐科　可可

实训作业

学生利用课上课下实训，完成下列任务：

1. 按下列表格要求，完成常见蔬菜作物的典型特征与应用信息整理。

2. 完成蔬菜的管理、观察和记录

（1）蔬菜管理和记录　分组（4 ～ 5 人）进行蔬菜种植观察，每人种植管理 2 种蔬菜，组内成员种植的蔬菜种类不能重复；采用盆栽方式，小型植株可以放在学生宿舍自己管理，稍大植株放到蔬菜实训温室分小组管理；学生从播种开始，每个操作环节都要拍照记录（自己操作时，其他小组成员帮助拍摄），生长期每 5 天拍照一次，所有照片及时上传（云端）班课作业保存；学期末制作 PPT 进行汇报，教师与同学参与评分作为实训成绩。

（2）典型特征、应用方式的图片收集与命名　管理蔬菜作物并及时拍照记录，鼓励同学观察记录其他同学种植的蔬菜生长情况，上网查找搜集蔬菜图片，并科学命名（科序号 + 科名属名 + 种名）。

序号	植物名称	科属	类型（人为分类）	典型特征 1	典型特征 2	生长习性（主要是温度、光照、水分要求）	应用方式（用途）	观赏特性（如观花：红色、春季）	其他
1									
2									

附　录

附录 1　植物特用形态术语

1.1 裸子植物特用形态术语

1. **雄球**：由许多小孢子叶组成，下面产生小孢子囊，即花粉囊，内产生大量的小孢子，即花粉。

2. **雌球**：由许多大孢子叶组成，其基部或边缘（如苏铁）着生大孢子囊（即裸露的胚珠），内着生卵，受精后发育成种子的胚。

3. **珠鳞**：松、杉、柏等科植物的雌球花上着生胚珠的鳞片。

4. **珠托**：银杏科或红豆杉科植物的雌球花顶部着生胚珠的鳞片，通常呈盘状或漏斗状。

5. **苞鳞**：承托雌球花上珠鳞或球果上种鳞背面的苞片。

6. **球果**：松、杉、柏科植物的成熟的雌球花，由多数种子及着生种子的种鳞与苞鳞组成。

7. **种鳞**：球果上着生种子的鳞片。

8. **鳞盾**：松属植物的种鳞上部露出的部分，通常肥厚。

9. **鳞脐**：鳞盾顶端或中央突起或凹陷的部分。

10. **鳞脊**：鳞盾上由鳞脐向外缘延伸的若干条凸起的线。

11. **气孔线**：叶上面或下面的气孔纵向连续或间断排列所形成的线。

12. **气孔带**：由多条气孔线紧密并生所形成的带。

13. **树脂道**：叶内含有树脂的管道，又叫树脂管。在叶横断面上，靠皮下层细胞（表皮下的细胞）着生的叫边生树脂道；位于叶肉组织中的叫中生树脂道；靠维管束鞘着生的叫内生树脂道。不同种类的植物其树脂道的数目和着生位置有所不同。

1.2 被子植物主要形态术语

1.2.1　植物类型

植物根据生长场所，可分为：

1. **陆生植物**：生长在陆地上。

2. **水生植物**：生长于水中。

3. **附生植物**：附着在别种植物体上生长，但并不依赖别种植物供给营养。

4. **寄生植物**：着生在别种植物上，以其特殊的器官吸收寄主植物的养料而生活。

5. **腐生植物**：着生在死亡了的动植物有机体上，并以此得到养料而生活。

1.2.2　根的类型

根通常是植物体向土壤中伸长的部分，用以支持植物由土壤中吸收水分和养料的器官，一般不生芽，不生叶和花。

1. 根依其发生的情况分为

（1）**主根**：自种子萌发出的最初的根，有些植物根呈圆锥状的主轴，这个主轴即是主根。

（2）**侧根**：是由主根分叉出来的分枝根。

（3）**纤维根**：是由主根或侧根上生出的小分枝根。

（4）**须根**：种子萌发不久，主根萎缩而发生许多与主根难以区别的成簇的根即是须根。

主根和侧根一般起源于胚根，其发生的位置一定，故又称为定根。有的植物的根还可自茎、叶或老根上发生，不来源于胚根，其位置不定，故又称为不定根。

（5）**直根系**：主根发达、明显，极易与侧根相区别，由这种主根及其各级侧根组成的根系。直根系存在于双子叶植物中。

（6）**须根系**：单子叶植物的主根出生后不久就停止生长或死亡，在胚轴和茎基部的节上生出许多粗细相等的不定根，再由不定根上生成侧根，整个根系外形呈絮状，所以把它称作须根系。

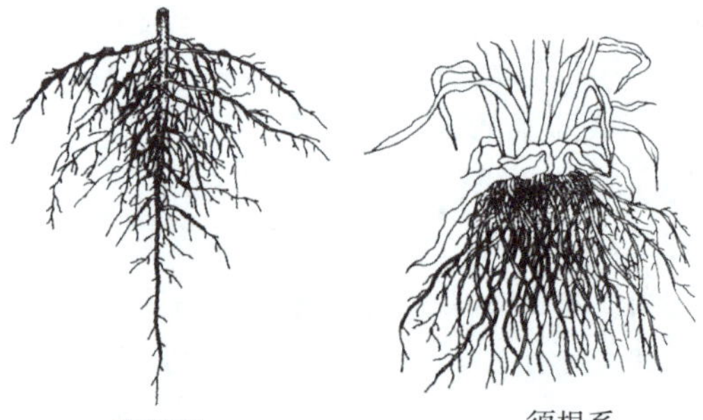

植物根的形态

2. 根依其生存的时间分为

（1）**一年生根**：在一年内，从植物种子萌发至开花结果后即枯死的根。

（2）**二年生根**：从第一年植物种子萌发越冬至翌年开花结果后即枯死的根。

（3）**多年生根**：是生存三年以上的根。即多年生根植物，包括木本植物和一些多年生草本植物，地上部分冬季枯死，地下部分越冬，次年春再发芽生长。

3. 根依其生长场所分为

（1）**地生根**：即生于地下的根。

（2）**水生根**：即水生植物的根，如睡莲等。

（3）**气生根**：即生于地面上的根，如附生植物的根。

（4）**寄生根**：伸入寄主植物组织中的根，如各种寄生植物的根。

1.2.3　茎

是种子幼胚的芽向地上伸长的部分，也是叶、花等器官着生的轴。组成地上部分的有主茎（或枝干）通常在叶腋生有芽，由芽发生茎的分枝，即枝条和小枝。

1. 茎的形态

（1）**木本植物**：植物的茎显著木质化而木质部极发达，一般比较坚实，全为多年生者叫木本植物。

①乔木：多年生直立，木质部极发达，具有单一明显的主干，通常在 3 m 以上，高大的植物。根据高度的不同，又可分为大乔木、中等乔木和小乔木。

②灌木：植株短小，没有明显主干，而于基部分枝，发出数干，呈丛生状，一般高度在 5 m 以下。高度在 1 m 以下者又称小灌木。

③半灌木：在木本与草本之间没有明显的区别，仅在基部木质化的植物。其高度一般不超过 1 m。

（2）**草本植物**：地上部分不木质化而为草质，开花结果后即枯死的植物称草本植物。依其生存期间的长短，可分为：

①一年生草本植物：从种子发芽、生长、开花、结实至枯萎死亡，其寿命只有 1～2 年的草本植物，如稻子等。

②二年生草本植物：在两个生长季内完成生活史的草本植物。第一个生长季仅由种子萌发后产生根、茎、叶等营养器官，越冬后，在第二个生长季开花、结实，产生种子后死亡。

③多年生草本植物：连续生存三年或更长的时间，开花结实后，地上部分枯死，地下部分继续生存。

（3）**藤本植物**：是一切具有长而细弱不能直立，只能依附其他植物或有他物支持向上攀升的植物。藤本植物按其质地可分：木质藤本和草质藤本。根据其缠绕和攀缘特性又可分为：

①缠绕藤本：以主枝缠绕他物。

②攀缘藤本：以卷须、不定根、吸盘等攀附器官攀缘于他物上。

2. 茎的类型

茎依其生长方向，可分为：

（1）**直立茎**：茎垂直于地面，为最常见的茎。

（2）**平卧茎**：茎平卧地上，如地锦草等。

（3）**匍匐茎**：茎平卧地上，节上生根，如委陵菜等。

（4）**攀缘茎**：用卷须、小根、吸盘等器官攀附于他物上。

（5）**缠绕茎**：螺旋状缠绕于他物而上升。

（6）**斜升茎**：指最初偏斜、后变直立的茎。

（7）**斜倚茎**：指基部斜依地面的茎。

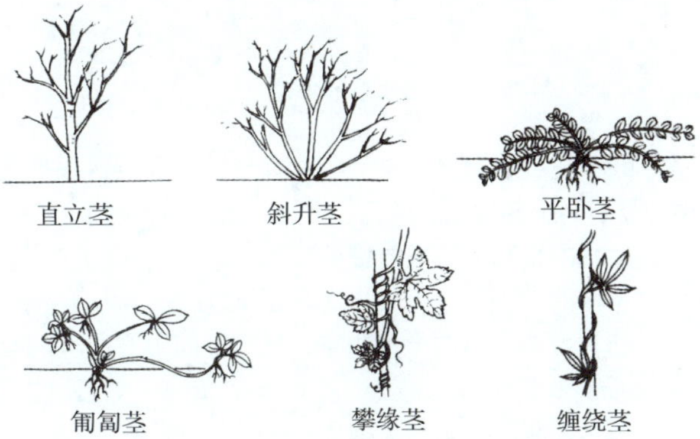

茎的类型

3. 地上茎（枝）的变态：

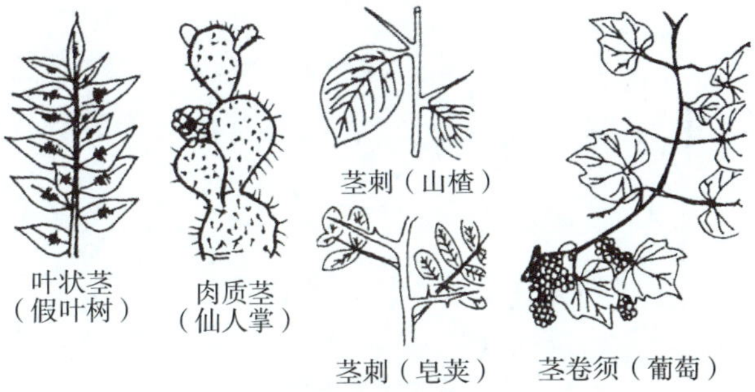

地上茎变态类型

（1）**枝刺**：枝条变成硬刺、刺分枝或不分枝。

（2）**卷须**：攀缘植物的部分枝条变为纤细、柔韧的卷须，具缠绕性，以适应攀缘的功能。见葫芦科植物。

（3）**吸盘**：位于卷须的末端呈盘状，能分泌黏质，以黏质附于他物上生长。如爬山虎。

（4）**叶状茎**：叶扁化，绿色如片，如仙人掌。

4. 木本植物茎上的特征

（1）**节**：茎或枝上着生叶的部位。

（2）**节间**：两节之间的部分，节间距较长的枝条叫长枝；节间极短的枝叫短枝。

（3）**叶腋**：叶柄与茎相交的内角。

（4）**叶痕**：叶脱落后叶柄基部在小枝上留下的痕迹。

（5）**叶迹**：叶脱落后维管束在叶痕上留下的痕迹，又叫维管束痕，不同植物其叶迹不同。

（6）**托叶痕**：托叶落后留下的痕迹，不同植物其托叶痕也不相同，常见有条状、三角状、半圆形或绕枝呈环状。

（7）**芽鳞痕**：芽开放后，顶芽芽鳞脱落留下的痕迹。其数目与芽鳞数相同。

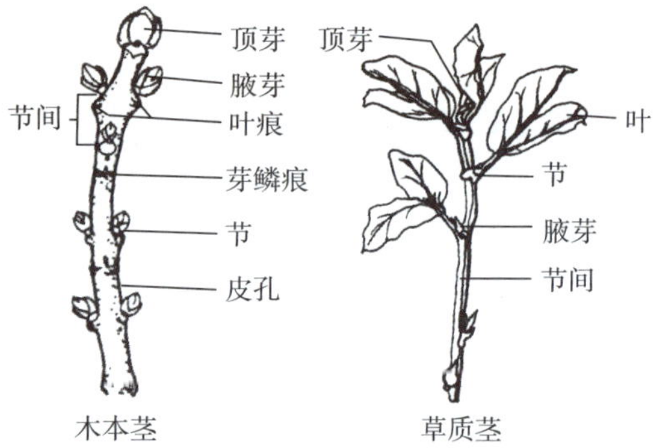

植物茎的形态

（8）**皮孔：**茎的表皮破裂所形成的小裂口。根据植物种类不同，其形态、颜色、大小、疏密等各有不同。

5. 木本植物茎上髓的特征

指茎的中心部分，按其状态可分为：

（1）**空心：**茎内全部中空，或仅节间中空而节内有髓片分隔。

（2）**片状：**茎中具片状分隔的髓心。

（3）**实心：**髓心充实，不同植物种类的髓心形状有所不同，如圆形（榆属）、五角形（杨属）、三角形（鼠李属）、偏斜形（椴属）等。

6. 分枝类型

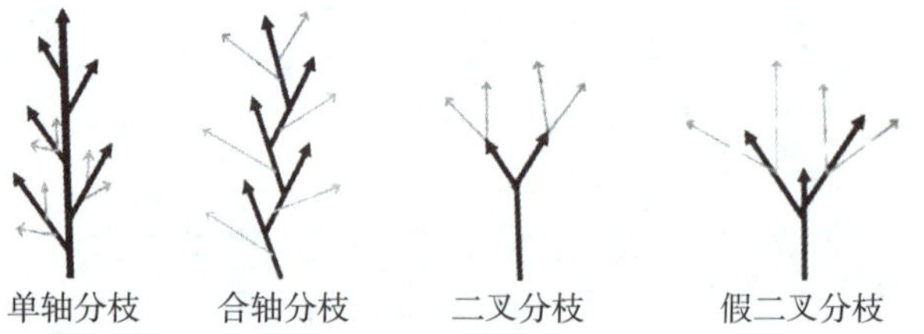

植物分枝类型

（1）**总状分枝：**主枝的顶芽生长占绝对优势，并长期持续，形成发达而通直的主干，而各级侧枝生长均不如主枝。故又叫单轴分枝。

（2）**合轴分枝：**主干或侧枝的顶芽经过一段时间生长后，停止生长，分化成花芽，而由最接近顶芽的腋芽代替顶芽发育成新枝，再经过一段时间，新枝的顶芽又停止生长，为其下部的腋芽所代替继续生长，如此相继形成“主枝”。

（3）**假二叉分枝：**具有对生叶的植物，在顶芽停止生长，分化为花芽后，由顶芽下两个对生的腋芽同时生长，形成叉状侧枝，依次相继形成侧枝。

7. 地下茎的类型

植物的地下茎，是变态的茎，一般有下列几种：

（1）**根状茎：**是一种直立或匍匐的多年生地下茎，极细长，有节和节间，并有鳞片叶，如一些多年生的禾草和蕨类植物。

（2）**块茎：**是一种短而肥厚的地下茎。

（3）**球茎：**是一种短而肥厚的地下茎。下部有无数的根，外面有干膜质的鳞片，芽即藏于鳞片内。

（4）**鳞茎：**是一种球形体和扁球形体，由肥厚的鳞片构成，基部的中央有一小的鳞盘，即退化的茎。

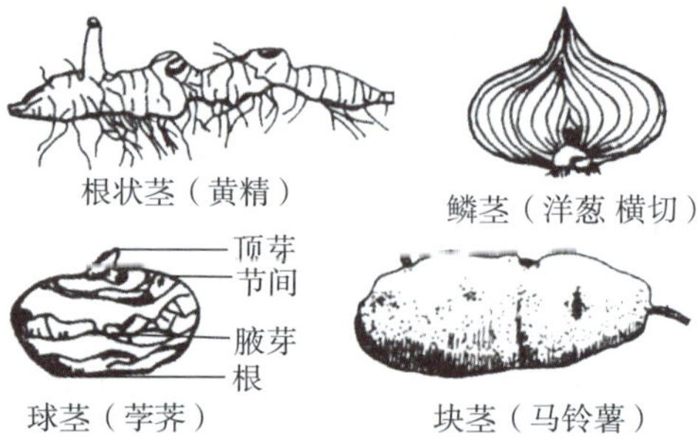

地下茎变态类型

1.2.4 芽

1. 芽

尚未萌发的枝、叶和花的雏体。其外部包被的鳞片，称为芽鳞，通常由叶变态而成。

2. 芽的类型

（1）**顶芽：**生于枝顶的芽。

（2）**腋芽：**生于叶腋的芽，形体一般较顶芽小，又叫侧芽。

（3）**假顶芽：**顶芽退化或枯死后，能代替顶芽生长发育的最靠近枝顶的腋芽。

（4）**柄下芽：**隐藏于叶柄基部内的芽。

（5）**单芽：**单个独生于一处的芽。

（6）**并生芽：**数个芽并生在一起的芽，其中位于外侧的芽叫副芽，中间的叫主芽。

（7）**叠生芽：**数个芽上下重叠在一起的芽，其中位于上部的芽叫副芽，最下面的芽叫主芽。

（8）**裸芽：**不具芽鳞的芽，称裸芽。相反，具有芽鳞的芽称为鳞芽。

（9）**花芽：**将发育成花或花序的芽，内含花原基。

（10）**叶芽：**将发育成枝、叶的芽，内含叶原基。

（11）**混合芽：**将同时发育成枝、叶和花的芽。

当然依芽的生理状态又可分为活动芽（经过冬眠的芽，在第二年春、夏季即开展）和休眠芽（春、夏季均不开展，长期处于休眠状态）。

3. 芽的形状

芽的形状分为：圆球形、卵形、椭圆形、圆锥形、纺锤形、扁三角形等。

1.2.5 树形

多指乔木而言，由于分枝角度的不同而形成不同的冠形，称树形，常见有下列树形。

1. 棕榈形：主干无明显侧枝，只有分裂的巨大的叶片集生于树干顶端，如棕榈。

2. 尖塔形：树干中央主干明显，侧枝从下往上依次缩短，整个树冠呈尖塔形，如雪松。

3. 圆柱形：树冠大致呈圆柱形，长宽比为 3 ∶ 1 以上，如箭杆杨、龙柏、杜松。

4. **卵形**：树冠呈卵形下宽上窄，长宽比为 15 ∶ 1，如加杨、悬铃木。

5. **广卵形**：树冠呈广卵形，长宽比在（1～1.5）∶ 1，如白榆、槐树。

6. **圆球形**：整个冠形近圆球形，如杜梨。

7. **平顶**：树冠基部呈楔形，渐斜上，顶部近一平面，与尖塔形相反，如合欢、油松。

8. **伞形**：树冠侧枝于顶部呈丛生状，辐射伸展且先端略下弯，树冠近伞形，如龙爪槐、倒挂榆。

1.2.6　树皮

1. **平滑**：树皮不开裂，手摸有平滑感，如梧桐。

2. **粗糙**：树皮不开裂或无明显开裂，手感较粗糙，如臭椿。

3. **细纹裂**：树皮裂痕极浅而密，如水曲柳。

4. **浅纵裂**：树皮浅裂呈纵向沟纹，如紫梅。

5. **深纵裂**：树皮深裂，呈纵向宽而深裂痕，如槐树。

6. **不规则纵裂**：树皮裂痕基本为纵向开裂，但不很规则，如黄檗。

7. **横向浅裂**：树皮横向开裂、裂痕较浅，如桃。

8. **方块状开裂**：树皮深裂，裂片呈方块状，如柿树。

9. **鳞块状开裂**：树皮深裂，裂片呈鳞块状，如油松。

10. **鳞片状开裂**：树皮浅裂，裂片呈鳞片状，稍张开，如鱼鳞云杉。

11. **鳞状剥落**：树皮鳞片状开裂，且裂片剥落，如榔榆、木瓜。

12. **片状剥落**：树皮几平滑，但间有片状剥落，如白皮松。

13. **纸状剥落**：树皮光滑，从内向外，层次明显，树皮断面，每层薄如纸状，局部有剥落，如白桦。

1.2.7　叶

1. 叶外部名称

（1）**叶片**：着生于枝茎上叶柄顶端的宽扁部分。接近于茎（枝）的一端叫叶基。相对远离茎的一端叫叶先端。

（2）**叶柄**：叶片与枝条连接的部分，通常呈细圆柱状或扁平具沟槽。

（3）**托叶**：叶子或叶柄基部两侧小型的叶状体。

（4）**完全叶**：由叶片、叶柄和一对托叶组成的叶。缺少其中任一部分的叫不完全叶。

（5）**单叶**：一个叶柄上只生一个叶片的叶、叶片与叶柄间不具关节。

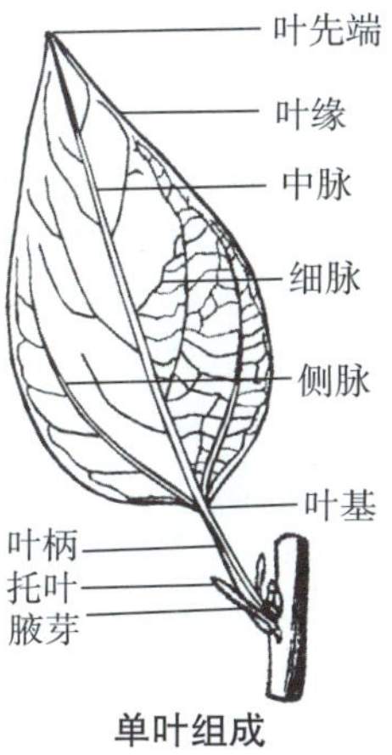

单叶组成

（6）**复叶**：一个总叶柄上生有两个以上小叶的叶，而且叶轴顶端不具芽，小叶基部不具腋芽。

（7）**总叶柄**：复叶的叶柄，即指一个复叶上着生小叶以下的部分。

（8）**叶轴**：总叶柄以上着生小叶的部分，叶轴顶端不具芽。

（9）**小叶**：复叶中的每个小叶，一个小叶中包括小叶片、小叶叶柄及小托叶或有些无小托叶等。小叶的叶腋不具腋芽。

（10）**叶鞘**：叶柄基部膨大或鞘状包茎或半包茎。

2. 叶序

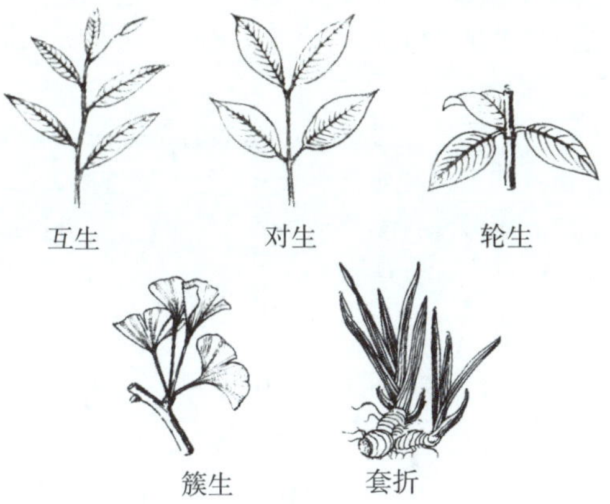

叶序

指叶在枝上的着生方式

（1）**互生叶**：每一节着生一叶，节间有距离，如杨属各种。

（2）**对生叶**：每节相对两面各生一叶，如丁香属各种。

（3）**轮生叶**：每节上着生 3 片或 3 片以上的叶，轮状，如杜松、夹竹桃等。

（4）**螺旋状着生**：每节着生一叶，成螺旋状排列，节间距较短，如云杉、冷杉。

（5）**簇生**：多数叶子簇生于短枝上，如银杏、落叶松、雪松等短枝上的叶。

（6）**束生**：指 2 个叶以上的叶，基部束生在一起，上部是分离的，如松属植物各种常 2～5 针一束。

3. 叶脉及脉序

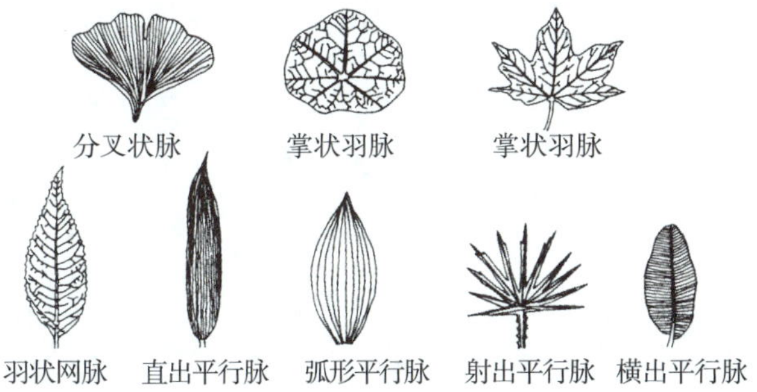

叶脉类型

（1）**叶脉**：与叶肉组织区别明显的由维管束组成的

叶片的输导系统。

（2）**脉序**：叶脉在叶片上的分枝方式。

（3）**主脉**：位于叶片中央较粗壮而明显的脉，又叫中脉或中肋。

（4）**侧脉**：由主脉向两侧分出的次级脉。

（5）**细脉**：由侧脉上分出的次级脉，也叫小脉。

（6）**网状脉**：叶脉数回分枝后，连接组成网状，而最后一次细脉消失在叶肉组织中。

（7）**羽状脉**：具有一条明显的主脉，两侧生羽状排列的侧脉，如榆树。

（8）**掌状脉**：由叶基伸出几条近等粗的主脉。

（9）**三出脉**：由叶基伸出3条主脉，如枣树。

（10）**离基三出脉**：3条主脉中，两侧的两条稍离叶基发出，如香樟。

（11）**平行脉**：多数大小相似的显著的叶脉呈平行排列，由基部至顶端或由中脉至边缘，如竹类。

（12）**弧形脉**：指侧脉先端向叶缘伸展再逐渐向中脉弯曲呈弧形，如红瑞木。

4. 叶形

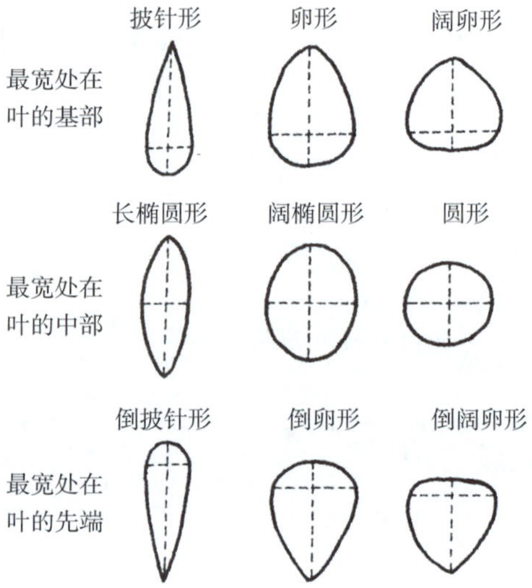

叶形基本分类

叶形类型

（1）**鳞形**：叶片细小呈鳞片状。

（2）**锥形**：叶较细短，自基部至顶端渐变细尖，又叫钻形叶。

（3）**刺形**：叶扁平狭长，先端锐尖或渐尖。

（4）**线形**：叶片扁平而狭长，长约为宽的5倍，两侧边缘近平行，又叫条形。

（5）**针形**：叶细长而先端尖如针状。

（6）**披针形**：叶窄长，最宽处在中部或中下部，向上渐尖，长为宽的3～4倍。

（7）**倒披针形**：披针形的叶倒转，最宽处在中部或中部以上，向下渐狭。

（8）**三角形**：基部宽呈平截状，向上渐尖，状如三角。

（9）**心形**：基部宽圆而微凹，先端渐尖，全形似心脏，如紫丁香。

（10）**肾形**：横向较长，宽大于长，基部凹入，先端宽钝，形如肾。

（11）**扇形**：顶端宽圆，向基部渐狭，形如折扇。

（12）**菱形**：呈近等边的斜方形。

（13）**匙形**：先端宽而圆，向下渐狭，状如汤匙。

（14）**卵形**：中部以下最宽，向上渐窄，长为宽的15～20倍，形如鸡蛋。

（15）**倒卵形**：卵形的叶倒转，最宽处在中部以上。

（16）**圆形**：长宽近相等，状如圆盘。

（17）**长圆形**：长方状椭圆形，但中部最宽，而向两端渐窄，长为宽的15～20倍。

（18）**椭圆形**：长为宽的3～4倍，中部最宽，而先端与基部均圆。

5. 叶先端

叶端类型

（1）**急尖**：叶端尖头或成一锐角，而呈直边，又叫锐尖或稍尖。

（2）**渐尖**：叶端尖头稍延长，渐尖而有内弯的边。

（3）**凸尖**：叶端中脉延伸于外而成一短突尖或短尖头，又叫具短尖。

（4）**骤尖**：先端逐渐削成一个坚硬的尖头，又叫骤凸或硬尖。

（5）**芒尖**：即凸尖延长，多少呈芒状。

（6）**尾尖**：叶端渐狭长或呈长尾状。

（7）**微凸**：中脉顶端略伸出于先端之外，又叫具小短尖头。

(8) 钝：先端钝或狭圆形。

(9) 圆形：叶先端宽而呈半圆形。

(10) 截形：先端平截，多少呈一直线。

(11) 微凹：先端圆，中间部分稍凹入，又叫微缺。

(12) 凹缺：先端中间部分凹缺稍深，较显著。

(13) 倒心形：先端深凹，叶片呈倒心形。

(14) 二裂：先端具二浅裂。

6. 叶基

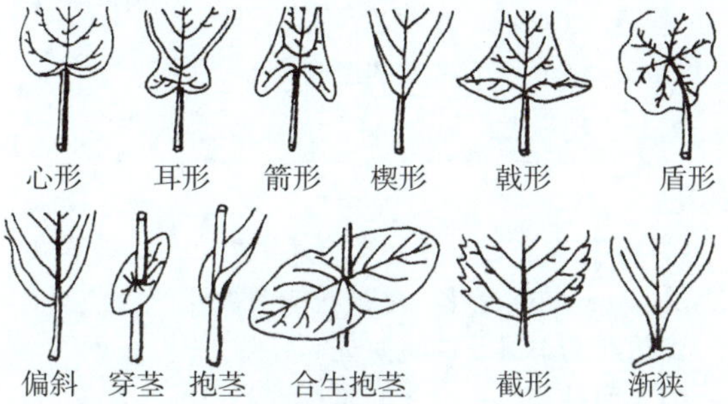

叶基类型

(1) 下延：叶基向下延长，而着生于茎上成翼状。

(2) 渐狭：叶片向基部逐渐变窄，形成与叶尖的渐尖相似。

(3) 楔形：叶片中部以下向基部两边成直线逐渐变狭，形如楔子。

(4) 截形：叶基平截，多少成一直线。

(5) 圆形：叶基呈半圆形。

(6) 耳形：叶基两侧各有一耳形小裂片。

(7)心形：叶基圆形而中央微凹成一缺口，形如心脏。

(8) 偏斜：叶基部两侧不对称。

(9) 抱茎：叶基部伸展形成鞘抱茎。

(10) 盾形：叶柄着生于叶背部的一点，形如盾。

(11) 合生穿茎：两个对生无柄叶的基部合生成一体而包围茎，茎贯穿叶片中。

7. 叶缘

(1) 全缘：叶缘成一连续平滑的弧线，不具任何齿缺。

(2) 波状：叶缘凹凸呈波浪状，即成波浪状起伏。

(3) 浅波状：叶缘微凹凸，即波状较浅。

(4) 深波状：叶缘凹凸明显，即波状较深。

(5) 微波状：边缘波状皱曲。

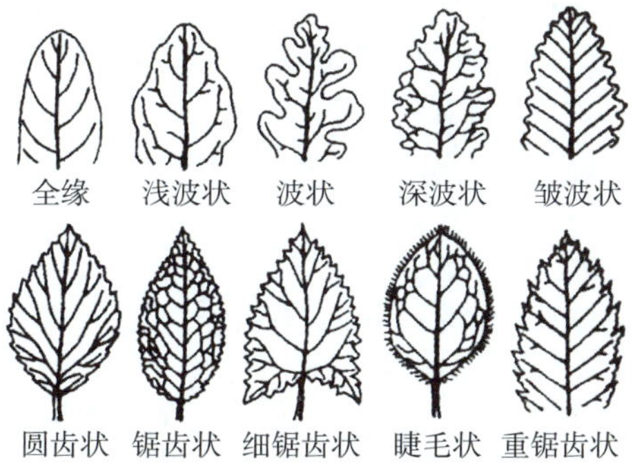

叶缘类型

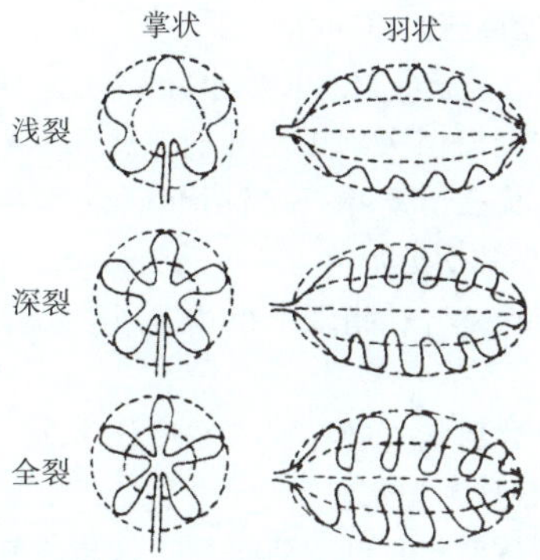

叶裂类型

(6) 锯齿：边缘有尖锐的锯齿，齿尖向前。

(7) 细锯齿：叶缘锯齿细密。

(8) 重锯齿：大锯齿上复生小锯齿。

(9) 钝齿：叶缘锯齿呈钝头。

(10) 齿牙：齿尖锐，齿两边近相等，齿尖向外，又叫牙齿状。

(11) 小齿牙：边缘具较细小的牙齿。

(12) 缺刻：边缘具不整齐、较深的裂片。

(13) 条裂：边缘分裂为狭条状。

(14) 浅裂：边缘浅裂至距中脉 1/3 左右处。

(15) 深裂：叶片裂至 1/2 处中脉或距叶基不远处。

(16) 全裂：叶片分裂至中脉或叶柄顶端，裂片彼此完全分开很像复叶，但各裂片叶肉相互连接，没有形成小叶柄。

(17) 羽状分裂：在中脉两侧，裂片排裂成羽状，依分裂深浅程度不同又分为羽状浅裂、羽状深裂、羽状全裂等。

(18) 掌状分裂：裂片排列成掌状，并具掌状脉。按分裂深浅程度不同，又可分为：掌状浅裂、掌状深裂、掌状全裂等；依裂片数目不同，可分为掌状三裂、掌状五裂等。

8. 复叶

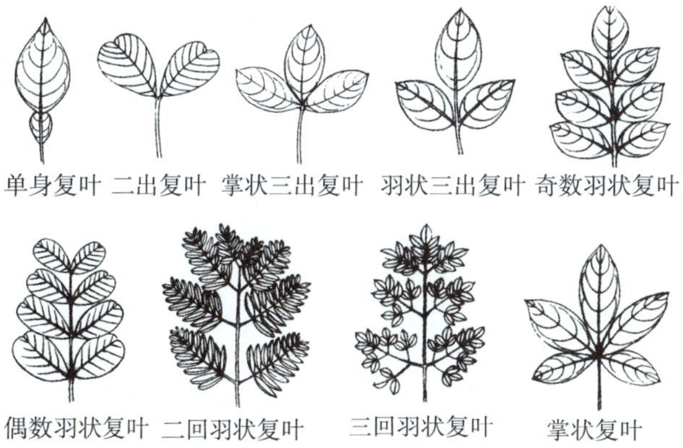

复叶的类型

(1) 单身复叶：外形似单叶，但小叶与叶柄间具关节。

(2) 二出复叶：总叶柄上仅具二个小叶，又叫两小叶复叶。

（3）三出复叶：总叶柄上具三个小叶。

（4）羽状三出复叶：顶生小叶着生在总叶轴的顶端，其小叶柄较二个侧生小叶的小叶柄为长。

（5）掌状三出复叶：三个小叶都着生在总叶柄顶端的一点上，小叶柄近等长。

（6）羽状复叶：指多个小叶排列于总叶轴两侧呈羽毛状。

（7）奇数羽状复叶：羽状复叶总叶轴顶端着生一枚小叶，小叶数目为单数。

（8）偶数羽状复叶：羽状复叶总叶轴顶端着生二枚小叶，小叶数目为偶数。

（9）二回羽状复叶：总叶柄的两侧有羽状排列的一回羽状复叶，总叶柄的末次分枝连同其上的小叶叫羽片，羽片的轴叫羽片轴或小羽片轴。

（10）三回羽状复叶：总叶柄的两侧有羽状排列的二回羽状复叶。

（11）掌状复叶：数个小叶集生于总叶柄的顶端，伸展如掌状。

9. 叶变态

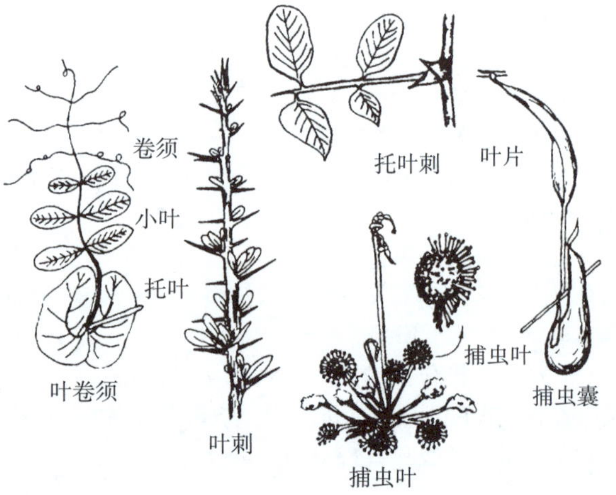

叶的变态

（1）托叶刺：由托叶变成的刺。

（2）刺叶：由叶变态形成的刺；或枝皮、树皮突起形成皮刺；或枝变态形成枝刺。

（3）卷须：由叶片或托叶变为纤弱细长的卷须。

（4）叶状柄：小叶退化，叶柄成扁平的叶状。

（5）托叶鞘：由托叶延伸而成。

（6）折扇状：幼叶折叠如折扇。

（7）内折：幼叶对折后，又自上向下折合。

10. 幼叶的芽内的卷叠方式

（1）对折：幼叶片的左右两半沿中脉向内折合。

（2）席卷：幼叶由一侧边缘向内包卷如卷席。

（3）内卷：幼叶片自两侧的边缘向内卷曲。

（4）外卷：幼叶片自两侧的边缘向外卷曲。

（5）拳卷：幼叶片的先端向内卷曲。

1.2.8 花

1. 依花的性质分

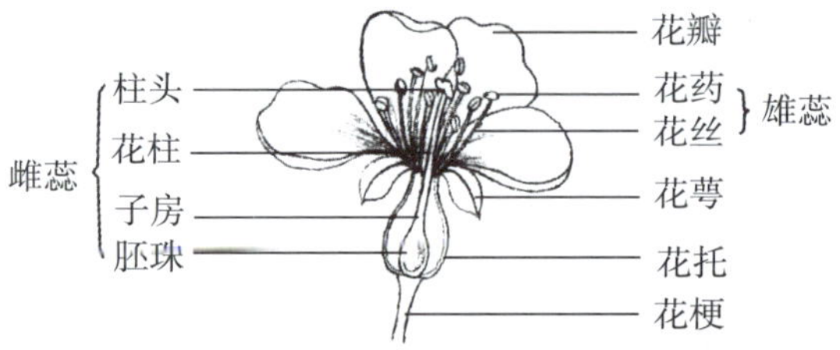

花的组成

（1）完全花：由花萼、花冠、雌蕊、雄蕊四部分组成的花。

（2）不完全花：缺少花萼、花冠、雌蕊、雄蕊 1 ～ 3 部分的花。分别称裸花，单被花或两被花。

2. 依雌蕊与雄蕊的缺如分

（1）两性花：一朵花上兼有雌蕊和雄蕊。

（2）单性花：仅有雌蕊或仅有雄蕊的花。

（3）雌花：只有雌蕊、没有雄蕊或雄蕊退化的花。

（4）雄花：只有雄蕊、没有雌蕊或雌蕊退化的花。

（5）杂性花：一种植物兼有单性花和两性花。

（6）雌雄同株：同一种植物雄花和雌花生于同一植株上。

（7）雌雄异株：同一种植物雄花和雌花分别生于不同的植株上。

（8）杂性同株：同一种植物单性花和两性花生于同一植株上。

（9）杂性异株：同一种植物单性花和两性花分别生于不同的植株上。

（10）无性花：没有雌蕊和雄蕊而有花瓣的花，如琼花花序外围的八朵花。

3. 依花被的状况分

（1）花被：花萼与花冠的总称。

（2）双被花：一朵花同时具有花萼和花冠，如桃、杏等，又叫两被花。

（3）单被花：仅有花萼而无花冠的花，如板栗、白榆。

（4）裸花：一朵花中花萼和花冠均缺，只有一苞片，如杨柳科植物。

（5）重瓣花：指在一些栽培（或野生）植物中花瓣层数（轮数）增多的花，如重瓣的榆叶梅。

4. 依花被的排列状况分

（1）辐射对称花：一朵花花被片的大小、形状相似，通过其中心，可以切成两个以上的对称面，如桃、李等蔷薇科植物，又叫整齐花。

（2）左右对称花：一朵花花被片的大小、形状不同，通过其中心，只能按一定的方向切成一个对称面，如唇形花冠的唇形科和蝶形花科的植物，又叫不整齐花。

5. 花各部名称

（1）花萼：由萼片组成，常小于花瓣，质较厚，通常绿色，是花被最外一轮或最下轮。

萼片：花萼中分离的各片。

萼筒：花萼的合生部分。

萼裂片：萼筒上部分离的裂片。

副萼：花萼排列二轮时，外面的一轮，通常小于萼片。

离萼：萼片彼此完全分离。

合萼：萼片部分或全部合生。

宿存：萼片在果熟时仍然存在。

早落：萼片通常在开花后脱落，但有的植物花萼在开花时即脱落。

（2）花冠：由花瓣组成，位于花萼内方或上方，是花的第二轮。

①花冠各部名称

离瓣花：花冠各瓣彼此分离。

合瓣花：花冠各瓣不同程度合生的。

花冠筒：合瓣花冠之下部连合的部分。

花冠裂片：合瓣花冠上部分的裂片。

瓣片：花瓣上部扩大的部分。

瓣爪：花瓣基部细窄如爪状。

②花冠类型

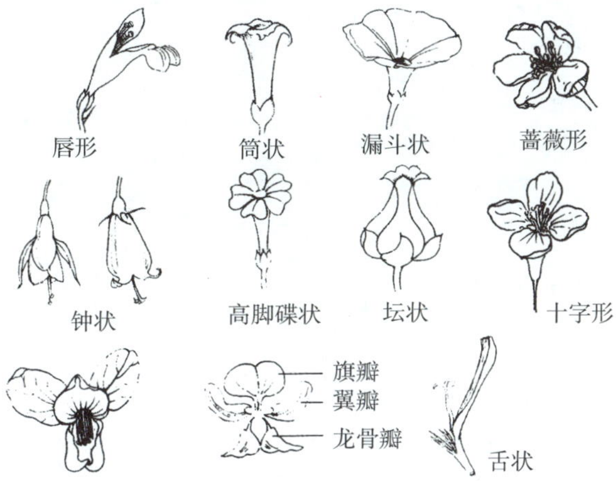

花冠类型

筒状：花冠大部分合生成一管状，如紫丁香，又叫管状。

漏斗状：花冠下部筒状，向上渐渐扩大成漏斗状。

钟状：花冠筒阔而稍短，上部稍扩大成一钟形。

高脚碟状：花冠下部细筒状，上部突出水平扩展成碟状。

坛状：花冠筒膨大呈卵形或球形，上部收缩成短颈，花冠裂片微外曲。

辐射状：花冠筒极短，花冠裂片向外辐射状伸展。

蔷薇形：花瓣 5 片，分离，呈广椭圆形，无瓣片与瓣爪之分，如蔷薇科植物。

十字形：花瓣 4 片，分离，相对排成十字形，如十字花科植物。

唇形：花瓣 5 片，基部合生成花管筒，冠裂片稍呈唇形，上面 2 片合生为上唇，下面三片合生为下唇。

舌状：花冠基部成一短筒，上面向一边张开而呈扁平舌状。

蝶形：花瓣 5 片，其最上（外）的 1 片花瓣最大，常向上折展，叫旗瓣，侧面对应 2 片常较旗瓣小，叫翼瓣，最下面对应的 2 片，其下缘常稍合生，如龙骨状，叫龙骨瓣。

③花被在花芽内的排列方式

镊合状：指各片边缘彼此接触，但不彼此覆盖。

旋转状：指各片一侧的边缘依次被上一片覆盖，而另一侧的边缘覆盖下一片的边缘。

覆瓦状：与旋转状相似，但在各片中，有一片或二片完全在外，而另一片或二片完全在内，若二片在外时，称重覆瓦状，也叫两盖覆瓦状。

（3）雄蕊：由花丝和花药构成，一花内的全部雄蕊称为雄蕊群，为花由外向内的第三轮。

①雄蕊的类型

离生雄蕊：一朵花的雄蕊彼此完全分离。

单体雄蕊：一朵花的多数雄蕊的花丝合生在一起成一单束。

二体雄蕊：花丝合生成二束，如蝶形花科植物多为 10 枚雄蕊中 9 枚合生成一束，另一枝单独成束。

多体雄蕊：指一朵花的多数雄蕊，分成多束。

聚药雄蕊：花药合生而花丝分离。

雄蕊筒：花丝完全合生成一球形或圆筒形的管。

二强雄蕊：一朵花中具 4 枚分离雄蕊，其中二长二短。

四强雄蕊：一朵花中具 6 枚分离雄蕊，其中四长二短。

冠生雄蕊：雄蕊着生于花冠上，如丁香属。

退化雄蕊：一朵花中的雄蕊没有花药，或稍具花药而不含正常花粉粒，或仅具雄蕊残迹。

②花药：花丝顶端膨大的囊状体，花药有间隔的部分叫药隔，它是由花丝顶端伸出形成，往往把花药分成若干个室，这些室叫药室。

a. 花药在花丝上的着生方式

全着药：花药一侧全部着生在花丝上。

基着药：花药的基部着生在花丝顶端。

背着药：花药的背部着生在花丝顶端。

丁字药：花药背部的中央着生于花丝顶端，呈“丁”字形。

个字药：药室基部张开面部着生于花丝顶端，形如“个”字。

广歧药：药室张开，且完全分离，几成一直线着生于花丝顶端。

b. 药的开裂方式纵裂：药室纵向开裂。

孔裂：在药室顶部或近顶部有一小孔，花粉由该孔散出，如杜鹃花科。

瓣裂：药室有活盖，当雄蕊成熟时，盖自然掀开，花粉散出。

横裂：药室横向开裂，如金钱松、大红花。

（4）**雌蕊**：位于花的中央，由心皮（变形的大孢子）连接而成，发育成果实。

①**组成部分**

柱头：位于花柱顶端，是接受花粉的部分，形态不一。

花柱：柱头与子房之间的狭长部分，通常为圆柱状，长短依不同种类变化很大，有时极短或无。

子房：雌蕊基部膨大的部分，有明显的背缝和腹缝线。一至多室，每室有一至多数胚珠，胚珠发育成种子。

②雌蕊的类型

单雌蕊：一朵花中雌蕊由一心皮组成，构成一室；胚珠1至多数。

离心皮雌蕊：一朵花有二枚以上的彼此分离的雌蕊，即心皮多数，每心皮形成一个完全独立的雌蕊。

合生心皮复雌蕊：一朵花的雌蕊由二个或二个以上的心皮合生而成，又叫复雌蕊。

③胎座：子房内胚珠着生的地方。

顶生胎座：胚珠着生于子房室的顶部。

基生胎座：胚珠着生在子房室的基部。

边缘胎座：单心皮一室的子房内，胚珠着生于心皮的边缘，即腹缝线上。

侧膜胎座：合生心皮一室的子房内，胚珠生于每一心皮的边缘，胎座常肥厚或隆起，或扩展如一段隔膜，如十字花科植物。

中轴胎座：合生心皮多室的子房内，各心皮边缘在中央连合形成中轴，胚珠着生在中轴上，如苹果等。

特立中央胎座：在一室复心皮子房内，中轴由子房腔的基部升起，但不到达顶部，胚珠着生于轴上，如石竹科植物。

④胚珠：发育成种子的部分，通常由珠心和1～2层珠被组成，在种子植物中，胚珠着生于子房内的叫被子植物，如桃、李、杏。

a. **珠的组成**

珠心：胚珠中心的部分，内有胚囊。

珠被：包被胚心的薄膜，通常为二层，称外珠被和内珠被，但有些植物只有一层珠被，如杨柳科；有些无珠被，如檀香科。

珠柄：连接胚和胎座的部分。

合点：珠被和珠心的接合丝。

珠孔：珠心通往外部的孔道。

b. **珠的类型**

直生胚珠：中轴甚短，合点在下，珠孔向上方。

弯生胚珠：胚珠横卧，珠孔弯向下方。

倒生胚珠：中轴较长，合点在上，珠孔向下方。

半倒生胚珠：胚珠横卧，珠孔向侧方，又叫横生胚珠。

⑤**花托**：花梗顶端膨大的部分，是花各部分的着生处，花托的形状常见有球状、盘状、杯状、壶状等。

按子房着生在花托上的位置，共分为：

子房上位：花托多少凸起或稍呈圆锥状，子房生于花托的上面，雄蕊群、花冠、花萼依次生于子房的下方，又叫下位花。

子房半下位：子房下半部与花托愈合，上半部与花托分离，又叫周位花，有些上位子房的花，花托凹陷，子房生于花托底部中央面与周围完全分离，雄蕊群、花冠、花萼生于花托上端内侧周围，也叫周位花。

子房下位：花托凹陷，子房与花托完全愈合，雄蕊群、花冠、花萼生于花托顶部，又叫上位花。

托上的其他部分：

花盘：花托的扩大部分，生于子房基部、上部或介于雄蕊和花瓣之间，形状不一，通常呈杯状、环状、扁平状或垫状，边缘有全缘、全裂、牙齿状或成疏离的腺体等状态。

蜜腺：雌蕊或雄蕊基部能分泌蜜汁的附属体。

雌雄蕊柄：雌、雄蕊基部延长成柄状。

子房柄：雌蕊（子房）的基部延长成柄状。

6. **花序**

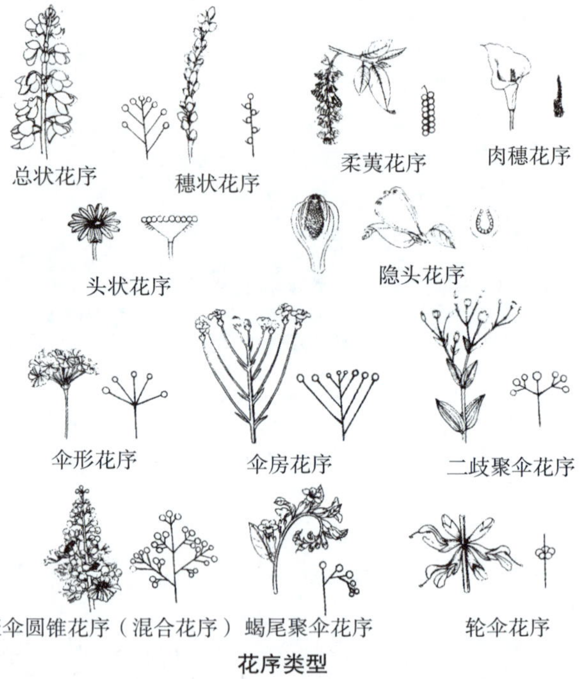

花序类型

花在花序轴上排列的方式。花序中最简单的是一朵花单独生于枝顶，叫单生花。花序上每朵花的柄，叫花柄（花梗）；整个花序的柄叫花序轴（总花轴）；支持整个花序的柄叫总花柄（总花梗）。

（1）**无限花序**：花序轴上的花，由基部（下方）先开，依次向顶端（上方）开放，花序轴不断增长。如为平顶式的花序轴，花由外围依次向中心开放，常见有下列类型：

总状花序：花序轴不分枝而较长，花多数，柄近等长，随开花花序轴不断伸长。

穗状花序：与总状花序相似，但花无梗或极短。

柔荑花序：与穗状花序相似，但整个花序为单性花，通常花轴细软下垂，如杨柳科。

肉穗花序：与穗状花序相似，但花序轴肥厚而肉质，为一佛焰苞所包围。

圆锥花序：花序轴上形成总状分枝的花序枝，花在花序枝上再组成总状花序，即复生的总状花序，又叫复总状花序。

伞房花序：与总状花序相似，但花梗不等长，下部花梗长，上部花梗短，使整个花序的花几乎排列成一平面，如苹果、山楂、梨等。如花序轴上每个花序梗再形成一个伞房花序，叫复伞房花序，如花楸。

伞形花序：花梗近等长，集生于花序轴的顶端，状如张开的伞，如刺五加、人参等。

头状花序：花无梗或近无梗，多数花集生于缩短而膨大的花序轴上，形成一头状体，如菊科植物。

隐头花序：花序轴顶端膨大，中央凹陷，单性花着生在其中，并完全被花序轴包被成囊状，如无花果。

（2）**有限花序**：花从花序轴的顶端（上部）向下依次开放，或从中心向四周依次开放，可分为：

单歧聚伞花序：顶芽首先发育成花之后，仅有一个侧芽发育成侧枝，其长度超过主枝后，顶芽又形成一朵花，如此侧枝的侧芽连续地分歧几次后，就形成单歧聚伞花序，这是一种类型的合轴分枝式。

二歧聚伞花序：顶芽形成花后，在花下面的一对侧芽同时萌发成两个侧枝，顶端各生一花，如此连续分歧形成二歧分枝式的花序。

多歧聚伞花序：花序轴顶芽形成一朵花后，其下数个侧芽发育成数个侧枝，顶端每生一花，花梗长短不一，节间极短，外形上类似伞形花序，但开花顺序是从中心向外依次开放。

轮伞花序：花序轴及花梗极短，呈轮状排列，如益母草、地瓜苗等唇形科的一些植物。

7. 承托花和花序的器官

（1）**苞片**：生于花序或花序每一分枝以及花梗下的变态叶。

（2）**小苞片**：生于花梗上的次一级苞片。

（3）**总苞**：紧托花序或一花，而聚集成轮的数枚苞片，花后发育为果苞，如桦木。

（4）**佛焰苞**：为肉穗花序中包围一花序的一枚大苞片。

1.2.9 果实和种子

1. 果实类型

果实是被子植物所特有的器官，由花中子房发育而成，包括果皮和种子两部分；果皮又分外果皮、中果皮和内果皮三层，但有些植物的果实形成，除子房外，还有花的其他部分参与，这样的果实叫假果；而完全由子房形成的果实则叫真果。

根据来源和果实结果的不同，可把果实分为单果、聚合果和聚花果（复果）三大类。

（1）**单果**

由一朵花中的单雌蕊或复雌蕊的子房发育而成。按其果皮的性质又分为干果和肉质果。

①**干果**：成熟后果皮干燥。

a. **荚果**：由单雌蕊的子房发育而成，成熟后一般沿背缝线和腹缝线两边开裂。

b. **蓇葖果**：由单雌蕊的子房发育而成，成熟时仅沿背缝或腹缝线一边开裂。由多个蓇葖果聚合在一个总果实梗上则称聚合果。

c. **角果**：由二个合生心皮的子房形成，果实中央有一片假隔膜，成熟时果皮自下而上开裂，如十字花科植物。

d. **蒴果**：由二个以上合生心皮的上位或下位子房形成，开裂的方式有多种形状。

e. **坚果**：果皮坚硬，一室，内含一个种子，果皮与种皮分离。有些植物的坚果包藏于总苞内。

f. **瘦果**：具有一颗种子而不开裂，由离生心皮或合生心皮的上位子房或下位子房形成，其果皮紧包种子，不易分离。

g. **颖果**：与瘦果相似，也是一室，内含一种子，但果皮与种子结合，不能分离。

h. **翅果**：实质是坚果或瘦果，而由果皮向上端、两侧或周围伸展或成翅状，以适应风力传播。

i. **胞果**：具一颗种子，由合生心皮的上位子房形成，果皮薄而膨胀，疏松地包着种子，且易与种子分离。如藜科、苋科植物果实。

②**肉质果**：果实成熟时，果皮肉质。

a. **浆果**：是由合生心皮的上位子房或下位子房形成，中果皮和内果皮肉质，具一个或多个种子。

b. **柑果**：是浆果的一种，外果皮和中果皮无明显分界，含挥发油腺，内果皮分成若干瓣，在内果皮壁上生长许多肉质多汁的囊状毛。

c. **核果**：具有硬核的肉质果，常由单心皮或合生心皮形成，外果皮薄，中果皮肉质或纤维质，内果皮坚硬，一室含一个种子，称为核。如桃。

d. **梨果**：由合生心皮的下位子房形成，肉质食用部分是花托发育而成；外果皮、中果皮也为肉质，内果皮呈革质，内有数室，每室含种子若干个。

e. **瓠果**：由多心皮的下位子房形成，但花筒和外果皮愈合在一起，较为坚硬，中果皮和内果皮肉质，同时果实内的胎座部分也发育为肉质，如黄瓜等。

（2）**聚合果**：由一朵中多数离生心皮的子房发育而成，形成一个聚合的果实。每个心皮形成一个小果，因小果的不同，可有聚合蓇葖果、聚合瘦果等。

（3）**聚花果**：由整个花序发育而成的果实。如桑的聚花果（即桑葚）原来是一个雌花序，它的肉质部分是由花萼发育而成，每朵花中的雌蕊形成一个小瘦果。

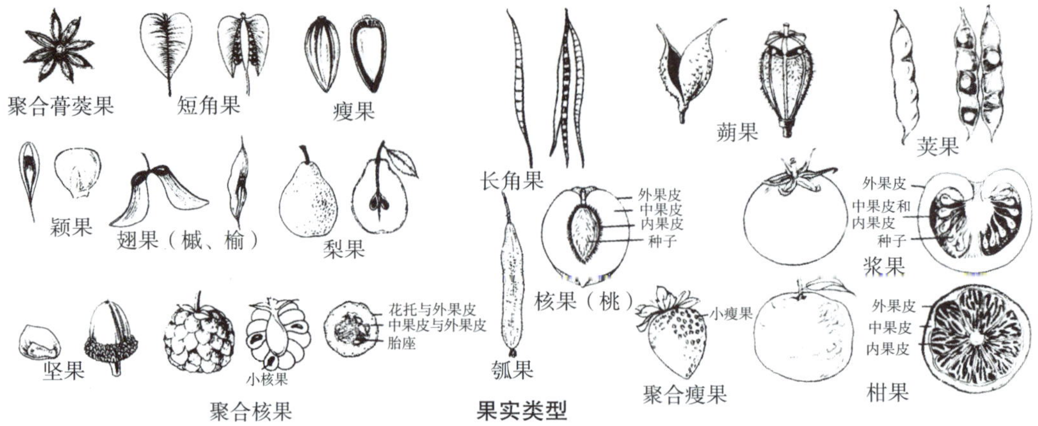

果实类型

2. 种子

（1）种子：是胚珠受精发育而成，包括种皮、胚和胚乳等部分。

（2）种皮：由珠被发育而成，常分为内种皮和（由内珠被形成）外种皮（由外珠被形成）。

（3）假种皮：由珠被以外的珠柄或胎座等部分发育而成，部分或全部包围种子。

（4）胚：是新植物的原始体，由胚芽、子叶、胚轴和胚根四部分组成。胚根位于胚的末端，为未发育的根。胚轴为连接胚芽、子叶与胚根的部分。胚芽为未发育的幼枝，位于胚先端的子叶内。子叶为幼胚的叶，位于胚的上端。不同植物其子叶数目不同，如裸子植物有多个子叶；被子植物中则分为双子叶植物和单子叶植物两大类。总之，胚包蕨于种子内，是处于休眠状态的幼植物。

（5）胚乳：是种子贮藏营养物质的部分，有的植物种子有胚乳叫有胚乳植物，它由种皮、胚、胚乳三部分组成；有的植物种子无胚乳，叫无胚乳种子，它由种皮和胚两部分组成。

（6）种脐：种子成熟脱落，在种子上留下原来着生处的痕迹。

（7）种阜：位于种脐附近的小凸起，由珠柄、珠脊或珠孔等处生出。

1.2.10 附属物

1. 毛：由表皮细胞凸出形成的毛状体，可分为：

（1）短柔毛：较短而柔软的毛，肉眼不易看出，但在光线或放大镜下可见。

（2）微柔毛：细小的短柔毛，为微柔毛。

（3）绒毛：羊毛状卷曲，多少交织而贴伏成毡状的毛，又叫毡毛。

（4）棉毛：具有长而柔软，密而卷曲，且缠结，但不贴伏的毛。

（5）茸毛：直立、密生如丝绒状的毛，如芙蓉。

（6）疏柔毛：长而柔软，直立而较疏的毛。

（7）长柔毛：长而柔软，常弯曲，但不平伏的毛。

（8）绢毛：长、直、柔软贴伏，有绢丝光泽的毛。

（9）刚状毛：硬、短而贴伏或稍翘起的毛，触之有粗糙感觉，如黄榆叶表面之毛。

（10）硬毛：短粗而硬，直立，但触之无粗糙感的毛为硬毛。

（11）短硬毛：较硬而细短的毛。

（12）刚毛：长而直立，先端尖，触之有粗硬感或刺手感，又叫刺毛。

（13）睫毛：毛成行生于叶边缘。

（14）星状毛：有辐射状的分枝毛，似呈芒状，如溲疏属各种之毛。

（15）丁字毛：两毛分枝成一直线，外观似一根毛，其着生点在中央，呈丁字形。

（16）钩状毛：毛的顶端弯曲成钩状。

（17）腺毛：毛顶端有腺点，是一种扁平根状的毛或与毛状腺体混生的毛。

2. 腺鳞：毛呈圆片状，通常腺质，如杜鹃叶两面均有腺鳞。

3. 垢鳞：鳞片呈垢状，容易擦落，又叫皮屑状鳞片。

4. 腺体：痣状、盾状或舌状小体，多少带海绵质或肉质，或又分泌少量的油脂物质，通常干燥，少数，具有一定位置，如柳属各种在花丝基部或子房基部均具腺体。

5. 腺点：外生的小凸点，数目通常多数，呈各种颜色，为表皮细胞分泌出的油状或胶状物，如稠李叶柄先端的腺点。

6. 油点：叶表皮下的若干细胞，由于分泌物的大量积累，溶化了细胞壁，形成油腔，在阳光下常呈现出圆形的透明点，如芸香科大多数种类的叶子上均有油点。

7. 乳头状突起：小而圆的乳头状突起，如红豆杉叶下面的突起。

8. 疣状突起：圆形、小疣状突起，如黑桦小枝上的突起。

9. 托叶刺：由托叶变成质地长硬的刺。

10. 皮刺：表皮形成的刺状突起，如刺五加。

11. 木栓翅：木栓质突起呈翅状，如卫矛、黄榆的小枝均有木栓翅。

12. 白粉：白色粉状物，如粉枝柳的白粉。

附录 2　被子植物纲、目和常见科一览

注：亚纲、科前面的序号可以作为具体植物图片名称（科属和种名）前面的序号（种的序号接着添加），被子植物图片就可以按自然分类体系自动排列，以便使用。被子植物科序号第一个数字拟用“6”，裸子植物科序号第一个数字可以拟用“5”。

木兰纲

6.1　木兰亚纲

木兰目　6.1.1 木兰科
樟　目　6.1.2 蜡梅科　6.1.3 樟科　6.1.4 胡椒科
睡莲目　6.1.5 莲科　6.1.6 睡莲科
毛茛目　6.1.7 毛茛科　6.1.8 小檗科
罂粟目　6.1.9 罂粟科　6.1.10 紫堇科

6.2　金缕梅亚纲

金缕梅目　6.2.1 悬铃木科　6.2.2 金缕梅科
杜仲目　6.2.3 杜仲科
荨麻目　6.2.4 榆科　6.2.5 桑科　6.2.6 荨麻科
胡桃目　6.2.7 胡桃科　6.2.8 马尾树科
杨梅目　6.2. 杨梅科
壳斗目　6.2.9 壳斗科　6.2.10 桦木科
木麻黄目　6.2.11 木麻黄科

6.3　石竹亚纲

石竹目　6.3.1 紫茉莉科　6.3.1 仙人掌科
6.3.3 藜科　6.3.4 苋科
6.3.5 马齿苋科　6.3.6 落葵科
6.3.7 石竹科
蓼　目　6.3.8 蓼科

6.4　五桠果亚纲

五桠果目　6.4.1 芍药科
山茶目　6.4.2 山茶科　6.4.3 猕猴桃科
6.4.4 藤黄科
锦葵目　6.4.5 杜英科　6.4.6 椴树科
6.4.7 梧桐科　6.4.8 木棉科
6.4.9 锦葵科
猪笼草目　6.4.10 猪笼草科
堇菜目　6.4.11 堇菜科　6.4.12 柽柳
6.4.13 西番莲科　6.4.14 番木瓜科
6.4.15 葫芦科　6.4.16 秋海棠科
杨柳目　6.4.17 杨柳科
白花菜目　6.4.18 白花菜科　6.4.19 十字花科
杜鹃花目　6.4.20 杜鹃花科
柿 树 目　6.4.21 柿树科
报春花目　6.4.22 野茉莉科　6.4.23 报春花科

6.5　蔷薇亚纲

蔷薇目　6.5.1 海桐花科　6.5.2 八仙花科
6.5.3 景天科　6.5.4 虎耳草科
6.5.5 蔷薇科
豆　目　6.5.6 含羞草科　6.5.7 云实（苏木）科
6.5.8 豆科
山龙眼目　6.5.9 胡颓子科
桃金娘目　6.5.10 千屈菜科　6.5.11 瑞香科
6.5.12 桃金娘科　6.5.13 菱科
6.5.14 石榴科　6.5.15 柳叶菜科
山茱萸目　6.5.16 珙桐科　6.5.17 八角枫科
6.5.18　山茱萸科
卫矛目　6.5.19 卫矛科　6.5.20 冬青科
大戟目　6.5.21 黄杨科　6.5.22 大戟科
鼠李目　6.5.23 鼠李科　6.5.24 葡萄科
无患子目　6.5.25 无患子科　6.5.26 七叶树科
6.5.27 槭树科　6.5.28 橄榄科
6.5.29 漆树科　6.5.30 苦木科
6.5.31 楝科　6.5.32 芸香科
牻牛儿苗目　6.5.33 酢浆草科　6.5.34 牻牛儿苗科
6.5.35 旱金莲科　6.5.36 凤仙花科
伞形目　6.5.37 五加科　6.5.38 伞形科

6.6　菊亚纲

龙胆目　6.6.1 夹竹桃科
茄　目　6.6.2 茄科　6.6.3 旋花科
6.6.4 花荵科　6.6.5 马鞭草科
唇形目　6.6.6 唇形科
玄参目　6.6.7 醉鱼草科　6.6.8 木樨科
6.6.9 玄参科　6.6.10 苦苣苔科
6.6.11 爵床科　6.6.12 紫葳科
茜草目　6.6.13 茜草科　6.6.14 忍冬科
菊　目　6.6.15 菊科

百合纲

6.7　泽泻亚纲

泽泻目　6.7.1 泽泻科

6.8　槟榔亚纲

槟榔目　6.8.1 棕榈科

天南星目 6.8.2 天南星科

6.9 鸭跖草亚纲

鸭跖草目 6.9.1 鸭跖草科

莎草目 6.9.2 莎草科 6.9.3 禾本科

香蒲目 6.9.4 香蒲科

6.10 姜亚纲

凤梨目 6.10.1 凤梨科

姜 目 6.10.2 鹤望兰科 6.10.3 芭蕉科 6.10.4 姜科 6.10.5 美人蕉科 6.10.6 竹芋科

6.11 百合亚纲

百合目 6.11.1 雨久花科 6.11.2 百合科 6.11.3 石蒜科 6.11.4 鸢尾科 6.11.5 芦荟科 6.11.6 龙舌兰科 6.11.7 薯蓣科

兰 目 6.11.8 兰科

附录3 常见百科种子植物特征速查表（144科）

一、裸子植物门（9科）

亚纲	目名	科名	识别要点	常见属
苏铁纲	苏铁目	苏铁科	常绿木本；茎干直立、粗短，通常不分枝；叶有两种：一为互生于主干上呈褐色的鳞片状叶，其外有粗糙绒毛；一为生于茎端呈羽状复叶螺旋状排列（营养叶），集生于茎的顶端；雌雄异株	只有苏铁属
银杏纲	银杏目	银杏科	落叶乔木；枝条有长短之分，叶扇形，先端二裂或波状缺刻，分叉脉序，叶在长枝上互生，在短枝上簇生；雌雄异株，种子核果状；银杏为我国特有的著名中生代孑遗植物	银杏属（目、科、属、种均仅为一个）
松柏纲	南洋杉目	南洋杉科	常绿乔木；大枝轮生；叶螺旋状互生或交互对生，下延；球花单性，果球2～3年，成熟时种子与苞鳞脱落	常见南洋杉属
	松目	松科	乔木；叶针形或线形，常2～5针一束，生于极度退化的短枝上，基部有叶鞘；球花单性同株，雌球花由多数螺旋状着生的珠鳞与苞鳞组成，种子多有翅；有许多特有属和孑遗植物	常见有松属、雪松属、金钱松属
	柏目	柏科	常绿乔木或灌木；叶鳞形或刺形，交互对生或3枚轮生；球花单性，雌雄同株或异株，雄蕊和珠鳞交互对生或3枚轮生；球果熟时开裂或肉质不开裂呈浆果状；种子两侧具窄翅	常见有侧柏属、圆柏属、刺柏属、扁柏属、柏木属
	杉目	杉科	乔木或灌木；叶条形、钻形或披针形，螺旋状排列；球花单性同株；球果当年成熟，种鳞扁平或盾形，种子具周翅或两侧具窄翅	有柳杉属、水杉属、落羽松属、杉木属
红豆杉纲	罗汉松目	罗汉松科	常绿乔木或灌木；叶螺旋状互生；多雌雄异株，球花单性异株，种子核果状，全为肉质假种皮所包，当年成熟	常见有罗汉松属、竹柏属
	三尖杉目	三尖杉科	常绿乔木或灌木，小枝通常对生。叶条形或条状披针形，基部扭转成二列，上面中脉隆起，下面有两条宽气孔带。雌雄异株，种子核果状，全为肉质假种皮所包被	只有三尖杉属（或粗榧属）
	红豆杉目	红豆杉科	常绿乔木或灌木；叶条形或条状披针形，基部常扭转成二列；雌雄异株，种子全部或部分包被于杯状或瓶状的肉质假种皮中；有胚乳，子叶2	见榧属、红豆杉属

二、被子植物门（135科）木兰纲（114科）

亚纲	目名	科名	识别要点	常见属
木兰亚纲1	木兰目	木兰科	木本；单叶互生，具油细胞，托叶大，脱落后在枝上留环状托叶痕；花序单生枝顶，花各部分螺旋排列；聚合蓇葖果	常见有鹅掌楸属、木兰属、含笑属、木莲属
	樟目	樟科	常绿木本；单叶互生，具油腺，芳香，全缘；花小，花药瓣裂，聚伞花序或总状花序；核果、浆果	常见有樟属、檫木属、楠属、月桂属
		蜡梅科	灌木；有油细胞；单叶对生；花单生，辐射对称，具芳香，花被片螺旋状排列；聚合瘦果	只有蜡梅属、夏蜡梅属

续表

亚纲	目名	科名	识别要点	常见属
木兰亚纲1	八角目	八角科	常绿小乔木或灌木；单叶多互生；花两性，辐射对称，多单生叶腋；花被片多数，数轮排列，常有腺体，无花萼和花瓣之分；花托扁平	仅有八角属
	睡莲目	金鱼藻科	沉水草本；叶轮生，裂片线形；花单生，雌雄同株或异株；坚果具刺	常见有金鱼藻属
		莲科	水生草本，有乳汁；根状茎粗大、平展，单叶，具长柄，挺出水面，叶片盾状着生；花序单生，心皮离生，埋于蜂窝状、海绵质花托内；坚果	仅有莲属
		睡莲科	多年生水生草本；根状茎粗大；叶心形至盾状，漂浮水面，具长柄，花序单生；浆果	常见有睡莲属、王莲属、芡属、萍蓬草属
	毛茛目	毛茛科	一年生或多为草本；单叶，常深裂，有掌状、羽状分裂；聚合蓇葖果或聚合瘦果	常见有翠雀属、飞燕草属、耧斗菜属、毛茛属、铁线莲属
		小檗科	多灌木；植物体常具刺；花两性，整齐，花药瓣裂，总状、伞形、圆锥花序；浆果	常见有十大功劳属、南天竹属、小檗属
	罂粟目	罂粟科	多草本，常具乳汁；单叶，羽裂；单生或伞形花序，侧膜胎座；蒴果，胚乳油质	常见有罂粟属、花菱草属
		紫堇科	草本，有水状汁液；叶基生、多互生叶深裂成 1～2 回三出复叶或二回三出分裂；花两性，左右对称，通常排成总状花序；萼片 2，花瓣 4，2 列，其中外列的 1 或 2 枚有距，内列的较小，顶部有时黏合	常见有荷包牡丹属
金缕梅亚纲2	金缕梅目	悬铃木科	落叶乔木，树皮裂成薄片脱落；单叶，互生，具叶柄下芽，掌状分裂，托叶圆领状；花单性同株，球状花序；小坚果组成聚花果	常见有悬铃木属
		金缕梅科	木本；单叶互生，具掌状脉或羽状脉，常有托叶；具单性花，总状、穗状、球状花序；蒴果 2 裂；种皮骨质，有胚乳	常见有檵木属、枫香树属、蚊母树属
	杜仲目	杜仲科	落叶乔木；树体各部均具胶质；单叶互生，羽状脉，有锯齿，无托叶；花单性异株，无花被，雌蕊由 2 心皮合成，子房上位，翅果。我国特产	常见有杜仲属
	荨麻目	榆科	木本；单叶互生，托叶早落，叶基通常不对称；花序多样；雄蕊 4～8，与萼片同数而对生；子房上位，翅果、坚果或核果；种子无胚乳	见榆属、榉属、朴属
		桑科	木本；韧皮纤维发达；单叶互生，常具乳汁，托叶早落；花单性同株或异株；隐头花序、柔荑花序；聚花果或隐花果，外面常有宿存的肉质花萼	常见有构属、榕属、桑属、波罗蜜属
	胡桃目	胡桃科	落叶乔木，有树脂；奇数羽状复叶，互生；花单性，雌雄同株；雄花序为柔荑花序、雌花穗状花序；子房下位，核果状坚果；种子无胚乳，子叶肉质，含油脂	常见有枫杨属、核桃属、山核桃属
	杨梅目	杨梅科	木本；单叶互生，具油腺点，芳香；花单性，雌雄同株或异株，柔荑花序，无花被；子房上位，1 室；核果，外被蜡质瘤点及油腺点	常见有杨梅属
	壳斗目	壳斗科	多乔木；单叶互生，羽状脉，托叶早落；花单性同株，单被花；雄花为柔荑花序，雌花生于总苞内；子房下位；总苞在果熟时木质化形成壳斗，外有鳞片或刺或瘤状突起，坚果；子叶肥大，肉质	常见有栗属、青冈栎属、栎属
		桦木科	落叶木本；芽有鳞片；单叶互生，羽状叶，侧脉直伸，托叶早落；花单性同株，雄柔荑花序下垂，2～3 朵生于苞腋，子房下位 2 室，倒生胚珠 1；坚果，外面有总苞，果苞木质或革质	常见有桦木属、桤木属、鹅耳枥属

续表

亚纲	目名	科名	识别要点	常见属
	木麻黄目	木麻黄科	常绿乔木；小枝纤细，多节绿色，具棱脊；叶退化成鳞片状，多枚轮生，基部合生成鞘状；花单性；雌花头状花序，生于短枝端；雄花成顶生纤细的穗状花序，果序球形，内有具翅小坚果 1 个	常见有木麻黄属
石竹亚纲 3	石竹目	紫茉莉科	草本状灌木；单叶，多对生；花辐射对称，簇生或聚伞花序或单生，具苞片单被花，常花冠状，具彩色；子房上位，1 室 1 胚珠，花柱细长；瘦果，包于宿存而增大的花萼中	常见有茉莉属、叶子花属
		番杏科	草本或矮灌木；单叶，肉质，或退化为鳞片；花两性，整齐，单生，或为腋生二歧聚伞花序或顶生单歧聚伞花序，花被 1 轮，由革质、绿色萼片所成；雄蕊基本 5 数；蒴果或浆果状	常见有番杏属、生石花属
		仙人掌科	草本或灌木；茎绿色、肉质，柱状、球形或扁平，常有刺和倒钩刺；单叶互生，叶退化或早落；花序单生，萼片和花瓣多数，常无明显区别；子房下位，侧膜胎座；浆果，常有刺或倒钩毛，肉质可食	常见有金琥属、昙花属、量天尺属、令箭荷花属、仙人掌属、蟹爪兰属
		藜科	草本、灌木，多为盐碱地或旱生植物，往往附有粉状或皮屑状物；单叶，互生；无花瓣，雄蕊与萼片同数对生；子房 2～3 心皮结合，1 室，基底胎座；胞果，胚弯生，具外胚乳 胞果，胚弯曲	常见有藜属、甜菜属、地肤属
		苋科	多草本；单叶，互生或对生；花多两性，为腋生的聚伞花序或排成圆锥花序；苞片、花被常干膜质，雄蕊常和花被片同数且对生，子房上位；胞果、小坚果或盖裂的胞果	常见有青葙属、千日红属、苋属
		马齿苋科	肉质草本或亚灌木；叶互生或对生，肉质；花两性，辐射对称或左右对称；中央胎座；蒴果，盖裂	常见有马齿苋属
		落葵科	草质、藤本；单叶，互生，通常有叶柄，稍肉质；花两性，辐射对称，花被 5 片，通常白色或淡红色，宿存；雄蕊 5 柱，与花被片对生；雌蕊由 3 心皮合生，子房上位，总状花序；胞果，干燥或肉质	常见有落葵属
		石竹科	多草本；节和节间明显，节部膨大；单叶对生，多狭长形；花两性，花瓣常有爪，辐射对称；多歧聚伞花序；特立中央胎座，蒴果，齿裂或瓣裂	常见有石竹属、霞草属
	蓼目	蓼科	草本、灌木或木质藤本；茎间常膨大；单叶全缘，互生，具膜质托叶鞘；花被片 2 轮，花瓣状，宿存；子房上位，具花盘或蜜腺；瘦果，包于花被内	常见有荞麦属、蓼属、竹节蓼属
五桠果亚纲 4	五桠果目	芍药科	草本、灌木；二回三出复叶，互生；花单生，多枝顶，花萼绿色宿存，雄蕊离心式发育，具周位革质或肉质花盘；蓇葖果	常见有芍药属
	山茶目	山茶科	多为常绿木本；单叶互生，羽状脉，革质；花序单生 、腋生，萼片有时与苞片分不开，组成苞被片；子房多上位；蒴果、核果和浆果等	常见有茶属、厚皮香属、木荷属
		猕猴桃科	木质藤本，纤维发达；单叶，互生；聚伞花序腋生，花雌雄异株，辐射对称；子房上位；浆果，常被毛	常见有猕猴桃属
		藤黄科	木本或草本；常有黄色树脂；单叶对生或轮生，全缘，羽状脉，有腺点，无托叶；子房上位，胚珠多数；蒴果、浆果或核果	常见有金丝桃
	锦葵目	杜英科	乔木或灌木；单叶互生或对生，有托叶；花通常两性，总状或圆锥花序，花瓣顶端常撕裂状，镊合状或覆瓦状排列；雄蕊分离，生于花盘上，花药线形，顶孔开裂，蒴果或核果	常见有杜英属
		椴树科	多木本；树皮富含纤维；单叶互生，稀对生；花两性，稀单性，整齐；聚伞或圆锥花序；雄蕊极多数，分离或成束；浆果、核果、坚果或蒴果	常见有椴树属

续表

亚纲	目名	科名	识别要点	常见属
五桠果亚纲4	锦葵目	梧桐科	乔木、灌木或草本；体常被星状毛；叶互生，单叶或掌状分裂，托叶早落；花瓣 5 或缺，雄蕊多数，花丝常连合成管状，稀少数而分离；蓇葖果、蒴果或核果	常见有梧桐属
		木棉科	乔木木；单叶或掌状复叶，互生，托叶早落；花两性，大而美丽，单生或圆锥花序，具副萼，萼 5 裂；花丝合生成筒状或分离；子房上位，中轴胎座；蒴果，果皮内壁有长毛	常见有木棉属、瓜栗属
		锦葵科	多草本；单叶，互生，具托叶，掌状分裂，具星状毛；花辐射对称，花药 1 室，合生成单体雄蕊；蒴果、分果，室背开裂或分裂为数个果瓣；种子具油质胚乳	常见有蜀葵属、棉属、木槿属、锦葵属
	猪笼草目	猪笼草科	草本或木质；直立、攀缘或平卧；叶互生，花单性异株，总状花序或圆锥花序，花被片腹面有腺体和蜜腺，雄蕊花丝合生，外向纵裂；蒴果，丝状，胚乳肉质	常见有猪笼草属
	堇菜目	堇菜科	多草本；叶基生、茎生、互生，有托叶；花两侧对称或辐射对称，萼片宿存，花瓣异型，有 1 花瓣大而有距，花序单生；子房上位，1 室，侧膜胎座；蒴果背裂，或浆果状，具肉质胚乳	常见有堇菜属
		柽柳科	亚灌木、灌木或小乔木；小枝纤细；单叶互生，小鳞片状；花小，两性，整齐，单生或排成穗状、总状或圆锥花序；蒴果，种子顶端有束毛或有翅	常见有柽柳属
		番木瓜	小乔木或灌木；具乳状汁液，通常不分枝；叶有长柄，聚生于茎顶，叶常掌状裂，少有全缘，无托叶；雄花通常组成下垂的总状花序或圆锥花序；雌花单生于叶腋或数朵组成伞房花序；花萼极小；果为肉质浆果	常见有番木瓜属
		葫芦科	一年生草质藤蔓植物，常有螺旋状卷须；叶大，单叶，互生，掌状脉；花大，雌雄异花，子房下位花；侧膜胎座，果实为瓠果	常见有冬瓜属、西瓜属、黄瓜属、南瓜属、葫芦属、丝瓜属、苦瓜属、佛手瓜属
		秋海棠科	多年生肉质草木，稀亚灌木；单叶，互生，叶基多偏斜；花单性同株，聚伞花序，雄蕊多数，子房下位；蒴果具翅	常见有秋海棠属
	杨柳目	杨柳科	木本；具鳞芽；单叶多互生，有托叶；花单性异株，无花被，柔荑花序，雌蕊由 2 心皮合成；蒴果，种子小，基部有白色丝毛	常见有柳属、杨属
	白花菜目	白花菜科	草本，木本，有时为木质藤木；单叶或掌状复叶，多互生，托叶刺状；花腋生总状或圆锥花序，苞片常早落；子房上位；浆果或半裂蒴果	常见有醉蝶花属
		十字花科	多草本；单叶，互生，羽裂；花两性，辐射对称，四强雄蕊，十字形花冠，花托上具与萼片对生的蜜腺，侧膜胎座；总状、伞房花序；角果，具假隔膜	常见有芸薹属、荠属、萝卜属、紫罗兰属、香雪球属、诸葛菜属
	杜鹃目	杜鹃花科	多灌木；单叶，多互生；雄蕊常为花冠裂片的倍数，2 轮，花两性，辐射对称或略两侧对称，雄蕊常分离，花药顶孔开裂；中轴胎座；蒴果或浆果	常见有杜鹃花属、吊钟花属
	柿树目	柿树科	木本；单叶，互生，全缘；花单性异株或杂性，花序常腋生，萼宿存；浆果；种皮薄，胚乳丰富，质硬	常见有柿属
		安息香科	乔木或灌木；通常具星状毛或鳞片；单叶互生；花辐射对称，总状花序或圆锥花序；花萼宿存；花冠基部常合生；核果或蒴果	常见有秤锤树属

续表

亚纲	目名	科名	识别要点	常见属
五桠果亚纲4	报春花目	报春花科	多草本；常有腺点和白粉；花两性，辐射对称，常 5 基数；花萼宿存，雄蕊与花冠裂片同数而对生；子房多上位，特立中央胎座；蒴果	常见有点地梅属、仙客来属、报春花属、珍珠菜属
蔷薇亚纲5	蔷薇目	海桐花科	木本；单叶互生或轮生，无托叶；花多为两性，辐射对称，单生或组成伞房花序或聚伞花序；萼片、花瓣和雄蕊 5 枚，花瓣常有爪；果为浆果或蒴果	常见有青锁龙属、石莲花属、景天属、宝石花属、伽蓝菜属、落地生根属
		景天科	草本或亚灌木，旱生植物；茎、叶常肉质；单叶，互生，无托叶；花序多样；花两性，辐射对称，4～5 基数；萼片分离，宿存；雄蕊 1～2 轮，与萼片或花瓣同数或为其 2 倍；心皮与萼片或花瓣同数；蓇葖果	常见有虎耳草属
		虎耳草科	多草本、灌木；叶互生或对生，无托叶；萼片、花瓣均为 4～5，雄蕊与花瓣同数对生，或为其倍数，二叉状花柱；蒴果，浆果，常有翅	常见有虎耳草属
		八仙花科	木本；单叶对生或互生，稀轮生；花小，两性或有些不发育，排成伞房花序或圆锥花序的聚伞花序，花瓣多 4；雄蕊 5 至多数；多为蒴果，顶部开裂，少为浆果	常见有八仙花属、溲疏属、山梅花属
		蔷薇科	乔木、灌木、藤本或草本；叶互生，具托叶；花两性，花整齐轮状排列，花被与雄蕊常结合成花筒；花基数 5；蓇葖果，瘦果，梨果，核果；本科性状变化极其多样，种类繁多，4 个亚科比较如下： 1. 蓇葖果，稀蒴果；多无托叶……………………………绣线菊亚科 1. 梨果、瘦果或核果，不开裂；有托叶……………………………………2 2. 子房下位，心皮 2～5；梨果或浆果状 …………………苹果亚科 2. 子房上位，少数下位（蔷薇属子房似下位）…………………………3 3. 心皮多数；瘦果，萼宿存；多复叶………………………蔷薇亚科 3. 心皮常为 1；核果，萼脱落；单叶；无刺 ………李亚科或梅亚科	常见有绣线菊亚科绣线菊属、白鹃梅属、珍珠梅属，李亚科李属、杏属、樱属、桃属，苹果亚科木瓜属、枇杷属、苹果属、石楠属、火棘属、梨属、山楂属、枸子属，蔷薇亚科草莓属、蔷薇属、棣棠花属
	豆目	含羞草科	木本，稀草本；叶互生，二回羽状复叶，稀一回羽状复叶，叶柄具显著叶枕；花多两性，辐射对称；花瓣与萼片同数；荚果	常见有含羞草属、金合欢属、合欢属
		苏木科	木本，稀草木；叶互生，一至二回偶数羽状复叶，稀单叶，有托叶；花多两侧对称，组成总状或圆锥花序，稀穗状花序，萼 5，多离生，花瓣通常 5，假蝶形，两侧对称；荚果	常见有皂荚属、决明属、云实属、凤凰木属、紫荆属、羊蹄甲属
		蝶形花科	多草本；多复叶，有托叶；花常两性，两侧对称；花瓣 5，蝶形花冠；子房上位，1 室，边缘胎座；荚果开裂，稀不裂	常见有落花生属、刀豆属、锦鸡儿属、扁豆属、刺桐属、大豆属、苜蓿属、菜豆属、豌豆属、刺槐属、槐属、三叶草属、豇豆属、紫藤属、红豆树属、羽扇豆属
	山龙眼目	胡颓子科	灌木或乔木；全体被银白色或褐黄色星芒状鳞片；单叶互生，稀对生，全缘，羽状脉；雌花萼管状，于子房之上收缩，结果时变为肉质；无花瓣，雄蕊着生于萼筒内，与裂片同数或为其倍数；瘦果或坚果	常见有胡颓子属
	桃金娘目	千屈菜科	草本、木本；叶多对生，全缘；花两性，花萼筒状，与子房分离，有时具距，顶部 3～6 裂，裂片间有时具附属物；花瓣与萼裂片同数，常有爪，着生于萼筒边缘；雄蕊常为花瓣的倍数；子房上位，中轴胎座；蒴果	常见有紫薇属、千屈菜属

续表

亚纲	目名	科名	识别要点	常见属
蔷薇亚纲5	桃金娘目	瑞香科	稀草本；树皮纤维丰富；单叶全缘，互生；花萼常管状，4～5裂，花瓣状；雄蕊与萼片同数或为其2倍；浆果、坚果或核果，很少为蒴果	常见有瑞香属、结香属
		菱科	浮水生草本；根二型，一为吸收根，生于泥土中，一为同化根含叶绿素、沉于水中；叶聚生茎顶，叶片菱形、旋叠状，边缘有锯齿，叶柄膨大、海绵质；花单生、腋生；坚果，革质，具刺状角2或4	仅有菱属
		石榴科	木本；小枝先端常呈刺状；单叶，对生或簇生；花1～5朵聚生枝顶或叶腋；萼筒钟状，肉质而厚，5～7裂，宿存；子房下位，侧膜胎座，下部中轴胎座；浆果，外果皮革质；外种皮肉质多汁	常见有石榴属
		桃金娘科	常绿乔木或灌木；单叶全缘，具透明油腺点。花两性，单生、簇生或排成各式花序；花瓣4～5；雄蕊多数，与花瓣对生，着生于花盘边缘；下位或半下位子房，多中轴胎座；多浆果、蒴果；种子有棱	常见有红千层属、桃金娘属、蒲桃属
		柳叶菜科	草本，稀为灌木；叶对生或互生；花两性，辐射对称或近左右对称，多单生于叶腋或排成总状或穗状花序；花瓣与花萼裂片互生；雄蕊与花瓣同数或为其2倍；子房下位，中轴胎座；蒴果、小坚果等	常见有倒挂金钟属、月见草属
	山茱萸目	山茱萸科	稀草本；单叶，通常全缘；花稀单性，排成聚伞、伞形、伞房、头状或圆锥花序；花瓣4～5，雄蕊常与花瓣同数并互生；子房下位，通常2室；核果或浆果状核果	常见有桃叶珊瑚属、梾木属、四照花属、山茱萸属
		八角枫科	木本；单叶互生，叶有长柄；聚伞花序叶腋生，花冠整齐，花瓣线形，开花时花瓣的上段常反卷，香味很浓；萼片与子房相贴生；花瓣镊合状排列；雄蕊与花瓣同数，或为花瓣数的2～4倍；子房下位；核果	常见有八角枫属
	山茱萸目	蓝果树科	落叶乔木，少灌木；单叶互生，羽状脉；伞状、总状或头状花序，常无花梗或有短花梗；花瓣常为5，有时更多或无；雄蕊为花瓣数的2倍，子房下位；核果或坚果，外种皮薄	常见有珙桐属、喜树属、蓝果树属
	卫毛目	卫矛科	乔木、灌木或藤本。单叶羽状脉；花小，整齐；聚伞花序；花萼与花瓣4～5；雄蕊与花瓣互生，有花盘；蒴果、浆果或核果；种子常有假种皮	常见有卫矛属
		冬青科	多常绿，多木本；单叶，互生，托叶小，早落；花小，整齐，具杂性花，子房上位，聚伞花序，核果	常见有冬青属
	大戟目	黄杨科	常绿木本；单叶，对生，全缘，革质；花单性，花序总状、穗状或簇生，萼片4～12或无，花瓣无，雄蕊4、6，蒴果或核果状浆果	常见有黄杨属
		大戟科	草本或木本，常有乳汁；叶多互生、羽裂，通常有托叶；花单性，同株或异株，通常单被，少数具花冠；雄蕊与萼片同数或为其2倍；雌蕊通常3，心皮3室；蒴果、核果或浆果；种子具丰富胚乳	常见有铁苋菜属、变叶木属、大戟属、乌桕属、重阳木属、山麻杆属
	鼠李目	鼠李科	木本；单叶，不分裂，具托叶刺或枝刺；雄蕊与花瓣对生，花瓣常穹状，花萼4～5裂，花瓣4～5或缺，雄蕊4～5，花盘肉质；子房上位或埋在花盘内，聚伞花序；核果、蒴果	常见枣属、枳椇属
		葡萄科	木质或草质藤本；单叶或复叶互生，卷须与叶对生，茎攀缘；花小，辐射对称，具花盘，花序与叶对生，雄蕊与花瓣对生，花萼4～5齿裂，花瓣4～5，雄蕊4～5；子房上位；浆果	常见爬山虎属、葡萄属
	无患子目	无患子科	多木本；叶互生，多羽状复叶；具单性花，花盘发达，雄蕊为花瓣的2倍；花辐射对称或两侧对称，常成总状或圆锥花序；萼片4～5，花瓣4～5，子房上位；蒴果、浆果、核果或翅果。	常见龙眼属、栾树属、荔枝属、无患子属

续表

亚纲	目名	科名	识别要点	常见属
蔷薇亚纲 5	无患子目	七叶树科	落叶乔木，稀灌木；掌状复叶对生；圆锥花序或总状花序顶生，花杂性，两性花生于花序基部，雄花生于上部；萼 4～5 裂；花瓣 4～5，大小不等，基部呈爪状，雄蕊着生于花盘内部；子房上位；蒴果，3 裂	常见有七叶树属
		槭树科	木本；叶对生，掌状分裂；花小，整齐具单性花，有花盘；萼片、花瓣常 4～5，稀无花瓣；双翅果，或翅果状坚果	常见有槭属
		漆树科	乔木或灌木；树皮常含乳汁，韧皮部具树脂道；叶互生，多为羽状复叶；花小，整齐，单性异株、杂性同株或两性，常为圆锥花序；花瓣常与萼片同数；子房上位；核果或坚果	常见有黄连木属、黄栌、杧果属
		苦木科	乔木或灌木；树皮味苦；羽状复叶互生；花单性或杂性，花小，整齐，圆锥或总状花序；萼 3～5 裂，花瓣 3～5，雄蕊与花瓣同数或为其倍；子房上位；核果、蒴果或翅果	常见有臭椿属
		楝科	木本；羽状复叶稀单叶，互生稀对生；花两性，整齐，常呈复聚伞花序；萼 4～5 裂，花瓣 4～5；蒴果、核果或浆果	常见有楝树属、香椿属
		芸香科	多木本；植株挥发性芳香油；多为复叶，多互生，叶常具透明油腺点；花两性，整齐，单生，花盘发达，外轮雄蕊，常与花瓣对生，花序各种；柑果、蓇葖果	常见柑橘属、花椒属、枸橘属、金橘属、枳属
	牻牛儿苗目	酢浆草科	草本，木本；叶为指状复叶或羽状复叶；花两性，辐射对称，单生或排成伞形，萼 5 裂；花瓣 5，旋转排列，雄蕊 10；子房上位；蒴果或肉质的浆果	常见有酢浆草属
	牻牛儿苗目	牻牛儿苗科	多草本；单叶，常掌状或羽状分裂，有托叶；聚伞或伞形花序，稀单花；花两性，辐射对称；子房上位，中轴胎座；蒴果，室间开裂，开裂果瓣自基部向上反曲或螺旋状卷曲，顶部与中轴连合	常见有天竺葵属
		旱金莲科	草本；肉质有液汁；单叶互生或下部的对生；花单生，两性，左右对称；花萼 5，其中之一延长成一长距；花瓣 5，果不开裂，种子无胚珠	常见有旱金莲属
		凤仙花科	肉质草本；单叶，植物体富含水汁；花两性，两侧对称，萼片最下一片延长成距，稀无距，花瓣 5，侧生 2 瓣常相连，上边一片常直立；雄蕊 5；蒴果，稀为浆果，状核果	常见有凤仙花属
	伞形目	五加科	乔木、灌木或木质藤本，稀多年生草本；叶互生，稀轮生，托叶与叶柄基部相连，托叶鞘状，植物体常具刺；花小，排成伞形、头状、总状、穗状花序，萼筒与子房合生；浆果或核果	常见有八角金盘属、常春藤属、鹅掌柴属
		伞形科	草本，具芳香味；根通常直生，多圆柱形；叶为互生羽裂，叶柄基部鞘状；具上位花盘，复伞形花序；花萼与子房贴生，花瓣 5，基部狭窄，雄蕊 5，与花瓣互生；子房下位；双悬果	常见有芫荽属、胡萝卜属、水芹属、芹菜属
菊亚纲 6	龙胆目	夹竹桃科	多木本；单叶，植物体具乳汁、水汁；花两性，辐射对称，花萼 (4)5 裂，双覆瓦状排列，花冠裂片旋转排列，喉部常具副花冠，常具花盘，雄蕊 (4)5，着生花冠上，圆锥或聚伞花序；蓇葖果，种子具丝状毛	常见有长春花属、夹竹桃属、络石属、蔓长春属、黄蝉属、鸡蛋花属
	茄目	茄科	多草本，具双韧维管束，直立或攀缘；叶互生，单叶或羽状复叶；花两性，辐射对称或两侧对称，花腋生，5 基数，萼 5 裂，宿存，花冠常 5 裂，雄蕊与花冠裂片同数互生；中轴胎座，浆果或蒴果；种子有胚乳	常见有辣椒属、枸杞属、番茄属、烟草属、茄属、碧冬茄属、夜香树属
		旋花科	多缠绕或匍匐草本；单叶，互生，常具乳汁；花 5 基数，辐射对称，花冠旋转折扇状排列，雄蕊与花冠裂片互生，子房上位；蒴果或浆果	常见有马蹄金属、番薯属、牵牛属、茑萝属

续表

亚纲	目名	科名	识别要点	常见属
菊亚纲6	茄目	花葱科	草本为主；叶互生；花两性，辐射对称或两侧对称，花冠合生，5裂，雄蕊5，生花冠上，有花盘，子房上位，雄蕊下位，与花冠裂片互生，子房上位，中轴胎座	常见有天蓝绣球属
	唇形目	马鞭草科	常木本；叶对生；花两性两侧对称，稀辐射对称，雄蕊4，2强，子房上位；中轴胎座；核果、蒴果	常见有马鞭草属、马缨丹属
		唇形科	多草本；茎、枝常四棱；单叶多对生，含挥发性芳香油；轮伞花序，花冠常唇形花冠，二强雄蕊，子房上位；4小坚果，宿存花萼内	常见有藿香属、薄荷属、鼠尾草属、薰衣草属、迷迭香属
	玄参目	醉鱼草科	木本，植物常被星状毛；单叶对生；雌雄异株或雌雄同株，花萼4裂，花冠漏斗状或高脚碟状，组成各种花序；蒴果，浆果	常见有醉鱼草属
		木樨科	木本；叶对生，单叶，三出复叶或羽状复叶；花整齐，花辐射对称，花被常4裂，花冠通常合生，雄蕊2(4)，生花冠上；子房上位；蒴果、翅果、核果	常见有连翘属、茉莉花属、女贞属、木犀属、丁香属、素馨属
		玄参科	多草本；单叶；花两性，两侧对称，花冠合瓣，常二唇形；雄蕊4，2强；中轴胎座，蒴果	常见有金鱼草属、泡桐属、毛地黄属、爆仗竹属
	玄参目	苦苣苔科	多草本；单叶，花两性，辐射对称，萼片5枚，花冠合瓣，多2唇形；蒴果，室背或室间纵裂，稀盖裂（盾座苣属）或为浆果	常见有大岩桐属
		爵床科	草本、木本；单叶对生，体表具钟乳体；花两性，左右对称，具苞片，花冠合瓣，裂片整齐，子房上位，2室，中轴胎座；蒴果室背开裂，种子着生于钩状的珠柄上	常见有麒麟吐珠属、金苞花属、黄脉爵床属
		紫葳科	多木本；羽状复叶或单叶；花两侧对称，大而美丽，花冠钟状至漏斗状，常多少二唇形，5裂，雄蕊5，具花盘；子房上位；蒴果，室间或室背开裂；种子通常具翅或毛	常见有凌霄属、梓属、炮仗藤属
	茜草目	茜草科	单叶，全缘，常具叶柄间托叶2枚；花常辐射对称，萼筒与子房合生，裂片4～5，雄蕊与花冠裂片同数而生花冠上；子房下位，多中轴胎座	常见有虎刺属、栀子属、六月雪属
	川续断目	忍冬科	多木本；多单叶对生；花两性，辐射对称，聚伞花序，花萼与子房贴生，花冠合瓣，花腋生，雄蕊与花冠裂片同数，并着生在花冠筒上，子房下位；多浆果或核果	常见有忍冬属、荚蒾属、锦带花属、接骨木属、六道木属
	菊目	菊科	多草本，常有乳汁管，树脂道；单叶，多互生；头状花序，在头状花序中有同形的小花，即全为筒状花或舌状花（外围为假舌状花，中央为筒状花）；有总苞，花冠合瓣，对称，聚药雄蕊，花药合生成筒状；子房下位，连萼瘦果	常见有马兰属、雏菊属、金盏花属、翠菊属、菊属、瓜叶菊属、向日葵属、莴苣属、万寿菊属、大丽花属、茼蒿属

单子叶植物纲（21）

亚纲	目名	科名	识别要点	常见属
泽泻亚纲7	泽泻目	泽泻科	水生、半水生草本；有根状茎；叶基生莲座状，长柄；花在花葶上作轮状排列，花被片外轮浅绿色，萼片内轮白色或粉红色，花瓣状，其轮状排列；萼片和花瓣均3枚；瘦果（聚合果）	常见有慈姑属

续表

亚纲	目名	科名	识别要点	常见属
泽泻亚纲 7	水鳖目	水鳖科	浮水或沉水草本植物；叶多呈莲座状；花单性排列于佛焰苞或 2 苞片内，雌花单生，雄蕊多排列成伞形，花被 1～2 轮，2 轮时外轮萼片状，绿色、内轮花瓣状，侧膜胎，子房下位，聚伞花序；肉质浆果状蒴果	常见有黑藻属、水鳖属
槟榔亚纲 8	槟榔目	棕榈科	木本；树干多不分枝，树干上常具宿存叶基或环状叶痕；叶大形，互生，常绿掌状分裂或羽状复叶，叶集生于茎顶，形成“棕榈型”树冠，或在攀缘的种类中散生；花性复杂，3 基数，肉穗状花序，有佛焰状总苞，花被片 6，排成 2 轮；雄蕊 6，2 轮；心皮 3；浆果或核果，种子胚乳发达	常见的有散尾葵属、蒲葵属、棕竹属、棕榈属、椰子属、槟榔属、鱼尾葵属、丝葵属、刺葵属、油棕属、金山葵属、王棕属、假槟榔属
	天南星目	菖蒲科	多年生常绿草本，含香油；具横走肉质茎；叶排为两列，脉平行，无柄，线形或剑形，基部有鞘；肉穗花序腋生；佛焰苞与叶片同形，不包被花序；花两性，花被片 6，两轮；雄蕊 6；浆果，红色	仅有菖蒲属
		天南星科	多草本；植物体常具辛辣味或乳状汁液，常具气生根、根状茎或块茎，基部常具膜质鞘；叶互生，常宽大而具掌状或羽状网脉；多单性，同株时肉穗上为雄花，下为雌花，中间为两性花，具佛焰苞的肉穗花序；浆果	常见有广东万年青属、花叶万年青属、芋属、龟背竹属、喜林芋属、马蹄莲属、海芋属、花烛属、喜林芋属
鸭跖草亚纲 9	鸭跖草目	鸭跖草科	通常多年生；常具有黏液细胞或黏液道；茎节显著；叶互生，具叶鞘；通常为蝎尾状聚伞花序，花多两性，萼片 3，花瓣 3，多蓝、白色，雄蕊 6，常有 3 枚退化雄蕊（本科颇为重要的特征），子房上位；蒴果	常见有鸭跖草属、紫鸭跖草属、吊竹梅属
	莎草目	莎草科	多为湿生草本；多具根状茎，秆实心，茎 3 棱，节和节间不明显；叶 3 列，叶片狭长，叶鞘闭合；穗状或头状花序，子房上位，1 室；瘦果或小坚果	常有莎草属、荸荠属、藨草属
	香蒲目	禾本科	多为草本；茎圆柱形，中空，节和节间明显，叶 2 列，其叶由叶鞘、叶片、叶舌组成，叶鞘通常开口；花由雄蕊、雌蕊、内外颖、浆片组成；穗状或圆锥花序；颖果，种子具丰富胚乳	常见的有竹亚科慈竹属、箣竹属、箬竹属、刚竹属、芦竹属，禾亚科芦苇属、狗牙根属、羊茅属、芦苇属、早熟禾属、甘蔗属、玉米属、菰属、结缕草属
	香蒲目	香蒲科	多年生沼生草本；有伸长的根状茎，上部出水；叶直立，长线形，常基出；花单性，成狭长的肉穗花序，雄花集生上方，雌花集生下方，花被成刚毛；小坚果，被丝状毛或鳞片，以利于散布	仅香蒲属
姜亚纲 10	凤梨目	凤梨科	多为短茎附生草本；常有黏液道；茎短，叶狭长，表皮极厚，宽叶鞘形成集水器，莲座式排列；萼片 3，花瓣 3，雄 6，子房下位，中轴胎座；浆果、蒴果、稀为肉质多花果（凤梨）	常见有水塔花属、光萼荷属、凤梨属
	姜目	旅人蕉科	常绿乔木状多年生草本植物；茎直立，不分枝；叶成两纵列排于茎顶，叶窄扇状；花两性，两侧对称，蝎尾状聚伞花序腋生，生于大型佛焰苞中；花萼 3，花瓣 3；子房下位；蒴果开裂	常见有鹤望兰属、旅人蕉属
		芭蕉科	多年生草本；具根茎；叶大，螺旋状排列，叶鞘重叠包成粗壮的假茎；花一或二列簇生于有颜色的苞片内，下部苞片内的花为雌性或两性花，上部苞片内的花为雄花，雄蕊 5；肉质浆果	常见有芭蕉属、地涌金莲属
		姜科	多年生草本，有香气；具根状茎；叶基部具鞘，叶鞘顶端有明显的叶舌，外轮花被内轮明显区分；1 枚雄蕊变成花瓣，花序各种；蒴果、浆果	常见有姜属
		美人蕉科	多年生直立、粗壮草本；地下茎；叶大，互生，叶柄鞘状；花两性，大，不对称；萼 3，淡绿色，宿存，花瓣 3，萼状，下部合成管并与花瓣状雄蕊基部合生；子房下位，3 室，蒴果 3 瓣裂，有小刺或瘤状突起	常见有美人蕉属

续表

亚纲	目名	科名	识别要点	常见属
姜亚纲10	姜目	竹芋科	多年生草本；有根茎或块茎；叶大，羽状平行脉，通常2列，具柄，柄的顶部增厚即叶枕，有叶鞘；花两性，常成对生于苞片中；萼片3；花冠管状，3裂，部分雄蕊花瓣状，较大，子房下位；蒴果或浆果状	常见有竹芋属
亚纲11	百合目	百合科	多年生草本；直立或攀缘，具根状茎、块茎或鳞茎；叶多互生或基生；花多两性，辐射对称；雄蕊通常6枚；花序总状、穗状、圆锥或伞形花序多；中轴胎座；蒴果或浆果，少坚果	常见有葱属、芦荟属、天门冬属、吊兰属、贝母属、萱草属、风信子属、百合属、沿阶草属、万年青属、虎尾兰属、郁金香属、丝兰属、玉簪属、龙血树属、朱蕉属、蜘蛛抱蛋属、吉祥草属
		芦荟科	多年生草本；叶片进化为具有很强的贮水能力，表面坚硬，不易失水；叶簇生呈莲座状或生于颈顶，叶长披针形，叶缘有尖齿状刺；总状花序，花被管状，红或橙色；蒴果三角状	常见有芦荟属
亚纲11	百合目	石蒜科	多年生草本；常具鳞茎或块茎；单叶细长，基生；花两性，多辐射对称，花被花瓣状，常具副花冠；雄蕊6，子房下位，中轴胎座，伞形花序，生无叶花葶顶端；多蒴果	常见有君子兰属、朱顶红属、石蒜属、水仙属、葱兰属、文殊兰属、百子莲属
		鸢尾科	多年生草本；具块茎、根茎或鳞茎；单叶，互生，基生，基部鞘状，互相套叠；花两性，多辐射对称，多为聚伞花序，花被6，2轮，合生；雄蕊3；子房下位中轴胎座，花柱常成花瓣状；蒴果，室背开裂	常见有唐菖蒲属、鸢尾属、唐菖蒲属
		龙舌兰科	多年生草本；具根茎或块茎；叶剑形而厚；花茎有叶，总状、圆锥花序；花多两性，辐射对称或两侧对称；花被6，2轮，近相等，雄蕊6；子房下位，3室，中轴胎座；多蒴果，室背3瓣裂或不裂蒴果	常见有龙舌兰属
		薯蓣科	多年生草质缠绕藤本植物；有块状或根状的地下茎；叶中脉和侧脉由叶基发出，有掌状脉或网脉；花单性，雌雄异株，花被裂片6枚，2列，子房下位，总状或穗状花序；有翅蒴果或浆果	常见有薯蓣属
	兰目	兰科	多年生草本，常见陆生、附生或腐生，附生的具假鳞茎及肥厚的气生根；单叶，多互生，基部常具叶鞘；花两侧对称，形成唇瓣，雄蕊和雌蕊结合成蕊柱，花被片6，排成2轮，萼通常花瓣状，花粉结合成花粉块，子房下位，多侧膜胎座；多蒴果	常见有兰属、兜兰属、蝶兰属、卡特兰属、石斛属

附录 4　实训与技能考查建议

	实训内容	实训时间（教学进度时间）	课时
1	校园植物识别 1	任务 1.2　园艺植物自然分类	2
2	校园植物识别 2	任务 1.3　园艺植物人为分类	2
3	校外公园绿地 1	任务 2.2　针叶类园林树木识别与应用	4
4	校外公园绿地 2	任务 2.5　观叶类园林树木识别与应用	4
5	常见植物标本识别 1	任务 2.7　藤本类园林树木识别与应用	1
6	常见植物标本考查 1	任务 2.9　棕榈类及观赏竹类园林树木识别与应用	2
7	附近植物园	任务 3.2　露地一二年生花卉识别与应用	4
8	地方花鸟市场	任务 3.6　地被植物与观赏草识别与应用	4
9	植物标本识别 2	任务 3.8　温室木本及亚灌木花卉识别与应用	1
10	植物标本考查 2	任务 3.11　兰类植物识别与应用	2
11	期末标本考查	课程结束前	2

索 引

J

K

L

M

N

Z

参考文献

1. 傅立国，等 . 中国高等植物（各卷册）[M]. 青岛：青岛出版社，1999—2005.
2. 李成忠，唐义富 . 园林植物识别与应用 [M]. 北京：中国农业出版社，2018.
3. 陈有民 . 园林树木学 [M]. 2 版 . 北京：中国林业出版社，2011.
4. 张天麟 . 园林树木 1600 种 [M]. 北京：中国建筑工业出版社，2010.
5. 崔大方 . 园艺植物分类学 [M]. 北京：中国农业大学出版社，2011.
6. 包满珠 . 花卉学 [M]. 3 版 . 北京：中国农业出版社，2019.
7. 布凤琴，宋凤，臧德奎 . 300 种常见园林树木识别图鉴 [M]. 北京：化学工业出版社，2014.
8. 李先源 . 观赏植物分类学 [M]. 北京：科学出版社，2018.
9. 秦华，唐岱 . 风景园林树木学 [M] 北京：中国农业出版社，2018.
10. 赵世伟，张佐双 . 中国园林植物彩色应用图谱（三卷）[M]. 北京：中国城市出版社，2004.
11. 庄雪影 . 园林植物识别与应用实习教程（华南地区）[M]. 北京：中国林业出版社，2009.
12. 陈月华，王晓红 . 园林植物识别与应用实习教程（东南、中南地区）[M]. 北京：中国林业出版社，2008.
13. 邓莉兰 . 园林植物识别与应用实习教程（西南地区）[M]. 北京：中国林业出版社，2009.
14. 王玲，宋红 . 园林植物识别与应用实习教程（北方地区）[M]. 北京：中国林业出版社，2009.
15. 王晓红 . 园林花卉识别与实习教程（南方地区）[M]. 北京：中国林业出版社，2011.
16. 董丽 . 园林花卉识别与实习教程（北方地区）[M]. 北京：中国林业出版社，2011.
17. 李作文，张连全 . 园林树木 1966 种 [M] 沈阳：辽宁科学技术出版社，2014.
18. 陈俊愉 . 中国花卉品种分类学 [M]. 北京：中国林业出版社，2001.
19. 何礼华，汤书福 . 常用园林植物彩色图鉴 [M]. 杭州：浙江大学出版社，2012.
20. 何礼华，王登荣 . 园林植物造景应用图析 [M]. 杭州：浙江大学出版社，2017.
21. 张建国，王小林 . 园林植物识别与应用 [M]. 北京：高等教育出版社，2013.
22. 刘延江 . 新编园林观赏花卉 [M]. 沈阳：辽宁科学技术出版社，2007.
23. 中国农业科学院蔬菜花卉研究所 . 中国蔬菜栽培学 [M]. 2 版 . 北京：中国农业出版社，2010.
24. 黄安，曾祥划，赵秀娟 . 树木学 [M]. 2 版 . 北京：中国农业大学出版社，2024.